赵欣如　赵碧清　主编

鸟类图鉴

PICTORIAL HANDBOOK OF BIRDS

青岛出版社
QINGDAO PUBLISHING HOUSE

图书在版编目（CIP）数据

鸟类图鉴 / 赵欣如 , 赵碧清主编 ; 央美阳光绘 . —青岛： 青岛出版社， 2019.8
ISBN 978-7-5552-8083-5

Ⅰ.①鸟… Ⅱ.①赵…②赵…③央… Ⅲ.①鸟类 — 图集
Ⅳ.① Q959.7-64

中国版本图书馆 CIP 数据核字（2019）第 043383 号

书　　名	鸟类图鉴
主　　编	赵欣如　赵碧清
主 摄 影	沈　越
摄　　影	崔　月　董　磊　高宏颖　谷国强　关翔宇　韩　正　计　云 李继鹏　孙少海　唐黎明　谢建国　徐永春　王吉衣　杨　可 赵　超　朱　雷　张为民　张锡贤　张　永
出版发行	青岛出版社（青岛市海尔路 182 号，266061）
本社网址	http://www.qdpub.com
策　　划	张化新
责任编辑	宋来鹏
美术编辑	张　晓
制　　版	央美阳光
印　　刷	深圳市国际彩印有限公司
出版日期	2019 年 8 月第 1 版　2019 年 8 月第 1 次印刷
开　　本	16 开（787mm × 1092mm）
印　　张	34
字　　数	600 千
图　　数	1300 幅
印　　数	1—5000
书　　号	ISBN 978-7-5552-8083-5
定　　价	198.00 元

编校质量、盗版监督服务电话　4006532017　0532-68068638

前言

FOREWORD

　　鸟类是大自然的精灵，身影遍布世界不同地区。无论是藏身于丛林中，翱翔于城市里，还是筑巢于高山巅，鸟类总能让人惊奇不已。究其原因，就在于鸟的种类与行为千差万别。你想全面了解精彩纷呈的鸟类世界吗？你想知道更多有关鸟类的基础知识吗？你想掌握简易有效的鸟类鉴别技巧吗？请跟随《鸟类图鉴》一起踏上学习的旅程。

　　本书共收集了在中国分布的500种最具代表性的鸟类，翔实地展示了每种鸟类的原色生态，真实地反映了鸟类的绚丽色彩和形态特征，简明地介绍了各种鸟的地理分布、保护级别和生态习性等。同时，每一种鸟都配有精美高清的原创照片，能够帮助读者更好地学习鸟类相关知识。此外，本书的末尾还配有索引，便于检索与查找。

　　本书凝聚着著作者多年来的研究成果。借由此书，希望读者朋友们能够感受到鸟类和自然传达给我们的美好与自由，唤醒内心深处的人文情怀，肩负起保护鸟类、保护大自然的光荣使命。

目录

CONTENTS

鸟类头部花纹的名称

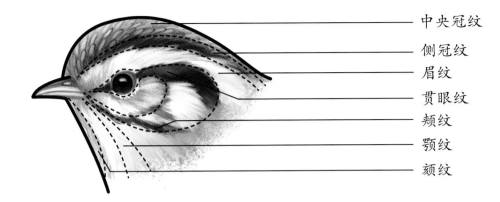

- 中央冠纹
- 侧冠纹
- 眉纹
- 贯眼纹
- 颊纹
- 颚纹
- 额纹

鸟类体长和翼展的测量方法

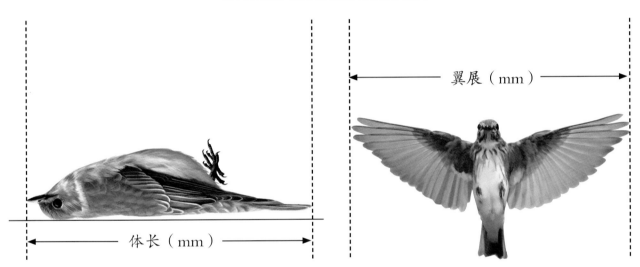

翼展（mm）

体长（mm）

鸟类身体各部分名称

头顶
耳羽
枕
小覆羽
肩羽
背
中覆羽
大覆羽
腰
尾羽
尾上覆羽
尾下覆羽
三级飞羽
次级飞羽
初级飞羽

眉纹
额
眼先
颏
喉
胸
小翼羽
初级覆羽
腹
胁
跗跖
趾
爪

鸟类的骨骼

骨骼系统具有支撑躯体和保护内脏器官的功能，也是躯干和四肢肌肉的附着点。飞翔要求鸟类的骨骼轻便而坚固，但轻便的骨骼往往脆弱，而鸟类却在漫长的演化过程中解决了这个问题。

成体鸟类的头骨有广泛的愈合现象，骨间的一些接缝消失，牙齿退化，形成了特别的喙。

鸟类的颈椎数目多而灵活，但不同鸟类的颈椎数目差别很大。

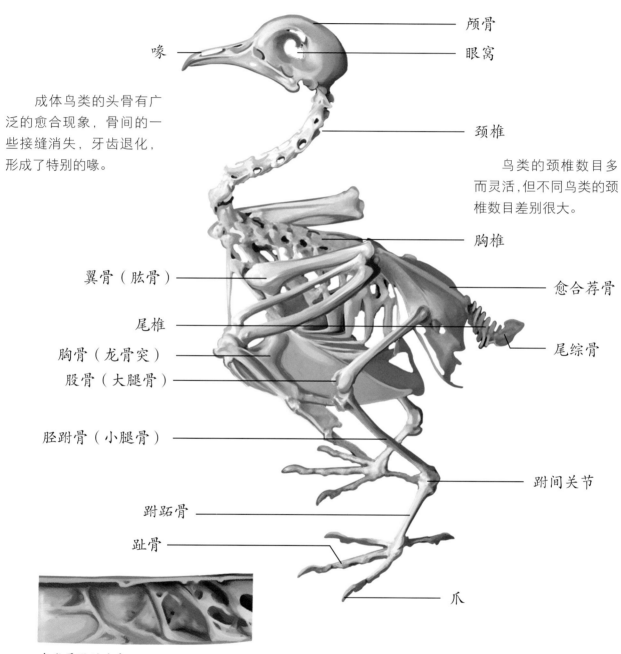

- 喙
- 颅骨
- 眼窝
- 颈椎
- 胸椎
- 翼骨（肱骨）
- 愈合荐骨
- 尾椎
- 尾综骨
- 胸骨（龙骨突）
- 股骨（大腿骨）
- 胫跗骨（小腿骨）
- 跗间关节
- 跗跖骨
- 趾骨
- 爪

鸟类骨骼的内部

鸟骨的外表十分坚固，但中间布有许多气腔，如同海绵。头部、腿、翅膀和尾部的骨骼都是中空的或充满气室，减轻了鸟的体重，让它们飞行的时候少费力。不过，鸟类躯体上的骨骼很少中空，因为要支撑身体的重量。

鸟类的羽毛

羽毛是鸟类区别于其他动物最重要、最直接的标志。鸟类体表被层层羽毛覆盖着。鸟羽由一种叫角蛋白的蛋白质构成，韧性很强。

鸟羽的功能 形成隔温层，保持体温；保护皮肤；使身体呈流线型外廓，减少飞行阻力；飞羽和尾羽是构成飞行器官的重要部分。

天鹅

鹰

不同鸟类的羽毛数量差别很大：蜂鸟全身不到1000根羽毛，天鹅则有大约2.5万根羽毛。

蜂鸟

羽毛的分类 鸟羽可以分为正羽、绒羽和纤羽等，它们各自有各自的特殊功能。

正羽

绒羽

纤羽

正羽覆盖全身，形成鸟体的轮廓，十分光滑，用来保持身体流畅型外廓，完成飞行。

飞羽和尾羽都是正羽，是飞行器官的重要组成部分。飞羽比较长，相对坚硬，在飞行时能起到提升作用；尾羽在鸟类飞行时起着掌舵、平衡的作用，在鸟类蹲坐于树枝上时也能保持身体平衡。

绒羽生长在正羽之下，蓬松且柔软，内藏微小的间隙，可容纳一层空气，能起到保温的作用。

纤羽有触觉功能。

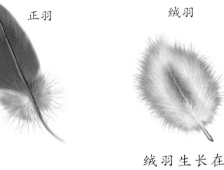

尾羽　　飞羽

羽毛（正羽羽枝和羽小枝）的结构

羽毛的颜色 鸟羽的颜色千变万化，即便是同一科属，甚至同一种鸟，其羽毛也会因季节、年龄和性别的不同而不同。

性别不同，鸟羽的颜色有所差异：雄性原鸡的羽毛颜色艳丽多彩，而雌性原鸡羽毛较暗淡。

雌性原鸡

雄性原鸡

灰翅浮鸥成鸟

不同年龄的鸟的鸟羽存在颜色差异：有些鸟儿在不同年龄段羽色差异较大。灰翅浮鸥雏鸟全身呈黄褐色，随着年龄的增长，渐渐长出灰白色的羽毛。

鸟羽颜色季节性变化：鸟类每年都会换羽，许多鸟的羽色在不同季节会有很大变化。从秋季到早春，雄性鸳鸯的体色会变得缤纷多彩，这种羽毛叫"繁殖羽"。它们用色彩丰富的羽毛吸引异性的注意。繁殖期结束后，雌、雄鸳鸯都会去换羽。换羽期间，羽色就暗淡许多。

伪装羽毛：羽毛是鸟儿用来伪装的好帮手。夜行性的长耳鸮白天就隐藏在树林中。它们的羽毛与树干颜色相近，能完美地融入环境中。

繁殖期的雄性鸳鸯

鸟类的翅膀和尾

鸟类的体形特征非常适合飞行。鸟类的翅膀结构多种多样，生活在不同环境中的鸟类翅膀的形态各不相同。

海鸥的翼幅窄长，适合在海面上迎风滑翔。

雨燕的翅膀长而窄，翼端较尖，适合长时间快速飞行。

翠鸟等鸟类的翅膀又宽又圆，在翠鸟捕捉猎物或快速逃跑时可以帮助其瞬间改变方向。

兀鹫翅膀大，翼幅宽，可以乘着暖风上下盘旋飞行。

在鸟类进化过程中，尾羽长短与形态因种而异，有的鸟尾羽非常短，几乎看不见；有的鸟尾羽非常长，甚至难以飞行。

用于保持平衡的尾：喜鹊的尾中部羽毛长度超过20厘米。在地面行走或树间跳跃时，这样的尾能够帮身体保持平衡。

用于支撑身体的尾：啄木鸟在攀爬树干时，尾羽端部作为支点可以承受身体一部分重量。

用于"炫耀"的尾：雄性孔雀的尾羽上有由尾上覆羽形成的华丽长羽毛，主要用来"炫耀"展示、吸引异性。

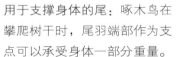

鸟 类 的 喙

由于前肢已经演化成飞行器官，因此大多鸟类只能依靠喙来觅食。鸟类的喙形状各异，不同形状的喙反映出不同鸟类的觅食特点。

细长、向下弯曲的喙是太阳鸟吸食花蜜以及其他植物的分泌物的好帮手。

短小、呈圆锥形的喙适合加工啄食较坚硬的种子和果实。金翅雀就是用嘴剥去种子外壳得到食物的。

中杓鹬细长而弯曲的喙可以插入潮湿、松软的泥土中，将其他鸟类无法取得的蠕虫和软体动物等生物"挖掘"出来。

尖锐的喙如同利箭一般，是草鹭抓鱼和戳鱼的绝佳工具。

赤麻鸭的喙既宽又扁，边缘呈锯齿形，有滤食的作用。它们进食时将喙探入水中一张一合，来回移动，大量水被滤出，水中悬浮的食物就会留在口中。

坚硬、带钩的喙是大多数猛禽的典型结构。白腹海雕尖锐、弯曲的喙能帮助它们轻易地撕碎猎物，便于吞食。

鸟类的脚趾

鸟类的脚趾在形状、类型方面差别很大。大多数鸟类每只脚的脚趾数量为4个或3个，而不会飞行的鸵鸟每只脚只有两个粗壮的趾；有的鸟类趾间生有蹼，可以游泳或潜水，而有的鸟类则善于抓握树枝，在树上生活。这些差异体现了鸟类不同的生活方式。

一些需要攀援树木的鸟类的趾型很特殊。比如：白背啄木鸟每只脚长有4个趾，两个朝前，两个朝后，使它们在凿啄树干时能将自己稳稳地固定住。

像水雉一样适应水边生活的涉禽大多身高腿长，趾和爪又长又细，可使它们体重分散，避免在涉水时陷进淤泥里，且适合在芡等浮水植物叶上行走。

大嘴乌鸦每只脚长有3个朝前的脚趾和1个朝后的脚趾，保证它们在休息时形成对握，不会从树枝上掉下来。

许多适于在水中生活的游禽长有带蹼的足，使它们可以十分高效地游水。灰雁正是靠着有蹼的足在水中迅速游动的。

凶猛的肉食鸟类都长有强壮的脚，趾端生有弯曲而锋利的爪，能够更有效地捕食猎物，抓起较重的物品。

黄嘴潜鸟 白嘴潜鸟

中文名 黄嘴潜鸟
拉丁名 *Gavia adamsii*
英文名 Yellow-billed Loon
分类地位 潜鸟目潜鸟科
体长 75～100cm
体重 约2500g
野外识别特征 大型水禽，为我国最大型潜鸟。喙上翘，黄白色，前额隆起。夏羽头颈黑色泛金属蓝，下喉具一由小白斑组成的窄横条，颈侧带宽白斑横条；冬羽上体深褐色，白斑分界不明显，具白色眼圈。

IUCN（世界自然保护联盟）红色名录等级 NT（近危物种）

形态特征 成鸟夏羽头颈为带有金属蓝的黑色，喉部有一条细横纹，颈侧具宽横纹，均为白色小斑点组成；上体黑色，肩、翼上覆羽至背部具阵列状的白色小斑块，下体白色。成鸟冬羽上体褐色，颈部横纹模糊，眼周白色，耳区带褐色斑块；上体深褐色，背部白斑不明显，下体白色。幼鸟与成鸟冬羽类似，色淡，上下体颜色分界模糊，背部具白斑。虹膜深红色，喙淡粉黄色，蹼足褐色。

生态习性 繁殖于北极苔原地区至西伯利亚的水域，迁徙和越冬时主要在海面或海岛上栖息。成对或成小群活动，飞行迅速，飞行时头颈前伸，脚向后伸出。善潜水，捕食鱼类、甲壳类、软体动物、水生昆虫等。

分布居留 繁殖于俄罗斯最北部至北美最北部，在欧亚大陆北部及北美北部越冬。属于我国辽东半岛的冬候鸟。

小䴙䴘 王八鸭子、水葫芦

中文名 小䴙䴘（pì tī）
拉丁名 *Tachybaptus ruficollis*
英文名 Little Grebe
分类地位 䴙䴘目䴙䴘科
体长 25～32cm
体重 150～280g
野外识别特征 小型游禽，为最小的䴙䴘，较常见。体形似鸭而小，身体短圆而尾短，嘴裂与眼淡黄色。夏羽上体呈深褐色，头顶黑褐色，两颊至颈侧、前颈为栗红色，上胸灰色，腹部白色。冬羽上体灰褐色，下体白色。脚带瓣蹼，动作敏捷，喜频繁短暂潜水。

IUCN红色名录等级 LC（无危物种）

形态特征 成鸟夏羽前额、头顶至后颈，连同眼先、颏和上喉为黑褐色，颊、耳羽、颈侧和前颈为栗红色；上体深褐色，初级飞羽灰褐色，次级飞羽灰褐色带白端斑；上胸灰褐色杂污白，至腹部渐变白色带褐斑。成鸟冬羽灰褐色为主，额至头顶，胸部、背部枯褐色，其余上体淡灰褐色，喉部与下体污白色；虹膜黄色，喙黑色带黄白色尖端，嘴裂黄色，脚青灰色。幼鸟体色稍淡，头颈部布满黑、棕红、黄白色相间的花斑，喙为浅黄色，基部红色。

生态习性 栖息于湖泊、沼泽、池塘、小河乃至公园水体等各类静水面，单独或成对活动，偶见小群。善游泳及潜水，不善于陆地行走，需在水面上助跑才能起飞。因体圆而能够潜藏水中，仅露出头颈呼吸，状似鳖，故俗称"王八鸭子"。通过频频潜水捕食小型水生动物。繁殖期在5—7月，常衔取芦苇、水葫芦等水生植物的茎叶为材料筑巢于浅水处的水草丛中。窝卵数4~7枚，卵污白色，雌雄亲鸟轮流孵化，离巢时以水草盖住卵。孵化期为19~24天，雏鸟早成，全身密被绒毛，第二天即可跟随亲鸟下水游泳觅食。

分布与居留 繁殖于俄罗斯、朝鲜半岛、日本及我国东北、华北等多地，在我国华东、华南大部分地区越冬。

幼鸟

夏羽

凤头䴙䴘 浪里白

中文名 凤头䴙䴘
拉丁名 *Podiceps cristatus*
英文名 Great Crested Grebe
分类地位 䴙䴘目䴙䴘科
体长 45~48cm
体重 500~1000g

野外识别特征 中型游禽，为最大䴙䴘。体形大，颈细长直立，喙长而尖，自嘴角至眼贯穿一条黑线。夏羽头侧、额白色，额至头顶亮黑色并缀有两束黑色冠羽，喉、耳区至后头带栗色皱领；上体黑褐色，肩和次级飞羽白色，胁棕色，下体白色为主。冬羽上体黑褐色，头侧、颈侧、前颈及其余下体白色，喙红色，足具瓣蹼。

IUCN红色名录等级　LC

形态特征 成鸟夏羽额至头顶亮黑色，延伸出两束明显的黑色冠羽，头侧与颏部白色，喉、耳区至后头由栗色长饰羽构成皱领；后颈、背、翼等上体黑褐色，肩和次级飞羽白色，飞翔时尤其明显；胁部泛棕色，前颈至胸腹部白色。成鸟冬羽和夏羽类似而稍黯淡，上体黑褐色，头侧、颈侧、前颈及其余下体白色；虹膜橙红色，喙夏季黑色带红色喙基与淡色尖端，冬季红色，瓣蹼足褐黄绿色。幼鸟类似，头侧至颈侧为黑白相间的纵向条纹。

生态习性 栖息于湖泊、水库、池塘、河流等水域，常成对或小群活动。善游泳与潜水，不善陆地活动。游泳时颈部直挺，觅食时则频频潜水。求偶时雌雄鸟在水面相互屈伸颈部，鼓翼踏水共舞。捕鱼为食，兼食其他水生动物和少量水草。繁殖期在5—7月，撷取水生植物为材，筑浮巢于濒近水面的芦苇丛中。窝卵数4~5枚，双亲轮流孵化，雏鸟早成。

分布与居留 分布于欧亚大陆、非洲、大洋洲的多地。在我国繁殖于东北、华北至西北各省，于西南、华中、华南、华东等多地越冬。

卷羽鹈鹕

中文名 卷羽鹈鹕
拉丁名 *Pelecanus crispus*
英文名 Dalmatian Pelican
分类地位 鹈形目鹈鹕科
体长 160~180cm
体重 约11kg
野外识别特征 大型水禽，通体白色缀灰，体形粗犷，颈长；喙铅灰色，粗壮而直长，喙下有一橘黄色皮囊；头顶羽卷曲而散乱；脚为全蹼足。游泳时常缩颈呈"乙"字形，飞行时可见翼缘和翅尖为黑色。

IUCN红色名录等级　VU（易危物种）
国家二级保护鸟类

形态特征　成鸟体羽灰白色为主，肩、背、翼上覆羽及尾上覆羽等具有黑色羽轴，冠羽卷曲而凌乱；初级飞羽和初级覆羽为黑色，初级飞羽基部白色；次级飞羽外侧黑褐色带白色羽缘，内侧褐色，端部具宽白色羽缘；虹膜黄白色，喙铅灰色带黄色喙尖和边缘，喙下的喉囊和眼周裸露皮肤为皮黄色，繁殖季节转为鲜艳的橘黄色，脚铅灰色。

生态习性　栖息于湖泊、河流、水库、河口等水域，常成群游弋在水面上。喜游泳，亦善于翱翔与陆地行走。觅食时从高空直扎入水中，以长喙攫取鱼虾，并盛于喉部皮囊中，再挤出多余水分；或游泳时直接从水中衔鱼抛入空中，张嘴接住。捕鱼为食，亦猎食其他的水生生物。繁殖期在4—6月，在湖泊或沼泽地的芦苇丛中，以树枝、枯草等材料构筑大型巢。窝卵数3~4枚，卵大如拳。

分布与居留　繁殖于欧洲东南部、西亚、中亚至我国西北部，于北非、印度北部、波斯湾到我国南部越冬。在我国为候鸟，繁殖于新疆，在东南沿海多省可见越冬群体。

普通鸬鹚 鱼鹰、叼鱼郎

中文名 普通鸬鹚
拉丁名 *Phalacrocorax carbo*
英文名 Great Cormorant
分类地位 鹈形目鸬鹚科
体长 72~87cm
体重 1340~2300g
野外识别特征 大型水鸟，主体黑色闪金属光泽，嘴角和喉囊黄绿色，眼后下方白色，头颈带白色丝状羽，胁部后方具白斑，脚带蹼。喜成群站立于水边石上或树上，伸展头颈并张开双翼晾晒。

IUCN红色名录等级 LC

形态特征 成鸟夏羽体羽大部分黑色，头、颈及羽冠带有紫绿色金属光泽，并杂有白色丝状羽；肩、背、翼上覆羽黑褐色泛铜绿色光泽，飞羽深褐色；尾圆形，灰褐色；颊、颏、上喉部白色，下体黑色略带金属蓝，下胁部有一块白斑。成鸟冬羽类似，但头颈无白色丝状羽，胁部无白斑。虹膜翠绿色，喙黑褐色，嘴边缘和下部泛灰，带有粗糙的鳞片质感，眼先橄榄绿色，眼周及喉侧裸露皮肤淡黄色，喉囊至嘴角橙黄色，蹼足黑色。

生态习性 栖息于湖泊、河流、水库、沼泽等水域，以鱼类为主食。常成群蹲立于临水岩石或树枝上张翼晾晒并伺机捕鱼。善游泳及潜水，游泳时伸直头颈，捕鱼时跃起再扎入水中，能够潜水追逐捕鱼长达40秒，捕获后含在喉囊中再上岸徐徐吞食。人们利用鸬鹚的这一习性驯养鸬鹚潜水捕鱼，待其上岸后再从其喉囊中掏出鱼。繁殖期在4—6月，常集中营巢于水域边树上。窝卵数3~5枚，孵化期28~30天，雏鸟晚成，经双亲共同喂养约60天离巢，3年性成熟。

分布与居留 广泛分布于欧亚大陆、非洲、大洋洲、北美洲。在我国普遍家养，野生种群现较少，多数为留鸟，分布在南方地区，少数在黄河流域繁殖，于南方越冬。

苍鹭 长脖老等、青桩

中文名 苍鹭
拉丁名 *Ardea cinerea*
英文名 Grey Heron
分类地位 鹳形目鹭科
体长 75~110cm
体重 900~2300g
野外识别特征 大型涉禽，喙、颈、足纤长，上体苍灰色，下体白色，头颈银白色，宽眉纹黑色，头顶后披有两条黑色长冠羽，翼外缘黑色。

IUCN红色名录等级　LC

形态特征 雄鸟头部主体及颈部白色，头顶两侧至枕部黑色，头后披有两股辫子状黑色长冠羽；上体灰色，银白色肩羽丝状披散；初级飞羽、初级覆羽和外侧次级飞羽黑色，内侧次级飞羽灰色，翼其余部分灰色；颈前缀有数条黑色细纵纹，颈基有灰白色长羽披散在胸前；胸白色，带有两块紫斑；腹白色，两胁灰色，腿部羽毛白色；虹膜黄色，喙黄色，眼先裸露且皮肤为黄绿色，脚黄褐色。幼鸟似成鸟，但头颈发灰，背泛褐色。

生态习性 栖息于江河、溪流、湖泊、沼泽、水库、鱼塘、海岸等浅水区域，成对或小群活动。常长时间单腿站立于浅水处，曲颈等待，伺机猛然伸颈捕鱼；或边涉水边搜罗，零散啄食。晨昏觅食活跃。以鱼类等水生动物为食，也啄食昆虫、爬行类、两栖类，甚至小型哺乳类动物。繁殖期在4—6月，在水域周边树上或芦苇丛里集中筑巢。窝卵数3~6枚，卵蓝绿色，孵化期约25天。雏鸟晚成，经双亲约40天的喂养后可离巢。

分布与居留 广泛分布于欧亚大陆至非洲。在我国多地可见，南方种群基本为留鸟，在东北等地繁殖的种群会南迁越冬。

草鹭 紫鹭

中文名 草鹭
拉丁名 *Ardea purpurea*
英文名 Purple Heron
分类地位 鹳形目鹭科
体长 83~97cm
体重 约1000g
野外识别特征 大型涉禽，
体形似苍鹭而稍小，体色
泛紫褐色。飞行时头颈呈
"Z"字状蜷曲，脚向后
伸直，双翼从容鼓动。

IUCN红色名录等级　LC

形态特征　成鸟额至头顶暗蓝灰色，枕部披有两条黑色长冠羽，其余头颈棕栗色，嘴裂处至后枕部形成一条明显的蓝灰色带，延伸至后颈基部，颈两侧也各有一条蓝灰色长纵带；背至尾上覆羽灰色泛淡紫，肩至下背披散有灰色的矛状长羽，尾暗褐色泛金属蓝绿；初级飞羽和初级覆羽暗褐色略带金属光泽，次级飞羽和其他覆羽灰褐色，前翼缘棕栗色；前颈白色，基部缀有银灰色披针状长羽；胸至上腹中央的羽毛基部为栗色，先端蓝灰色，下腹蓝铅灰色，胁部灰色；尾下覆羽白色黑缘，翼下覆羽及腿覆羽栗色；虹膜、喙和脚黄色。

生态习性　栖息于低海拔地区的沼泽、水塘等浅水处，喜出没于茂密的大片水生植物丛中，常单独或成对活动，偶与苍鹭、白鹭混栖。常漫步涉水觅食，或静立于浅水域伺机捕食小鱼、蛙类等小型水生动物。繁殖期在5—7月，集小群营巢于水域边茂密的芦苇丛中，或偶尔在附近树上。窝卵数4~5枚，卵灰绿色，雌雄鸟轮流孵化、共同哺育。孵化期25~27天，雏鸟晚成，约42天离巢。

分布与居留　分布于非洲、西亚、中亚、东南亚至东亚。在我国繁殖于东北、华北至长江流域，在长江以南越冬。

大白鹭 鹭鸶

中文名 大白鹭
拉丁名 *Ardea alba*
英文名 Great Egret
分类地位 鹳形目鹭科
体长 82~100cm
体重 约1000g
野外识别特征 大型涉禽，为白色鹭类中最大者。体形纤细，喙、颈、脚修长，周身洁白。夏羽背和颈下披有长蓑羽，喙黄沾黑至黑色，眼先石绿色，下腿稍沾肉粉色，脚黑色。冬羽不具蓑羽，喙和眼先转为黄色。

IUCN红色名录等级　LC

形态特征 通体羽毛白色。成鸟繁殖期间夏羽的肩背部和前颈基部生有长蓑羽，呈树枝状向后延伸，长度甚至过尾，可张开炫示求偶；喙和嘴角黑色，形成一条细黑线贯穿至眼后，眼先裸露且皮肤为石绿至石青色。成鸟冬羽亦为白色，无装饰蓑羽，喙转为黄色，眼先颜色也转淡至浅绿黄色；虹膜黄色，胫裸露部位为肉色，脚黑色。

生态习性 栖息于平原至低山的各种水域，常成群活动于湖泊、江河、水库、沼泽等开阔的浅水处或附近草丛中，性机警，善飞翔。啄食多种昆虫和小型水生动物。繁殖期在4—7月，营巢于高大树上或苇丛中。集中营巢，或与苍鹭混群营巢。雌雄亲鸟共同筑巢并喂养，窝卵数3~6枚，孵化期约25天，雏鸟晚成，约1个月后可离巢飞行。

分布与居留 广泛分布于全球温带地区，遍布我国多地。多数于我国北方繁殖，在南方越冬。

 # 中白鹭 鹭鸶

中文名 中白鹭
拉丁名 *Egretta intermedia*
英文名 Intermediate Egret
分类地位 鹳形目鹭科
体长 62~70cm
体重 500~600g
野外识别特征 中型涉禽，体形介于大白鹭和白鹭之间。全身白色，眼先黄色，脚黑色。夏羽背部和前颈披有饰羽，喙黑色。冬羽无饰羽，喙黄色有黑尖。

IUCN红色名录等级 LC

形态特征 成鸟周身白色，体形小于大白鹭，并且喙、颈、脚不及大白鹭修长。夏羽头后稍带冠羽，背部及前颈部生有一圈蓑状饰羽；眼先黄色，喙黑色，脚黑色。成鸟冬羽无蓑状饰羽，喙黄色带黑尖端，虹膜淡黄色。

生态习性 栖息于河流、湖泊等水域的浅水处或滩涂上，或在沼泽与稻田中活动。常单独或成小群活动，亦与其他鹭类混群。性机警，善飞行，飞翔时头颈缩成"S"形。以鱼、虾、两栖类、昆虫等为食。在我国繁殖期在4—6月，成群营巢于树林或竹林里。窝卵数3~5枚，卵蓝绿至白色，雏鸟晚成。

分布与居留 分布于亚洲、大洋洲、非洲的热带至亚热带区域。在我国繁殖于南方地区，偶见于华北；越冬时南迁出境，少量在华南沿海越冬。

白鹭 小白鹭、鹭鸶、黄袜子

中文名 白鹭
拉丁名 *Egretta garzetta*
英文名 Little Egret
分类地位 鹳形目鹭科
体长 52~68cm
体重 330~540g
野外识别特征 中型涉禽，全身白色，长颈。长喙黑色，长脚黑色，趾黄绿色，眼先粉红色。繁殖期枕后缀两根细长而柔顺的白色饰羽，背部与前颈基部亦披有蓑状饰羽。

IUCN红色名录等级 LC

形态特征 成鸟周身体羽白色，喙、颈、脚纤长而匀称；夏羽枕部披有两条长绦带状的白色饰羽，肩背部生有松散的蓑状饰羽，前颈基部亦具有披针状饰羽；冬羽仍然全身白色，不具有饰羽；虹膜黄色，喙黑色，眼先裸露区域夏季粉红色，冬季淡黄绿色。脚铅黑色，趾黄绿色，爪黑色。

生态习性 栖息于低海拔地区的湖泊、水塘、河口等水域，常集小群活动于浅水或河滩。飞行时头缩至肩部，颈向下弯曲，两脚向后伸直超出尾部，飞行姿势优雅。常白天于水域觅食，夜晚飞回距离水塘数千米的林地休息。捕食小鱼、虾、蛙类、软体动物、昆虫等，也啄食少量植物种子。偶见栖息于牛背上啄食寄生虫。繁殖期在3—7月，成大群营巢于高大乔木上，通常雄鸟外出寻觅巢材，雌鸟留守营巢。窝卵数3~6枚，孵化期约25天，雏鸟晚成，由双亲共同孵化哺育。

分布与居留 分布于非洲、欧洲中南部、西亚、中亚、东亚、东南亚、大洋洲等多地。普遍分布于我国长江流域，亦见于华北。长江流域以北繁殖的种群迁徙至长江以南越冬，南方种群则为留鸟。

黄嘴白鹭 唐白鹭

中文名 黄嘴白鹭
拉丁名 *Egretta eulophotes*
英文名 Chinese Egret
分类地位 鹳形目鹭科
体长 46~65cm
体重 322~650g

野外识别特征 中型涉禽，为白色鹭类中较纤小者，周身白色。夏羽枕部的饰羽不同于白鹭的两枚，而是由多枚细丝状长冠羽组成丛状，且繁殖期喙呈鲜橙黄色，有别于白鹭同季节的黑色喙。

IUCN红色名录等级　VU

形态特征 全身体羽白色。成鸟夏羽枕部有矛形长冠羽，肩、背和前颈下部具蓑状饰羽；喙橙黄色，眼先淡蓝色，脚黑色，趾黄色。成鸟冬羽无饰羽，喙褐色，下喙基部黄色；眼先黄绿色，脚转为黄绿色；虹膜黄色。

生态习性 栖息于沿海地区的海岸、河口或附近的湖泊、水塘。常单独或小群活动，白天在沿海附近水域或滩涂觅食，夜晚飞到附近的山林里休息。以小鱼为主食，兼食虾、蟹、蝌蚪、昆虫等小型动物。繁殖期在5—7月，成群构巢于近海岸的岩石或树杈上。窝卵数2~4枚，卵淡蓝色，孵化期25天左右，雏鸟晚成。

分布与居留 分布于亚洲东部。在我国繁殖于东北地区、山东半岛至东南沿海，越冬迁徙到我国西沙群岛至东南亚其他国家。在我国大陆基本为夏候鸟。

散开的长冠

牛背鹭 黄头鹭

中文名 牛背鹭
拉丁名 *Bubulcus coromandus*
英文名 Eastern Cattle Egret
分类地位 鹳形目鹭科
体长 46~55cm
体重 300~500g
野外识别特征 中型涉禽。夏
羽头、颈和背上长饰羽为橙棕
色，其余体羽白色。冬羽全身
白色，无饰羽。喙橙黄色，脚
深褐色。常随牛群活动。

IUCN红色名录等级　LC

形态特征　较其他相似鹭类体态显臃肿，站立时有如驼背，飞翔时头紧缩至肩部，颈部向下弯曲形成凸出囊状。成鸟夏羽大体白色，头、颈侧棕橙色，饰羽垂到上胸部；背部中央也披散有发状棕橙色饰羽。成鸟冬羽通体白色，不具有饰羽；虹膜金黄色，喙黄色至橘红色，眼先及眼周皮肤黄色至玫紫色，脚黑色。

生态习性　栖息于低海拔地区的平原、农田、牧场、沼泽等处，成对或成小群活动，喜伴牛活动，常站在牛背上啄食寄生虫，或跟随在耕牛后啄食翻耕出来的土壤昆虫。休息时则站在树杈上，体形似驼背而蹲坐。较活泼，不甚怕人。食物包含蝗虫、蟋蟀、蝼蛄、蚤斯、牛蝇等多种农林害虫。繁殖期在4—7月，成群营巢于树上或竹林中，或与白鹭、夜鹭混群营巢。窝卵数4~9枚，雌雄亲鸟轮流孵化，孵化期21~24天，雏鸟晚成。

分布与居留　分布于亚洲温带地区。在我国长江流域为主分布，为留鸟；长江以北地区繁殖的种群为候鸟，到南方地区越冬。

池鹭 白哇、红毛鹭

中文名 池鹭
拉丁名 *Ardeola bacchus*
英文名 Chinese Pond Heron
分类地位 鹳形目鹭科
体长 37~54cm
体重 200~400g

野外识别特征 中型涉禽，属于较小型鹭类。喙较粗壮，黄色黑尖，脚橙黄色。夏羽头颈至上胸主要为深栗红色，头后栗红色冠羽披至背部；体羽以淡灰色为主，背部有长的暗蓝灰色蓑羽向后延伸至尾端。冬羽头颈至胸白色杂褐色纵纹，背暗褐色，翅白色。

IUCN红色名录等级　LC

形态特征 成鸟夏羽从头部到延伸出的冠羽，以及颈侧、后颈为深栗红色，羽端分枝状披散；肩背部的深蓝灰色羽毛亦为披散的长披针形，延伸至尾；尾短而圆；翼白色；颏、喉及颈前细长区域为白色，下颈长有褐色饰羽垂于胸前，其余下体白色。成鸟冬羽无长饰羽，头颈胸部淡黄白色杂以纵向褐色条纹，其余似夏羽。

生态习性 栖息于湖泊、水塘、沼泽、稻田等湿地及其附近林地，常单独或小群活动，较为大胆。常在水岸边走边觅食。食物包括小型鱼类、虾蟹、蛙类、小蛇及多种农林害虫，也吃少量植物性食物。繁殖期在3—7月，常在水域附近树林里成群营巢，或与牛背鹭、白鹭混群营巢。巢较简陋，窝卵数3枚左右，卵蓝绿色，雏鸟晚成。

分布与居留 分布于东亚温带至亚热带地区。在我国主要繁殖在长江中下游及以南，为留鸟；亦繁殖于东北、华北地区，冬季迁徙至华南。

冬羽

繁殖期

夜鹭 黑哇

中文名 夜鹭
拉丁名 *Nycticorax nycticorax*
英文名 Black-crowned Night Heron
分类地位 鹳形目鹭科
体长 46~60cm
体重 450~750g
野外识别特征 中型涉禽。在鹭类中显得体态粗短憨厚，颈较短，常收缩紧贴身体；嘴黑色尖细，稍下弯；脚黄色显短。头顶至背部深绿灰色，其余上体灰色；下体灰白色，后枕披2~3条细长的白色带状饰羽。

IUCN红色名录等级 LC

形态特征 成鸟额、头顶、枕部后颈至肩背为闪金属光泽的深绿灰色，眉纹白色，贯眼纹黑色，头枕部缀有2~3条细长柔软的白色饰羽，垂至背部；腰至尾羽灰色，翼亦为灰色，尾短圆；额、喉白色，颊、颈侧、胸至胁部浅灰色，腹部白色；虹膜朱红色，喙黑色，眼先裸露部分黄绿色，脚黄色。幼鸟整体麻褐色缀满纵纹，上体暗褐色带浅棕色至白色纵纹，下体亚麻白色缀满枯褐色纵纹，下腹部至尾下覆羽浅棕色。幼鸟虹膜黄色，喙黑色基部带黄绿，脚黄色。

生态习性 栖息于平原至低山的河流、溪水、水库、鱼塘、沼泽等地，夜行性，常于晨昏时集群活动，白天则蛰伏在树林里休息。以鱼、虾、蛙等水生动物为食。繁殖期在4—7月，常成群在高大乔木上筑巢。雌雄亲鸟共同筑巢，窝卵数3~5枚，卵蓝绿色，雌鸟孵卵为主，孵化期21~22天。雏鸟晚成，由双亲共同哺育30余天可离巢。

分布与居留 广泛分布于世界各大洲温带和亚热带地区。在我国繁殖于东南地区的种群主要为留鸟，长江流域以北繁殖的多会南迁越冬。

黄斑苇鳽在捕食

黄斑苇鳽 黄苇鳽、小水骆驼

中文名 黄斑苇鳽
拉丁名 *Ixobrychus sinensis*
英文名 Yellow Bittern
分类地位 鹳形目鹭科
体长 29~38cm
体重 52~103g
野外识别特征 小型鹭类，颈较长而脚稍短，比较常见。主体土黄色杂麻褐色。雄鸟头顶铅黑色，后颈到背褐色，翅覆羽及下体土黄色，翼外缘深褐色。雌鸟类似，但头顶色浅为栗褐色，胸背洒有褐色纵纹。

IUCN红色名录等级　LC

形态特征　雄鸟额、头顶、冠羽至枕铅黑色，头颈其他部分棕白色；背、肩、三级飞羽土黄色，腰到尾上覆羽暗褐色，初级飞羽、次级飞羽和尾羽褐黑色；下体淡土黄色，胸侧泛棕红，下颈基部和上胸带黑褐色斑块，胁部和翼下覆羽皮黄色；虹膜黄色，喙褐黄色，嘴峰偏黑，脚黄色。雌鸟类似，但头顶褐色带深褐色纵纹，胸、背贯有长而连续的茶色纵纹。幼鸟整体颜色较黯淡，缀满较为细碎的深褐色纵纹。绒毛未褪尽的当年幼鸟周身密布驼色绒毛，长颈弯曲，身体憨实，好似骆驼，故土名"水骆驼"。

生态习性　栖息于平原到低山的湖泊、水塘、沼泽、稻田等湿地，尤喜潜伏在开阔水面旁茂密的挺水植物丛中伺机捕鱼，善于攀爬在芦苇等水生植物茎干上，瞬间伸长头颈捕鱼。常于晨昏单独或成对活动。以鱼、虾、蛙、昆虫等为食。繁殖期在5—7月，在浅水处的芦苇丛或草丛中的植物茎干上以苇叶编织造巢。窝卵数4~7枚，卵白色，孵化期约20天，雏鸟晚成，周身密背驼色绒毛。

分布与居留　分布于亚洲东部至东南部。在我国东北、华北、华东、华南、华中、西南多地均有繁殖，除华南地区为留鸟，其他地区种群均为夏候鸟。

紫背苇鳽 紫小水骆驼

中文名 紫背苇鳽
拉丁名 *Ixobrychus eurhythmus*
英文名 Schrenck's Bittern
分类地位 鹳形目鹭科
体长 29~39cm
体重 123~160g
野外识别特征 小型鹭类，外形似黄苇鳽而略大。在鹭类中显得颈、脚较短，翼宽圆。雄鸟站立时上体深紫栗色，下体淡土灰色，喉部贯有棕栗色纵纹；飞翔时可见翼上覆羽土黄色，飞羽黑色。雌鸟背部缀满醒目的星状白斑，下体布满明显的褐色纵纹。

IUCN红色名录等级　LC

形态特征 雄鸟头顶暗紫褐色，后枕、后颈、背部到尾上覆羽为紫栗色；翼上覆羽土灰黄色，飞羽和尾羽黑褐色；下体土黄色，颏、喉部稍白，前颈有一条紫褐色纵纹贯穿到胸部中央，胸侧有黑褐色斑块；虹膜黄色，喙、眼先皮黄色，嘴峰黑色，脚黄绿色。雌鸟上体深栗色，背部有星状白斑；下体土黄色，缀满深褐色纵纹。幼鸟似雌鸟而色暗，纵纹更多。

生态习性 栖息于开阔平原上邻近水源的草地或农田，一般单只或成对活动。晨昏活动，白昼隐匿于密草丛中。以鱼、虾、蛙、昆虫等为食。繁殖期在5—7月。营巢于湿地中茂盛的湿生植物丛中。窝卵数3~5枚，卵乳白至淡绿色，雏鸟晚成。

分布与居留 繁殖于东亚，越冬于东南亚地区。在我国繁殖于东北、华北、华东、华中乃至华南部分地区，迁徙期见于海南岛和台湾岛。

栗苇鳽 红小水骆驼

中文名 栗苇鳽
拉丁名 *Ixobrychus cinnamomeus*
英文名 Cinnamon Bittern
分类地位 鹳形目鹭科
体长 30~38cm
体重 125~170g
野外识别特征 小型鹭类，外形和紫背苇鳽相似。英文名即"肉桂色苇鳽"的意思。雄鸟上体栗红色，下体淡栗色，前颈有一深褐色纵纹，胸侧带黑白斑点。雌鸟上体暗褐栗色杂白斑，下体土黄色带褐色纵纹。

IUCN红色名录等级　LC

形态特征 雄鸟上体为均匀的栗红色，头顶、肩、背色泽稍深，泛紫色光泽；肩部缀少量的黑色白缘鳞状覆羽；下体淡肉桂色，前颈中央一条深褐色纵纹贯穿至胸部。雌鸟上体暗栗红色，背部缀以细碎白斑；下体淡棕黄色，纵贯数条褐纹。幼鸟似雌鸟，但整体偏暗褐色而少栗色，多纵纹。

生态习性 栖息于溪流、水塘、沼泽、水田等湿地，夜行性，喜隐匿在繁茂的水生植物或濒水丛林中，晨昏较活跃。性机警而胆小，少飞翔，一般躲在隐秘的草丛中行走觅食。以小鱼、黄鳝、蛙及其他水生动物为食，兼食少量植物。繁殖期在4—7月，于水边芦苇丛中营巢，窝卵数3~6枚，卵白色，雏鸟晚成。

分布与居留 分布于东亚、东南亚、南亚。在我国辽东半岛、华北、华中、西南等地区繁殖，为夏候鸟；少部分在华南沿海繁殖的种群为留鸟。

大麻鳽 水骆驼

中文名 大麻鳽
拉丁名 *Botaurus stellaris*
英文名 Eurasian Bittern
分类地位 鹳形目鹭科
体长 59~77cm
体重 400~975g
野外识别特征 大型鹭类，身形粗胖，喙、颈、脚较其他鹭类短粗。周身土褐色密布深褐色纵纹，头顶黑，背深褐色密布皮黄斑纹，腹淡褐色带深色纵纹。

IUCN红色名录等级 LC

形态特征 成鸟额、头顶到枕部黑色，背和肩黑褐色带麻黄色锯齿状斑纹，其余上体皮黄色具黑褐斑；飞羽红褐色，具黑色波浪状大端斑；下体淡褐黄色，杂以深褐色虫蠹斑；虹膜黄色，喙黄绿色，嘴峰黑褐色，脚黄绿色。幼鸟似成体，但整体较灰暗，头顶偏褐色。

生态习性 栖息于山地丘陵到山麓平原处的水域或湿地。繁殖期成对活动，其他时间单独活动，隐藏在茂密的芦苇丛或草丛中，晨昏和夜间活动。以鱼、虾、蟹、螺、蛙、水生昆虫等为食。繁殖期在5—7月，求偶时雄鸟常以空气充满喉部，鼓动气囊而发出重复的低沉鸣声以吸引雌鸟。窝卵数4~6枚，卵橄榄褐色，主要由雌鸟孵化，孵化期25~26天。雏鸟晚成，由雌雄亲鸟共同喂养45~60天方可离巢。

分布与居留 广泛分布于欧亚大陆。在我国繁殖于新疆、内蒙古、东北和华北部分地区，越冬于长江中下游、华南和西南地区。

黑鹳

中文名 黑鹳
拉丁名 *Ciconia nigra*
英文名 Black Stork
分类地位 鹳形目鹳科
体长 100~120cm
体重 2000~3000g
野外识别特征 大型涉禽，体形壮大，喙长而强，颈、脚修长。上体黑色，下体白色，喙、脚红色。

IUCN红色名录等级 LC
国家一级保护动物

形态特征 成鸟喙长而直，基部粗壮，先端尖锐；鼻孔小，呈裂缝状；上体黑色，头侧和枕后略带红铜色光泽，颈侧和前颈在阳光下呈绿紫色金属光泽，背、肩、翼泛金属紫色；尾短圆；下体颏、喉、颈至上胸为黑色，前颈下部羽毛延长，形成蓬松的颈领，且求偶或御寒时可以竖立起来；下胸、腹部、尾下覆羽和胁部为白色；虹膜黑褐色，喙、眼周和脚朱红色。幼鸟头、颈、上胸为褐色杂棕斑，其余上体亦偏褐色；下体胸腹部白色沾棕灰，喙、脚灰褐色至橙红色。

生态习性 栖息于偏僻的山林及开阔地，常出没于溪流等水源附近。一般单独或成对活动，偶尔集小群，性警觉。善飞行，需助跑一段起飞，飞翔时鼓翼从容有力，并能够借助气流翱翔盘旋。以淡水小鱼为主食，兼食多种水生动物、昆虫、软体动物及陆地小型脊椎动物。繁殖期在4—7月，通常营巢于溪流两岸人烟稀少且峭耸的悬崖岩壁上，会重复修缮使用往年成功繁殖过的旧巢。窝卵数4~5枚，卵白色，前期雌雄亲鸟轮换孵卵，后期主要由雌鸟孵卵。孵化期33~34天。雏鸟晚成，需由双亲共同喂养约70天后方可在巢区附近活动飞行，百日后方可离巢远距离活动。3~4年性成熟，寿命可达二三十年。

分布与居留 分布于欧亚大陆至非洲。在我国繁殖于新疆、青海、甘肃、内蒙古至东北地区，亦见于华北地区、陕西、山西等地；越冬于河南、河北、山西及陕南、华中、西南、华南等地。

白鹳

中文名 白鹳
拉丁名 *Ciconia ciconia*
英文名 White Stork
分类地位 鹳形目鹳科
体长 100~115cm
体重 2000~4000g
野外识别特征 大型涉
禽，体形壮硕，主体白
色，翼外缘黑色，喙、
脚朱红色。

IUCN红色名录等级 LC
国家一级保护动物

形态特征 成鸟喙长而粗直，颈、脚亦长而直挺；全身白色为主；翼上小覆羽、大覆羽、初级覆羽黑色，初级飞羽黑色，基部白色，次级飞羽和三级飞羽亦为黑色，泛有暗紫绿色金属光泽；前颈下部和胸部羽毛披针状下垂；虹膜黑褐色，眼周裸露皮肤黑色形成"凤眼"状；喙、脚朱红色。雏鸟全身密被白色绒羽，喙黑色。幼鸟似成鸟，但黑色部分偏褐色，喙和喉部裸露皮肤为黑色。

生态习性 栖息于开阔平原和草地，常活动于靠近溪流、水塘、沼泽等流速缓慢的湿地附近，喜成群生活。起飞时需要助跑并扇翅以获得升力。飞行时头颈前伸，两脚后蹬。不仅善于在高空慢速鼓翼飞行，也善于滑翔。以陆栖和水生小型动物为食。饱食后休息时常在地上以单脚站立，有时把喙插入胸前羽毛中取暖。求偶或警戒时会用上下喙急速相互拍打，发出连续的"哒哒哒哒"声。在我国繁殖期在3—5月，通常在树木或人类建筑上营巢。西方民间传说中白鹳衔子的说法也体现出白鹳伴人而居的特性。常集中营巢，喜多年重复修缮使用旧巢，并且喜欢在出生地附近筑巢。营巢时雄鸟寻觅巢材，雌鸟搭建。窝卵数3~5枚。雌雄亲鸟共同孵化哺育，孵化期约33天。雏鸟晚成，90天后才能飞翔，3~5年方可性成熟，寿命可达30余年。

分布与居留 分布于欧洲、西亚、中亚、西南亚和非洲。在我国繁殖于新疆西部，越冬时则迁往阿富汗和印度。根据文献可推断，古代白鹳在我国的中原地区很普遍，但现在基本只分布在新疆。

东方白鹳

中文名 东方白鹳
拉丁名 *Ciconia boyciana*
英文名 Oriental White Stork
分类地位 鹳形目鹳科
体长 110~128cm
体重 3950~4500g
野外识别特征 大型涉禽，外观类似于白鹳，但喙为黑色，体形稍大。

IUCN红色名录等级 EN
（濒危物种）
国家一级保护动物

形态特征 成鸟喙粗长而直，颈、脚长直；全身大体为白色，翼上大覆羽、初次覆羽、初级飞羽和二级飞羽为带有金属紫绿色的黑色，初级飞羽基部白色，内侧银灰色；前颈下方和胸部具有披针状长羽毛，求偶时可立起；虹膜淡青灰色；眼周和眼先的"凤眼"形裸露区域和喉部裸露皮肤为朱红色；喙黑色；胫下部裸露，脚为珊瑚红色。幼鸟类似，但飞羽黑色部分较淡偏褐色，金属光泽也较弱。

生态习性 栖息于开阔偏僻的平原、草地或沼泽。繁殖期成对，其他季节集群活动。善飞行和滑翔，起飞时需要助跑。性机警而避人，受到入侵时常快速敲击上下喙，发出连续的"哒哒哒哒"声，并摆动头颈，张开翅、尾警示。主要吃小型陆生和水生动物，也吃少量植物。繁殖期在4—6月，在僻静的树丛中筑巢，雌雄鸟共同筑巢，喜修缮利用旧巢。窝卵数4~6枚，卵白色，雌鸟孵卵为主，雄鸟亦参与孵卵，孵化期31~34天。雏鸟晚成，经双亲共同喂养约60天才能离巢活动。多年性成熟，寿命可达40年以上。

分布与居留 分布于亚洲东部。在我国繁殖于黑龙江、吉林等地；越冬于江西、湖南、湖北、安徽、江苏等省，偶至华中、华南其他地区；迁徙路过辽宁、河北、京津、山东等地。

朱鹮

中文名 朱鹮（huán）
拉丁名 *Nipponia nippon*
英文名 Crested Ibis
分类地位 鹳形目鹮科
体长 67~79cm
体重 1465~1885g
野外识别特征 中型涉禽，颈长脚短，体丰尾短，黑色的喙细长且弧形向下弯曲；头后披白色冠羽，周身羽毛白色缀珊瑚粉色，繁殖期沾灰色；脸和脚呈鲜艳的朱红色。

IUCN红色名录等级　EN
国家一级保护动物
中国特有鸟种

形态特征 成鸟非繁殖期主要体羽为白色缀有橘粉红色，翼下、尾下亦沾嫩粉红色，飞行时明显；头后枕部数枚矛状羽毛延长形成松散的冠状；虹膜橙红色，喙黑色，喙尖沾红，嘴基至脸部裸露区域呈鲜艳的朱红色，脚亦为朱红色。繁殖期类似，但体羽粉色稍淡，头颈、上背部沾有烟灰色。雏鸟被绒毛，上体淡灰色，下体白色，脚橙红色。幼鸟脸部裸露，皮肤橙黄色，两颊被绒毛；体羽泛灰带玫红色光泽；初级飞羽黑褐色，虹膜淡黄色，脚褐色。

生态习性 栖息于温带山地森林和丘陵地带的邻近水源处。性孤僻，单独或成小群活动。以小鱼、泥鳅、虾、蟹、蛙、昆虫及其他小型动物为食，以长喙探入水滨泥淖中探寻食物。繁殖期在3—5月，营巢于僻静林地的高大乔木上。窝卵数通常3枚，卵灰蓝色带褐色斑点，雌雄亲鸟共同孵化，孵化期28~30天。雏鸟晚成，经双亲喂养45~50天可飞翔，再过30天可远离巢区活动。3年左右性成熟，寿命可达17年。

分布与居留 曾广泛分布于我国东北、华北、陕西等地，以及国外的俄罗斯、朝鲜和日本等地，但现在已经濒临灭绝，目前仅分布于我国陕西洋县。

白琵鹭

中文名 白琵鹭
拉丁名 *Platalea leucorodia*
英文名 White Spoonbill
分类地位 鹳形目鹮科
体长 74~95cm
体重 1940~2175g
野外识别特征 中型涉禽,通体白色为主,喙、脚黑色。喙形特殊,长直而扁平,前端横向扩大如琵琶形,先端黄色。繁殖期带浅橙黄色颈环,枕后披丝状冠羽。

IUCN红色名录等级 LC
国家二级保护动物

形态特征 成鸟喙长而直,上下扁平,先端膨大呈琵琶形,喙表面带密集的横向条纹;夏羽绝大部分白色,头后枕部披散有沾浅金色的丝状冠羽,前颈下部晕染玉黄色;虹膜暗黄色;喙黑色,先端黄色;眼周、眼先、脸、喉部裸露皮肤黄色;脚黑色。幼鸟全身白色,只有翼尖四枚初级飞羽端部稍带黑褐色,飞翔时可见。

生态习性 栖息于平原至山地的湖泊、河流、水库、沼泽等湿地,尤喜在河口冲击滩等淤泥或细沙质的滩涂边活动觅食。常成群活动,休息时在水边呈"一"字排开站立,机警怕人。觅食时在浅水滩涂处边走边左右摆动头颈,微张开嘴用喙的前端探入水底搜寻,触到食物即合嘴捕食。有时亦偏头张着嘴,在水中拖着长喙小跑着觅食。以虾、蟹、蛙、软体类、水生昆虫为食。繁殖期在5—7月,集群营巢,或与其他涉禽混群营巢在有茂密水草丛的滩涂。常重复使用旧巢位,雌雄亲鸟共同营巢、孵化、育雏。窝卵数3~4枚,孵化期24~25天。雏鸟晚成,需约50天后才能飞翔,并再由亲鸟喂食一段时间才能独立生活。

分布与居留 繁殖于欧洲、北非、印度、斯里兰卡等地,越冬于波斯湾、东亚等地区。在我国繁殖于东北、华北、甘肃、西藏等地,越冬于华东、华南沿海地区。

飞羽端部稍带黑褐色,
飞翔时可见。

# 黑脸琵鹭

中文名 黑脸琵鹭
拉丁名 *Platalea minor*
英文名 Black-faced Spoonbill
分类地位 鹳形目鹮科
体长 60~78cm
体重 约1250g
野外识别特征 中型涉禽，形似
白琵鹭而小。脸至喉部全为一体
的黑色，喙先端无明显的黄斑，
有别于白琵鹭。

IUCN红色名录等级　EN
国家二级保护动物

形态特征 成鸟体羽白色，喙长直而扁平，先端膨大呈琵琶状，表面带
横向斑纹；头部的嘴基到额、脸、眼先、眼周以及喉部为连成一体的黑
色裸露区域；虹膜深红色，喙黑色，脚黑色。成鸟繁殖期头后枕部有丝
状淡金色冠羽，前颈基部至上胸有淡橙黄色颈环；非繁殖期冠羽不明显
且色淡，无颈环。幼鸟似成鸟非繁殖羽，但喙偏褐色，先端渐浅色，初
级飞羽外缘端部黑色。

生态习性 栖息于湖泊、水塘、沼泽、河口至沿海滩涂的芦苇沼泽地
带，常单独或成小群活动于海边潮间带的红树林等浅水处，性机警避
人。以小型鱼、虾、蟹、软体动物、水生昆虫为食，捕食方式类似白琵
鹭，在浅水中一边行走一边微张开嘴，把喙前端探入水底，左右摆动
扫探食物。繁殖期在5—7月，常2~3对一起营巢于水边崖壁或水中小岛
上。窝卵数4~6枚，卵白色带褐斑。雏鸟晚成。

分布与居留 繁殖于朝鲜半岛北部，越冬南迁。在我国一般为冬候鸟，
越冬于湖南、贵州、广东、福建、海南、香港、台湾、澎湖列岛等地；
迁徙期间见于辽宁、北京、河北、山东等地；少数在福建为留鸟。

疣鼻天鹅 哑声天鹅

中文名 疣鼻天鹅
拉丁名 *Cygnus olor*
英文名 Mute Swan
分类地位 雁形目鸭科
体长 130~155cm
体重 ♂9650~10000g,
　　　♀6750~8750g
野外识别特征 大型游禽，体羽全白，喙橘红色，前额具黑色疣状突起。游泳时翅喜隆起，尾较其他天鹅显得尖长；飞翔时不鸣叫，兴奋时会发出特殊的嘶哑叫声。

IUCN红色名录等级　LC
国家一级保护动物

形态特征 雄鸟体羽洁白，头颈部略沾淡金棕色；眼先裸露，和嘴基、嘴缘以及前额的疣状突起形成一体的黑色区域；喙橘红色，先端略浅，喙尖黑色和喙缘黑色连接；虹膜棕褐色，蹼足黑色。雌鸟和雄鸟体色相近，体形略小，前额疣状突出较平。雏鸟密被灰色绒毛，喙黑色，疣状突基本不可见，脚灰色。第一年幼鸟体羽淡灰色，上体灰褐色偏深，喙为均匀的黑灰色，疣状突不明显。第二年幼鸟体色增白，头颈、背部、翅上沾有不均匀的灰色，喙缘和眼先的黑色区域开始明显，喙渐渐由灰泛红。3年性成熟。

生态习性 栖息在水草丰盛的湖泊、河流、水塘、沼泽和海湾，常成对或家族活动，性机警。主要在水面活动，游泳时隆起双翼，头颈弯曲成"2"字型，优雅而娴静。起飞时需要在水面踏水助跑，双翅拍动水面，才能获得助力起飞。飞行时头颈前伸，脚后伸，两翼鼓动缓慢而从容。以水生植物和小型水生动物为食。繁殖期在3—5月，配对一般固定不换，求偶时雌雄鸟在水面上相对，彼此用头喙频繁点水，一起游泳，然后雄鸟用颈部缠住雌鸟颈部，爬到雌鸟背上进行交配。交配后雌雄鸟一起游泳，并发出独特的沙哑叫声，故英文名意为"哑声天鹅"。营巢于僻静而茂密的水生植物丛中，主巢供雌鸟产卵用，辅巢供雄鸟夜宿，主辅巢间踏出通道相连。窝卵数5~6枚，由雌鸟孵化，雄鸟警戒。孵化期约35天。雏鸟早成，孵出后不久即可下水活动，但受到亲鸟呵护，夜晚亦归巢过夜，需要120~150天才能飞行。

分布与居留 繁殖于北欧、俄罗斯、中亚、蒙古和我国西北部地区，越冬于非洲北部、地中海、黑海、印度、朝鲜、日本和我国东南沿海，迁徙经过我国东北、华北和山东等地。目前亦被引进到北美和大洋洲。

大天鹅 黄嘴天鹅

中文名 大天鹅
拉丁名 *Cygnus cygnus*
英文名 Whooper Swan
分类地位 雁形目鸭科
体长 120~160cm
体重 ♂7000~10000g，
　　 ♀6500~9000g
野外识别特征 大型游禽，全身洁
白，喙前部黑色，嘴基至眼先黄
色。颈较长，游泳时颈部直立，
两翼收拢紧贴身体，身体前端较
后端更多沉入水中。

IUCN红色名录等级　LC

形态特征 雄鸟全身洁白，头部微沾棕黄，颈修长，喙较粗壮，喙尖黑
色，基部黄色，黄色区域自鼻孔下延伸至眼先裸露区域；虹膜暗褐色，
蹼足黑色。雌鸟和雄鸟体色相似而体形较小。雏鸟周身为浅灰色绒毛，
喙基浅色区域为肉色。第一年幼鸟体羽偏灰，上体较深，头部、背部渐
变为较深的烟灰色，带有白眼圈，喙基浅色区域淡黄。第二年幼鸟体色
转白，头颈部仍泛浅灰色，喙基黄色渐显。第三年幼鸟基本类似成鸟，
头颈部仍稍沾灰色。体征达到成年并性成熟需4年以上。

生态习性 栖息于开阔、流速缓慢、水草丰富的湖泊、海湾等浅水域。
繁殖期成对活动，其他时节常家族式或成大群活动。性警戒，常远离岸
边，游弋在开阔水面。善游泳，游泳时昂首挺颈。由于体形硕大起飞条
件苛刻，需要长距离水面助跑和拍翼，故一般情况不起飞。常在休息、
游泳或飞翔时鸣叫，叫声此起彼伏，低音有如喇叭声，高音则高亢悠
然，故英文名意为"高声天鹅"。主食水生植物的根茎叶等部分，善用
喙挖掘，也吃少量的农作物和动物性食物。繁殖期在5—6月，配偶固
定，常维持终生。雌鸟营巢，在开阔湖边的芦苇丛中以芦苇、苔藓、羽
毛等多种材料营造庞大的巢。窝卵数一般4~5枚，卵白色，大如拳，雌
鸟孵化，雄鸟警戒，孵化期35~40天。雏鸟早成，但成长缓慢。4年性
成熟。

分布与居留 繁殖于冰岛和欧亚大陆北部，越冬于欧亚大陆温带地区。
在我国繁殖于新疆、内蒙古及东北，越冬于山东沿海、华北部分地区、
长江、黄河中下游及东南沿海和台湾。

小天鹅

中文名 小天鹅
拉丁名 *Cygnus columbianus*
英文名 Tundra Swan
　　　　（Whistling Swan）
分类地位 雁形目鸭科
体长 110~135cm
体重 4510~7000g
野外识别特征 大型游禽，形态似
大天鹅而比之明显短小。颈、喙较
大天鹅短小，喙基黄色区域亦小，
不超过鼻孔。

IUCN红色名录等级 LC

形态特征 成鸟全身雪白，仅头颈微微沾棕色；喙黑色，眼先至上喙基部黄色区域较小，不超过鼻孔；虹膜深褐色，蹼足黑色。雏鸟被灰色绒毛。第一年幼鸟体羽灰色，喙基肉色；往后逐年灰色减退，喙基黄色渐显。3年以上性成熟。

生态习性 栖息于开阔的湖面、水塘、苔原沼泽等地。除繁殖期外常成群活动，亦与大天鹅混群。有时也出现在农田，但谨慎避人。主食水生植物，也吃少量的小型水生动物和农作物幼苗、谷物。小天鹅鸣声清脆似哨声，英文名意为"苔原天鹅"或"哨声天鹅"，可见其栖息习性和叫声特点。繁殖于北极苔原冻土带，繁殖期在6—7月。筑巢于湖泊边苔原的土丘上，主要由雌鸟营巢，会重复修缮使用旧巢。窝卵数2~5枚，雌鸟孵化，雄鸟警戒，孵化期29~30天。雏鸟早成，40~45天即可飞行。

分布与居留 繁殖于欧亚大陆和北美洲的极北部，8月末开始逐步迁徙到温带越冬。在我国属冬候鸟，一般于长江中下游、东南沿海和台湾越冬，通常于11月初至11月末于该地居留。

鸿雁 大雁

中文名 鸿雁
拉丁名 *Anser cygnoides*
英文名 Swan Goose
分类地位 雁形目鸭科
体长 约90cm
体重 2800~4250g
野外识别特征 大型游禽，体色棕褐，头顶至后颈深褐色，前颈白色，额部具褐色疣状突起。

IUCN红色名录等级 VU

形态特征 雄鸟从额、头顶到后颈为深褐色，额部具同样褐色的夸张疣状突，额基与嘴之间有一道棕白色细纹，头侧、颏、喉部淡褐色，嘴裂各有两条棕褐色颚纹；其余上体基本为深灰褐色，羽缘泛白，形成波状斑纹；尾上覆羽为白色；前颈和颈侧白色，至胸部渐变为肉桂色，再渐变至胁部的灰褐色带白色波状羽缘；下腹部至尾下覆羽纯白色；虹膜红褐色至金黄色，喙黑色，脚橙黄色或肉红色。雌雄同色，雌鸟略小，额前疣状突较平。幼鸟上体灰褐色，上喙基部无白纹。

生态习性 鸿雁是家鹅的祖先，历史上曾在我国广泛分布并大量繁殖，也形成了特色文化而广为人知，但现在由于栖息地的破坏已经数量锐减，需要受到重视和保护。鸿雁栖息于平原和草地上的湖泊、水塘、沼泽等水草丰茂的湿地，常成大群活动，善游泳和飞翔。飞行时排成"一"或"人"字形，常边飞边叫，鸣声洪亮而悠长。常在黄昏时结群飞往觅食地，清晨返回湖泊休息。以多种草本植物为食，也吃小型动物和农作物。繁殖期在4—6月。在僻静的荒滩草丛中营巢，窝卵数5~6枚，雌鸟孵化，雄鸟警戒，孵化期28~30天。雏鸟早成，需2~3年性成熟。换羽期6月中下旬至7月下旬，此期间飞羽同时脱换，在一定时间内丧失飞行能力，故繁殖期及换羽期要特别注重对其种群及栖息地加强保护。

分布与居留 分布于亚洲东部寒温带地区。在我国东北及内蒙古地区繁殖，迁徙至长江中下游地区越冬。

豆雁

中文名 豆雁
拉丁名 *Anser fabalis*
英文名 Bean Goose
分类地位 雁形目鸭科
体长 69~80cm
体重 2200~4100g
野外识别特征 大型雁类，体形较鸿雁略小，上体棕灰，下体污白，喙黑褐色带橘色斑。

IUCN红色名录等级 LC

形态特征 成鸟头、颈、背灰褐色，带淡黄色羽缘；尾上覆羽白色，尾羽黑褐色带白端，故飞行伸展时可见尾基和尾端各有一条白色弧线；翼上覆羽灰褐色，初级覆羽深黑灰色带黄白色羽缘，形成白色细横纹；初级飞羽和次级飞羽黑褐色，三级飞羽灰褐色；下体前颈、胸淡灰褐色，带细密的浅色横纹；两胁灰褐色带浅色横纹；腹部污白色，尾下覆羽白色；虹膜褐色，喙黑褐色带橘黄色斑块，蹼足橙黄色。

生态习性 栖息于苔原地带、平原草地或森林湖泊，喜成群活动。迁徙季节成大群排队飞行，领飞的头鸟加速时，队列呈"人"字形；减速时队列呈"一"字形。栖息时常和鸿雁混群，性机警避人，夜宿时亦有一至数只警卫。以植物为主食，繁殖期主要吃苔藓、地衣、植物嫩芽和少量动物性食物，越冬期吃陆地植物的种子和根茎。繁殖期在5—7月，配偶较为稳定。在偏僻的苔原沼泽地带营巢，窝卵数3~4枚，雌鸟孵化，雄鸟警戒，孵化期25~29天。雏鸟早成，孵出不久即可跟随亲鸟活动，需3年性成熟。成鸟7月中旬至8月中旬换羽，此期间丧失飞行能力。

分布与居留 繁殖于欧洲北部、西伯利亚、冰岛和格陵兰岛等地，在西欧、西亚、东亚越冬。在我国为冬候鸟，越冬于长江中下游和东南沿海地区，迁徙经过东北、华北、内蒙古、甘肃、新疆、青海等地。

白额雁

中文名 白额雁
拉丁名 *Anser albifrons*
英文名 White-fronted Goose
分类地位 雁形目鸭科
体长 64~80cm
体重 2100~3500g
野外识别特征 大型雁类，体形大小和豆雁类似。上体灰褐色为主，下体灰白色杂有数道黑色横斑。上喙基部有一明显白斑至额部，且微微隆起。

IUCN红色名录等级 LC

形态特征 成鸟上喙基部至额具一带状宽白斑，和头部交接处为黑色边缘；头顶至后颈深褐色，肩、背至腰灰褐色带浅黄色羽缘，形成细密的浅色横纹；尾上覆羽白色，尾羽黑褐色具白色端斑；翼上覆羽暗褐色，初级飞羽和次级飞羽黑褐色带白色羽轴，翼其他部分灰褐色；颏暗褐色，先端带一小白斑；前颈、头侧和上胸灰褐色杂细碎小横纹；胸部渐淡，至腹部和尾下覆羽呈污白色，带有数条不规则的黑褐色横向斑纹；两胁灰褐色带白色波状横纹，站立或游泳时可见胁部和翼间有道白色的细分界线；虹膜褐色，喙肉色，蹼足橄榄黄色。幼鸟似成鸟，但额上白斑小或无，腹部黑斑细碎。

生态习性 繁殖于北极苔原的湿地，越冬栖息于温带的开阔湖面或海湾，以及附近的平原、沼泽等地，但觅食和休息多在水域附近陆地上。喜成小群活动，飞行时排成"一"字或"人"字形。以陆地植物为主食。繁殖期在6—7月，配偶较为稳定。在苔原的近水高地上筑巢，一般不利用旧巢。繁殖期间上一年的幼鸟方离开亲鸟，在附近苔原漫游。窝卵数4~5枚，由雌鸟经26~28天孵化。雏鸟早成，约45天后即可飞行，届时成鸟集中换羽，并在此期间暂时失去飞行能力。

分布与居留 繁殖于欧亚大陆和北美洲的极北地区，越冬于温带地区。在我国冬候于长江中下游和东南沿海及台湾，迁徙时见于东北、华北、西北等地。

小白额雁

中文名 小白额雁
拉丁名 *Anser erythropus*
英文名 Lesser White-fronted Goose
分类地位 雁形目鸭科
体长 56~60cm
体重 1440~1750g
野外识别特征 中型雁类，形似白额雁而较小，喙、颈、脚亦短，体色偏深。额部白斑比白额雁更加明显突出，眼周具有明显的金黄色眼圈。

IUCN红色名录等级 VU

形态特征 成鸟喙基至额白色且微突出，直至头顶，白斑后缘黑色；头顶至上背深褐色，尾上覆羽白色，尾羽黑褐色带白端斑；翼外侧黑褐色，内侧暗褐色；上体均具浅黄色细羽缘；颈侧和后颈形成细密的浅色斜纵纹；下体额部前端具一小白斑，额、颈至胸部灰褐色带白色细横纹，腹部白色带不规则黑斑，胁部泛肉桂色带横纹；虹膜褐色，眼圈金黄色；喙肉红色，嘴甲淡白色；蹼足橄榄黄色。

生态习性 栖息于北极苔原和亚北极地区的山溪、沼泽、林地，越冬和迁徙集中栖息于开阔水面或草原。喜成群活动，白天在草原或农田成群觅食，夜晚常漂浮在水中过夜。善游泳和潜水，陆地行动亦敏捷，性谨慎。飞行时有时编队，有时杂乱无章，常边飞边叫。以多种陆地植物和农作物为主食。繁殖期在6—7月。在极地靠近水源的苔原地上筑巢，窝卵数4~5枚，卵淡黄色，雌鸟孵卵，雄鸟警戒，孵化期约25天。雏鸟早成，2~3年性成熟。

分布与居留 繁殖于欧亚大陆的极北地区，越冬于欧洲东南、地中海、中亚、印度至东亚。在我国长江中下游、东南沿海和台湾越冬，迁徙时路过我国东北、内蒙古、华北、山东等地。

灰雁

中文名 灰雁
拉丁名 *Anser anser*
英文名 Greylag Goose
分类地位 雁形目鸭科
体长 70~90cm
体重 2100~3750g
野外识别特征 大型雁类，体肥大，上体灰褐色，下体污白色，喙、脚肉色，为我国雁类中羽色最浅者。

IUCN红色名录等级 LC

形态特征 雄鸟头顶到后颈褐色，嘴基有一白色窄条纹，繁殖期间锈黄色；背和肩灰褐色带棕白色羽缘，腰灰色，尾上覆羽白色，尾羽褐色具白色端斑，最外一对尾羽全白色；翼灰褐色；颏、喉、颈至上胸淡灰色，胸腹部污白色带不规则暗褐斑，尾下覆羽白色，胁部灰色带白色细缘；虹膜褐色，喙肉红色，蹼足肉色。雌鸟同色，体形稍小。幼鸟上体暗灰褐色，胸腹部无黑斑，胁缘无白边。

生态习性 栖息于富有水草的湖泊、水库、河口、沼泽等淡水水域，除繁殖期外成群活动。在陆地和水上均行动敏捷谨慎，飞行时排成"一"字或"人"字形阵列。常在同一区域白天觅食，夜晚休息。以多种水生和陆生植物为食，兼食小型动物和农作物。繁殖期在4—6月。在偏僻的沼泽地草丛中成小群筑巢，雌雄亲鸟共同营巢。窝卵数4~5枚，雌鸟孵化，雄鸟警戒，孵化期27~29天。雏鸟早成，2~3年性成熟。成鸟于6月中旬集中换羽。

分布与居留 繁殖于欧洲北部、西亚、中亚至我国西部和北部，越冬于欧洲南部、非洲北部、中东、印度及我国东南部。

斑头雁

中文名 斑头雁
拉丁名 *Anser indicus*
英文名 Bar-headed Goose
分类地位 雁形目鸭科
体长 62~85cm
体重 1600~3000g
野外识别特征 中型雁类，体色浅灰，前后颈深灰色，头侧及颈侧白色，眼后及枕部具有两条黑色横斑，喙和脚橙黄色。

IUCN红色名录等级 LC

形态特征 雄鸟头顶白色，头顶后部有两道横向黑斑，第一道较长，自头顶稍后延伸至两眼，第二道较短，位于枕部；头部白色自颈部两侧成窄条状向下延伸，在颈侧各形成一条清晰的白色纵纹；后颈浓烟灰色渐变为暗褐色，背部淡灰色带浅棕色羽缘，腰及尾上覆羽白色，尾羽灰褐色带白色端斑；颏、喉污白色与头部的白色区域连接，前颈同后颈呈烟灰渐变暗褐色，胸至上腹灰色，下腹到尾下覆羽污白色，胁部灰色具棕色端斑；虹膜深褐色，喙橙黄色，嘴甲黑色，蹼足为相同的橙黄色。雌鸟同雄鸟而略小。幼鸟头部白色部分沾污黑，颈部为棕褐色，颈侧无白纵纹，胁部端斑不明显。

生态习性 繁殖季栖息于高原湖泊，尤喜咸水湖。善飞行，性机警，常成群活动，随迁徙而集群增大。晨昏觅食，以禾本科植物为食，兼食小型无脊椎动物。4月进入繁殖期，在人迹罕至的湖畔或湖中小岛上集群营巢，以雌鸟为主筑巢。窝卵数4~6枚，雌鸟孵化，雄鸟守卫，孵化期28~30天。雏鸟早成，出壳后不久即可奔跑活动。

分布与居留 分布于中亚至东亚。在我国繁殖于西北高原，常见于青海湖鸟岛等地；越冬于长江流域以南地区。

赤麻鸭

中文名 赤麻鸭
拉丁名 *Tadorna ferruginea*
英文名 Ruddy Shelduck
分类地位 雁形目鸭科
体长 51~68cm
体重 969~1689g
野外识别特征 大型鸭类，比家鸭稍大，主体红褐色，翼上带白斑和铜绿色翼镜，喙、脚和尾黑色，雄鸟繁殖季具一黑色颈环。

IUCN红色名录等级　LC

形态特征 雄鸟头部棕白色，颈淡棕黄色，繁殖期具一黑色细颈环；肩、背、腰赤黄褐色，尾上覆羽棕白色，尾羽黑色；翼上覆羽白色，小翼羽和初级飞羽黑褐色，次级飞羽外翈（xiá）暗铜绿色，形成泛金属光泽的翼镜；下体棕黄色，胸部和胁部颜色浓，近似背部颜色，腋羽和翼下覆羽棕白色；站立或游泳时躯体为一致的赤褐色，飞翔时可见外侧的白斑和绿翼镜，或者内侧的白色覆羽；虹膜褐色，喙和蹼足黑色。雌鸟类似，色稍淡，颈基不具黑环。幼鸟似雌鸟且略黯淡。

生态习性 栖息于平原地带的淡水湖泊、江河、沼泽及附近草原，偶见于海边河口或咸水湖。性机警，家族式集群生活。主食水生植物、农作物和少量小型动物。喜黄昏时结群觅食。繁殖期在4—6月，营巢于草原上的土洞中，窝卵数8~10枚，卵淡黄色，由雌鸟孵化，雄鸟警戒，孵化期27~30天。雏鸟早成，约50天后可飞行，两年性成熟。

分布与居留 分布于欧亚大陆至非洲北部。在我国繁殖于东北和西北等地区，在东北南部、华北至长江流域越冬。

翘鼻麻鸭

中文名 翘鼻麻鸭
拉丁名 *Tadorna tadorna*
英文名 Common Shelduck
分类地位 雁形目鸭科
体长 52~63cm
体重 500~1750g

野外识别特征 大型鸭类，体形比赤麻鸭稍小。头颈黑色，躯体主要为白色，自背至胸有一条宽栗色环带，腹中央有一黑色条带，肩和尾黑色，翼上有绿色翼镜。雄鸟繁殖期上喙基部有一红色瘤状突起，喙和脚亦为鲜红色。

IUCN红色名录等级 LC

形态特征 雄鸟头部和上颈黑色闪墨绿光；下颈、背、腰至尾上覆羽全白色，尾羽白色带黑横斑；肩和初级飞羽黑褐色，初级飞羽外翈金属绿色，形成明显的翼镜，三级飞羽外翈栗色，翅上覆羽白色；由上背至胸有一条宽阔的棕栗色环带，胸部栗色环带区的中央有一条黑色纵带经胸腹部延伸至肛周；翼下覆羽和其余下体白色；虹膜褐色，喙鲜红色，蹼足水红色。雄鸟在繁殖季喙基有一鲜红色的瘤状突起。雌鸟无瘤状突起，体征似雄鸟而色淡乏光，胸部色带窄。

生态习性 栖息于开阔的盐碱草原、淡水湖、咸水湖及沼泽，迁徙和越冬时也栖息在海滩、河口等地。除繁殖期外常集大群生活，性机警，行动敏捷。以小型水生动物为主食，兼食水草。繁殖期在5—7月，在偏僻草原上的洞穴中营巢。窝卵数8~10枚，卵淡黄色，雌鸟孵化，雄鸟守卫，孵化期27~29天。雏鸟早成，一个多月后即可飞行，但仍随亲鸟生活，直至第二年春天；两年性成熟。

分布与居留 分布于欧亚大陆至非洲北部，在我国东北、西北等地繁殖，在长江中下游及东南沿海越冬。

鸳鸯

中文名 鸳鸯
拉丁名 *Aix galericulata*
英文名 Mandarin Duck
分类地位 雁形目鸭科
体长 38~45cm
体重 430~590g
野外识别特征 中型鸭类，雌雄异色，雄鸟羽色丰富艳丽，头具多色冠羽，眼后形成宽阔白眉纹，翼上有一对金棕色的扇状羽可直立成帆状；雌鸟无冠羽和帆状羽，体色灰褐，眼周白色并向后延伸形成细白眉纹。

IUCN红色名录等级　LC
中国特色鸟种

形态特征　雄鸟额孔绿色，渐变至头顶的宝蓝色；枕部铜赤色延伸至后颈渐变为深紫绿色，形成长而富于金属光泽的华丽羽冠；眼周白色，颊金栗色，晕染至眼先的香槟色，再渐变至眼上方和耳区形成金白色宽眉纹；颈侧饰以金棕色至灰栗色渐变的长披针形翎羽；后颈、背、腰至尾暗褐色闪铜绿光泽；内侧肩羽紫色，外侧白色带黑边；翼上覆羽暗褐色，初级飞羽暗褐色具银白边缘；二级飞羽和三级飞羽褐色带亮绿色翼镜；最后一枚三级飞羽外翈钴蓝色，内翈栗黄色扩大成扇形，具白色细缘，直立成帆状；上胸和胸侧葡萄紫色，下胸至尾下覆羽乳白色，下胸两侧黑色带两条白色斜纹；胁部赭紫色，边缘渐变为浅栗色；虹膜褐色，喙蜡烛红色尖端发白，蹼足橙色。雌鸟整体灰褐色，头颈灰色无冠羽，眼周白色，眼后有一条弧形白眉纹；上体褐色，翼与雄鸟类似而无帆状羽；胸胁部褐色具有阵列状香槟色鳞纹，腹部至尾下覆羽烟白色；喙褐色至淡粉红，喙基灰白。雄性幼鸟体征介于成年雄性和雌性之间，体色灰而具有冠羽。

生态习性　栖息于山林溪流，繁殖期外结群活动。杂食性，白天活动。4月进入繁殖期，筑巢于临水树洞中，窝卵数7~12枚，雌鸟孵化，雄鸟在此期间隐匿至密林中换羽，孵化期约29天。雏鸟早成，孵出后第二天即从树洞中跳下来，随雌鸟的召唤而进入水中活动。

分布与居留　为我国特色鸟种，其英文名即意为"中华鸭"。现已被英国及北欧引进并成为当地留鸟。在我国繁殖于长白山和大小兴安岭至华北部分地区，越冬于华东、华南、华中多地。

罗纹鸭

中文名 罗纹鸭
拉丁名 *Anas falcata*
英文名 Falcated Duck
分类地位 雁形目鸭科
体长 40~52cm
体重 422~900g
野外识别特征 中型鸭类，雄鸭繁殖期头顶栗色，头侧至颈侧深绿色，额、喉白色，颈基有一黑色横斑，下体密布波状黑白细纹，三级飞羽镰刀状弯曲。雌鸭通体麻褐色，下体密布褐色罗纹。

IUCN红色名录等级　NT

形态特征　雄鸟繁殖羽头顶至后颈铜红色，头侧和颈侧为泛金属光的辉绿色；前额基部具一小白斑，眼后下缘有一白色新月状小斑；上背灰色密布波状纹，下背和腰暗褐色，尾上覆羽黑色，尾短呈灰褐色；翼灰褐色，具墨绿翼镜；三级飞羽羽干白色，羽片黑色，细长而呈弧形下弯，形似镰刀，故英文名意为"镰鸭"；额、喉及前颈白色，颈基具一黑色颈环；胸、腹、胁部密布由大渐小的黑白波纹，排列成有序的特异图案，形似编织物，故名"罗纹鸭"（"罗"即指竹、藤等编织的筐或簸箕）；尾下覆羽中部黑色两侧乳黄；虹膜深褐色，喙黑褐色，脚棕灰色。雌鸟头颈棕褐色密布暗纹，躯干棕褐色布有繁复的菠萝状网纹，颇似笋箔；翼上同雄鸟带墨绿色翼镜。雄鸟非繁殖羽似雌鸟。幼鸟似雌鸟而偏皮黄色，飞羽较短。

生态习性　栖息于富有水生植物的湖泊、江河、河湾、沼泽等地，常成小群活动，性机警。白天在湖面漂泊休息，晨昏到附近的浅水域或河滩上觅食水草和湿生植物及小型动物。叫声低沉而带颤音。繁殖期在5—7月，营巢于水体边的植被丛中。窝卵数8枚左右，卵淡黄色，由雌鸟孵化，雄鸟守卫，孵化期24~29天，雏鸟早成。

分布与居留　繁殖于西伯利亚、远东和我国东北，越冬于东亚。在我国繁殖于黑龙江省与吉林省，越冬于长江中下游地区和东部、东南沿海。

雄鸟

花脸鸭

中文名 花脸鸭
拉丁名 *Anas formosa*
英文名 Baikal Teal
分类地位 雁形目鸭科
体长 37~44cm
体重 360~520g
野外识别特征 小型鸭类，雄鸟繁
殖羽艳丽，脸前黄后绿，由黑色和
白色弧形条纹分隔成几个区域；胸
侧和尾基两侧各具一条垂直白带。

IUCN红色名录等级　LC

形态特征 雄鸟繁殖羽头顶至后颈黑褐色，脸部自眼后至后颈有一渐宽
的金属辉绿色斑带，绿带上缘和下缘各有一条白色细纹；其余脸部柚
黄色，眼周黑色并向下延伸将黄色脸颊分成前后两部分，颊纹黑色；
上背灰蓝色带黑褐色细纹，下背至尾上覆羽暗褐色；翼灰褐色，飞
翔时可见二级飞羽和三级飞羽上的铜绿色翼镜，外缘白色，内缘棕红
色；游泳或站立时可见翼上覆羽呈棕褐色，几枚肩羽细长呈镰状披于
胁部，外翈棕色，中央黑色，内翈白色；下体棕白色，胸部缀有褐色
细碎斑点，胸两侧渐变为锈红色，胁部灰蓝色；胸侧和尾基各有一条
白色细纹；虹膜棕色，喙黑色，蹼足榄黄色。雄鸟非繁殖羽似雌鸟。
雌鸟上体和胸部暗褐色带淡色羽缘，眼先嘴基处有一棕白色斑块，眼
后带暗白色眉纹；翼镜类似雄鸟而小；其余下体棕白色缀有褐斑。幼
鸟似雌鸟，脸斑不明显，体色黯淡。

生态习性 栖息于苔原带沼泽和开阔的淡、咸水水域，喜成大群活动。
白昼与其他鸭类混群于水面休息，夜晚飞往附近浅水和陆地觅食。主
食水草、藻类和多种陆生植物，也吃小型动物和农作物。鸣声嘈杂，
洪亮而短促。繁殖期在5—7月，营巢于灌木丛或草丛中。窝卵数6~9
枚，卵淡灰绿色，雏鸟早成。

分布与居留 繁殖于西伯利亚，在我国东部、南部和日本越冬。

雄鸟

雄鸟

雌鸟

绿翅鸭

中文名 绿翅鸭
拉丁名 *Anas crecca*
英文名 Green-winged Teal
分类地位 雁形目鸭科
体长 31~47cm
体重 205~398g
野外识别特征 小型鸭类，体色褐灰，雄鸟头颈棕红色，头侧具绿色宽带延伸至后颈，尾下覆羽黑色两侧带黄斑；雌雄鸟都有明显的铜绿色翼镜。

IUCN红色名录等级　LC

形态特征 雄鸟繁殖期头颈部栗红色，眼周经耳部至后颈有一弧形宽阔长带，为金属辉绿色；绿带上缘至嘴角有一长条皮黄色细纹，绿带下缘有一白色细纹；上背和肩部灰色具均匀的细密波纹，下背至尾羽为渐深的黑褐色；翼灰褐色带鲜明的金属绿色翼镜，展翼时可见翼镜的外侧墨绿色，内侧亮蓝绿色，前后带宽白边；收翼时可见胁部上方上白下黑末端绿色的条纹，即为收拢的部分翼镜，还可见褐色黄缘的矛状三级飞羽搭覆于翼镜上；下体污白色，胸侧肉桂色带细碎褐斑，两胁同背部为灰色密布细小波纹；尾下覆羽黑色，两侧淡黄色呈三角形大斑块；虹膜褐色，喙黑色，脚褐色。非繁殖期雄性类似雌性体羽，但翼镜前缘白带较宽。雌鸭周身麻褐色带斑纹，具绿色翼镜，体征似绿头鸭雌鸟，但绿翅鸭明显短小，且喙和脚为褐黑色。

生态习性 栖息于湖泊、水库、河口等开阔水域。常集大群活动，会编队飞行。以水生植物为主食，兼食陆地植物和螺、小虾等水生动物。繁殖期在5—7月，在湖边草丛中营巢，窝卵数8~11枚，雌鸟孵化，孵化期约22天。雏鸟早成，30多天即可飞行。

分布与居留 较为常见，广泛分布于欧亚大陆、非洲和北美。在我国各地均可见，为候鸟。

绿头鸭 野鸭

中文名 绿头鸭
拉丁名 *Anas platyrhynchos*
英文名 Mallard
分类地位 雁形目鸭科
体长 47~62cm
体重 910~1300g
野外识别特征 大型鸭类，外形
大小与家鸭类似。雄鸟头颈绿色
有金属光泽，颈部有一明显白
色领环。喙黄绿色，脚橙黄色。
两翼具蓝紫色菱形翼镜，上下缘
带白边。两对中央尾羽向上卷曲
成钩状。雌鸟与雄鸟外形类似，
通体麻褐色，喙黑褐色，脚橙黄
色，具有与雄鸟类似的翼镜。

IUCN红色名录等级　LC

形态特征　雄鸟头颈部为带金属光泽的油绿色，颈基部有一白色领环；上背和肩部棕褐色杂以灰白波状纹，下背至尾上覆羽由褐色渐变为黑色；尾黑褐色，外侧渐变为灰白色；翅灰褐色，具菱形金属蓝紫色翼镜，前后缘各具一道白边；上胸棕栗色，下胸及胁部灰色，腹部浅灰色密布褐色波状细纹；虹膜棕褐色，喙黄绿色，脚橙色。雌鸟外形类似，头颈部棕褐色，头顶至枕部偏黑，具有黑色贯眼纹；上体麻褐色，具白色"V"状斑，背部尤明显；尾羽淡褐色，外缘浅灰白；两翼似雄鸟，具类似翼镜；下体淡棕褐色具斑纹；喙黑褐色，脚黄色。幼鸟似雌鸟，而色较淡。

生态习性　为我国最常见的一种野鸭，是我国家鸭的祖先。栖息在多水生植物的湿地生境。越冬常集群栖息在开阔水面或沙岸。食性杂，以浮水、沉水植物为主食，也吃其他植物的茎、叶、芽、种子等，兼食水生昆虫、甲壳类、软体类等水生动物。繁殖期在4—6月，营巢于水域边草丛中或岸边凹坑隐蔽处，用干草、苔藓等构巢。每窝产卵7~11枚，卵白色至灰绿色。由雌鸭孵卵，孵化期24~27天。雏鸟早成，周身密被杂褐色绒毛，出壳不久即随亲鸟下水游泳觅食。

分布与居留　分布于欧亚大陆及北美温带水域，越冬于欧、亚南部和北非、中美洲一带。我国多地可见。在我国繁殖于东北、西北、华北等地区，于华东、华南等地越冬，也有部分于华北甚至东北越冬。

雄鸟

雌鸟

斑嘴鸭

中文名 斑嘴鸭
拉丁名 *Anas poecilorhyncha*
英文名 Spot-billed Duck
分类地位 雁形目鸭科
体长 50~64cm
体重 890~1350g
野外识别特征 大型鸭类，体形大小类似家鸭。雌雄相似，头颈灰白色，喙较粗大，黑色带黄色端斑，其余上体深褐色，具绿色翼镜。

IUCN红色名录等级 LC

形态特征 成鸟额至枕部褐色，喙基经眼周到耳区有一深褐色条纹，眉纹和颊淡黄白色，头余部至颈部同为淡黄白色带细小褐斑；背棕褐色，至尾渐呈深褐色，羽缘色浅；翼深褐色，具明显的蓝绿色翼镜，并镶有黑色和白色边缘；三级飞羽外翈白色形成白斑；胸淡棕色杂以褐斑，腹至尾下覆羽由褐色渐深，翼下覆羽和腋羽白色；虹膜黑褐色，外围橙黄色；喙蓝黑色，先端橙黄色，嘴甲微沾黑；脚橘黄色。

生态习性 常见鸭类，亦是我国家鸭的祖先。栖息于湖泊、河流、水库等内陆淡水水域，越冬期间也出现在沿海和农田。除繁殖期外常成群活动，或与其他鸭类混群。晨昏活跃，啄食水生植物和少量的农作物与昆虫。繁殖期在5—7月，营巢于水体旁的草丛中，窝卵数9~10枚，卵白色，由雌鸟孵化，孵化期约24天，雏鸟早成。

分布与居留 分布于亚洲东部。在我国繁殖于东北、华北、西北、华中等地，越冬于长江以南地区，部分在长江中下游流域为留鸟。

针尾鸭

中文名 针尾鸭
拉丁名 *Anas acuta*
英文名 Northern Pintail
分类地位 雁形目鸭科
体长 44~71cm
体重 545~1050g
野外识别特征 中型鸭类，雄鸟头棕色，上体灰色，下体白色，正中一对尾羽特别长。

IUCN红色名录等级 LC

形态特征 雄鸟夏羽头顶至枕部深褐色，头侧棕栗色，颈侧呈白色细条和胸腹部白色区域相连；背褐色带灰色波纹，翼褐色带铜绿色翼镜，拢翼时可见黑色银缘的矛状三级飞羽披在背部；腰至尾上覆羽深褐色，中央两枚尾羽黑色特长呈针状，外侧尾羽灰褐色带白端斑；下体白色，两胁银灰色；虹膜褐色，喙黑色两侧带灰蓝色，蹼足灰黑色。雄鸟非繁殖季体羽似雌鸟。雌鸟略小，喙黑色，头颈部麻褐色，其余上体深褐色而斑驳，翼上有两道白色横斑，飞行时明显；下体浅褐色，胸胁部布满褐色矛状斑。

生态习性 栖息于湖泊、河流、水塘等水域，喜晨昏时成群活动。主要以水草等植物性食物为食，兼食水生小型无脊椎动物或昆虫。繁殖期在4—7月，在水边草丛中营巢，窝卵数6~11枚，由雌鸟孵化，雄鸟警卫，孵化期21~23天。雏鸟早成，35~45天即可飞翔，一年性成熟。

分布与居留 繁殖于欧亚大陆北部、北美洲西部和我国西部，越冬于东南亚、印度、南美洲和我国南部。

雄鸟

白眉鸭

中文名 白眉鸭
拉丁名 *Anas querquedula*
英文名 Garganey
分类地位 雁形目鸭科
体长 34~41cm
体重 255~400g
野外识别特征 小型鸭类，和绿翅
鸭大小类似。繁殖期雄鸭头颈深褐
色具鲜明的宽白眉纹，胸、背麻褐
色，胁部灰色密布波状纹。雌鸭头
颈和上体为斑驳的麻褐色，下体淡
褐色，眼上和眼下各具一道黄白色
纹。喙和脚均为黑色。

IUCN红色名录等级　LC

形态特征　繁殖期雄鸭额至枕部黑褐色，头侧、颈部至胸部为一体的
栗褐色，密布细碎波状纹；眼上方一道宽阔而分明的白色眉纹延伸至
后颈；其余上体为斑驳的麻褐色；翼褐色带金属绿翼镜，收翼时可见
长矛状的三级飞羽覆于翼上，黑白灰相间的条纹鲜明，且最外侧一枚
泛蓝灰色；下体棕白色杂细碎褐斑；虹膜深褐色，喙褐黑色，蹼足褐
黑色。雄鸟非繁殖羽似雌鸟。雌鸟主体麻褐色带斑纹，头顶和贯眼纹
深褐色，眉纹淡黄白色，眼下亦有一条同色的斑纹自喙基延伸至耳
区；其余上体深褐色带浅色羽缘，翼镜绿色较黯淡；下体淡褐色。

生态习性　较常见，栖息于开阔的湖泊、水塘、河口等水域，繁殖
期外集群活动。白昼在开阔水面休息，夜间到浅水处觅食水草和水
生无脊椎动物，不潜水。迁徙到达繁殖地较晚，营巢于水域附近的
草丛中，窝卵数8~12枚，雌鸟孵化，雄鸟则在此期间换羽，孵化期
21~24天。雏鸟早成，40多天即可飞翔，一年性成熟。

分布与居留　广泛分布于欧亚大陆、非洲北部及大洋洲等地。在我国
繁殖于东北和西部地区，到我国南部越冬。

雌鸟

雄鸟

琵嘴鸭

中文名 琵嘴鸭
拉丁名 *Anas clypeata*
英文名 Northern Shoveler
分类地位 雁形目鸭科
体长 43~51cm
体重 445~610g
野外识别特征 中型鸭类，喙大而扁平，先端呈铲状扩大。雄鸟头颈墨绿色，背黑色，翼褐色带绿色翼镜，胸白色，腹部和两胁锈红色。雌鸟主体麻褐色，喙呈铲状扩大。

IUCN红色名录等级　LC

形态特征 雄鸟头颈部墨绿色带金属光泽，背、腰暗褐色，尾上覆羽墨绿色，中央尾羽暗褐色带白色端斑，外侧尾羽白色；翼褐色，具金属绿色翼镜，翼镜前缘有宽白带，后缘黑色；小覆羽和中覆羽呈金属灰蓝色；下颈和胸部白色，白色区域延伸至肩及上背；腹部和胁部为锈红色，尾下覆羽墨绿色；虹膜橙黄色，喙黑色皮革质地，蹼足鲜橘色。雌鸟周身呈斑驳的麻褐色带矛状斑，上体深而下体浅，翼上覆羽同雄鸟为蓝灰色，翼镜较小；喙同雄鸟大而呈铲状，但颜色为褐色，边缘泛橘色，脚为不甚鲜明的橘色，虹膜深褐色。

生态习性 栖息于开阔的湖泊、水塘、沼泽等湿地，常成对或呈小群活动。性谨慎，在浅水域和泥塘中觅食螺类、甲壳类、水生昆虫、蛙类等水生动物和少量水生植物，善于以铲形喙挖掘泥滩中的动物，或边游泳边用喙扫动水面滤水捕食。游泳时身体前低后高，喙尖常触及水面。白天觅食，夜晚在附近水岸上休息。4月末开始繁殖，筑巢于水岸草丛中，窝卵数约10枚，卵淡黄绿色，雌鸟孵化，孵化期22~28天，雏鸟早成。

分布与居留 广泛分布于北半球。在我国繁殖于东北至西北地区，于东南沿海、华南及西南地区越冬。

红头潜鸭

中文名 红头潜鸭
拉丁名 *Aythya ferina*
英文名 Common Pochard
分类地位 雁形目鸭科
体长 41~50cm
体重 600~1120g
野外识别特征 中型鸭类，雄鸟头和上颈栗红色，下颈和胸黑色，腹、胁和背灰白色，尾部黑色，喙黑色带白斑。

IUCN红色名录等级　VU

形态特征 雄鸟头和上颈栗红色，背和肩灰白色，尾羽灰褐色，翼上覆羽灰色，飞羽淡灰色带灰端斑；下体颏有一细小白斑，下颈和胸黑色带丝绢光泽，腹部和胁部灰白色，尾下覆羽灰黑色；虹膜血红色，喙黑色，中段形成淡蓝灰色斑块，蹼足棕褐色。雌鸟头颈麻褐色，眼圈和眼后细纹黄白色，上背暗黄褐色，其余上体灰褐色带深褐色波纹；翼似雄鸟，胸胁部为斑驳黄褐色，其余下体淡灰褐色带褐斑。

生态习性 栖息于水生植物丰富的湖泊、水库、水塘等湿地，喜集群或与其他鸭类混群活动。白天漂浮在水面上休息，晨昏活跃。善潜水，常以潜水方式觅食或躲避危险。主食水草，兼食小型鱼虾等水生动物。繁殖期在4—6月，筑巢于滨水芦苇丛或莎草丛中。窝卵数6~9枚，雌鸟独自孵卵和育雏，孵化期24~26天，雏鸟早成。

分布与居留 分布于欧亚大陆和北非。在我国繁殖于东北和西北地区，在长江以南地区越冬。

雄鸟

雄鸟

凤头潜鸭

中文名 凤头潜鸭
拉丁名 *Aythya fuligula*
英文名 Tufted Duck
分类地位 雁形目鸭科
体长 34~49cm
体重 515~840g
野外识别特征 中型鸭类，雄鸟除腹部、胁部和翼镜为白色，周身体羽黑色，头具黑色长羽冠；雌鸟腹部白色，其余体羽深棕色，羽冠不明显。

IUCN红色名录等级 LC

<u>形态特征</u> 雄鸟头颈黑色闪紫色金属光，头顶长有辫状冠羽披于枕后；背至尾羽黑色，下背和肩部杂有细白斑，翼上覆羽黑色，飞羽背面黑褐色具白色翼镜，腹面白色；下体颏至胸部黑色，腹和两胁白色，尾下覆羽黑色；虹膜金黄色，喙蓝灰色，嘴甲黑色，脚铅灰色，蹼黑色。雌鸟头、颈、胸和其余上体深棕色，羽冠不明显，额基有小白斑；翼似雄鸟，深褐色带白色翼镜；腹部白色，胁部白色杂有褐斑，尾下覆羽黑褐色。幼鸟似雌鸟，但头颈部淡褐色，带有浅色羽缘。

<u>生态习性</u> 栖息于湖泊、水库、河口等开阔水面，喜成群活动。善游泳和潜水，可潜水2~3米深。主要在白昼潜水觅食，夜晚休息于水岸或湖心的沙洲上。以小型鱼、虾、蟹、蝌蚪等为食，兼食少量水生植物。繁殖期在5—7月，筑巢于隐秘的滨水植物丛中。窝卵数8~10枚，雌鸟孵卵，孵化期23~25天。雏鸟早成，经50天左右即可飞行。

<u>分布与居留</u> 繁殖于欧亚大陆北端，越冬于欧亚大陆南部和非洲北部。在我国繁殖于黑龙江、吉林和内蒙古，越冬于云贵川等长江流域和东南沿海地区。

雄鸟

斑脸海番鸭

中文名 斑脸海番鸭
拉丁名 *Melanitta fusca*
英文名 Velvet Scoter
　　　　（White-winged Scoter）
分类地位 雁形目鸭科
体长 48~61cm
体重 1200~1700g
野外识别特征 大型鸭类，雄鸟通体黑色，眼后有一半月形白斑，喙基有一黑色肉瘤，翼镜白色。雌鸟通体暗褐色，耳区和上喙基部各有一白斑，翼镜亦为白色。

IUCN红色名录等级　VU

<u>形态特征</u> 雄鸟体羽黑色泛紫色金属光泽，眼下方和后方形成一仰月形白斑，喙基有一黑色肉瘤，翼镜白色，飞行时明显，拢翼时可见在体侧形成一道窄白纹；虹膜褐色，喙黑色先端黄色，嘴甲橘红色，蹼足橘红色。雌鸟通体暗褐色，上喙基部和耳区各有一白斑，上体深褐色带金属光泽，下体较黯淡，胸腹中央泛白；翼同雄鸟具白色翼镜。幼鸟似雌鸟，但体色黯淡乏光，头部白斑不明显，喙基肉瘤不突出。

<u>生态习性</u> 繁殖在有丛林的大型内陆湖泊附近，越冬于沿海地区，偶见于内陆湖。常成大群出现，主要在白天活动，游泳时尾部上翘，频繁潜水。捕食鱼类、软体动物、甲壳类和水生昆虫等，兼食水草。在水域附近的草丛中筑巢，窝卵数6~10枚，雌鸟孵化，孵化期26~29天。雏鸟早成，经60~80天可飞翔，2年性成熟。

<u>分布与居留</u> 繁殖于欧洲北部、西伯利亚北部和北美西北部，越冬于欧洲西部海岸、西伯利亚东部沿海、北美沿海地区和日韩地区，以及我国东部沿海至台湾海峡，偶见于华东内陆湖。

鹊鸭

中文名 鹊鸭
拉丁名 *Bucephala clangula*
英文名 Common Goldeneye
分类地位 雁形目鸭科
体长 32~68cm
体重 480~1000g
野外识别特征 中型鸭类，喙、颈较短粗，头顶部羽毛有时隆起。雄鸭头颈墨绿色，两颊近喙基处各有一明显白斑，上体黑色，下体白色。雌鸭头颈深棕色，有一白色颈环；喙黑色，先端黄色；上体深褐色，下体浅褐色。

IUCN红色名录等级　LC

形态特征　雄鸟头颈部近黑色泛绿色光泽，两颊近喙基处各有一圆形大白斑；背至尾羽黑色，肩外侧白色，外翈羽缘黑色，在体侧形成数条平行排列的斜纹；翼黑褐色带白斑；下体白色，尾下覆羽及腰侧灰黑色；虹膜金黄色，喙黑色，脚橘黄色，蹼近黑色。雌鸟头颈棕褐色，颈基有一污白色颈环；上体暗褐色带浅色羽缘，下体淡灰褐色带浅色波状纹，翼褐色带白斑。雌鸟虹膜淡黄色，喙深褐色，先端暗橙色，嘴甲黑色，脚褐黄色，蹼暗褐色。幼鸟似雌鸟，而雄性幼鸟喙基有不明显白斑。

生态习性　栖息于流速缓慢的河流、溪流、水塘、湖泊等水域。除繁殖期外常成群活动，性机警，善潜水。主食小鱼、虾、蝌蚪、水生昆虫等小型水生动物。繁殖期在5—7月，筑巢于水岸边天然树洞中，喜重复使用旧巢。窝卵数8~12枚，卵淡蓝绿色，由雌鸟孵化，孵化期约30天。雏鸟早成，孵出后不久即可跳离树洞到水中活动，50~70天后可以飞翔，2年性成熟。

分布与居留　繁殖于欧亚大陆和北美洲的北端，越冬迁徙至相应大陆南部。在我国繁殖于东北大兴安岭地区，越冬迁徙到华北沿海至东南沿海地区。

雌鸟

雄鸟

斑头秋沙鸭 白秋沙鸭

中文名 斑头秋沙鸭
拉丁名 *Mergellus albellus*
英文名 Smew
分类地位 雁形目鸭科
体长 34~46cm
体重 340~720g
野外识别特征 小型鸭类，是我国秋沙鸭中最短小者。雄鸟大部分体羽白色，眼周和眼先黑色，头侧有黑纹，具白色冠羽；背部黑色，体侧有一道细黑纵纹，胸侧有两条细黑条纹，胁部灰色。雌鸟头顶和冠羽棕色，眼先黑色，脸白色；上体暗褐色，下体淡褐色。

IUCN红色名录等级　LC

形态特征 雄鸟繁殖期头颈白色具冠羽，眼周和眼先黑色形成圆形大黑斑，枕后各有一道黑色，头部颜色斑块如同大熊猫，特征鲜明；背黑色，上背前部白色，肩前白后褐色，翼黑白褐色交错；腰和尾上覆羽灰褐色，尾羽银灰色；下体白色，两胁灰色具波状细纹；虹膜红色，喙和脚铅灰色。雄鸟非繁殖羽似雌鸟。雌鸟额至后颈棕栗色，头顶具冠羽；眼先黑褐色，两颊白色；上体深褐色带浅色羽缘，下体浅褐色；虹膜褐色。

生态习性 栖息于富有水生动物的湖泊、河流等流速较缓的水域，繁殖期外喜成群活动。通过潜水觅食小鱼和其他水生动植物。繁殖期在5—7月，于水岸边的老树洞中筑巢，窝卵数6~10枚，雌鸟孵卵，孵化期约28天，雏鸟早成。

分布与居留 繁殖于欧亚大陆北部，越冬于欧洲南部、地中海、里海、中亚、印度北部和东亚。在我国繁殖于东北大兴安岭，越冬于东北至东南的沿海地区和近海淡水湖。

雌鸟

普通秋沙鸭

中文名 普通秋沙鸭
拉丁名 *Mergus merganser*
英文名 Common Merganser
分类地位 雁形目鸭科
体长 54~68cm
体重 650~1925g
野外识别特征 大型鸭类，是秋沙鸭中体形最大者。雄鸟头颈黑绿色具有短冠羽，背黑色，翼黑褐色带白斑，下体白色。雌鸟头棕栗色带短冠羽，背灰褐色，下体浅麻褐色。

IUCN红色名录等级　LC

形态特征　雄鸟头部和上颈黑色闪金属绿光泽，枕部具黑色短冠羽，下颈白色；背至尾由近黑色渐至灰色，肩外侧白色；翼褐色具白色翼镜；下体和胁部白色；虹膜褐色，喙和蹼足朱红色。雌鸟头和上颈棕栗色，后颈和颈侧淡棕褐色，肩背部灰褐色，翼似雄鸟褐色带白翼镜，下体淡麻褐色；喙和脚暗红色。

生态习性　繁殖于森林湖泊，越冬于开阔的淡水水域至潮间带，喜成群活动。善潜水，捕食小型鱼虾等水生动物。繁殖期在5—7月，常于富有食物的溪流旁寻天然树洞或地穴、灌丛构巢，窝卵数8~13枚，雌鸟孵化，孵化期32~35天。雏鸟早成，出壳后不久即可下水游泳。

分布与居留　繁殖于欧洲北部、西伯利亚、北美北部以及我国东北地区，越冬于繁殖地以南，广布北半球各大洲。

雄鸟

雌鸟

中华秋沙鸭

中文名 中华秋沙鸭
拉丁名 *Mergus squamatus*
英文名 Scaly-sided Merganser
分类地位 雁形目鸭科
体长 49~64cm
体重 800~1170g
野外识别特征 大型秋沙鸭，体形显得较纤瘦，喙尖长。雄鸭头颈墨绿色，头顶和枕部具双冠状黑色长冠羽，上背黑色，下体白色，胁部和腰部白色具有明晰的黑色鳞片状纹理。雌鸭头颈棕色，冠羽较短，上体蓝灰色，下体白色，胁部亦有蓝灰色鳞状纹。

IUCN红色名录等级　EN
国家一级保护动物

形态特征 雄鸟头和上颈黑色带绿色金属光泽，后颈和后枕各具有一撮长而直的黑色冠羽；上背黑色，腰部和尾上覆羽白色具有黑色鳞状纹，尾羽灰色；翼黑色带白斑；下体白色，胁部白色具有明显的黑色鳞状纹，故英文名意为"鳞胁秋沙鸭"；虹膜褐色，喙和蹼足暗红色。雌鸟头和上颈棕色，冠羽略短；上背蓝灰色，胁部鳞状纹亦为类似的蓝灰色，其他特征同雄鸟。幼鸟似雌鸟，但头顶色暗，枕无冠羽，鳞状纹不明显。

生态习性 繁殖于针阔混交林内多石的溪流中，越冬季节栖息于开阔的湖泊河流中。常单只、成对或小群活动，性机警，善游泳和潜水。白昼觅食，繁殖季主食石蛾幼虫，非繁殖季以小鱼为主食，兼食其他小型水生动物。繁殖期在4—6月，营巢于紧邻溪流的老树上数米高的天然树洞中，喜重复利用旧巢。窝卵数8~12枚，卵白色，由雌鸟孵化，雄鸟则在此期间于偏僻处换羽。孵化期约35天。雏鸟早成，孵出后第二天即从树洞中跃出，进入水中随亲鸟游泳潜水。

分布与居留 为我国特色鸟种，仅繁殖于我国东北长白山、大小兴安岭和俄罗斯远东地区，越冬于我国南方地区。

雌鸟

鹗 鱼鹰

中文名 鹗 (è)
拉丁名 *Pandion haliaetus*
英文名 Osprey
分类地位 隼形目鹗科
体长 51~65cm
体重 ♂1000~1100g，♀1750g
野外识别特征 中型猛禽，头白色，头顶和头侧具褐色纹，头顶具冠羽，上体深褐色，下体白色；飞翔时两翼狭长并向后弯曲，常在水面上空盘旋。

IUCN红色名录等级 LC
国家二级保护动物

形态特征 雌雄鸟体色类似，雌鸟体形大于雄鸟。成鸟头部白色，额至头顶杂褐色纵纹，头两侧具有宽阔的黑褐色贯眼纹；背至尾上覆羽褐色带浅色羽缘，尾黑褐色具白色端斑；翼背面深褐色杂浅色斑纹，翼和尾的腹面浅色带有数排褐色横斑；下体白色，上胸部和胁部略带数点褐斑；虹膜淡黄色，眼周裸露皮肤黄绿色，喙黑色，蜡膜铅蓝灰色，脚淡黄灰色。幼鸟似成体，但头枕部褐色纵纹粗密，上体和翼上覆羽的浅色羽缘较宽阔，下体褐斑不显著。

生态习性 栖息于邻近林地的湖泊、河流或海岸等水域，常单独或成对活动。喜在水面上方缓慢低空飞行，伺机急速合翼冲到水面伸长脚爪捕鱼，然后飞到岸上撕食。在我国南部繁殖期为2—5月，在东北地区则于5—8月繁殖。筑巢于水边大树或悬崖上，喜重复修缮使用旧巢。雌雄亲鸟共同筑巢和育雏。窝卵数2~3枚，孵化期32~40天。雏鸟晚成，约42天后可离巢。

分布与居留 广泛分布于全球温带和亚热带水域。在我国繁殖于东北、西北和西部地区，越冬于东南沿海和海南岛。

雌鸟

凤头蜂鹰

中文名 凤头蜂鹰
拉丁名 *Pernis ptilorhynchus*
英文名 Oriental Honey Buzzard
分类地位 隼形目鹰科
体长 50~66cm
体重 1000~1800g
野外识别特征 中型猛禽，头侧具短密的鳞状羽，头后具短冠羽，喙钩状，眼大而圆，具深褐色上挑状贯眼纹，显得头小颈长；上体深褐色，下体浅褐色带纵纹，尾基部有两条宽的深色横带和深色端斑。

IUCN红色名录等级 LC
国家二级保护动物

形态特征 雄鸟头部烟灰色，头顶至枕部黑褐色带黑色短冠羽，头侧具鳞片状短羽，后颈羽片褐色具浅缘；上体和翅呈斑驳的暗褐色，尾灰色，具两道褐色横斑和黑色端斑；颏灰白色，环绕喉部具有黑色半环状图案；其余下体污白色泛淡褐斑；虹膜金黄至橙红色，喙黑色，脚黄色。雌鸟通体褐色，上体较深，下体较浅；头顶暗褐色，头侧具短鳞状羽；尾灰褐色具3条黑色横带。幼鸟头顶和枕部白色杂褐色纵纹，尾似雌鸟，虹膜褐色。

生态习性 栖息于阔叶林、针叶林和混交林的林缘。飞翔时主要鼓翼飞行，少盘旋。主食黄蜂等蜂类的蜂蜜、蜂蜡和幼虫，也吃其他昆虫和小型动物。繁殖期在4—6月，营巢于大树上，窝卵数2~3枚，雏鸟晚成。

分布与居留 分布于亚洲东部至南部。在我国的种群繁殖于东北地区，越冬于海南岛至东南亚；也有部分繁殖于四川和云南，并有些为留鸟。

黑翅鸢

中文名 黑翅鸢
拉丁名 *Elanus caeruleus*
英文名 Black-winged Kite
分类地位 隼形目鹰科
体长 31~34cm
体重 缺乏资料，约120g
野外识别特征 小型猛禽，体色洁净，上体淡蓝灰色，下体白色，眼先和眼周具黑斑，翼上覆羽和飞羽的下侧为黑褐色，虹膜鲜红。

IUCN红色名录等级　LC
国家二级保护动物

形态特征　成鸟头顶至后枕淡灰色，额和眉纹泛白，眼周和眼先形成黑色区域，头颈其余部分白色；背浅蓝灰色，翼和尾浅灰色边缘色淡，翼上小覆羽和中覆羽铅黑色，初级飞羽下表面黑色；虹膜血红色，喙黑色，蜡膜和嘴角淡黄色，脚橙黄色。幼鸟头顶和上体褐色具白色羽缘，胸部亦杂有黄褐色纵纹，虹膜茶褐色。

生态习性　栖息于有树木的开阔原野地区。晨昏活跃，白天常栖息在树梢或电线杆上休息，滑翔时两翼上举呈"V"字形。捕食啮齿类、昆虫、爬行类和小鸟等动物。繁殖于平原或山地丘陵的树丛中，窝卵数3~5枚，雌雄亲鸟轮流孵化，孵化期25~28天。雏鸟晚成，经双亲共同喂养30多天后即可飞翔。

分布与居留　分布于欧亚大陆和非洲的部分亚热带地区。在我国主要分布在云南，为留鸟；少数分布在浙江、广西和河北，为夏候鸟。

黑鸢 黑耳鸢、麻鹰

中文名 黑鸢
拉丁名 *Milvus migrans*
英文名 Black Kite
分类地位 隼形目鹰科
体长 54~69cm
体重 900~1160g
野外识别特征 中型猛禽，通体褐色具黑褐色羽干纹，上体较深，下体稍浅；尾较长，呈叉形；飞翔时可见两翼平展，翼下各有一大白斑。

IUCN红色名录等级 LC
国家二级保护动物

形态特征 成鸟额基和眼先灰白色，耳羽黑褐色，其余头颈部和上体暗褐色微泛紫色，具不明显的深褐色羽干和浅色羽缘；尾棕褐色呈叉形，上具等宽的数道深褐色横纹，尾端浅棕白色；翼的背面褐色为主，中覆羽和小覆羽浅褐色，其余部分深褐色；翼的腹面初级覆羽内翈基部白色，各形成一明显大白斑，飞行时可见；下体颏、喉苍灰色具暗褐色细羽干纹；胸、腹、胁部棕褐色具明显黑褐色羽干纹；下腹至肛周棕白色；虹膜暗褐色，钩状喙黑色，蜡膜和脚黄绿色。幼鸟类似，周身棕褐色，头颈具棕白色羽干纹，上体羽毛深褐色具白色端斑，胸腹具白色纵纹，尾上横斑不明显。

生态习性 栖息于开阔平原、草原、农田、湖泊上方至低山丘陵。白昼活动，喜高空飞翔，飞翔时展开双翼和尾羽，利用上升热气流飘升至高空。鸢的英文名亦有"风筝"之意，可见其习性善于盘旋和滑翔。利用敏锐的视觉在高空发现猎物后俯冲狩猎，捕食小鸟、鼠类、野兔、蛇、蛙、鱼等小动物。繁殖期在4—7月，营巢于高树或悬崖上。窝卵数2~3枚，孵化期约38天。雏鸟晚成，经过双亲共同抚育40余天后可飞翔。

分布与居留 分布于欧亚大陆、非洲和大洋洲。在我国各地均有分布，为留鸟。

栗鸢

中文名 栗鸢
拉丁名 *Haliastur indus*
英文名 Brahminy Kite
分类地位 隼形目鹰科
体长 36~51cm
体重 约500g
野外识别特征 中型猛禽，头、颈、上背和胸白色，其余部分栗色，翼尖黑色。

IUCN红色名录等级 LC

形态特征 成鸟头、颈、胸和上背部白色，具褐色的细羽干纹；背至尾上覆羽栗色，翼背面栗色；翅尖部分的初级飞羽黑褐色；翼腹面棕白色，翼下覆羽和腋羽栗色，翼尖黑褐色；下体胸至上腹部与头颈为一体的白色，其余下体均为栗色；虹膜深褐色，钩状喙淡石青色，蜡膜淡黄色，脚暗黄灰色。幼鸟上体褐色，具黑色羽轴和白色端斑；头颈黄白色杂茶色羽轴形成的纵纹，耳区和颊、喉部泛茶褐色；下体为斑驳的红褐色。

生态习性 栖息于邻近江河、湖泊、水库、水塘等湿地。繁殖季外常单独活动，低空飞翔于水面上方，伺机猎取鱼类、蟹、蛙等为食，有时也成群啄食死鱼。繁殖期在4—7月，营巢于水边高大乔木甚至屋顶上。窝卵数2~3枚，孵化期26~27天。雏鸟晚成，经过雌雄亲鸟共同喂养50余天后可离巢飞翔。

分布与居留 分布于亚洲东部、东南亚和大洋洲等地。在我国主要繁殖于云南，为留鸟；少部分繁殖于东部和东南部省份，为夏候鸟。

白腹海雕

中文名 白腹海雕
拉丁名 *Haliaeetus leucogaster*
英文名 White-bellied Sea Eagle
分类地位 隼形目鹰科
体长 71~84cm
体重 约3000g
野外识别特征 大型猛禽，头、颈、下体和翼下覆羽白色，背灰黑色，翼苍灰色，楔形尾灰色具白色端斑。

IUCN红色名录等级 LC
国家二级保护动物

形态特征 成鸟头颈部和下体为纯白色，背和翼上覆羽黑灰色，初级飞羽深黑色，翼下覆羽和腋羽白色，尾羽黑灰色，端部1/3处白色；虹膜褐色，钩状喙和蜡膜蓝灰色，脚淡黄色。幼鸟第一年头颈泛棕黄色，耳覆羽褐色，上体和翼褐色，尾白色带褐色尖端；胸棕褐色，腹部和周围其余下体黄褐色。第二年通体淡褐色，尾基本全白色。第三年接近成鸟体色。

生态习性 栖息于海岸和河口地区，为海岸鸟类。善于海洋捕猎和陆地捕猎。常单只或成对在沿岸海面上低空飞行，有时也高空翱翔，捕食鱼类和小型的两栖类、爬行类及哺乳类动物，也吃腐肉。早春繁殖，营巢于海边高大乔木或崖壁上，巢庞大，喜利用旧巢。窝卵数通常2枚，雌鸟孵化为主。雏鸟晚成，多年性成熟。

分布与居留 分布于亚洲东部、东南亚、太平洋中部群岛和大洋洲。在我国分布于东南沿海地区，为留鸟。

白尾海雕

中文名 白尾海雕
拉丁名 *Haliaeetus albicilla*
英文名 White-tailed Sea Eagle
分类地位 隼形目鹰科
体长 84~91cm
体重 2800~4600g
野外识别特征 大型猛禽，通体暗褐色，体羽披针状，尾楔形为白色，喙和脚壮硕呈黄色。

IUCN红色名录等级 LC
国家一级保护动物

形态特征 成鸟头部沙褐色具深褐色羽轴，颈部羽毛褐色呈披针状，肩部浅沙色，其余上体暗褐色具深色羽干纹，尾羽纯白色；翼上覆羽褐色，飞羽褐黑色；下体颏、喉部淡黄褐色，胸部羽毛披针状带深色羽干纹和浅色边缘，其余下体棕褐色带褐斑；虹膜黄色，钩状喙和蜡膜鲜黄色，脚橙黄色。幼鸟第一年羽基皮黄色，尾和体羽均为褐色，虹膜褐色，喙黑色，脚淡黄色；以后羽色逐年接近成鸟，尾渐转为纯白色，喙转为黄色；5龄后羽色似成鸟，8~10龄后方可转变完全。

生态习性 栖息于邻近森林的湖泊、河流、河口、海岸等水域。白昼活动，常单独或成对低空飞翔于水面上方，伺机捕食鱼类，也捕食鸟类和中小型哺乳动物，如鸭雁、雉鸡、野兔等，亦吃腐肉。繁殖期在4—6月，营巢于岸边的大树上，喜重复修缮使用旧巢。窝卵数一般2枚，孵化期35~45天，雏鸟晚成，经双亲喂养70天后方可离巢飞翔，多年性成熟。

分布与居留 繁殖于欧亚大陆北部，越冬于亚洲东部、印度、地中海和非洲西北部。在我国繁殖于东北等地区，越冬于东部和东南部沿海地区。

白尾海雕

高山兀鹫

中文名 高山兀鹫
拉丁名 *Gyps himalayensis*
英文名 Himalayan Griffon
分类地位 隼形目鹰科
体长 120~150cm
体重 8~12kg
野外识别特征 大型猛禽，是我国最大的猛禽。成鸟头颈部裸露，带有少量污白色绒羽，颈基长有披针状簇羽，上体淡黄褐色，飞羽黑褐色，下体淡黄白色，钩状喙粗壮。

IUCN红色名录等级　NT
国家二级保护动物

形态特征 成鸟头颈部裸露，有少量发状黄白色羽毛，颈下部带污白色绒羽，颈基部具有皮黄色的披针形簇羽；背和翼上覆羽淡黄褐色具不规则褐斑，飞羽深褐色；下体淡皮黄色；虹膜黄褐色，喙和脚青灰色。幼鸟头部褐色，绒羽较多；上体暗褐色具有浅皮黄色羽干纹，飞羽黑褐色；下体棕褐色具浅茶色羽干纹。

生态习性 栖息于海拔2000米到6000米的高原和高山地区。善翱翔，嗅觉和视觉敏锐，虽然体形巨大，但一般不攻击活的动物，以食尸体和腐肉为主，裸露的头颈部和强壮的喙部可以方便地探入大型动物尸体的体腔内撕扯腐肉而不至沾污羽毛。繁殖期在2—5月，营巢于悬崖上的岩窠内，窝卵数1枚，卵淡绿色，雏鸟晚成，多年性成熟。

分布与居留 分布于中亚至我国西部。在我国繁殖于西部高原地区，为留鸟。

秃鹫 座山雕

中文名 秃鹫
拉丁名 *Aegypius monachus*
英文名 Cinereous Vulture
分类地位 隼形目鹰科
体长 108~116cm
体重 5750~9200g
野外识别特征 大型猛禽，头颈部裸露，仅着生少量绒羽，后颈完全裸露；体羽黑褐色；喙粗大。

IUCN红色名录等级　NT
国家二级保护动物

形态特征 成鸟头颈部部分裸露，额至枕部具褐色绒羽，头侧眼周和耳区生有稀疏黑色毛发状绒羽，眉部和后颈裸露，皮肤蓝灰色，颈基部生有披针状簇羽；体羽暗褐色，飞羽黑褐色；虹膜暗褐色，喙强壮，为黑褐色，蜡膜铅蓝灰色，脚石板灰色。幼鸟似成鸟而体色较暗，头部更为裸露。

生态习性 栖息于低山丘陵至高山荒漠，常单独活动，也成小群争抢食物。白昼活动，善高空翱翔，视觉和嗅觉敏锐。以大型动物尸体为主食，偶尔袭击猎食小型动物。繁殖期在3—5月，营巢于森林高树上或崖壁上，巢位较固定，喜重复利用旧巢。窝卵数1枚，雌雄亲鸟轮流孵化，孵化期52~55天。雏鸟晚成，经90~150天后才能飞翔，多年性成熟。

分布与居留 分布于欧洲南部、非洲西北部、中亚和我国西部等地。在我国繁殖于西部、东北和华北部分地区，为留鸟。

蛇雕

中文名 蛇雕
拉丁名 *Spilornis cheela*
英文名 Crested Serpent Eagle
分类地位 隼形目鹰科
体长 55~73cm
体重 1150~1700g
野外识别特征 中型猛禽，上体暗褐色，头顶黑色，具黑色扇形羽冠，眼先裸露为黄色；下体棕褐色带点状白斑，尾下具宽白色横斑和窄白缘。

IUCN红色名录等级 LC
国家二级保护动物

形态特征 成鸟额部白色，头顶黑色，枕部黑色带白斑的冠羽可呈扇状打开；上体暗褐色，具窄的白色羽缘；尾黑色，具一条白色的宽中央横带及白色的窄外缘；翼褐色杂白斑，飞羽深褐色具浅色条带；下体颏、喉灰褐色，胸腹棕褐色具星状白斑；虹膜黄色，钩状喙蓝灰色先端偏黑，蜡膜黄色或灰色，眼先裸露皮肤黄色，脚黄色。幼鸟似成鸟，但体色较淡，头顶白色带黑端，下体发白具暗色条纹。

生态习性 栖息于山林和林缘地带。常单独或成对活动，喜高空盘旋。以蛇类为主食，兼食其他爬行动物、两栖动物、小型鸟类、小型哺乳动物等。繁殖期在4—6月，营巢于高树枝杈上。窝卵数1枚，由雌鸟孵卵，孵化期35天，雏鸟晚成，60余天才能飞翔。

分布与居留 分布于东南亚地区和我国南部沿海地区，为留鸟。

白腹鹞

中文名 白腹鹞
拉丁名 *Circus spilonotus*
英文名 Eastern Marsh Harrier
分类地位 隼形目鹰科
体长 ♂50~54cm，♀55~60cm
体重 ♂490~610g，♀642~780g
野外识别特征 中型猛禽，雄鸟头顶至上背白色具黑纵纹，上体黑褐色带白斑，翼上覆羽灰色，尾上覆羽白色，尾灰色，下体近白色，喉和胸部有褐色纵纹。雌鸟稍大，体色偏锈黄。

IUCN红色名录等级　LC
国家二级保护动物

形态特征 雄鸟头部、后颈至上背白色，具黑褐色宽纵纹，眼先和耳区黑褐色，眉纹和颊淡棕白色；肩、下背和腰深褐色带污白色斑点；尾上覆羽污白色，尾羽银灰色；翼上覆羽银灰色，飞羽黑褐色带白斑；下体亚麻白色，喉、胸部具有褐色纵纹；翼下覆羽和腋羽淡黄白色；虹膜橙黄色，钩状喙黑褐色，蜡膜暗黄色，脚淡黄绿色。雌鸟体形稍大，体色似雄鸟但白色部分偏皮黄色。幼鸟似雌鸟，体色更深暗。

生态习性 栖息于沼泽、苇塘、河流等开阔的湿地。常单独或成对在湿地上空滑翔。白昼觅食，捕食小型鸟类、小蛇、鼠类、蜥蜴，也吃水禽幼鸟，甚至吃腐肉。繁殖期在4—6月，繁殖前期常成对在空中翱翔进行求偶表演。筑巢于芦苇或水边灌丛中，窝卵数4~5枚，雌鸟孵卵，孵化期33~38天，雏鸟晚成，经35~40天可飞翔。

分布与居留 分布于亚洲东部和新几内亚、澳大利亚等地。在我国繁殖于内蒙古、黑龙江和吉林，越冬于东南沿海地区。

雌鸟

白尾鹞

中文名 白尾鹞
拉丁名 *Circus cyaneus*
英文名 Hen Harrier
分类地位 隼形目鹰科
体长 45~53cm
体重 310~600g
野外识别特征 中型猛禽，雄鸟头胸暗灰色，上体蓝灰色，翼尖黑色，尾上覆羽白色；下体灰白色，杂有麻褐色细斑。雌鸟上体暗褐色，下体为斑驳的麻黄色。常低空飞行，滑翔时两翼上举呈"V"字形。

IUCN红色名录等级　LC
国家二级保护动物

形态特征 雄鸟额灰白色，头顶灰褐色具深色羽干纹，耳区后方至颈有一圈蓬松的褐色羽毛形成皱领；后颈蓝灰色杂褐斑，尾上覆羽白色，其余上体蓝灰色；翼尖和外缘黑褐色；下体亚麻白色微杂有褐色纵纹；虹膜黄色，钩状喙蓝黑色，蜡膜黄绿色，脚黄色。雌鸟通体棕褐色，上体色深，下体较浅；头部似雄鸟具有一圈淡色羽毛组成的皱领，尾上覆羽同为白色。幼鸟似雌鸟，但下体较淡，纵纹明显。

生态习性 栖息于平原和低山丘陵的湿地和开阔地。喜低空飞行，捕猎小型鸟类、鼠类、蛙、蜥蜴等，晨昏活跃。繁殖期在4—7月，繁殖前期常成对在空中求偶飞翔，追逐嬉戏。营巢于芦苇丛或草灌丛中，窝卵数4~5枚。雌鸟孵卵，孵化期约30天。雏鸟晚成，经35~42天后可以飞翔。

分布与居留 广泛分布于欧亚大陆和北美洲。在我国繁殖于新疆和东北等地区，越冬于长江中下游大部分地区。

凤头鹰

中文名 凤头鹰
拉丁名 *Accipiter trivirgatus*
英文名 Crested Goshawk
分类地位 隼形目鹰科
体长 41~49cm
体重 360~530g
野外识别特征 中型猛禽，头顶灰色具冠羽，其余上体褐色，尾具4道暗色横宽斑；喉白色具黑纵纹，胸褐色带浅色纵纹，其余下体白色带褐色横斑。

IUCN红色名录等级 LC
国家二级保护动物

形态特征 成鸟额到头枕黑灰色具有冠羽，头余部和颈部褐色稍浅具黑色羽干纹；上体暗褐色，尾上覆羽尖端白色，尾羽淡褐色具白端，带有暗横纹；飞羽褐色亦具有暗横纹；颏、喉白色，中央具一条黑色纵纹；胸白色带黑褐色纵纹，其余下体暗棕色杂以白色横斑。幼鸟上体褐色具淡茶色羽缘，后颈茶黄色；下体亦泛皮黄色。

生态习性 栖息于低山林地至山脚平原，性机警，善盘旋。日行性，捕食蛙、蜥蜴、鼠类、小鸟、昆虫等小型生物。繁殖期在4—7月，营巢于高大树木上，会重复使用曾成功繁殖的旧巢，窝卵数2~3枚，雏鸟晚成。

分布与居留 分布于亚洲东南部。在我国分布于四川、云贵高原和广西、海南、台湾等地，为留鸟。

幼鸟

赤腹鹰

中文名 赤腹鹰
拉丁名 *Accipiter soloensis*
英文名 Chinese Goshawk
分类地位 隼形目鹰科
体长 26~36cm
体重 108~132g
野外识别特征 小型猛禽，雄鸟头至背蓝灰色，翼和尾灰色，外侧尾羽具有数条暗色横斑；下体白色，胸胁锈红色。雌鸟似雄鸟而体色深，下体色深且斑纹明显。

IUCN红色名录等级　LC

形态特征　雄鸟头颈部和背灰蓝色，翼和尾灰色，外侧几枚尾羽带有数道暗色横斑，翼下方可见翼尖为深色；下体乳白色，胸部和胁部浅锈红色略带横斑；虹膜暗黄色，钩状喙黑色，蜡膜橘红色，脚橘黄色。雌鸟似雄鸟，但体色偏深色，尾侧和胸胁部暗色斑纹更明显。幼鸟上体偏暗褐色，下体白色，胸腹中部有褐色纵纹，两侧有褐色横斑。

生态习性　栖息于山地森林至山麓林缘地带，日行性，常单独或成小群活动。主食蛙类、蜥蜴、小鸟、鼠类、昆虫等小型动物。繁殖期在5—7月，在树上筑巢，有时会利用喜鹊废弃的旧巢。窝卵数2~5枚，雌鸟孵卵，孵化期约30天，雏鸟晚成。

分布与居留　分布于亚洲东部、东南亚和新几内亚等地。在我国主要繁殖于长江流域及以南地区，为夏候鸟。

松雀鹰

中文名 松雀鹰
拉丁名 *Accipiter virgatus*
英文名 Besra Sparrowhawk
分类地位 隼形目鹰科
体长 28~38cm
体重 160~192g
野外识别特征 小型猛禽，雄鸟上
体深灰色，喉白色带黑褐色中央纵
纹，其余下体白色带褐斑，尾具4
道暗色横斑。雌鸟个体稍大，上体
暗褐色，下体白色具褐色横斑。

IUCN红色名录等级　LC
国家二级保护动物

形态特征 雄鸟头顶至后颈黑灰色，眼先白色，其余头部石板灰色；上体灰色，尾具4道暗色横斑；翼灰褐色带白斑；下体颏、喉白色带黑褐色中央纵纹；其余下体白色，胸胁部和尾下覆羽具有棕灰色横斑；虹膜黄色，钩状喙黑色，基部蓝灰色，蜡膜黄色，脚亦为黄色。雌鸟类似，但体形稍大，上体和头偏褐色，下体白色，喉中央具黑褐色纵纹，胸部具褐色纵纹，腹部和胁部带横斑。

生态习性 栖息于山地至低山的森林中至林缘，常单独或成对活动，性机警，叫声尖利。喜栖息在高大的枯树梢上伺机袭击小鸟，也吃蜥蜴、鼠类和昆虫。繁殖期在4—6月，营巢于林中隐秘的高树上，窝卵数3~4枚，雏鸟晚成。

分布与居留 分布于亚洲东部和东南亚。在我国繁殖于华南、西南、海南和台湾等地，为留鸟。

雀鹰 细胸（雄）、鹞子（雌）

中文名 雀鹰
拉丁名 *Accipiter nisus*
英文名 Eurasian Sparrowhawk
分类地位 隼形目鹰科
体长 ♂31~35cm，♀36~41cm
体重 ♂130~170g，♀193~300g
野外识别特征 小型猛禽，雄鸟
上体暗灰色，下体灰白色密布
锈红色横斑，尾具暗色横斑。
雌鸟体形略大，翅较圆阔，尾
较长；上体灰褐色，下体白色
带褐色横斑。

IUCN红色名录等级 LC
国家二级保护动物

形态特征 雄鸟头顶至后枕为较暗灰色，后颈杂有白色，其余上体铅灰色；尾上覆羽泛白，尾羽灰色带白端斑和黑褐色次端斑，并具数道深色横斑；翼暗褐色具数道横斑；下体颊、颏、喉部皮黄色具褐色纵纹，胸腹部锈红色，其余下体乳白色具不明显的细横斑；虹膜橘黄色，钩状喙铅灰色，尖端黑色，蜡膜黄绿色，脚黄色。雌鸟体形较大，额至眉纹处淡黄白色，颊乳白色，上体偏褐色，下体麻白色密布明显的褐色横纹，飞羽和尾羽暗褐色，其余羽色似雄鸟。幼鸟头顶至枕部褐栗色，上体暗褐色具红褐色羽缘，下体泛黄褐色具深褐色纵纹，翼和尾似雌鸟为暗褐色。

生态习性 栖息于山地森林，日行性，常单独活动。善飞翔，常快速鼓翼和滑翔交替进行，能够灵活地在树丛间飞行穿过。常站立在树梢上或电线杆上，发现猎物时快速俯冲捕猎，捕食雀形目小鸟、昆虫及鼠类。繁殖期在5—7月，营巢于高大乔木靠近树干的枝杈上。窝卵数3~4枚，雌鸟孵卵，孵化期32~35天。雏鸟晚成，经24~30天可飞翔。

分布与居留 分布于欧亚大陆和非洲西北部的温带地区。在我国繁殖于东北和西北等地，越冬于长江以南地区，部分在南方为留鸟。

苍鹰幼鸟捕猎

苍鹰幼鸟

 # 苍鹰 老鹰、鸡鹰（雄）、黄鹰（幼）、大鹰（雌）

中文名 苍鹰
拉丁名 *Accipiter gentilis*
英文名 Goshawk
分类地位 隼形目鹰科
体长 ♂47~58cm，♀54~60cm
体重 ♂500~800g，♀650~1100g
野外识别特征 中型猛禽，成鸟上体深苍灰色，后颈有白色细纹，下体灰白色。尾近方形，有4条黑色横带。翼方形而宽阔，常直线翱翔，飞行时可见翼下白色密布黑褐色横带。幼鸟上体褐色，有不明显的褐色斑，腹部淡黄褐色，具黑褐色纵纹。

IUCN红色名录等级 LC
国家二级保护动物

形态特征 成鸟前额、头顶至后颈暗苍灰色，后颈露出部分羽基部白色，呈竖细纹状；眼上具白色眉纹，耳羽黑色；背至尾上覆羽为灰色，肩部及尾上覆羽杂有不规则白色横斑；颏、喉部灰白杂以黑褐色纵纹，胸腹至胁部、腿覆羽为污白色，具黑褐色横斑及羽干纹；虹膜金黄色；上喙黑色，基部铅灰色，喙缘具弧状垂，蜡膜黄绿色；跗跖被盾状鳞，脚黄绿色，爪黑色。

生态习性 栖息于林地、山丘等生境。为肉食性猛禽，视觉敏锐，善飞翔，白天捕食。常单独活动，隐藏于树林里，伺机捕猎。飞行敏捷，转向灵活。捕食森林鼠类、兔类、雉类及其他中小型鸟类，捕获后带回栖息地撕食。繁殖期在4—7月，多营巢于高大乔木上，用松枝等构成皿状巢。每窝2~4枚卵，多为2枚，卵椭圆形，青色带褐色斑点，主要由雌鸟孵化，孵化期37天左右。雏鸟晚成，雌雄亲鸟共同抚育，约45天后可离巢飞翔。

分布与居留 繁殖于北美和欧亚大陆，越冬于印度、缅甸、泰国和印度尼西亚。在我国广泛分布于各地，主要为夏候鸟或冬候鸟，中部东部地区多为旅鸟。

普通鵟 花豹

中文名 普通鵟
拉丁名 *Buteo buteo*
英文名 Common Buzzard
分类地位 隼形目鹰科
体长 50~59cm
体重 575~1073g
野外识别特征 中型猛禽，上体暗褐色，下体淡褐色具有深色纵纹，翼宽阔，初级飞羽基部具白斑，尾具数道横斑，可打开呈扇形。不同个体间体色差别较大。

IUCN红色名录等级 LC
国家二级保护动物

形态特征 成鸟淡色型上体灰褐色具白缘，翼外缘黑褐色，翼下具大白斑，下体黄白色具褐色纵纹；虹膜深褐色，钩状喙黑色，蜡膜黄色，脚黄色；暗色型主体黑褐色，肩与翼上覆羽色稍淡，翼下具白斑，眼先、颏和喉泛黄白色；棕色型上体和两翼棕褐色略杂白斑，尾羽棕褐色带不明显横斑，下体皮黄色带褐色羽干纹。幼鸟上体多为褐色，带浅色羽缘，喉白色，其余下体土黄色带宽纵纹，尾肉桂色带多条深色横斑。

生态习性 栖息于山地森林和林缘地带，单独或成小群活动。性好斗，视觉敏锐，善翱翔，常在空中盘旋，伺机俯冲捕食鼠类和蛙、蜥蜴、蛇、野兔、小鸟等动物。繁殖期在5—7月，营巢于森林中高大针叶树上，窝卵数2~3枚，孵化期约28天，雏鸟晚成，经40~45天可离巢飞翔。

分布与居留 广泛分布于欧亚大陆。在我国繁殖于东北地区，越冬于长江以南。

大鵟 大花豹

中文名 大鵟
拉丁名 *Buteo hemilasius*
英文名 Upland Buzzard
分类地位 隼形目鹰科
体长 56~71cm
体重 1320~2100g
野外识别特征 大型猛禽，是我国鵟类中体形最大者。通常上体暗褐色，下体褐黄色带纵纹。尾具数道暗横斑。不同个体之间体色差别较大。

IUCN红色名录等级　LC
国家二级保护动物

形态特征 成鸟淡色型主体较为常见，头顶至后颈污白色，上体土褐色具浅色羽缘和褐色羽干纹，尾淡褐色具数道暗色横纹和灰白色先端；翼灰褐色带斑纹，翅尖黑色；下体麻白色，颏、喉带有稀疏的褐色羽干纹，胸胁部具淡褐色宽纵纹；虹膜深褐色，钩状喙黑色，蜡膜黄绿色，脚黄色。成鸟深色型主体暗褐色，羽干黑褐色；头、颈、胸具棕黄色羽缘，其余部分羽缘淡褐色；翼褐色具深色横斑，翅尖黑褐色；尾灰褐色带数道暗色横斑和灰白色先端。成鸟中间型主体暗棕色，体征介于浅色型和深色型之间。幼鸟似成鸟而泛棕黄色。

生态习性 栖息于高山至平原的山地和草原地带，常单独或成小群活动。日行性，善高空盘旋，捕食野兔、鼠类、爬行类、雉鸡、昆虫等动物。繁殖期在5—7月，营巢于悬崖或高树上，喜重复修缮利用旧巢。窝卵数2~4枚，孵化期约30天，雏鸟晚成，经双亲共同抚养约45天后可飞翔离巢。

分布与居留 分布于中亚、东亚和印度等地。在我国繁殖于东北、华北和西北地区，越冬于繁殖地以南的长江以北地区。

毛脚鵟 雪花豹

中文名 毛脚鵟
拉丁名 *Buteo lagopus*
英文名 Rough-legged Buzzard
分类地位 隼形目鹰科
体长 51~61cm
体重 650~1100g
野外识别特征 中型猛禽，头、颈和胸麻白色带褐色纵纹，贯眼纹黑褐色，上体暗褐色带浅色羽缘，尾白色具黑色宽亚端，跗跖被长羽覆至趾基，尾麻白色具黑褐色宽端斑，散开呈扇形。

IUCN红色名录等级　LC
国家二级保护动物

形态特征　成鸟头、颈和胸部麻白色，缀以斑驳的褐色纵纹；上体暗褐色具浅色羽缘，翼棕褐色具深色横斑，翅尖黑色；尾上覆羽白色带褐色横斑，尾羽白色，具黑褐色宽亚端斑；下体亚麻白色，带褐色纵纹，胸胁部泛肉桂色，腿覆羽皮黄色带褐色纵纹；虹膜黄色，钩状喙黑褐色，蜡膜和脚黄色。幼鸟上体似成鸟而较浅，具宽的浅色羽缘；下体淡皮黄色微带褐纹，胸部具有褐色纵纹，下胸纯褐色。

生态习性　繁殖于极北地区的苔原地带，越冬于寒温带至温带的平原或低山地区。日行性，常单独活动，通过翱翔或伫立在高树顶端伺机狩猎，捕食鼠类和小鸟，也吃野兔、雉鸡等动物。繁殖期为5月末至8月初，筑巢于苔原地带的崖壁或台地上，窝卵数3~4枚，孵化期28~31天，雏鸟晚成，经双亲喂养41~45天后可离巢飞行。

分布与居留　繁殖于欧亚大陆北部和北美北部，越冬于繁殖地以南。在我国见于北方诸省和东南沿海省份，为冬候鸟或旅鸟。

林雕

中文名 林雕
拉丁名 *Ictinaetus malaiensis*
英文名 Black Eagle
分类地位 隼形目鹰科
体长 66~76cm
体重 约1100g
野外识别特征 大型猛禽，通体黑褐色，蜡膜黄色，跗跖被羽，尾和翼均较瘦长，尾为方形带数道暗色横纹。

IUCN红色名录等级 LC
国家二级保护动物

形态特征 成鸟通体黑褐色，翼和尾较修长，飞羽和尾羽带有多道深色暗横纹，跗跖被羽；蜡膜暗褐色，钩状喙铅灰色，嘴裂黄色，脚黄色。幼鸟头颈部皮黄色带褐纹，尾上覆羽色淡，下体黄褐色杂褐色纵纹，翼下覆羽和腋羽黄褐色。

生态习性 栖息于山地森林中，不远离森林活动。在森林上空盘旋狩猎，也善于在密林中穿行飞翔。捕食鼠类、蛇、雉鸡、蛙类、蜥蜴和小鸟等动物。繁殖期为11月至翌年3月，营巢于高大阔叶树上，窝卵数1枚，雏鸟晚成。

分布与居留 分布于亚洲东南部。在我国见于海南岛、福建和台湾，为留鸟。

草原雕

中文名 草原雕
拉丁名 *Aquila nipalensis*
英文名 Steppe Eagle
分类地位 隼形目鹰科
体长 70~82cm
体重 2015~2900g
野外识别特征 大型猛禽，体色变化较大。成鸟主体土褐色，尾上覆羽色淡，尾羽深褐色带不明显的横斑和浅色端斑；幼鸟体色较淡，两翼上各具一白斑，翼下有白色条带，尾上覆羽亦有一白色半月形斑块。

IUCN红色名录等级 EN
国家二级保护动物

形态特征 成鸟主体土褐色至深褐色，飞羽和尾羽具有数道褐色横纹，翼上覆羽、二级飞羽、三级飞羽和尾羽具浅色端斑，尾上覆羽也为浅黄白色；虹膜黄褐色，钩状喙黑灰色，蜡膜和嘴角黄色，脚黄色。幼鸟体色较淡，飞翔时可见翼上白斑和翼下白带，尾上覆羽棕白色形成半月形斑块。不同年龄的个体呈现出不同的过渡色型。

生态习性 栖息于开阔的平原、草原和荒漠地带。善翱翔，滑翔时两翼平展。主食啮齿类动物、蜥蜴、蛇和小鸟，也吃腐肉。繁殖期在4—6月，营巢于崖顶石堆中，窝卵数2枚，雌雄亲鸟轮流孵卵和育雏，孵化期约45天。雏鸟晚成，经55~60天后可离巢，多年性成熟。

分布与居留 分布于非洲、欧洲南部、印度和亚洲东南部。在我国繁殖于西部高原、内蒙古、河北和黑龙江，越冬于辽宁、河北、甘肃和长江以南多省区。

幼鸟

白肩雕

中文名 白肩雕
拉丁名 *Aquila heliaca*
英文名 Imperial Eagle
分类地位 隼形目鹰科
体长 73~84cm
体重 1125~4000g
野外识别特征 大型猛禽，主体棕褐色，头颈部色较淡，飞羽和尾羽黑褐色，肩部色淡形成明显的白斑。

IUCN红色名录等级　VU
国家一级保护动物

形态特征 成鸟头颈部浅棕褐色缀有褐色纵纹，额至头顶色稍深；上体深棕褐色略带紫色光泽，肩羽白色形成鲜明的白斑；尾羽和飞羽黑褐色带白色端斑；下体棕褐色，略带深色纵纹；虹膜红褐色，钩状喙黑褐色，喙基蓝灰色，蜡膜和脚为黄色。幼鸟头颈部偏土褐色带深色纵纹，上体偏棕黄色，具宽的浅色羽缘；翼上具细的淡黄色横斑；下体淡棕褐色，胸腹部和胁部褐色纵纹明显；虹膜为暗褐色。

生态习性 栖息于低山森林至草原或荒漠。常单独活动，善翱翔。主食啮齿类、雉鸡、石鸡、鸭类、鸠鸽等动物，兼食腐肉。繁殖期在4—6月，营巢于森林中高大树木上，窝卵数2~3枚，雌雄亲鸟轮流孵化抚育，孵化期43~45天。雏鸟晚成，经55~60天后可飞翔，多年性成熟。

分布与居留 分布于欧亚大陆和非洲。在我国繁殖于新疆，越冬于青海、陕西、长江中下游地区和广东、福建等省。

金雕 洁白雕

中文名 金雕
拉丁名 *Aquila chrysaetos*
英文名 Golden Eagle
分类地位 隼形目鹰科
体长 78~105cm
体重 2000~5900g
野外识别特征 大型猛禽。羽毛深棕褐色，头枕部和颈部羽毛尖锐呈披针状，浅金棕色。喜高空盘旋，飞翔时两翼上抬呈"V"字形。幼鸟尾羽白色，具黑色端斑，飞翔时可见翼下基部大白斑。

IUCN红色名录等级 LC
国家一级保护动物

形态特征 雌雄羽色相似，雌鸟体形大于雄鸟。成鸟头顶黑褐色，后头至后颈羽毛尖长呈披针状，羽端浅金棕色；上体棕褐色，肩部较淡，背部微闪紫色光泽；尾黑褐色具不规则横斑，尾端有一宽黑斑；翅暗赤褐色，飞羽基部泛灰白；下体基本为暗褐色，虹膜褐色，喙强壮，基部蓝灰色，端部铅黑色，蜡膜黄色；脚强健，趾黄色，爪黑色。幼鸟与成鸟类似，体色黯淡。第一年幼鸟尾羽白色带宽黑端斑，飞羽内翈白色，飞翔时可见翼下形成大白斑，喙铅灰色，嘴裂黄色；第二年以后，尾部和翼下白色逐渐减少，尾下覆羽颜色加深，喙颜色渐深。
生态习性 栖息于高山草原、荒漠、河谷等地带。通常单独或成对活动，冬季集小群。善高空盘旋，两翼展开上举成"V"字形。叫声响亮悠长。常盘旋或静候在悬崖上，伺机俯冲捕食大型鸟类和中小型兽类，亦会集体捕猎大型哺乳动物。于高大乔木或峭壁上营巢繁殖，旧巢可沿用数年。窝卵数2枚，雌雄亲鸟轮流孵化哺育。孵化期约45天，雏鸟晚成，周身密布白色绒毛。约80天后可离巢飞翔。多年性成熟。
分布与居留 分布于欧洲、亚洲、北美洲及北非。在我国分布于北部、西部、西南等地区，华东偶见。多为留鸟，部分于我国北部地区繁殖，部分越冬或迁徙过境。

鹰雕

中文名 鹰雕
拉丁名 *Nisaetus nipalensis*
英文名 Mountain Hawk-Eagle
分类地位 隼形目鹰科
体长 64~80cm
体重 约1200~2000g
野外识别特征 大型猛禽，上体暗褐色，头后冠羽常竖立起，腰和尾上覆羽有淡色横斑，尾灰色带数道黑褐色横纹，下体淡黄白色带淡褐色横斑，喉部具黑褐色中央纹，胸部有黑褐色纵纹，翼和尾的下方有黑白交错的横斑。

IUCN红色名录等级 LC
国家二级保护动物

形态特征 成鸟头顶和冠羽黑色，耳区和颈侧具黑褐色纵纹；上体褐色微带紫色，翼上覆羽具浅色羽缘；腰和尾上覆羽具有褐色和白色相间的横斑，尾羽灰色，具数道深褐色横斑；下体颏、喉白色，具黑褐色中央纹，其余下体茶褐色具深褐色羽干纹和白色横斑，老鸟则胸部无羽干纹只有零乱的横斑；尾羽和飞羽的腹面可见黑白相间的横斑；虹膜金黄色，钩状喙黑色，蜡膜铅灰色，脚黄色。幼鸟体色偏黄褐，头部带肉桂色，具黑褐色羽干纹和茶黄色羽端，冠羽似成鸟但白色羽端明显。

生态习性 栖息于山地森林，日行性，常单独活动。飞翔时两翼平展，鼓翼从容。捕食野兔、鼠类和雉鸡类动物。繁殖期在4—6月，营巢于山林中高大乔木上，窝卵数2枚，雏鸟晚成，多年性成熟。

分布与居留 分布于亚洲东部、东南亚和印度。在我国分布于东北、安徽、浙江和南方沿海各省份，为留鸟。

白腿小隼

中文名 白腿小隼
拉丁名 *Microhierax melanoleucos*
英文名 Pied Falconet
分类地位 隼形目隼科
体长 17~19cm
体重 约50g
野外识别特征 小型猛禽，头和上体连同翼、尾为蓝黑色，具明显的宽白眉纹，贯眼纹连同耳区为蓝黑色；下体白色。

IUCN红色名录等级 LC
国家二级保护动物

形态特征 成鸟头至后颈深蓝灰色，额基一道白色细纹延伸连接宽白眉纹，贯眼纹连接耳区形成一条宽的下垂弧形黑带；其余上体连同翼、尾为纯粹的蓝黑色；下体白色，两胁灰黑色，腿覆羽白色，翼下和尾下具有黑白相间的横纹；虹膜褐色，钩状喙石板灰色至黑色，脚黑色。幼鸟体色似成鸟。

生态习性 栖息于低山森林和林缘草地或河谷，常成小群或单独栖息在高大树尖上。主食昆虫、小鸟和鼠类。繁殖期在4—6月，营巢于啄木鸟废弃的旧洞里，窝卵数3~4枚，雏鸟晚成。

分布与居留 分布于我国南方多省以及印度、老挝等国家，在我国为留鸟。

捕食蜻蜓

红隼 茶隼、砖红剁子

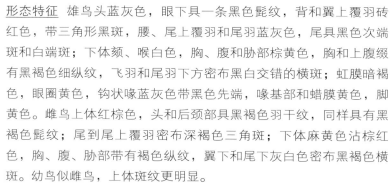

中文名 红隼
拉丁名 *Falco tinnunculus*
英文名 Common Kestrel
分类地位 隼形目隼科
体长 31~38cm
体重 173~335g
野外识别特征 小型猛禽，翼和尾较尖长，雄鸟头和腰、尾为蓝灰色，背和翼上覆羽砖红色带黑斑，下体淡棕黄色带褐斑。雌鸟上体红棕色带深色褐斑，下体皮黄色具纵纹。

IUCN红色名录等级 LC
国家二级保护动物

形态特征 雄鸟头蓝灰色，眼下具一条黑色髭纹，背和翼上覆羽砖红色，带三角形黑斑，腰、尾上覆羽和尾羽蓝灰色，尾具黑色次端斑和白端斑；下体颏、喉白色，胸、腹和胁部棕黄色，胸和上腹缀有黑褐色细纵纹，飞羽和尾羽下方密布黑白交错的横斑；虹膜暗褐色，眼圈黄色，钩状喙蓝灰色带黑色先端，喙基部和蜡膜黄色，脚黄色。雌鸟上体红棕色，头和后颈部具黑褐色羽干纹，同样具有黑褐色髭纹；尾到尾上覆羽密布深褐色三角斑；下体麻黄色沾棕红色，胸、腹、胁部带有褐色纵纹，翼下和尾下灰白色密布黑褐色横斑。幼鸟似雌鸟，上体斑纹更明显。

生态习性 较为常见，栖息于山地森林、低山丘陵、平原农田等多种生境，飞翔时两翼快速扇动，也做短时滑翔；有时借助上升气流悬停在空中，展开双翼和尾羽，小幅度频频鼓翼即可很好地悬停在热气流上方，靠敏锐的视力发现猎物。捕食蝗虫、蚱蜢、蟋蟀等昆虫，也吃鼠类、雀形目小鸟和蜥蜴等小型脊椎动物。繁殖期在5—7月，筑巢于山石、土洞、树洞、喜鹊废巢等处，窝卵数4~5枚，孵化期28~30天。雏鸟晚成，约30天后可飞翔。

分布与居留 广泛分布于欧洲、亚洲、非洲北部和大西洋岛屿，在我国各地均可见。我国北方种群为夏候鸟，南方种群为留鸟。

红脚隼 阿穆尔隼、蚂蚱鹰

中文名 红脚隼
拉丁名 *Falco amurensis*
英文名 Amur Falcon
分类地位 隼形目隼科
体长 25~30cm
体重 124~190g
野外识别特征 小型猛禽，翼尖长，雄鸟头和上体灰黑色，下体浅灰色，尾下覆羽和腿覆羽棕栗色，翼下覆羽和腋羽白色，眼周、蜡膜和脚橘红色；雌鸟眼下有黑斑，上体暗灰色具深色横斑，下体乳白色，胸带黑色纵纹，腹有黑褐色横斑。

IUCN红色名录等级　LC
国家二级保护动物

形态特征 雄鸟头顶至背为深灰色，腰和尾上覆羽石板灰色，均带有黑褐色的细羽干纹；翼灰色，翅尖黑色；尾灰色带白端，不具横斑；下体颏、喉和头侧白色，胸、腹和胁部灰色，尾下覆羽、腿覆羽和肛周棕栗色，翼下覆羽和腋羽白色；虹膜暗褐色，眼周、钩状喙、蜡膜和脚橘红色至橙黄色。雌鸟上体石板灰色具褐色斑纹，尾灰色具黑色窄横斑，翼灰色带黑斑，下体棕白色带褐斑，腿覆羽及周围略泛棕栗色。幼鸟似雌鸟，上体偏褐色，带宽的浅色羽缘。

生态习性 栖息于低山林地至平原，常单独活动。飞翔时快速鼓翼，也能在空中做短暂悬停。捕食蚤斯、蟋蟀、金龟甲等多种昆虫，也吃小鸟、蜥蜴、鼠类等。繁殖期在5—7月，营巢于大树顶端，有时侵占喜鹊巢，窝卵数4~5枚，孵化期约23天。雏鸟晚成，经约1个月可飞行。

分布与居留 繁殖于西伯利亚往东至太平洋沿岸，越冬于印度、缅甸、泰国、老挝和非洲。在我国繁殖于东北、华北、山东、山西、陕甘地区，越冬于长江以南近海省份和云贵地区。其英文名和拉丁名即为"阿穆尔隼"，而"阿穆尔"是中国与俄罗斯界河"黑龙江"的外文名。

捕食小动物

雌鸟

中文名 燕隼
拉丁名 *Falco subbuteo*
英文名 Eurasian Hobby
分类地位 隼形目隼科
体长 29~35cm
体重 120~294g
野外识别特征 小型猛禽，头暗蓝灰色具白色细眉纹和黑色髭纹，上体暗蓝灰色，下体麻白色，胸、腹带明显的黑色纵纹，腿覆羽至尾下覆羽棕栗色，镰状翼尖长。

IUCN红色名录等级 LC
国家二级保护动物

燕隼 鬼脸剁子

形态特征 成鸟头部暗蓝灰色，额基白色，和白色细眉纹相连，眼圈黄色，颈侧和颏、喉白色，颊具黑色髭纹；上体连同尾上和翼上为纯粹的暗蓝灰色，翼尖长呈镰状，略似燕翼，故名"燕隼"；下体麻白色，胸腹部具有明显的黑褐色纵纹，腿覆羽到尾下覆羽棕栗色，翼下和尾下密布细碎的黑白横斑；虹膜黑褐色，钩状喙灰蓝色带黑色尖端，眼周和蜡膜黄色，脚黄色。雌鸟比雄鸟体形稍大，体色相似而略带褐色调，下体纵纹较浅。幼鸟似雌鸟而更偏褐黄色。

生态习性 栖息于平原疏林和林缘地带，常单独或成对活动。飞行敏捷，鼓翼飞翔和滑翔结合，并能够在空中做短暂悬停，停歇时常栖息于电线杆上或树顶。日行性，晨昏较活跃，捕食麻雀等雀形目小鸟，也捕食昆虫。繁殖期在5—7月，营巢于疏林或田间的大乔木上，常侵占乌鸦或喜鹊的巢，窝卵数通常为3枚，由雌雄亲鸟轮流孵化喂养，孵化期约28天。雏鸟晚成，经约1个月即可离巢飞翔。

分布与居留 分布于欧亚大陆和非洲。在我国北方和南方均有繁殖种群，于相应的繁殖地以南越冬。

游隼 鸽虎儿（雄）、鸭虎儿（雌）

中文名 游隼
拉丁名 *Falco peregrinus*
英文名 Peregrine Falcon
分类地位 隼形目隼科
体长 41~50cm
体重 647~825g
野外识别特征 中型猛禽，翼长
而尖，头和上体深灰色，颊具
黑色髭纹，尾具深色横带，下
体白色带黑斑。

IUCN红色名录等级 LC
国家二级保护动物

形态特征 成鸟头顶到后颈铅黑色，眼圈黄色，颈侧白色，颊具黑色粗髭纹；上体蓝灰色具深色羽干纹和浅色羽缘，尾上具数道深色横斑；下体颏、喉亚麻白色，胸腹部和腿覆羽为米白色，密布黑褐色横纹，翼下和尾下亦为一体的黑白细密横纹；虹膜黑褐色，钩状喙基部泛灰蓝色，先端铅黑色，眼周、蜡膜和脚明黄色。幼鸟体色泛皮黄色，下体带褐色纵纹。

生态习性 栖息于低山至平原、草原、荒漠、沼泽或农田等地，常单独活动。善飞行和翱翔，是世界上冲刺速度最快的鸟类。视觉敏锐，从高空发现猎物后疾速俯冲抓捕。捕食野鸭、鸥、鸻鹬、鸠鸽、雉鸡等鸟类，也吃鼠类、野兔等哺乳动物。繁殖期在4—6月，营巢于河谷崖壁或林中空地等僻静处，窝卵数2~4枚，卵红褐色，由雌雄亲鸟轮流孵化哺育，孵化期约28天。雏鸟晚成，35~42天后可离巢飞翔，多年性成熟。

分布与居留 广泛分布于全球大部分地区。在我国多地繁殖，北方种群冬季迁徙到长江以南越冬，南方和新疆的部分种群为留鸟。

黑琴鸡

中文名 黑琴鸡
拉丁名 *Lyrurus tetrix*
英文名 Black Grouse
分类地位 鸡形目松鸡科
体长 45~61cm
体重 1000~1600g
野外识别特征 中型鸡类。雄鸟
体羽为黑色，翅上具白色翼镜，
尾呈深叉状，外侧尾羽长且向外
弯曲；雌鸟体形稍小，主体为褐
色，具黑褐色横斑，翅上也具白
色翼镜，尾呈浅叉状。

IUCN红色名录等级 LC
国家二级保护动物

形态特征 雄鸟主体呈黑色，带金属光泽，眼上具突起的红色裸露皮
肤，翼上带白色翼镜，尾呈深叉状，外侧尾羽长且向外卷曲，尾下
覆羽和翼下为纯白色；虹膜褐色，喙和脚深褐色，眼上裸露皮肤朱红
色。雌鸟主体呈棕褐色，具黑色横斑，眼上红色裸露皮肤区域较小，
不醒目，翼上亦有不太明显的白色翼镜，尾呈浅叉状，尾下覆羽和翼
下为白色，跗跖被棕白色细羽。幼鸟和成鸟相似，雄性幼鸟头颈部缀有
棕褐色横斑，三级飞羽和尾上覆羽有黄褐色细纹，外侧尾羽不长，弯
曲不明显。

生态习性 栖息于针叶林、针阔混交林和森林草原，常家族式成群活
动。主食植物的嫩芽和果实，尤喜桦树嫩叶和芽苞。繁殖期在4—6
月，一雄多雌制，求偶时雄鸟会垂翼翘尾绕圈，做求偶炫耀。雌鸟单
独营巢并孵卵于隐秘灌丛中。窝卵数8~10枚，孵化期24~29天。雏鸟
早成，全身密布斑驳的黄褐色绒毛。

分布与居留 主要分布于欧亚大陆北部。在我国，分布于东北和华北部
分地区，为留鸟，秋季成群游荡。

雄鸟

花尾榛鸡

中文名 花尾榛鸡
拉丁名 *Tetrastes bonasia*
英文名 Hazel Grouse
分类地位 鸡形目松鸡科
体长 30~40cm
体重 302~509g
野外识别特征 中型鸡类，体态圆胖。雄鸟主体为斑驳的黄褐色，头上有短羽冠，颏、喉部为黑色；雌鸟和雄鸟相似，但颏、喉部为白色。

IUCN红色名录等级 LC
国家二级保护动物

形态特征 雄鸟头颈部灰褐色，密布褐斑，颏、喉黑褐色，颊纹白色，眼上缘裸露皮肤红色，具不明显白眉纹；背到腰灰褐色，带有细小褐斑，翼上覆羽为斑驳的橄榄褐、锈红和黑白交错图案，类似满缀苔藓痕迹的树皮，为很好的保护色；尾羽和飞羽褐色，带白缘，翼上具大白斑，尾上具黑色亚端斑和不规则横纹；下体胸腹部黑褐色，带整齐的宽白缘，胁部羽毛锈红色带白缘；跗跖上部被灰白色细羽；虹膜褐色，喙黑色，趾灰色，具栉状突。雌鸟与雄鸟体色类似，但上体偏黑褐色，颏、喉部黄白色。幼鸟似成鸟，体色偏红棕色。

生态习性 栖息于隐秘的山地森林，为典型的森林鸟类，近似苔藓、树皮和草丛的体色是很好的保护色。除孵卵期外，多成对或成群活动。主食寒温带森林的乔灌木嫩芽和果实，尤喜桦树和杨树的芽苞与花絮以及野蔷薇、越橘等灌木浆果，繁殖期也吃昆虫。繁殖期在4—6月，营巢于山林中地形复杂的灌丛里。窝卵数8~12枚，由雌鸟孵化，孵化期21~25天。雏鸟早成，出壳不久绒毛干后即可随亲鸟觅食。

分布与居留 分布于欧亚大陆北部。在我国分布于东北地区，为留鸟。在高山地区，会随季节进行垂直迁徙，即在高山繁殖，在山麓越冬。

石鸡 嘎嘎鸡

中文名 石鸡
拉丁名 *Alectoris chukar*
英文名 Chukar Partridge
分类地位 鸡形目雉科
体长 27~37cm
体重 440~580g
野外识别特征 中型鸡类，体短圆；体羽为淡土褐色、浅石板灰色，头侧到喉部围有黑色环带，环中喉、颊为白色，胁部有约10道黑色和栗色相间的横斑。

IUCN红色名录等级 LC

形态特征 成鸟头顶至后颈淡土褐色，额和头顶两侧浅石板灰色，眉纹灰白色，贯眼纹黑色，和颈侧黑色条纹连接，形成环绕喉部的黑色环带，中央的喉和颊部乳白色；后颈和颈侧蓝灰色，与背、肩的土褐色及腰、尾上覆羽和尾羽的石板蓝灰色形成柔和的过渡；翼为相近的棕灰色，飞羽为淡褐色；下体颏为黑色，喉白色，上胸灰色，下胸棕栗色，腹部及以下渐为乳白色，胁部带有明显的约10道黑白交错的平行纹，状如斑马纹；虹膜褐色，喙、眼周裸露区域及脚为蜡烛红色。

生态习性 栖息于低山丘陵的沙石坡上，土褐色和石板灰的体色可以使其和沙石环境融为一体。日行性，喜集群活动，晨昏时雄鸡立于高处发出"嘎嘎嘎"的啼鸣声，故又名"嘎嘎鸡"。主食草本或灌木的嫩芽和果实种子，兼食苔藓、昆虫和农作物等。繁殖期在4—6月，营巢于岩崖基部的灌草丛中。窝卵数7~17枚，卵呈棕白色，具褐斑，雏鸟早成。

分布与居留 分布于欧洲、小亚细亚、中亚、印度和我国西北、华北至东北地区，为留鸟。

普通鹌鹑 西鹌鹑

中文名 鹌鹑
拉丁名 *Coturnix coturnix*
英文名 Common Quail
分类地位 鸡形目雉科
体长 16~22cm
体重 76~106g
野外识别特征 小型鸡类，体形滚圆；头部麻褐色，具有黄白色眉纹和颊纹，上体褐色，带黄白色楔形纹和黑褐斑；下体淡棕褐色，胁部亦具有黄白色楔形纹和褐斑。

IUCN红色名录等级　LC

形态特征　雄鸟头顶至后颈羽毛黑褐色，具棕黄色羽缘，头顶中央有白色细冠纹，眉纹和颊纹为清晰的黄白色；背褐色，带黑斑和楔形的黄白色纵纹，尾和翼亦为褐色，杂黑白斑；下体棕白色，颏、喉部中央有黑褐色锚状纹，上胸至两胁泛赤褐色；虹膜褐色，喙角褐色，脚肉褐色。雌鸟与雄鸟体色类似，但下体较黯淡，颏、喉部为灰白色。

生态习性　栖息于开阔的平原、草地、半荒漠和农田等地，主要隐匿在地面草丛中活动，体色可起到很好的保护作用。善奔跑，情急时亦做急速的短距离直线飞行。主食草本植物的幼芽、嫩叶、果实和种子等，兼食昆虫。觅食时常用爪刨土。繁殖期在5—6月，一雌多雄制，无固定配偶。掘土营巢于草丛凹地中，窝卵数9~15枚。卵沙色，带褐斑，孵化期约15天。雏鸟早成，生长迅速，在人工养殖情况下约6周后即可繁殖。

分布与居留　分布于欧洲、非洲、亚洲中部和北部。在我国繁殖于新疆等地，越冬于西南和东南地区，多地均有人工饲养。

台湾山鹧鸪 时钟鸟

中文名 台湾山鹧鸪
拉丁名 *Arborophila crudigularis*
英文名 Taiwan Partridge
分类地位 鸡形目雉科
体长 25~36cm
体重 约250g
野外识别特征 小型鸡类。头顶和上体为斑驳的麻褐色，下体胸部蓝灰色，腹部鹅黄色，头侧具有黑色和淡黄色相间的条纹，喙黑色，脚珊瑚红色。

IUCN红色名录等级 NT
中国特有鸟种

形态特征 成鸟额灰色，头顶至枕褐色，具黑色羽干纹，眼先灰白色，贯眼纹黑色，头侧和喉部黑色，杂淡黄色鳞状斑，颊、喉至头侧具两道黄白色横带；后颈灰褐色，上体橄榄褐色，杂黑褐鳞状纹，尾亦为斑驳的麻褐色，翼棕红色，具黑白横纹；下体胸胁部蓝灰色，胁部略带白斑，腹部及以下为鹅黄色；虹膜和喙为褐黑色，脚为珊瑚红色。

生态习性 栖息于中低山的原生阔叶林中，多隐蔽于林下灌草丛中活动，夜晚栖于树枝上。除繁殖期外常成小群活动，晨昏活跃，鸣声为清亮渐高的"咕噜"声，鸣至最高亢处复回转低沉，重复渐鸣。每日晨昏准时鸣叫，因此又被称为"时钟鸟"。主食草本和灌木的浆果、种子和嫩芽等，兼食昆虫和蚯蚓等，觅食时常用脚刨土。繁殖期在5—6月，营巢于林中大树基部的地面或石缝中。窝卵数6~8枚，孵化期约24天，雏鸟早成。

分布与居留 分布于我国台湾，为留鸟，是我国特有鸟种。

灰胸竹鸡

中文名 灰胸竹鸡
拉丁名 *Bambusicola thoracicus*
英文名 Chinese Bamboo Partridge
分类地位 鸡形目雉科
体长 22~37cm
体重 200~342g
野外识别特征 小型鸡类。体色错落有致，头顶褐色，眉纹和上胸蓝灰色，头侧和喉栗红色，上体为橄榄灰色洒深褐色斑，下体为棕黄色，胁部缀黑斑。

IUCN红色名录等级 LC
中国特有鸟种

形态特征 雄鸟头顶至后颈褐色，额及眉纹蓝灰色，脸和颊、喉为栗红色，上胸部形成灰蓝色半环状纹；上体、翼和尾为橄榄褐色，缀有极细密的波纹，翼上覆羽洒有黑褐色鳞状斑，兼有零碎的白色星斑；下体下胸部至尾下覆羽为栗肉黄色，胁部同为栗肉黄，缀有同上体一样的鳞状褐斑；虹膜褐色，喙黑色，脚橄榄褐色。雌鸟体色似雄鸟，体形略小，跗跖无距。

生态习性 栖息于低山丘陵至山脚平原的竹林和灌草丛中，常成群活动，冬季结大群。天冷时常多只挤在同一树枝上取暖休憩。杂食性，主食植物幼芽、果实、种子和农作物，也吃蛾、蝗虫、蚂蚁和甲虫等昆虫。繁殖期在4—7月，营巢于草丛中或竹林中的地面凹坑中。窝卵数5~12枚，孵化期约18天，雏鸟早成，成长迅速，数日后就可飞行。

分布与居留 分布于我国长江以南，是留鸟，为我国特有鸟种。

血雉

中文名 血雉
拉丁名 *Ithaginis cruentus*
英文名 Blood Pheasant
分类地位 鸡形目雉科
体长 36~49cm
体重 410~800g
野外识别特征 中型鸡类，头带冠羽。雄鸟体羽为蓬松的灰色披针形，具明晰的白色细长羽干纹，胸部和尾下覆羽有绯红色的边，眼周、蜡膜和脚为鲜艳的朱红色，跗跖后有2枚短距；雌鸟主体暗褐色。

IUCN红色名录等级 LC

形态特征 雄鸟头部灰色，额、眼先、眉纹、颊和耳羽黑褐色，眼周橘红色，头后具灰色丝状冠羽；上体灰色，带细长的羽干纹，羽干纹为白色，带有纤细的黑边，条条明晰；尾羽基部灰色，端部渐白，杂有绯红色羽丝；下体颜色类似上体而略淡，胸胁部羽干纹渐变为明黄色或杂有少量血红纵纹，尾下覆羽带艳丽的绯红色丝状外缘；虹膜深褐色，喙黑色带朱红色蜡膜，眼周和脚为橘红至朱红色，跗跖后有2个短距。雌鸟通体暗褐色，略带不明显的虫蠹斑，冠羽较小呈灰色，头部泛棕黄，喙和蜡膜黑色，脚橘红色，不带距。

生态习性 栖息于雪线附近的高山针叶林、混交林及杜鹃丛中，喜成群活动。冬春季主食乔木的嫩叶、芽苞和花絮，夏秋季啄食灌木和草本植物的嫩枝叶、果实和种子，也吃苔藓、地衣和昆虫。繁殖期在4—7月，营巢于岩洞、土洞或树洞中。窝卵数6~7枚，雏鸟早成。

分布与居留 分布于喜马拉雅山脉及附近地区。在我国主要分布于西南地区，为留鸟，作季节性垂直迁徙。

雌鸟

黄腹角雉 吐绶鸡、寿鸡、角鸡

中文名 黄腹角雉
拉丁名 *Tragopan caboti*
英文名 Cabot's Tragopan
　　　　（Yellow-bellied Tragopan）
分类地位 鸡形目雉科
体长 60~70cm
体重 约1400g
野外识别特征 大型鸡类。雄鸟头部黑色和红色相间，发情时显露头顶的淡蓝色肉角和喉部的红蓝肉裙，上体褐栗色，布满皮黄色大圆斑，下体皮黄色；雌鸟主体麻褐色，密布黑白间错的矢状斑，腹具大白斑。

IUCN红色名录等级　VU
国家一级保护动物
中国特有鸟种

形态特征 雄鸟额至头顶黑色，冠羽前黑后红，后颈黑色，经耳区延伸至颈部肉裙处，颈两侧暗红色，眼周、颊和颏、喉部裸露皮肤橘红色；上体栗色，布满带有黑边的皮黄色圆斑；尾羽和飞羽暗褐色，带黄纹；下体皮黄色，两颊略泛棕红。雄鸟发情时，露出头部的一对淡蓝色肉质角，喉下肉裙胀大，中央橙色，带绛褐色细纵纹，外周宝蓝色，带数枚宽大的赤红色横斑，故古时被称为"吐绶鸡"，也因肉裙上图案形似传统的"寿"字图案而又得名"寿鸡"。在古代，人们将相似种红腹角雉和其他角雉也称为"吐绶鸡"，近现代才改称外国物种火鸡为此名。其虹膜褐色，喙角色，脚肉粉色带一短距。雌鸟周身麻褐色，布满黑褐色和白色的箭头状小斑，尾上具黑色横斑，腹部有大白斑；不具肉裙，肉质角不发达，跗跖无距。

生态习性 栖息于亚热带中低山地的常绿阔叶林和针阔叶混交林中，常在林下灌丛中活动。性隐蔽，善奔走，一般不飞行。常成小群活动，晨昏活跃，白天在灌丛中觅食，夜晚于树枝上休息。主食植物嫩叶、芽苞、果实、种子等。繁殖期在3—5月，雄鸟通过上下点头和展示喉部肉裙向雌鸟进行求偶炫耀。营巢于接近山脊的阴坡处，在大乔木的近主干水平树枝上筑巢。窝卵数3~4枚，孵化期约28天，雏鸟早成。

分布与居留 我国特有鸟种，仅分布于我国浙江、江西、湖南、福建到两广一带的山林里。

勺鸡 角鸡、柳叶鸡

中文名 勺鸡
拉丁名 *Pucrasia macrolopha*
英文名 Koklass Pheasant
分类地位 鸡形目雉科
体长 40~63cm
体重 760~1184g
野外识别特征 中型鸡类。雄鸟头部墨绿色，具黑色长冠羽，颈侧各有一大白斑，上体羽毛为黑白间错的披针形，尾呈楔形，下体栗色，两胁密被麻褐色披针状羽；雌鸟主体棕褐色，具短冠羽。

IUCN红色名录等级　LC
国家二级保护动物

形态特征 雄鸟头部和后颈为金属暗绿色，头顶中央为黑褐色，具细长的冠羽，常竖起如羚角状，因此也被称为"角鸡"；耳区后下方各具一大白斑，颈侧和后颈具一香槟色半领环；上体羽呈披针形，形成黑白交错的纵纹，形如柳叶，故又被称为"柳叶鸡"；尾羽褐色，泛棕色，飞羽黑褐色，带黄缘；下体栗色，两胁为类似上体的黑白色披针形羽毛；虹膜褐色，喙黑褐色，脚棕褐色。雌鸟主体黄褐色，杂黑褐斑，头部泛皮黄色，具短冠羽，尾亦短于雄鸟。

生态习性 栖息于山地阔叶林、针叶林和混交林，尤喜湿润茂密而地形起伏的林地。性机警，常成对或成群活动。主食植物嫩芽、花、种实等，也吃少量昆虫等动物性食物。繁殖期在3—7月，一雄一雌制，营巢于树干下的草丛中。窝卵数6~9枚，由雌鸟孵化，雄鸟警戒，孵化期约25天，雏鸟早成。

分布与居留 分布于中亚、印度和我国西南部地区，为留鸟。

原鸡 红原鸡、茶花鸡

中文名 原鸡
拉丁名 *Gallus gallus*
英文名 Red Junglefowl
分类地位 鸡形目雉科
体长 42~71cm
体重 550~1050g
野外识别特征 大型鸡类，体色和体形似家鸡而稍显瘦小。雄鸟头部具红色火焰状肉冠，喉下有红色肉垂，头颈和背部金红色，尾黑色，带蓝绿金属光，中央一对尾羽较长，呈镰状，下体黑褐色，跗跖后有一长距；雌鸟较小，上体斑驳暗褐色，下体棕黄色，无距。

IUCN红色名录等级　LC
国家二级保护动物

形态特征 雄鸟头部暗红色，耳羽金栗色，头顶具火焰状红色肉冠，喉部带红色肉垂，颈至上背具华丽的金红色披针状羽毛，其余上体以暗红色为主；尾羽黑色，泛金属绿，中央尾羽较长，呈镰状下弯；翼初级覆羽和三级覆羽为金属暗蓝绿色，中覆羽暗栗色，飞羽黑褐色，初级飞羽泛栗色，三级飞羽带金属蓝绿；下体褐色；虹膜橙红色，喙角质色，嘴角黄色，脸及颏、喉部裸露皮肤颜色同肉冠和肉垂，为浓珊瑚红色，脚褐色，带有长距。雌鸟较小，脸周形成一圈深褐色项领，颈被金棕色矛状羽，上体至尾为暗褐色，带黑色虫蠹斑，下体金棕色；虹膜褐色，头部肉冠较小且较为黯淡，与脸部裸露皮肤的颜色均为皮红色，喉部无肉垂，跗跖后无距。

生态习性 栖息于热带森林，喜集群生活。主食植物性食物，兼食昆虫和农作物。繁殖期在2—5月，雄鸟频繁发出"喔喔喔——"的啼鸣，声似云南方言"茶花两朵"，故在当地被称为"茶花鸡"。营巢于林下灌木丛中，窝卵数6~8枚，由雌鸟孵化，孵化期19~21天，雏鸟早成，密布黄色绒毛。

分布与居留 分布于东南亚地区和我国西南部及南部的热带地区，为家鸡的祖先。现代家鸡即由我国先民们对原鸡进行长期驯化，而后被带至全球各地进一步育种而成。野生原鸡可与家鸡混群并繁殖，但现在野生的数量较为稀少。

幼雄

白鹇

中文名 白鹇
拉丁名 *Lophura nycthemera*
英文名 Silver Pheasant
分类地位 鸡形目雉科
体长 ♂99~114cm，♀65~71cm
体重 ♂1515~2000g，♀1150~1300g
野外识别特征 大型鸡类，体态优雅。雄
鸟上体白色，带有细密的黑色纵纹，翼白
色，尾洁白而长，头顶披有蓝黑色丝状长
冠羽，下体蓝黑色，眼周和脚红色；雌鸟
体羽橄榄褐色，体侧和尾羽带有细密暗
纹，头具黑色冠羽，眼周和脚亦为红色。

IUCN红色名录等级　LC
国家二级保护动物

形态特征　雄鸟头顶黑色，蓝黑色柔软的丝状长冠羽披于枕
后，眼周为裸露的赤红色皮肤；颈侧白色，上体白色，带有细
密的交织状黑色纵纹；翼白色，尾白色而长；下体蓝黑色；虹
膜橙色，喙角质色，脚珊瑚红色。雌鸟稍小，头上黑褐色冠羽
较短，脸裸露区域稍小，亦为赤红色，上体橄榄褐色，翼黑褐
色，略缀黑斑，尾中央棕褐色，外侧黑白斑驳；下体棕褐色，
具细碎的黑白虫蠹斑。

生态习性　栖息于亚热带的低山常绿阔叶林中，成对或成群活
动。性机警，善奔跑，少飞翔，夜间成群栖于高树。主食亚热
带丛林中的植物性食物，也吃昆虫等小型无脊椎动物。繁殖期
在4—5月，营巢于林下灌丛中的地坑里。窝卵数4~8枚，孵化
期约24~25天，雏鸟早成。

分布与居留　分布于亚洲东南部。在我国分布于南方各省，为
留鸟。

褐马鸡

中文名 褐马鸡
拉丁名 *Crossoptilon mantchuricum*
英文名 Brown Eared Pheasant
分类地位 鸡形目雉科
体长 ♂99~107cm，♀83~105cm
体重 ♂1650~2475g，♀1450~2026g
野外识别特征 大型鸡类。雌雄体色相似，雄鸟较大；主体褐色，头颈偏黑，头两侧各具一白色角状羽簇，眼周赤红色，腰至尾部泛白，尾端黑色。

IUCN红色名录等级　VU
国家一级保护动物
中国特有鸟种

形态特征 成鸟头颈部黑褐色，头侧裸露皮肤为赤红色，颏、颊和耳羽为一体的白色横纹，耳羽延长，呈角状上挑于头后；主体浓褐色，尾上覆羽呈丝状渐为白色，尾羽白色，具蓝黑色端斑，外侧尾羽呈发丝状蓬松散开，腹部羽毛亦较为蓬松；虹膜橙色，喙肉粉色，脚珊瑚红色。雄鸟跗跖具一短距，雌鸟无距。

生态习性 栖息于低山丘陵的针叶林或针阔叶混交林，常成群活动。日间觅食，中午沙浴并小憩，夜间栖于树上，活动和栖息场所较固定。繁殖期在4—6月，雄鸟发出"呱呱呱"的鸣声求偶，领域性极强。营巢于林下灌丛中，窝卵数6~9枚，由雌鸟孵化，雄鸟警戒，孵化期26~27天，雏鸟早成。

分布与居留 现仅分布于我国河北和山西部分山区，为留鸟，数量稀少，是我国特有鸟种。

黑长尾雉 帝雉

中文名 黑长尾雉
拉丁名 *Syrmaticus mikado*
英文名 Mikado Pheasant
分类地位 鸡形目雉科
体长 ♂约88cm，♀约53cm
体重 ♂约700g，♀约600g
野外识别特征 大型鸡类。雄鸟个体较大，尾特长，脸红色，通体蓝紫色，翼上有一道长白斑，尾具黑白横纹；雌鸟通体橄榄褐色，脸亦为红色，背和翼杂有斑纹，尾褐色，亦有暗横斑。

IUCN红色名录等级 NT
国家一级保护动物
中国特有鸟种

形态特征 雄鸟主体为深蓝紫色，闪金属光泽，上背洒有黑色矢状斑，下背到腰羽毛深蓝黑色，镶有幽蓝色羽缘，翼上覆羽亦同，大覆羽具宽白色端斑，在翼上形成一道长白斑，飞羽黑褐色，二级飞羽和三级飞羽带白色端斑；尾楔形且较长，中央尾羽最长，尾羽黑色，带白横斑；下体亦为黑蓝色；虹膜褐色，脸部裸露皮肤鲜红色，喙铅灰色，喙峰泛黑，脚灰黄色且有距。雌鸟全身棕褐色，背部密布黑斑和白色羽干纹，尾棕色，带有细的黑白横纹，脸亦为裸出的鲜红色，脚不带距。

生态习性 栖息于隐秘的山地森林，常单独活动，性机警，按固定路线活动。以植物性食物为主，兼食昆虫、蚯蚓等动物性食物。繁殖期在3—7月，一雄一雌制，偶见一雄二雌现象。营巢于隐秘的树下草丛中，窝卵数3~10枚，由雌鸟孵卵，孵化期26~28天，雏鸟早成。

分布与居留 仅分布于我国台湾，数量稀少，为我国特有鸟种。

雌鸟

白冠长尾雉

中文名 白冠长尾雉
拉丁名 *Syrmaticus reevesii*
英文名 Reeves's Pheasant
分类地位 鸡形目雉科
体长 ♂141~197cm，♀56~70cm
体重 ♂1425~1736g，♀700~1000g
野外识别特征 大型鸡类，尾特长。雄鸟连尾体长可达2米，头部具黑白色图案，体色斑驳瑰丽，以金棕色和绛红色为主，遍布醒目的黑白斑点，尾黑白横纹交错；雌鸟头部黄黑相间，体羽为遍布黑白斑的栗褐色，尾较短。

IUCN红色名录等级 VU
国家二级保护动物
中国特有鸟种

形态特征 雄鸟头顶、颏、喉、眼下和颈白色，额、眼先、眼周、颊、耳区和后头黑色，形成一圈围绕头顶的环带，颈白色区域下方也有半环形黑领环；颈后、颈侧、背至尾上覆羽为金棕色，带有整齐的黑色边缘，形成鳞片状图案；翼上覆羽白色，具宽黑边缘，飞羽褐色，带数道金棕色横斑；尾特长，中央两对最长，为银白色，带黑色和栗色横斑，外侧尾羽横斑依次渐淡，渐变为栗色；下体胸胁部连同上体的肩羽为白色，带细黑边缘和宽栗红色外缘，并具黑色芯斑，呈鱼鳞状排列，成繁复的纹理；腹中部和尾下覆羽黑色；虹膜褐色，眼周裸露区域红色，喙和脚灰绿色，跗跖具一弯曲长距。雌鸟体形较小，头部栗黄色，头顶棕色，眼后至枕部褐色；其余体羽褐色至栗红色，具香槟色羽缘和棕白色羽干纹，亦排列成繁复而有致的纹理；尾较短，脚无距。

生态习性 栖息于地形复杂的低山林地中，喜成群活动。性机警，善奔跑，亦善短距离飞翔。杂食性，吃植物性食物和昆虫、蜗牛等动物性食物，亦喜食农作物。繁殖期在3—6月，通常一雄一雌制，偶见一雄配2~3只雌鸟。营巢于林下灌丛中，窝卵数6~10枚，由雌鸟孵卵，孵化期24~25天，雏鸟早成。

分布与居留 现仅存于我国的河北、山西、陕西、湖北、湖南、贵州、四川等省的部分地区，数量稀少，为我国特有鸟种。因长尾羽可做戏剧翎饰而遭大量捕猎，需加以保护。

雉鸡 环颈雉

中文名 雉鸡
拉丁名 *Phasianus colchicus*
英文名 Common Pheasant
分类地位 鸡形目雉科
体长 ♂73~87cm，♀59~61cm
体重 ♂1264~1650g，♀880~990g
野外识别特征 大型鸡类。雄鸟体大而羽色华丽，脸红色，头颈暗蓝绿色，头侧各有一耳羽簇，有的具白色颈圈，体羽为斑驳而泛紫光的栗色至金棕色，长尾羽带横斑；雌鸟通体棕褐色，杂以黑斑，尾羽短。

IUCN红色名录等级 LC

形态特征 雄鸟额至喙基黑色，头顶褐色，具细白眉纹，脸部裸露皮肤为赤红色，眼后各具一簇可以耸起的暗蓝绿色耳羽簇，其余头部为紫黑色，上颈部为金属暗蓝至暗绿色，有的基部具白色颈环；上背羽毛基部紫褐色，具金棕色羽缘，羽干纹基部白色，先端黑色；背和肩栗红色，带黑白斑纹，腰灰蓝色；翼棕褐色，带有斑驳的栗色覆羽；尾羽较长且具黑褐色横斑，中央尾羽最长；下体胸为泛紫的铜红色，羽端具黑斑，腹黑色，尾下覆羽棕色，胁栗黄色；虹膜红褐色，喙角质色，脚灰黄色，有短距。雌鸟体形较小，尾亦较短，脸部皮肤为不明显红色，眼周羽毛白色；上体棕褐色，下体沙色，均杂有黑褐色和黄白色斑纹。

生态习性 栖息于低山丘陵至平原、沼泽和农田。单独或成小群活动，善奔跑。杂食性，随季节变化而吃不同的植物性食物和小型无脊椎动物，也吃农作物。繁殖期在3—7月，期间雄鸟常在清晨发出"咯咯咯"的啼鸣，一雄多雌制。筑巢于灌丛中，窝卵数6~22枚，南方种群窝卵数较少而卵较大。雏鸟早成。

分布与居留 广泛分布于欧亚大陆的寒温带至亚热带地区，现已被引进大洋洲、美洲等地。在我国，除了西藏的一些高原地带和海南岛，其他地方均有分布，为留鸟。

雌鸟

幼鸟

红腹锦鸡 金鸡

中文名 红腹锦鸡
拉丁名 *Chrysolophus pictus*
英文名 Golden Pheasant
分类地位 鸡形目雉科
体长 ♂86~108cm，♀59~70cm
体重 ♂570~751g，♀550~670g
野外识别特征 中型鸡类，尾长。
雄鸟羽色华丽，头顶金黄色羽
冠，上背绿色，背金黄色，下体
朱红色，翼带蓝色大斑，尾特
长；雌鸟通体麻褐色，密布斑
纹，尾亦较长。

IUCN红色名录等级 LC
国家二级保护鸟类
中国特有鸟种

形态特征 雄鸟额及头顶羽毛金黄色，形成丝状长羽冠；后颈为橙色
扇状羽，外缘呈蓝黑色，形成披肩状；上背为青绿色扇状羽，闪金属
光泽，下背至尾上覆羽金黄色，呈丝状披散；尾特长，黑色带淡橙色
斑点；肩绛红色，两翼黑褐色，具波状斜纹，各带一深金属蓝色大斑
块；下体朱红色；虹膜淡黄色，眼周皮黄色，喙和脚金黄色；跗跖具
一短距，眼下裸部有一黄色小肉垂。雌鸟尾稍短，无冠羽，周身褐
色，带不规则黑褐色横斑，仅腹部色浅无斑；瞳孔褐色，脸淡褐色，
喙和脚沙褐色。

生态习性 栖息于山林，冬季集群，春夏成对或单独活动。善奔走，
可滑翔。啄食多种野生植物和农作物，也吃部分昆虫。繁殖期在4—6
月，一雄多雌制，求偶期间雄鸟间常发生激烈争斗。巢简陋，窝卵数
5~9枚，由雌鸟孵化，雏鸟早成。

分布与居留 分布于我国西南部及中部山区，为留鸟，数量稀少，是我
国特有鸟种，在传统文化中为祥瑞的象征而广受喜爱。

雌鸟

绿孔雀

中文名 绿孔雀
拉丁名 *Pavo muticus*
英文名 Green Peafowl
　　　（Green Peacock）
分类地位 鸡形目雉科
体长 ♂180~230cm ♀约110cm
体重 6000g~7700g
野外识别特征 大型鸡类，体形巨
大，颈和脚较长，尾上覆羽特长。
雄鸟艳蓝绿色泛紫铜色，头顶有直
立冠羽，尾上覆羽特长，呈绿色，
具眼状斑，长达1米左右，拖于体
后，繁殖期可展开呈扇状尾屏，用
于求偶炫耀；雌鸟体色似雄鸟而黯
淡，无尾屏。

IUCN红色名录等级　EN
国家一级保护动物

形态特征 雄鸟头部羽毛小而呈鳞片状，为鲜亮的钻蓝色，头顶具一簇耸立的蓝色冠羽；眼周裸露皮肤淡蓝色，脸部裸露皮肤橙黄色；颈部、胸部和上背的羽毛金铜色，基部辉蓝色，边缘翠绿色；下背和腰为翠绿色，带铜褐色羽干纹和黑褐色端斑；内侧覆羽铜褐色，其余翼上覆羽为变幻的亮蓝绿色，飞羽和尾羽为褐色；尾上覆羽特长，多达100~150枚，可展开形成尾屏，每枚尾上覆羽近端部具有一鸡蛋大小的眼状斑，由内而外依次是深蓝紫、宝蓝、铜棕和辉绿色，其余羽支绿褐色，带紫铜光泽，呈松散分离状；下体腹至胁部幽蓝绿色，肛周和尾下覆羽蓬松，为深褐色；虹膜红褐色，喙铅灰色，脚淡褐色，带一长距。雌鸟体形似雄鸟而略小，头亦具冠羽，无尾屏，体色似雄鸟而黯淡，泛铜褐色，脸、颊、喉、胁部和腿覆羽为米白色，脚无距。

生态习性 栖息于亚热带至热带的低山疏林，常一雄数雌带数个亚成鸟组成小群活动。善奔走，不善飞行，行走时一步一点头状。杂食性，食用热带植物果实、种子和嫩芽，兼食昆虫和农作物。繁殖期在3—6月，雄鸟求偶时展开尾屏面向雌鸟炫耀。营巢于灌丛中地坑内，窝卵数5~6枚，由雌鸟孵化，孵化期27~30天，雏鸟早成。

分布与居留 繁殖于印度、泰国、缅甸、马来半岛、爪哇和我国云南，在我国为留鸟，野生种群稀少。

黄脚三趾鹑

中文名 黄脚三趾鹑
拉丁名 *Turnix tanki*
英文名 Yellow-legged Buttonquail
分类地位 鹤形目三趾鹑科
体长 12~18cm
体重 35~120g
野外识别特征 小型鸟类。外形和羽色似鹌鹑而稍小，体圆尾短，喙和脚黄色，脚仅有3枚向前的趾，上体栗色和黑色斑驳交错，下体淡棕色带黑斑。

IUCN红色名录等级 LC

形态特征 成鸟头顶至枕黑褐色，带沙色羽缘，自额至后颈有一条棕黄色中央冠纹，头侧棕黄色，耳区略杂黑色；后颈和颈侧栗色，缀有淡黄色和黑褐色细小斑点；其余上体灰褐色，带黑色和浅棕色斑点；尾黑褐色，短小且隐于覆羽下；翼棕褐色，带黑色圆斑；下体颏、喉棕白色，胸栗黄色，胁浅黄色，胸侧和两胁带有黑色圆斑，其余下体淡黄白色；虹膜淡黄色，喙黄色，尖端黑色，脚黄色。雌鸟体形大于雄鸟，体色亦偏鲜明。

生态习性 栖息于低山丘陵至山脚平原的灌丛和草地中，常单独或成对活动。性机警，善奔跑，少鸣叫。以草籽、浆果、嫩芽和昆虫为食。繁殖期在5—8月，营巢于地面草丛中。窝卵数3~4枚，雏鸟早成，密布带褐纹的黄褐色绒羽，孵出后不久即可行走。

分布与居留 分布于亚洲东部至南部。在我国，从东北、华北、陕西、山东到长江中下游地区均可见，北方种群为夏候鸟，南方种群一部分为夏候鸟，一部分为冬候或旅鸟，少部分为留鸟。

蓑羽鹤

中文名 蓑羽鹤
拉丁名 *Anthropoides virgo*
英文名 Demoiselle Crane
分类地位 鹤形目鹤科
体长 68~92cm
体重 1985~2750g
野外识别特征 大型涉禽，颈和腿纤长，为鹤类中最小者，头颈部黑色，眼后披一簇醒目的白色耳簇羽，后颈和其余体羽淡蓝灰色，翅尖黑色。

IUCN红色名录等级 LC

形态特征 成鸟头顶灰色，头部其余部分连同前颈为铅黑色，眼后及耳羽白色，耳羽向后延长，成簇披散于头侧，颈基羽毛黑色，延长垂于胸部；大覆羽和初级飞羽灰黑色，延长覆于尾上的内侧次级飞羽和三级飞羽羽端泛褐色，其余体羽淡蓝灰色；虹膜朱红色，喙灰色，先端泛肉粉色，脚铅黑色。

生态习性 栖息于开阔的平原至高原的草地、沼泽、湖泊等，繁殖期成对活动，其余时间成家族群活动。涉水于浅水处或水岸附近，边走边觅食。性机警而孤僻，一般不与其他鹤类混群。主食小型鱼虾、两栖类和水生昆虫，兼食植物嫩芽、草籽和农作物。繁殖期在4—6月，一雄一雌制，通常不营巢，直接产卵于草甸中的干燥盐碱空地上。窝卵数通常为2枚，由雌雄亲鸟共同孵化，孵化期约30天。雏鸟早成，出壳后不久即可行走觅食。

分布与居留 繁殖于欧洲东南部、中亚至我国西部和东北部，越冬于非洲北部、印度、缅甸和我国的藏南地区，迁徙期间见于华北、青海等地。

白鹤

中文名 白鹤
拉丁名 *Grus leucogeranus*
英文名 Siberian Crane
分类地位 鹤形目鹤科
体长 130~140cm
体重 4900~7400g
野外识别特征 大型涉禽。喙、颈、腿颇长，站立时周身纯白色，飞行时可见黑色翼尖，脸部裸露皮肤红色，喙和脚红色。

IUCN红色名录等级 CR
国家一级保护动物

形态特征 成鸟头顶和脸裸露无羽，为鲜红色，体羽洁白，只有初级飞羽为黑色，而三级飞羽延长呈镰状，拢翼时覆盖了初级飞羽和尾羽，故站立时通体纯白，飞行时可见黑色翼尖；虹膜棕黄色，喙长而直，喙和脚均为绛红色。幼鸟头部被羽，上体赭色，羽基白色；下体白色，缀赤褐色；中央尾羽灰色，羽端赤褐色，羽基白色，初级飞羽黑色；喙和脚赭色。

生态习性 栖息于开阔的沼泽草地、苔原沼泽和大型湖泊沿岸。常单独、成对或家族式活动，迁徙和越冬期结大群，飞行时编队呈"一"字形或"人"字形。在富有水生植物的浅水处觅食，觅食时将喙和前头部伸入水中，边走边取食。繁殖期在6—8月，多营巢于苔原沼泽中的土丘和水中小岛上，由雌雄亲鸟共同营巢。窝卵数通常2枚，雏鸟早成。

分布与居留 于西伯利亚繁殖，于印度、伊朗、阿富汗、日本和我国长江中下游湿地越冬。在我国，越冬种群可见于江西鄱阳湖、湖南洞庭湖和安徽升金湖一带，迁徙期间见于东北、华北、山东、新疆等地。

灰鹤

中文名 灰鹤
拉丁名 *Grus grus*
英文名 Common Crane
分类地位 鹤形目鹤科
体长 100~120cm
体重 3000~5500g
野外识别特征 大型涉禽。喙、颈和脚修长，头顶裸露皮肤鲜红色，头和上颈黑色，眼后至颈侧有白色纵带，翼和尾外缘黑色，其余体羽灰色。

IUCN红色名录等级　LC
国家二级保护动物

形态特征 成鸟主体呈灰色，头顶具鲜红的裸露区域，眼先、枕、喉、颊、前颈和后颈黑色，眼后、耳羽和颈侧形成灰白色纵条带，并于后颈基部会合；初级飞羽和次级飞羽黑色，三级飞羽端部黑色，延长弯曲呈镰状披于尾上；尾羽灰色，外侧泛黑；虹膜橙褐色，喙青灰色，先端沾黄，胫部裸出，脚为灰黑色。幼鸟体色类似，而头颈泛棕黄色，背部沾赭褐色。

生态习性 栖息于开阔平原、沼泽、河滩和湖泊等地，尤喜富于水生植物的开阔湖泊沿岸、沼泽。常成小群活动，迁徙期间成大群，性机警。飞行时排成"人"字形，头颈向前伸直，脚向后伸直，有别于鹭类。栖息时常单脚站立。主食茎、叶、块茎、种子等植物性食物，兼食软体类、昆虫、蛙类、蜥蜴、小鱼等动物。繁殖期在4—7月，成小群求偶表演，两翼半张，不断上下跃动，并发出鸣声。一雄一雌制。营巢于沼泽地中干燥地面上，堆集枯草和芦苇而成。窝卵数通常2枚，由雌雄亲鸟轮流孵化，孵化期20~30天，雏鸟早成。

分布与居留 繁殖于欧亚大陆北部，越冬于非洲、西亚、印度和亚洲东南部。在我国繁殖于新疆和东北，越冬于长江中下游多省。

丹顶鹤 仙鹤

中文名 丹顶鹤
拉丁名 *Grus japonensis*
英文名 Red-crowned Crane
分类地位 鹤形目鹤科
体长 120~160cm
体重 7000~10500g
野外识别特征 大型涉禽。体态优雅，喙、颈和脚尤显颀长；主体纯白色，头顶裸露皮肤为朱红色，耳羽至枕白色，头颈余部黑色，次级飞羽和三级飞羽黑色，站立时搭于尾上。

IUCN红色名录等级　EN
国家一级保护动物

形态特征 成鸟主体洁白，头顶裸露皮肤浓朱红色，额和眼先黑色，眼后、耳羽至枕白色，颊、喉、颈黑色；次级飞羽和三级飞羽墨黑色，三级飞羽延长呈镰状覆于短而白的尾上；站立时可见黑色尾部；虹膜褐色，喙铅灰色且先端泛黄，胫部裸出，和脚为铅黑色。幼鸟相似，而头颈部泛棕褐色，体羽微沾棕。

生态习性 栖息于开阔平原、草地、沼泽、滩涂、湖泊等湿地，常成对或家族式小群活动，迁徙和越冬季结大群，但觅食和栖息时仍以家族为单位。白天觅食，午时休憩并引吭高鸣，休息或过夜时常单脚站立，将喙插于背羽中。觅食或栖息时族群中常有一只成鸟担当警戒。飞行时从容鼓翼，飘然舒缓，头颈前引，双脚后伸，编队成"一"字或"人"字形。主食鱼、虾、蝌蚪、水生昆虫和软体动物，兼食水生植物。繁殖期在4—6月，一雄一雌制。求偶时，雌雄鸟彼此对鸣、跳跃和舞蹈，并通过鸣叫宣告领地，鸣声为清亮的"珂——珂——珂——"声。营巢于开阔沼泽的苇地或水草地上，以芦苇、乌拉草和三棱草等材料筑成。窝卵数通常2枚，由雌雄亲鸟轮流孵化，孵化期30~33天，雏鸟早成，2龄性成熟，寿命可达50~60年。

分布与居留 繁殖于俄罗斯远东、日本北海道和我国东北及内蒙古部分地区，越冬于我国长江中下游地区和朝鲜、日本；日本北海道种群为留鸟。数量稀少，在东亚地区常作为幸福、长寿和忠贞的象征。

一只成年丹顶鹤在警戒

普通秧鸡

中文名 普通秧鸡
拉丁名 *Rallus indicus*
英文名 Brown-cheeked Rail
分类地位 鹤形目秧鸡科
体长 22~30cm
体重 85~195g
野外识别特征 小型涉禽，上体褐色，带黑纵纹，下体石板灰色，胁和尾下覆羽具黑白横斑，喙较长，为橘红色。

IUCN红色名录等级 LC

形态特征 成鸟额、头顶至枕部黑色，带褐色羽缘，头侧石板灰色，贯眼纹黑褐色，眉纹淡灰色；上体羽毛橄榄褐色，带黑色中央条纹，翼和尾黑褐色，翼缘棕白色；下体颏、喉乳白色，下喉、前颈至胸为石板蓝灰色，胁和尾下覆羽黑色，带白横斑；虹膜红褐色，喙橘红色，非繁殖期喙峰角褐色，脚肉褐色。

生态习性 栖息于开阔平原至低山丘陵的湿地或稻田。性隐秘，常单独或成小群活动于滨水草丛中，晨昏活跃。善奔跑，亦能游泳和潜水，飞行时两脚垂于体下。夜间和晨昏觅食，主食蠕虫、昆虫、软体动物以及甲壳类和小鱼，兼食植物果实和农作物。繁殖期在5—7月，一雄一雌制，营巢于水岸边的芦苇或草丛中。窝卵数6~9枚，由雌雄亲鸟轮流孵化，孵化期19~20天。

分布与居留 分布于欧亚大陆和非洲。在我国繁殖于北方多省，越冬于东南至西南地区。

觅食

白胸苦恶鸟

中文名 白胸苦恶鸟
拉丁名 *Amaurornis phoenicurus*
英文名 White-breasted Waterhen
分类地位 鹤形目秧鸡科
体长 26~35cm
体重 163~258g
野外识别特征 中型涉禽。上体深灰色，脸和主要下体白色，分界明晰，腹至尾下覆羽锈红色；喙和脚较长，为灰黄绿色，上喙基有红斑。

IUCN红色名录等级　LC

形态特征 成鸟头顶、枕、后颈、肩和背深灰色，腰和尾上覆羽褐灰色，尾和翼黑褐色，第一枚初级飞羽外翈具白缘；额、脸、颊、颏、喉、胸和腹白色，两胁石板灰色，肛周、尾下覆羽和腿覆羽锈红色；下体灰白色，近分界处灰色渐深，形成明显的交界；虹膜红色，喙和脚灰黄绿色，上喙基部具微微隆起的红斑。

生态习性 栖息于沼泽、溪流、水塘、稻田等湿地及附近灌丛。常单独或成对活动，晨昏和夜间觅食期间常发出重复的"苦恶、苦恶"的鸣声；白昼躲在芦苇或草丛中休息。行动敏捷，善行走，能游泳，不常飞行。主食螺、蜗牛、蚂蚁、蜘蛛和鞘翅目昆虫等动物性食物，也吃植物的花、芽、种实和农作物。繁殖期在4—7月，于近岸的隐秘灌丛中，以枯草筑高于地面的碗状巢。窝卵数4~8枚，由雌雄亲鸟轮流孵化。

分布与居留 分布于亚洲东部和南部。在我国分布于长江流域及以南地区，华北偶见，部分为留鸟，部分为夏候鸟。

红胸田鸡

中文名 红胸田鸡
拉丁名 *Porzana fusca*
英文名 Ruddy-breasted Crake
分类地位 鹤形目秧鸡科
体长 19~23cm
体重 65~85g
野外识别特征 中型涉禽，上体呈橄榄褐色，下体主要为栗红色，下腹至尾下覆羽及胁为灰褐色带白横斑，喙为铅灰色，脚长且趾尤细长，呈橘红色。

IUCN红色名录等级 LC

形态特征 成鸟额、头顶和头侧栗红色，头后、枕部、后颈至其余上体为橄榄褐色，飞羽和尾暗褐色；下体颏、喉、胸和上腹为栗红色，有的颏、喉部微泛黄白色；下腹部、胁部和尾下覆羽为深灰褐色，带白色横斑，近尾端的横斑尤其明显；虹膜血红色，喙铅蓝灰色，脚橘红色。幼鸟似成鸟，而上体更偏深褐色，下体栗色区域缀有灰白斑。

生态习性 栖息于沼泽、河岸、湖滨、水塘、稻田等湿地及附近生境。晨昏活跃，白昼隐匿于灌草丛中。性机警，善奔跑，飞行时脚垂于体下。主食水生昆虫和软体动物，兼食水生植物。繁殖期在3—7月，雌雄亲鸟共同营巢于水滨灌草丛或稻田的田埂草丛中。窝卵数5~9枚，由雌雄亲鸟轮流孵化。

分布与居留 分布于东亚至南亚。在我国见于秦岭以南、以东多省，一部分为留鸟，一部分为夏候鸟。

黑水鸡 红骨顶

中文名 黑水鸡
拉丁名 *Gallinula chloropus*
英文名 Common Moorhen
分类地位 鹤形目秧鸡科
体长 24~35cm
体重 141~400g
野外识别特征 中型涉禽，主体为黑褐色，喙基和额甲为鲜红色，胁部纵纹和尾下覆羽两侧为白色，喙尖和脚呈黄绿色，胫裸露上部有一圈红色环带，趾长。

IUCN红色名录等级　LC

形态特征 成鸟头顶、后颈和上背灰黑色，泛蓝光，其余上体深褐色，翼缘和第一枚初级飞羽外翈白色，飞羽蓝黑色，尾羽黑褐色；下体主要为泛蓝的灰黑色，下腹中央沾白，两胁各具一条明显的白色边缘，尾下覆羽黑色，两侧白色；虹膜红色，喙先端黄绿色，上喙基部至额板鲜红色，脚亦为黄绿色，胫裸露部分的上部具有鲜红色环带。雏鸟被黑色绒羽，喙尖白色，额亦具有红斑。

生态习性 较为常见，栖息于富于挺水植物的各类湿地中，常成对或成小群活动。大而长的脚趾适合在沼泽和荷叶等水面植物上行走，善游泳和潜水，常边游泳或涉水边取食。既吃水生植物嫩叶、幼芽和根茎，也捕食水生昆虫、蠕虫、软体动物等。繁殖期在4—7月，营巢于浅水芦苇丛中，在贴近水面处弯折芦苇茎作为巢基，以芦苇和枯草筑巢。窝卵数6~10枚，由双亲轮流孵卵，孵化期19~22天，雏鸟早成。

分布与居留 广泛分布于除大洋洲和南极洲以外的世界各大洲。在我国多省均有分布，长江以北繁殖的种群多为夏候鸟，长江以南多为留鸟。

雏鸟

白骨顶 骨顶鸡

中文名 白骨顶
拉丁名 *Fulica atra*
英文名 Eurasian Coot
分类地位 鹤形目秧鸡科
体长 35~43cm
体重 430~835g
野外识别特征 中型水禽。通体灰黑色，翼上具白斑，喙和额部甲板白色，脚黄绿色，大而长的趾上具有灰白色的波状瓣蹼。

IUCN红色名录等级　LC

<u>形态特征</u> 成鸟体羽灰黑色，头颈部尤深，内侧飞羽具白色羽缘，形成白色翼斑，飞行时可见；翼外缘和胸腹部略沾白色；虹膜红褐色，喙和额部的甲板为鲜明的纯白色，胫裸露部分和跗跖为灰黄绿色，趾和瓣蹼为灰白色。雏鸟主体被黑褐色绒毛，喙尖白色，喙基和额鲜红色，眼先绒毛和头顶半裸的皮肤为朱红色，脸部至颈基部由橘红过渡到橙黄色。

<u>生态习性</u> 栖息于低山至平原各类富有水生植物的湿地中，除繁殖期外，其他时期常成群活动。善游泳和潜水，全天大部分时间在水中游弋。吃小鱼、小虾、昆虫和多种水生植物，也吃陆生灌木的浆果和种子。繁殖期在5—7月，雌雄亲鸟共同营巢于开阔水域近岸处的苇草丛中，弯折芦苇或蒲草的茎干作为巢基，纠集周围苇叶和水草而成巢，非浮巢，但可随水位升降。窝卵数8~10枚，由双亲轮流孵卵，孵化期约24天，雏鸟早成。

<u>分布与居留</u> 分布于欧亚大陆、非洲和大洋洲。在我国几乎各地均有分布。

大鸨

中文名 大鸨
拉丁名 *Otis tarda*
英文名 Great Bustard
分类地位 鹤形目鸨科
体长 75~105cm
体重 3800~8750g
野外识别特征 大型陆栖性鸟类，体粗壮，脚仅有向前的3枚趾；头颈灰褐色，上体淡棕色，带黑色横斑，尾羽色斑驳，可立起呈扇状打开，下体灰白色，翼上具大白斑。雄鸟额两侧具须状白羽簇，颈基具棕红色半领环。

IUCN红色名录等级 VU
国家一级保护动物

形态特征 雄鸟繁殖期头颈蓝灰色，头顶有一黑色中央纵纹，颏、喉和嘴基被细长的须状白色纤羽，颈基后部和侧面棕红色，形成半领环；背部沙褐色，密布黑色虫蠹斑，肩与背部羽色相同，其余翼上覆羽端部白色，三级飞羽白色，其余飞羽黑褐色；中央尾羽棕色，带黑横斑，具白色端斑和黑色亚端斑，外侧尾羽类似而偏浅棕色，最外侧尾羽白色；下体胸部及以下白色；虹膜褐色，喙黄褐色，先端偏黑，脚灰褐色，无后趾。在非繁殖期，雄鸟似雌鸟，即喙周无须状羽簇，颈基不显现棕色半领环。

生态习性 栖息于开阔平原、干湿草地和半荒漠地带。常成群活动，善奔跑。奔走时头颈常直立，姿势夸张。主食植物幼叶、嫩芽和种实，兼食蝗虫、蚱蜢和蛙类等动物。繁殖期在5—7月，营巢于开阔草地上的浅坑内。窝卵数2~4枚，由雌鸟孵卵，孵化期25~28天，雏鸟早成。

分布与居留 分布于欧亚大陆的温带地区。在我国繁殖于东北和西北等地，越冬于华北、华中、华东等地，现已数量稀少。

幼鸟

水雉

中文名 水雉
拉丁名 *Hydrophasianus chirurgus*
英文名 Pheasant-tailed Jacana
分类地位 鸻形目水雉科
体长 31~58cm
体重 约300g
野外识别特征 中型水禽，脚趾和尾极尖长。夏羽头和前颈白色，后颈铜黄色，枕部和其余体羽黑色，翼白色，具黑色翼尖，尾特长；冬羽上体绿褐色，下体白色，具白眉纹，颈侧至下胸具黑色条带，尾较夏羽短。

IUCN红色名录等级 LC

形态特征 成鸟夏羽头、颏、喉和前颈为白色，后颈为铜黄色，枕部黑色向下延伸，形成一道黄白区域的分界线；其余体羽黑褐色，略带金属光，翼白色，具黑色翼尖；尾黑色，细长而柔顺；下体棕褐色，腋羽和翼下覆羽白色；虹膜褐色，喙蓝灰色，脚灰绿色。成鸟冬羽头顶和颈部黑褐色，具白眉纹，黑色细贯眼纹下延至颈侧和下胸，形成黑色条带，上体余部绿褐色，下体白色，飞羽同夏羽，尾较夏羽短；虹膜淡黄色，喙黄色，先端褐色，脚铅灰色。

生态习性 栖息于富有挺水植物和浮水植物的水域，常单独或成小群活动。动作轻盈敏捷，善奔走，纤长的脚趾能很好地在漂浮于水面的叶片上踩踏行走，亦善游泳和潜水，鸣声似猫叫。主食水生昆虫、甲壳类和软体动物，也吃水生植物。繁殖期在4—9月，一雌多雄制，营巢于莲叶等浮于水面的大型叶片上。在一个繁殖季，一雌鸟可产数窝卵，卵呈梨形，近铜棕色，由不同的雄鸟分别孵化，孵化期约26天，雏鸟早成。

分布与居留 繁殖于东亚、南亚和东南亚。在我国分布于长江流域及以南多省，长江以北偶见，部分为留鸟，较北地区繁殖的种群为夏候鸟。

蛎鹬

中文名 蛎鹬
拉丁名 *Haematopus ostralegus*
英文名 Eurasian Oystercatcher
分类地位 鸻形目蛎鹬科
体长 43~50cm
体重 515~590g
野外识别特征 中型涉禽，头、颈、胸和上体黑色，下体余部白色，喙长直且粗壮，为橘红色，脚肉红色，飞翔时可见翼上大白斑和白腰，冬羽和幼鸟喉部有白环带。

IUCN红色名录等级 LC

形态特征 成鸟夏羽头、颈、胸和上体大部分为乌亮的黑色，腰到尾上覆羽白色，尾羽基部白色，端部黑色；翼上黑色，具有白横斑；下体胸部以下白色，翼下白色带黑缘；虹膜红色，喙和眼圈橘色，脚肉红色。成鸟冬羽和幼鸟体色泛褐色，喉至颈侧具有白色环带。

生态习性 栖息于海岸滩涂、河口、沙洲及湖泊等湿地，常单独或成小群活动，冬季则成大群聚集在海湾和沙滩，会游泳。捕食甲壳类、软体类、蠕虫、沙蚕、小鱼和昆虫等食物，常用锋利的喙插入并撬开贝壳取食蚌肉，或在潮间带以喙插入沙滩觅食，以及翻转贝壳和石头觅食蠕虫和软体动物。繁殖期在5—7月，营巢于海边盐碱沼泽、沙石滩或附近草丛，用脚刨坑垫以干草和贝壳而成。雌雄亲鸟共同营巢孵卵，窝卵数通常3枚，孵化期22~24天，雏鸟早成。

分布与居留 分布于欧洲、亚洲和非洲。在我国于北部地区繁殖，于南部沿海越冬。

鹮嘴鹬

中文名 鹮嘴鹬
拉丁名 *Ibidorhyncha struthersii*
英文名 Ibisbill
分类地位 鸻形目鹮嘴鹬科
体长 37~42cm
体重 253~337g
野外识别特征 中型涉禽。成鸟红色的喙细长而向下弯曲，红色的脚短而无后趾；前头部和头顶黑色，其余头颈部、胸部和上体为石板灰色，腹部以下为白色，胸腹之间有一条黑带形成分界，飞行时可见初级飞羽上具有大白斑。

IUCN红色名录等级　LC

形态特征　成鸟夏羽额、头顶、脸、颊、颏和喉为一体的黑色，外周具细白缘，其余头颈部至胸部蓝灰色，其余上体灰褐色，飞羽黑色，具大白斑，尾烟灰色，具黑色次端斑和白缘，尾外侧亦具白缘；下体胸部灰色，下边缘具一条醒目的黑色带，黑色带以下为白色。成鸟冬羽似夏羽，但脸部具白色羽尖。

生态习性　栖息于山地溪流的砾石河滩。常单独或成三五小群活动，性机警，在砾石滩上行走或涉水觅食，以长而弯曲的喙探入石缝中摄食。主食蠕虫、蜈蚣和蜉蝣目、毛翅目、等翅目、半翅目等昆虫，兼食小鱼、小虾和软体动物。繁殖期在5—7月，由雌雄亲鸟共同营巢孵化，窝卵数3~4枚。

分布与居留　分布于中亚、喜马拉雅山地区至印度阿萨姆以及我国的西部、西北、华北等地，为留鸟。

黑翅长脚鹬

中文名 黑翅长脚鹬
拉丁名 *Himantopus himantopus*
英文名 Black-winged Stilt
分类地位 鸻形目反嘴鹬科
体长 29~41cm
体重 146~200g
野外识别特征 中型涉禽，脚为粉红色，较为细长，黑色喙尖细。雄鸟夏季从头顶到背及两翼为黑色，下体为白色；雌鸟与之相似，但头颈部多为白色。冬季，雌雄鸟的整个头颈部均为白色。

IUCN红色名录等级 LC

形态特征 雄鸟夏羽额白色，头顶至后颈连同整个肩背部为黑色，腰和尾上覆羽白色，尾羽灰色泛白，头颈余部和下体为白色，腋羽白色，翼下覆羽和飞羽黑色；虹膜红色，喙铅黑色，脚细长，为鲜红色。雌鸟似雄鸟，而头颈部多白色，飞羽偏褐色。两性冬羽和雌鸟夏羽相似，头颈均为白色，略沾棕褐色。幼鸟似雌鸟，但头顶至后颈为灰黑色，褐色的飞羽和覆羽尖端泛黄白色。

生态习性 栖息于开阔草地中的湖泊、沼泽等湿地或稻田、鱼塘。常单独或成对活动，非繁殖期成群活动。以细长的脚涉水觅食，边走边啄食，或奔跑追捕，或以喙探入泥滩或水面下觅食。主食环节动物、软体动物、虾、蝌蚪和昆虫等无脊椎动物。繁殖期在5—7月，营巢于开阔湖边的沼泽地或草地上，以苇茎、枯草等构筑碟状巢。窝卵数4枚，由雌雄亲鸟轮流孵卵，孵化期16~18天。

分布与居留 繁殖于欧洲中南部、中亚和我国西北、东北部等地，越冬于非洲和东南亚及我国南部沿海。

反嘴鹬

中文名 反嘴鹬
拉丁名 *Recurvirostra avosetta*
英文名 Pied Avocet
分类地位 鸻形目反嘴鹬科
体长 40~45cm
体重 275~395g
野外识别特征 中型涉禽，黑色喙
细长而先端向上弯挑，脚细长为青
灰色；主体白色，额至后颈黑色，
翼尖黑色，翼上具两条黑带。

IUCN红色名录等级　LC

形态特征 成鸟眼先、额、头顶、枕和后颈上部黑色，肩具黑带，翼上
亦各有一黑带，翅尖黑色，其余体羽白色，尾末端和中央尾羽略缀灰
色；虹膜红褐色；喙黑色，细长且先端向上弯曲；脚较长，呈淡蓝灰
色。

生态习性 栖息于平原至半荒漠地带的湖泊、沼泽等湿地，亦见于海滩
和河口。单独或成对觅食，休憩时成群。在浅水处涉水觅食，或将长
喙探入水中或稀泥中左右扫动探取食物，也会边游泳边觅食。主食小
型甲壳类、软体类、蠕虫和水生昆虫。繁殖期在5—7月，成群营巢于
开阔的湖岸或海岸的盐碱地与沙滩上。窝卵数通常4枚，由雌雄亲鸟轮
流孵卵，孵化期22~24天。

分布与居留 繁殖于欧洲、中东、中亚、西伯利亚南部和我国西北与东
北地区，越冬于里海、非洲、印度、东南亚及我国南部沿海和藏南
地区。

领燕鸻

中文名 领燕鸻
拉丁名 *Glareola pratincola*
英文名 Collared Pratincole
分类地位 鸻形目燕鸻科
体长 23~27cm
体重 60~100g

野外识别特征 小型涉禽，翼尖长，尾深叉形，因轮廓似燕而喉部具领环而得名。夏羽头和上体沙褐色，喉黄带黑边，初级飞羽黑褐色，尾黑色，胸胁黄褐色，腹部及以下白色；冬羽与夏羽相似，但喉部为黄白色，无黑边。

IUCN红色名录等级 LC

形态特征 成鸟夏羽眼先黑褐色，眼周有一细白圈，颏、喉糖黄色，外周有一圈明晰的细黑边；头颈余部至背沙褐色，下腰和尾上覆羽白色，深叉形尾黑褐色，外侧尾羽外翈白色；翼橄榄褐色，飞羽黑褐色，次级飞羽具浅色先端；上胸至胁部淡褐色，翼下覆羽和腋羽栗红色，腹部及其余下体白色；虹膜褐色，喙黑色基部橘红，短小而略下弯，脚褐色。成鸟冬羽大体似夏羽，但颏、喉部转为淡乳黄色，外周无整齐黑边，由细碎不连贯的细黑纹构成，胸部泛灰。幼鸟羽色似冬羽，头顶和枕具暗纹，体羽偏灰且带浅色羽缘。

生态习性 栖息于开阔的平原草地和沼泽、湖泊等湿地，常成群活动。善奔走，亦善飞行。在地面或空中飞行捕食昆虫。繁殖期在5—7月，常成群营巢于开阔平原上近水域处的凹坑中。窝卵数2~3枚，由雌雄亲鸟轮流孵卵，孵化期17~18天。

分布与居留 分布于欧洲南部、非洲和亚洲西部及中亚，在我国西部偶见。

凤头麦鸡

中文名 凤头麦鸡
拉丁名 *Vanellus vanellus*
英文名 Northern Lapwing
分类地位 鸻形目鸻科
体长 29~34cm
体重 180~275g
野外识别特征 中型涉禽，头顶具细长而梢端略上挑的黑色冠羽，头白色，眼下、喙周、喉至胸部为黑色，后颈至尾深褐色，翼暗蓝绿色，泛带虹彩的金属光，腹、胁白色，尾下覆羽栗色。

IUCN红色名录等级　NT

形态特征 雄鸟夏羽额至枕黑色，具上扬的"凤头状"黑色长冠羽，头侧和枕白色，眼下具一道黑纹；上体后颈至尾上覆羽深褐色，尾羽基部白色，端部黑色具棕白色羽缘；翼暗蓝绿色具带虹彩的金属光泽，有浅棕色羽缘；下体颏、喉黑色，上胸部具黑色宽带，两个黑色区域以一条黑色中央纹相连；下胸、腹、胁、腋羽和翼下覆羽纯白色，尾下覆羽棕栗色；虹膜暗褐色，喙黑色，脚肉红色。雌鸟似雄鸟，但冠羽较短，喉部带白斑。成鸟冬羽头部色淡，颏、喉白色，肩具较宽的皮黄色羽缘。幼鸟羽色似成鸟冬羽，但冠羽较短，上体具明显的皮黄色羽缘。

生态习性 栖息于低山丘陵至山脚平原的湖泊、水塘、溪流、沼泽等湿地。善飞行，常成群活动，冬季集大群。捕食鞘翅目、鳞翅目等昆虫，以及虾、螺蛳、蜗牛、蚯蚓等无脊椎动物，也啄食大量草籽和植物嫩叶。繁殖期在5—7月，一雄一雌制，营巢于草地或沼泽草甸。窝卵数通常4枚，孵化期25~28天，雏鸟早成。

分布与居留 繁殖于欧亚大陆北部，越冬于相应地区的南部。在我国繁殖于西北和东北等地，越冬于长江以南各地。

灰头麦鸡

中文名 灰头麦鸡
拉丁名 *Vanellus cinereus*
英文名 Grey-headed Lapwing
分类地位 鸻形目鸻科
体长 32~36cm
体重 236~413g
野外识别特征 中型涉禽，头、颈和胸灰色，胸下缘具黑色横带，其余下体白色，背褐色，尾上覆羽和尾白色具黑端斑，喙黄色带黑色先端。

IUCN红色名录等级 LC

形态特征 成鸟夏羽头部、颈至胸部灰色，背至腰茶褐色，腰侧、尾上覆羽和尾羽白色，最外一对尾羽全白，第二对尾羽具黑端斑，其余尾羽具渐宽的黑色亚端斑；初级覆羽和初级飞羽黑色，翼上其余部分白色；下体胸灰色，部分下缘具宽黑褐色条带，其余下体白色，腋羽和翼下覆羽也为白色；虹膜红色，喙基部黄色，端部黑色，分界明显，眼前肉垂和脚亦为黄色。成鸟冬羽头颈部多褐色，颏、喉白色，黑色胸带不清晰。幼鸟头颈和胸部褐色，喉白色，胸部无黑色条带。

生态习性 栖息于平原草地、沼泽、溪流、湖泊和农田等地，常单独、成对或家族式小群活动。主食水生昆虫、蝗虫、蚂蚱、螺、虾等动物性食物。繁殖期在4—6月，一雄一雌制，营巢于偏僻的河滩或沙地中。窝卵数3~4枚，雏鸟早成。

分布与居留 分布于东亚和东南亚。在我国繁殖于东北和内蒙古东部，越冬于云贵、两广和香港。

金鸻 金斑鸻

中文名 金鸻
拉丁名 *Pluvialis fulva*
英文名 Pacific Golden Plover
分类地位 鸻形目鸻科
体长 23~26cm
体重 98~140g

野外识别特征 小型涉禽。夏羽上体黑色密布金斑，下体黑色，自额至眉纹沿颈侧到胸侧有一条"S"形白色分界带；冬羽上体褐色，羽缘淡金色，下体灰白色，夹杂褐黄斑点。

IUCN红色名录等级 LC

非繁殖羽

形态特征 成鸟夏羽头部额、眼先、脸、颏、喉延至腹部和两胁为纯黑色，尾下覆羽黑色杂以白斑；上体黑褐色缀满金黄色斑点，翼和尾为褐色缀浅色斑；体侧有一条明显的白色带将上体和下体色块区分开，白带自额经眉再绕耳后至颈侧，沿颈下行至胸侧；虹膜暗褐色，喙黑色，脚黑灰色。成鸟冬羽体色稍暗，上体灰褐色，具淡金色羽缘；下体米白色，与上体颜色柔和过渡，胸沙褐色；眉纹淡金色。幼鸟羽色似冬羽，但上体黑褐色洒黄白小斑，白眉纹长而明显。

生态习性 栖息于海滨、湖泊、河流及附近的草地、沼泽或农田，常单独或成小群活动，性机警谨慎。以鞘翅目、鳞翅目、直翅目等昆虫和蠕虫、软体动物等为食。繁殖期在6—7月，筑巢于西伯利亚苔原地上的浅坑内，垫以苔藓和枯草。窝卵数4~5枚，卵为淡褐色被黑斑，由雌雄亲鸟轮流孵化，孵化期27天，雏鸟早成。育雏期间如遇天敌靠近，亲鸟会佯装受伤而逃状，引走天敌后再飞回照料雏鸟。

分布与居留 分布于亚洲东部，在西伯利亚苔原地带繁殖。在我国分为冬候鸟和旅鸟，越冬于云南、广西和其余南方沿海地区，迁徙期间可见于西北、东北和华北及长江流域各省。

灰鸻 灰斑鸻

中文名 灰鸻
拉丁名 *Pluvialis squatarola*
英文名 Grey Plover
分类地位 鸻形目鸻科
体长 27~30cm
体重 175~230g
野外识别特征 小型涉禽，外形、体色和金鸻相近，体形稍大，体羽不带明显的金黄色斑纹，飞翔时可见腰为白色、腋羽为黑色。

IUCN红色名录等级 LC

形态特征 成鸟夏羽头顶、枕、后颈至肩背为黑褐色杂以白斑，头侧、颏、喉和下体为黑色，额至眉纹形成一条宽白带，一直沿颈侧向下延伸，将上体和下体色块分开；腰和尾上覆羽白色，尾白色具黑横斑；翼黑色具大白斑，腋羽黑色，翼下覆羽白色；虹膜暗褐色，喙和脚黑色。成鸟冬羽头顶和上体灰褐色具黑白斑，下体沙褐色，不具有白色分界线，眉纹灰白色。幼鸟羽色似成鸟冬羽，上体泛黄褐色。

生态习性 越冬和迁徙季集大群栖息于海滨潮间带，也出现在淡水区域或农田，其他季节成小群活动。吃水生昆虫、虾、蟹和软体动物等。繁殖于北极苔原，营巢于地面凹坑中，垫以苔藓和草茎。窝卵数3~4枚，雏鸟早成。

分布与居留 繁殖于北极圈，越冬于非洲、亚洲南部、澳大利亚和北美。在我国分为旅鸟和冬候鸟，越冬于长江下游和南方沿海多省，迁徙期间见于北方多地。

非繁殖羽

长嘴剑鸻 剑鸻

中文名 长嘴剑鸻
拉丁名 *Charadrius placidus*
英文名 Long-billed Plover
分类地位 鸻形目鸻科
体长 18~24cm
体重 57~81g
野外识别特征 小型涉禽。夏羽上体沙褐色，下体白色，脸黑白横纹交错，颈亦为两白两黑横带状图案；冬羽类似，头颈部深色图案为褐色。

IUCN红色名录等级　LC

形态特征 成鸟夏羽额白色，额上方的头顶前部具一黑色横带，眼先暗褐色，宽贯眼纹黑褐色，眉纹白色，头侧和颈白色，颈肩处有双重黑白颈环，白色在上，黑色在下，环于前颈；上体沙褐色，中央尾羽纯灰褐色，最外侧尾羽纯白色，其余尾羽灰褐色具白色端斑；翅褐色，飞羽黑色带白斑；领环以下的下体为白色，翼下覆羽和腋羽亦为白色；虹膜暗褐色，喙黑色，下喙基部黄色，脚沙褐色。成鸟冬羽似夏羽，但头颈部黑色区域转为褐色，白色区域扩大。

生态习性 栖息于河流、湖泊、海岸等各类水域旁的沙滩处或沼泽、农田。单独或成小群活动，行动敏捷。主食龙虱、步行虫、象甲等多种昆虫，也吃蚯蚓、螺蛳、蜘蛛等动物以及植物嫩芽和种子。繁殖期在5—7月，营巢于水岸滩涂上的凹坑内。窝卵数3~4枚，由雌雄亲鸟共同孵化，孵化期25~27天。

分布与居留 繁殖于亚洲东部寒温带地区，越冬于亚洲东南部。在我国繁殖于东北、华北至华中，越冬于长江流域至西南和南方沿海各省。

 金眶鸻

中文名 金眶鸻
拉丁名 *Charadrius dubius*
英文名 Little Ringed Plover
分类地位 鸻形目鸻科
体长 15~18cm
体重 28~48g
野外识别特征 小型涉禽。夏羽上体为均匀的沙褐色，下体白色，眼周金黄色，额基至贯眼纹形成黑色横带，头顶亦有一条黑带交汇，颈前具一道宽黑带；冬羽类似，但头部黑色部分消失，仅颈部两侧泛有褐色。

IUCN红色名录等级 LC

形态特征 成鸟夏羽额基至前头顶连同贯眼纹为一体的黑色，额具明显的白色斑块；眉纹连同头顶黑色区域后缘为白色，头顶余部、枕、后颈及其余上体为均一的沙褐色；尾羽褐色带黑端，最外侧尾羽白色带黑斑；飞羽黑褐色，第一枚初级飞羽带白色羽轴；下体颏、喉部连同颈侧为白色，颈基具一道宽黑带，至胸两侧变宽，其余下体白色；虹膜暗褐色，喙黑色，眼周形成鲜明的金黄色眼圈，脚肉褐色至橘黄色。成鸟冬羽体色类似，但头部黑色区域消失，颈基黑色不明显，仅上胸两侧具有褐色斑块。

生态习性 栖息于平原至低山的湖泊、河流的滨岸及附近湿地，也出现在海滨、河口和农田。常单独或成对活动，迁徙和越冬时集群。常在水岸或河滩上快速行走一段距离后忽然停住，稍定后再快速行走，边走边觅食，并发出细弱的叫声。吃鳞翅目、鞘翅目昆虫及虾、蟹、软体动物等水生无脊椎动物。繁殖期在5—7月，营巢于河滩或沙洲上，刨坑为巢。窝卵数3~4枚，由雌鸟孵化，雄鸟警戒，孵化期24~26天，雏鸟早成，不到1个月就可以飞行。

分布与居留 分布于欧洲、亚洲和非洲。在我国，繁殖于东北、华北、华中和西北地区，越冬于东南沿海。

环颈鸻

中文名 环颈鸻
拉丁名 *Charadrius alexandrinus*
英文名 Kentish Plover
分类地位 鸻形目鸻科
体长 17~21cm
体重 44~63g
野外识别特征 小型涉禽。夏羽上体沙褐色，下体白色，额基至眉纹白色，头顶前端和贯眼纹黑色，颈侧各具有一黑色横带，黑带上方有一白环贯穿后颈，翼上具显著白斑；冬羽黑色区域转为褐色。

IUCN红色名录等级　LC

形态特征　成鸟夏羽上体为柔和的沙褐色，下体纯白色；额至眉纹白色，额基和头顶前部黑色，头顶、枕和后颈沙褐色略泛栗色，眼先至耳覆羽有一横带状黑色贯眼纹，额、喉、颊为白色，延伸到颈侧，在颈后基部形成一条清晰的白环带，白带下方的颈侧各有一条黑色横带，前端在颈前断开，后端在肩部连接背部的褐色区域；翼褐色，覆羽具白缘，飞羽黑褐色具大白斑；尾褐色，带黑色亚端斑和白色端斑；虹膜黑褐色，眼圈暗黄色不显著，喙黑色，脚褐色至暗橙黄色。成鸟冬羽似夏羽，但额基、贯眼纹、颈侧等黑色区域转为褐色，头顶不泛栗红色调。幼鸟羽色似成鸟冬羽，且上体具有浅色羽缘。

生态习性　栖息于开阔平原至低山丘陵的湖泊、沼泽、草地和农田等地，或滨海的滩涂、河口、盐田等处。单独或成对活动，迁徙和越冬期集大群。常在沙地上快速行走觅食，吃蠕虫、甲壳类和软体类等水生无脊椎动物。繁殖期在5—8月，营巢于极北苔原的海滩或水滨的滩岸上，刨坑为巢。窝卵数通常4枚，孵化期23~25天，雏鸟早成。

分布与居留　繁殖于极北苔原，越冬于非洲、大洋洲等地，迁徙期间经过欧亚大陆多地。在我国为旅鸟，迁徙时经过东北、华北及南方沿海地区。

夏羽

非繁殖羽

幼鸟

蒙古沙鸻

中文名 蒙古沙鸻
拉丁名 *Charadrius mongolus*
英文名 Lesser Sand Plover
分类地位 鸻形目鸻科
体长 18~20cm
体重 51~67g
野外识别特征 小型涉禽。夏羽额至贯眼纹黑色，额上具两枚白斑，头顶和上体褐色，喉白色，胸锈红色，其余下体白色，喙和脚较短；冬羽额带转为暗褐色，胸部锈红色消失，胸带褐色。

IUCN红色名录等级 LC

形态特征 雄鸟夏羽额、头顶前部至贯眼纹形成一条宽黑带，额中央白色，白色块又被一条细黑中央纹分成左右两块，眼后上方具白色眉斑；头顶和上体橄榄褐色，尾羽除最外侧为白色，其余为灰褐色，且具黑色亚端斑和白色羽端；翼褐色具大白斑，飞行时可见；下体颏、喉纯白，胸和颈两侧锈红色，白红区域界限分明；胸以下其余下体白色；虹膜黑褐色，喙黑色，脚暗灰绿色。雄鸟冬羽似夏羽，但头部黑色部分转为褐色，额上白斑扩大；胸部锈红色消失，转为中央断裂的灰褐色带；上体颜色亦发灰，且具白色羽缘。雌鸟体色类似雄鸟，但额无黑斑。幼鸟羽色似成鸟冬羽，但上体和翼下覆羽具皮黄色羽缘，胸斑泛黄。

生态习性 栖息于海滩、河口、溪流等水域及附近生境。常单独活动，迁徙和越冬时成大群。主食昆虫、软体动物、蠕虫等小型无脊椎动物。繁殖期在6—7月，营巢于高原或苔原的水域旁。窝卵数通常3枚，雏鸟早成。

分布与居留 繁殖于亚洲中部至北部，越冬于亚洲南部、东南部和非洲及大洋洲。在我国繁殖于新疆、西藏、东北等地，越冬于我国海南岛、台湾、澎湖列岛等地。

幼鸟

非繁殖羽

铁嘴沙鸻

中文名 铁嘴沙鸻
拉丁名 *Charadrius leschenaultii*
英文名 Greater Sand Plover
分类地位 鸻形目鸻科
体长 19~23cm
体重 55~86g
野外识别特征 小型涉禽，体征羽色极似蒙古沙鸻，体形略大，喙、脚较长。

IUCN红色名录等级　LC

形态特征 雄鸟夏羽额至贯眼纹形成黑色额带，额中央白色，细眉纹白色，头顶和上体沙褐色，枕、后颈和肩常沾有栗色；尾褐色具黑色亚端斑和白端，外侧尾羽白色，翼褐色带较短而窄的白斑；下体颏、喉白色，上胸部具棕红色胸带，其余下体白色；虹膜暗褐色，喙黑色，脚暗灰黄色。雄鸟冬羽近似，但上体色泛灰不带栗色，头部黑色区域转为深褐色，胸带的棕红色转为沙褐色。雌鸟羽色似雄鸟冬羽。幼鸟羽色似冬羽，但上体具淡黄色羽缘，眉纹和胸两侧泛皮黄色。

生态习性 栖息于海滩、河口、湖岸等水域及其附近。常三两成群活动，迁徙季节成较大群活动。喜在岸滩上边奔跑边觅食，跑跑停停。主食昆虫、甲壳类、软体动物等小型无脊椎动物。繁殖期在4—7月，营巢于有稀疏植被的岸滩上。窝卵数通常3枚，雏鸟早成。

分布与居留 繁殖于亚洲东部、中亚和红海，越冬于非洲南部、亚洲南部和澳大利亚。在我国繁殖于新疆和内蒙古中部，主要沿东部沿海迁徙，越冬于台湾和海南等地。

东方鸻

中文名 东方鸻
拉丁名 *Charadrius veredus*
英文名 Oriental Plover
分类地位 鸻形目鸻科
体长 22~26cm
体重 约80g
野外识别特征 小型涉禽。夏羽额至头侧及眉纹为白色，头顶和上体橄榄褐色，额、喉白色，前颈至胸部为渐深的赭红色，下缘具黑色胸带，其余下体白色；冬羽胸部黑带消失，赭红色转为褐色。

IUCN红色名录等级 LC

形态特征 雄鸟夏羽头顶至后颈沙褐色，后颈泛淡皮黄色，额至眉纹白色，眼周至耳区略泛褐色，头侧白色；上体橄榄褐色，尾褐色，外缘和尖端白色，翼灰褐色，初级飞羽黑褐色，第一枚初级飞羽具白色羽轴；下体颏、喉白色，前颈、颈侧至胸和胸侧为渐浓的赭红色，下缘有一黑色胸带；其余下体白色；虹膜褐色，喙黑色，脚淡灰褐色。雄鸟冬羽似夏羽，但胸部黑带消失，赭红色转为沙褐色，上体灰褐色缀有淡黄色羽缘。雌鸟头顶沙褐色，胸带灰褐色，冬羽头部浅色区域泛黄白色。幼鸟羽色似雄鸟冬羽，但上体羽缘和胸带皮黄色更明显。

生态习性 栖息于平原、沼泽、半荒漠、河口和海滩等地。常单独或小群活动，冬季成大群。在浅滩处奔跑觅食，捕食多种昆虫。繁殖于蒙古等草原地带。

分布与居留 繁殖于贝加尔湖、蒙古、朝鲜和我国内蒙古东北部，越冬于我国南端至东南亚和澳大利亚。在我国多为旅鸟，沿东部沿海地区迁徙。

幼鸟

丘鹬

中文名 丘鹬
拉丁名 *Scolopax rusticola*
英文名 Eurasian Woodcock
分类地位 鸻形目鹬科
体长 32~42cm
体重 205~336g
野外识别特征 中型涉禽，体态
敦胖，喙长直且粗壮，颈与脚
较短，翼形粗圆，头较小，眼
位于头的侧面偏后处；体色为
斑驳的褐色，枕后和尾上具黑
白横纹。

IUCN红色名录等级　LC

形态特征 成鸟额褐色带黑黄斑，头顶和枕黑色，具3~4条棕白色沾栗色的横纹，眼圈皮黄色，具一条细的黑色贯眼纹；上体锈红色带黑色和皮黄色横斑，上背和肩部具大黑斑；翼黑色具锈红色横斑和土黄色端斑，尾黑色带淡色横斑；下体淡棕色满布褐色细碎横纹，颏、喉部色浅近白色，胸胁部色深泛棕黄色，尾下黑白横纹分明；虹膜深褐色，喙蜡黄色，尖端黑色，脚蜡黄色至灰色。幼鸟似成鸟，但体色较成体鲜艳，额为羽端沾黑的黄白色，上体偏棕红色，黑斑较少。

生态习性 栖息于林下植物发达的阔叶林或混交林，尤其是落叶层较厚、阴暗潮湿的林下及林间沼泽、林缘灌丛等地，迁徙越冬期间亦见于稍开阔的丘陵或农田等生境。常单独活动，多夜间活动，行踪隐秘，飞行时喙朝下。觅食时用长喙插入泥土或腐殖质中，摆动头部探寻蠕虫、蚯蚓和昆虫幼虫等小型无脊椎动物，或直接啄食鞘翅目、双翅目、鳞翅目等昆虫，也吃植物的根、浆果和种子。繁殖期在5—7月，营巢于林下潮湿的灌丛中的枯叶堆中。窝卵数通常4枚，由雌鸟孵卵，孵化期约23天。

分布与居留 繁殖于欧亚大陆和日本，越冬于北非、印度等地。在我国繁殖于新疆、东北和华北部分地区以及藏南、云贵与长江以南其他地区。

孤沙锥

中文名 孤沙锥
拉丁名 *Gallinago solitaria*
英文名 Solitary Snipe
分类地位 鸻形目鹬科
体长 26~32cm
体重 126~159g
野外识别特征 小型涉禽，为沙锥属中较大者；体形似丘鹬而较瘦小；喙长而直，眼位于头侧偏后，眉纹和中央冠纹白色，上体褐色，带4条白色纵带，尾具黑白横斑和棕红次端斑，下体白色，胸褐黄色，胁部带褐色横纹。

IUCN红色名录等级　LC

形态特征 成鸟头顶黑褐色带栗色斑，具一条白色中央冠纹，眉纹白色，细长的贯眼纹黑褐色，从喙基延伸至眼后，颈部栗色具黑白斑；背部深褐色带栗色斑纹，具4条白色纵带；尾较圆，具黑白横斑和宽栗色亚端斑及白色羽缘；翼上覆羽栗色杂黑白斑，飞羽灰褐色具淡色羽缘；下体颏、喉近白色，前颈至上胸褐栗色具细碎的皮黄色斑纹，其余下体白色，两胁泛褐色横纹，虹膜黑褐色，喙灰绿色，先端黑色，下喙基部黄绿色，脚黄绿色。

生态习性 栖息于山林中溪流或水泽旁的湿地，越冬季也见于稻田和海岸等处。常单独活动，不与其他沙锥或鸻鹬混群，故名"孤沙锥"，英文名意为"隐士沙锥"。觅食时以长而直如锥子般的长喙插入泥沙中探寻昆虫幼虫、蠕虫、软体动物和甲壳动物，也直接啄食昆虫或植物种子。繁殖期在5—7月，雄鸟进行飞行求偶表演，营巢于山林水体旁的草丛中的落叶堆里，窝卵数通常4枚。

分布与居留 繁殖于中亚至东亚的寒温带地区，主要为留鸟，部分迁徙至亚洲南部越冬。在我国繁殖于西北、东北等地区，迁徙和越冬季见于华北、华中、华东，以及云南、藏南、广东和香港等地。

扇尾沙锥

中文名 扇尾沙锥
拉丁名 *Gallinago gallinago*
英文名 Common Snipe
分类地位 鸻形目鹬科
体长 24~30cm
体重 75~189g
野外识别特征 小型涉禽，喙粗长而直，上体黑褐色，具栗色和黄白色斑纹，头顶具黄白色中央冠纹，背具4条白纵带，下体白色，颈、胸淡褐色，带褐色纵纹，翼后缘白色，站立时尾超过翼尖。

IUCN红色名录等级　LC

形态特征 成鸟头顶黑褐色，后颈红褐色带黑色羽干纹，头顶有一条黄白色中央冠纹，两侧各有一黄白色长眉纹；贯眼纹褐色，两颊具不明显褐纹；上体黑色具栗红色和淡棕色斑纹，背部形成4条黄白色纵带，翼羽边缘的宽白端斑在翼上形成平行白色翅带和翅后缘；尾黑色具宽的栗色亚端斑和窄的白端斑，外侧尾羽不变窄，最外侧尾羽外翈白色；下体胸胁黄褐色具黑褐纵纹，腹白色，胁部白色密布黑褐色横斑；虹膜黑褐色，喙基部黄褐色，端部黑色，脚橄榄褐绿色。幼鸟似成鸟，但翼上覆羽泛黄，上体白纵带较窄。

生态习性 栖息于平原地带的湖泊、河流、沼泽等淡水水域，尤喜富于植被的湿地。常单独或成小群活动，迁徙越冬时有时集成大群。晨昏觅食，将喙插入泥中探寻食物。主食蚂蚁、金针虫、小甲虫等小型昆虫，以及蠕虫、蚯蚓和蜘蛛等小型无脊椎动物。繁殖期在5—7月，雄鸟进行求偶飞行表演，营巢于苔原和平原的沼泽地芦苇丛中。窝卵数通常4枚，由雌鸟孵卵，孵化期19~20天，雏鸟早成。

分布与居留 繁殖于欧亚大陆和北美，越冬于欧洲南部、亚洲南部和非洲。在我国繁殖于西部和东北部，越冬于长江以南地区及西南地区。

黑尾塍鹬

中文名 黑尾塍（chéng）鹬
拉丁名 *Limosa limosa*
英文名 Black-tailed Godwit
分类地位 鸻形目鹬科
体长 27~44cm
体重 170~370g
野外识别特征 中型涉禽，喙、颈、脚较长，喙微微上翘。夏羽头颈部和上胸栗红色，上体麻褐色，下体白色，胸胁具褐色横斑，飞翔时可见白色翼带和白色的腰与尾；冬羽头颈胸部褐色。

IUCN红色名录等级 NT

形态特征 成鸟夏羽头、颈和上胸栗色，具暗色细条纹，眉纹淡色，贯眼纹褐色，肩背灰褐色带有暗纹，腰和尾上覆羽白色，尾羽白色具黑色宽端斑；翼上覆羽灰褐色，飞羽黑色具大白斑；下体颏白色，喉至胸为鲜亮的栗红色，腹部至其余下体白色，颈侧、胸、胁和上腹部缀有黑褐色纵纹；虹膜暗褐色，喙细长近直，先端微上翘，尖端黑色，基部橙黄色，脚细长呈蓝灰色。成鸟冬羽似夏羽，但头颈胸部的栗色转为灰褐色，白色眉纹明显，喙基转为肉红色。幼鸟羽色似冬羽，但头顶杂肉桂色，颈、胸缀有黄褐色，翼覆羽具淡黄色羽缘。

生态习性 栖息于平原草地至森林平原的沼泽等湿地，冬季于海滨、河口、沙洲等地越冬，也出现于附近农田，故名"黑尾塍鹬"，"塍"即田埂之意。常单独或成小群活动，冬季集群较大。在湿地中边走边觅食，或以长喙探入软泥中取食，啄食昆虫、甲壳类及软体动物等小型动物。繁殖期在5—7月，常集小群营巢于水边灌草丛中，窝卵数通常4枚。

分布与居留 繁殖于欧亚大陆北部，越冬于南非、印度至澳大利亚等地。在我国繁殖于西北和东北，少部分越冬于云南、海南、香港和台湾等地，在我国其他地区多为旅鸟。

斑尾塍鹬

中文名 斑尾塍鹬
拉丁名 *Limosa lapponica*
英文名 Bar-tailed Godwit
分类地位 鸻形目鹬科
体长 32~41cm
体重 245~386g
野外识别特征 中型涉禽，体形、体色似黑尾塍鹬，但喙上翘程度稍明显，脚较短，下体栗红色区域从颈、胸一直延伸至腹部，翼带不明显，尾白色具多道黑色横斑。

IUCN红色名录等级　NT

形态特征　雄鸟夏羽头颈部栗色，头顶和贯眼纹深褐色，眉纹黄白色，上背和肩黑褐色杂暗红色和黄白色，下背和腰灰褐色具白缘，尾上覆羽白色带棕色横斑，尾羽白色带数道黑横斑，翼灰褐色具淡色羽缘，飞羽黑色，白色翼斑不明显；下体以红栗色为主，从颏延伸到下腹部，尾下覆羽灰白色具褐色横斑，腋下和翼下白色具灰横斑；虹膜暗褐色，喙直长，微向上翘，基部肉色，尖端黑色，脚灰绿色。雄鸟冬羽头顶和上体灰褐色具黑色中央纵纹，眉纹白色，贯眼纹黑褐色，颈部和胸部淡褐色具细纹。雌鸟头颈和下体偏棕褐色，上体泛褐色调而少栗色调。幼鸟羽色似雄鸟冬羽，而头顶和上体羽毛具黄缘，颈、胸具细黑纵纹。

生态习性　繁殖季栖息于极北冻原和苔原森林的湖泊、沼泽、溪流等湿地，非繁殖季于海滩、河口及其附近沼泽活动。常单独或成小群活动，沿沼泽或潮间带行走觅食，以长喙插入泥中探食，或者直接啄食，吃甲壳类、软体动物、环节动物等水生无脊椎动物。繁殖期在6—8月，营巢于苔原的水域边。窝卵数通常4枚，由雌雄亲鸟轮流孵卵，孵化期约21天。

分布与居留　繁殖于欧亚大陆北部和北美西北部，越冬于南非、印度、澳大利亚和新西兰。在我国为旅鸟，可见迁徙的小群，主要经过我国东部至南部沿海地区。

小杓鹬

中文名 小杓鹬
拉丁名 *Numenius minutus*
英文名 Little Curlew
分类地位 鸻形目鹬科
体长 29~32cm
体重 108~250g
野外识别特征 小型涉禽，为杓鹬中个体体形最小者；喙较其他杓鹬略短，微向下弯；头具明显冠纹，上体为斑驳的麻褐色，下体前颈至胸皮黄色带黑纵纹，其余腹部白色，胁部具黑褐横斑。

IUCN红色名录等级　LC
国家二级保护动物

形态特征 成鸟头颈淡褐色具细黑纵纹，头顶具明显冠纹，中央冠纹皮黄色，两侧冠纹黑色，眉纹淡黄白色，贯眼纹褐色；上体和翼深褐色至黑褐色，具明晰的棕黄色至白色的羽缘；尾灰褐色带黑色横斑；下体颏、喉至颈侧淡沙褐色带细黑纵纹，前颈和胸泛皮黄色也具有黑纵纹，腹灰白色，胸侧和胁部具黑色横斑，翼下覆羽和腋羽皮黄色缀黑褐横斑；虹膜黑褐色，喙黑色，基部较直，先端下弯，明显比其他杓鹬的喙短直，脚灰色。

生态习性 繁殖期喜单独或小群栖息于亚高山的矮树丛中接近水源的生境，迁徙和越冬期集大群栖息于海滨、河滩、草地和农田等地。主食昆虫和软体动物，兼食植物种子。繁殖期在6—7月，繁殖于西伯利亚的亚高山林缘，营巢于树旁或苇丛边的地坑中，窝卵数3~4枚。

分布与居留 繁殖于西伯利亚和蒙古，越冬于印度和澳大利亚。在我国主要为旅鸟，春秋季迁徙途经东部至南部沿海地区。

中杓鹬

中文名 中杓鹬
拉丁名 *Numenius phaeopus*
英文名 Whimbrel
分类地位 鸻形目鹬科
体长 40~46cm
体重 315~475g
野外识别特征 中型涉禽，在体形、体色上较像小杓鹬，但中杓鹬明显偏大，喙更长且下弯明显，飞翔时可见腰为白色。

IUCN红色名录等级 LC

<u>形态特征</u> 成鸟头颈部淡沙褐色，头顶和贯眼纹为明显的暗褐色，中央冠纹和眉纹为棕白色；上体暗褐色，具明显的淡色羽缘和黑褐色中央纹，下背和腰白色微缀黑色横斑，尾上覆羽和尾羽灰褐色具黑色横斑；翼黑褐色具白斑，下体颏、喉白色，颈、胸灰白色具黑褐色纵纹；身体两侧和尾下覆羽白色具黑色横斑，腹中央白色，腹侧和胁部缀淡褐色横斑；虹膜黑褐色，喙黑褐色，基部淡褐色，较长而向下弯曲，脚青灰色。幼鸟似成鸟，但体色泛皮黄色。

<u>生态习性</u> 繁殖季栖息于极北苔原森林及附近湿地，非繁殖季见于海滩、河口、沼泽和农田乃至人工草坪等地。常单独或成小群活动，迁徙和越冬季集大群。常用下弯的长喙探入泥沙中取食，或直接啄食，主食昆虫、蟹、螺等小型无脊椎动物。繁殖期在5—7月，多营巢于北极冻原森林中湿地旁的土丘上，择坑垫草而成。窝卵数通常4枚，由雌雄亲鸟轮流孵卵，孵化期约24天。

<u>分布与居留</u> 繁殖于欧亚大陆北部和北美北部，越冬于非洲、印度、大洋洲、南美洲和太平洋中部岛屿。在我国多为旅鸟，春秋季迁徙经过我国东部至南部沿海地区，少数在海南岛和台湾越冬。

幼鸟

白腰杓鹬

中文名 白腰杓鹬
拉丁名 *Numenius arquata*
英文名 Eurasian Curlew
分类地位 鸻形目鹬科
体长 57~63cm
体重 659~1000g
野外识别特征 大型涉禽，在体形、体色上较像中杓鹬，但白腰杓鹬明显偏大，喙更弯长，且腰部白色区域更大，延伸至背部中央及尾上覆羽，尾羽也为白色，带黑横斑。

IUCN红色名录等级 NT

形态特征 成鸟头颈沙褐色满布黑褐色羽干纹，头顶和贯眼纹褐色略深，眉纹淡褐色；后颈至上背羽干纹逐渐增宽，翼上覆羽的深褐色羽干纹呈矛状；下背、腰和尾上覆羽白色，尾羽白色带黑色横斑；翼黑褐色具淡色横斑；下体颏、喉灰白色，前颈、颈侧至胸淡黄褐色具褐色纵纹，腹胁部白色具黑褐色斑纹，下腹、尾下覆羽、腋羽和翼下覆羽白色；虹膜黑褐色，喙细长而向下弯曲，呈黑褐色，基部泛肉色，脚灰褐色。幼鸟似成鸟，体色泛棕黄，喙稍短。

生态习性 栖息于森林和平原的水域附近，以及海滨、河口等地。常成小群活动，沿滩涂啄食螺类、虾蟹、昆虫和蠕虫等小型生物，或将长喙探入泥沙中觅食。繁殖期在5—7月，多营巢于林地中开阔的沼泽附近。窝卵数通常4枚，由雌雄亲鸟轮流孵卵，孵化期28~30天。

分布与居留 繁殖于欧亚大陆北部，越冬于欧洲南部、非洲、亚洲南部、印度和日本等地。在我国繁殖于东北，越冬于长江中下游和东南沿海。

大杓鹬 红腰杓鹬

中文名 大杓鹬
拉丁名 *Numenius madagascariensis*
英文名 Far Eastern Curlew
　　　　（Red-rumped Curlew）
分类地位 鸻形目鹬科
体长 54~65cm
体重 725~1100g
野外识别特征 大型涉禽，喙细长而下弯，形似白腰杓鹬而较大，体色偏深，为茶褐色，腰和尾羽为红褐色，尾下覆羽和翼下覆羽具褐色纵纹。

IUCN红色名录等级 EN

形态特征 成鸟头颈部茶褐色带深褐色纵纹，头顶和贯眼纹颜色略深，眼周灰色，眼先蓝灰色；上体深褐色具鲜明的浅色羽缘，腰和尾上覆羽具较宽的棕红色羽缘，尾羽浅灰色具褐色横斑；翼上覆羽同背部，飞羽红棕色具排列整齐的数行白斑，外侧初级飞羽羽轴白色；下体沙黄色具褐色细密斑纹，腹至尾下覆羽略浅，翼下覆羽亦密布褐色细斑；虹膜深褐色，喙细长而向下弯曲，呈黑褐色，基部泛黄，脚灰褐色。

生态习性 栖息于低山至平原的河流、湖泊、苇塘等湿地，迁徙和越冬季亦见于海滨、河口等滩涂。觅食时分散活动，休憩时集群，成群飞行时常排成"V"字形。在泥沙滩及浅水处以长喙插入泥沙中觅食螃蟹和蠕虫，也直接啄食昆虫、软体动物等。繁殖期在4—7月，营巢于低山至山麓的湿地旁，在浅坑中垫草而成，窝卵数通常4枚。

分布与居留 繁殖于亚洲北部，越冬于菲律宾、新几内亚、澳大利亚和新西兰。在我国繁殖于东北，冬季南迁，有的在台湾越冬，在其他地区为旅鸟。

鹤鹬

中文名 鹤鹬
拉丁名 *Tringa erythropus*
英文名 Spotted Redshank
分类地位 鸻形目鹬科
体长 26~33cm
体重 114~205g
野外识别特征 小型涉禽，体态纤细，喙、脚细长。夏羽通体乌黑，仅背部具有细小的白色羽缘，眼圈白色，喙黑色，下喙基部红色，脚黑色；冬羽上体灰色，下体白色，上喙基部和脚为橘红色。

IUCN红色名录等级 LC

形态特征 成鸟夏羽头颈部和下体为纯黑色，眼周具鲜明的白色细眼圈，上体黑色具白色羽缘；尾和翼黑色具白色横斑；虹膜近黑色，喙细长而直，主体为黑色，下喙基部血红色，脚黑色。成鸟冬羽头至上体灰色具白色羽缘，眉纹白色，贯眼纹深褐色；下背和腰白色，尾上覆羽白色带细黑横斑，中央尾羽灰褐色，外侧尾羽白色，均具有细密的黑色横斑；翼黑色，除初级飞羽外均具白色细小横斑；下体整体白色，前颈和胸微沾灰斑，胸侧和两胁具灰褐色横斑；喙基和脚转为橘黄色。幼鸟羽色上体似冬羽而偏褐色，颏、喉白色，其余下体淡灰色带灰斑。

生态习性 繁殖季栖息于北极冻原的湖泊等水域附近，非繁殖期见于淡咸水湖泊、河口和海滩等水滨。常单独或成小群活动，在水岸上边走边觅食，也在齐腹深的水域涉水从水底取食，甚至倒扎入水中觅食。主食甲壳类、软体类、蠕虫和昆虫等小型无脊椎动物。繁殖期在5—8月，繁殖于极北苔原疏林地带的水域岸边。窝卵数通常4枚，由雌雄鸟共同孵化。

分布与居留 主要繁殖于欧洲北部冻原，越冬于非洲、地中海、波斯湾、印度和中南半岛等地。在我国仅于新疆繁殖，迁徙经过东北、长江流域等地区，部分越冬于贵州、两广、海南、闽台等地区。

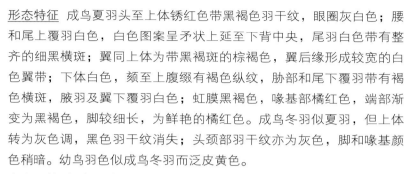

红脚鹬

中文名 红脚鹬
拉丁名 *Tringa totanus*
英文名 Common Redshank
分类地位 鸻形目鹬科
体长 26~29cm
体重 97~157g
野外识别特征 小型涉禽，形似鹤鹬而较小，喙、颈亦较短。夏羽上体锈褐色带黑褐色羽干纹，下体白色，颈、胸具黑纵纹，胁带黑横斑，飞行时可见翼上宽白带；冬羽上体色较淡；喙基和脚为橘红色。

IUCN红色名录等级　LC

形态特征　成鸟夏羽头至上体锈红色带黑褐色羽干纹，眼圈灰白色；腰和尾上覆羽白色，白色图案呈矛状上延至下背中央，尾羽白色带有整齐的细黑横斑；翼同上体为带黑褐斑的棕褐色，翼后缘形成较宽的白色翼带；下体白色，颏至上腹缀有褐色纵纹，胁部和尾下覆羽带有褐色横斑，腋羽及翼下覆羽白色；虹膜黑褐色，喙基部橘红色，端部渐变为黑褐色，脚较细长，为鲜艳的橘红色。成鸟冬羽似夏羽，但上体转为灰色调，黑色羽干纹消失；头颈部羽干纹亦为灰色，脚和喙基颜色稍暗。幼鸟羽色似成鸟冬羽而泛皮黄色。

生态习性　栖息于从平原到高山、从林地到荒漠、从内陆到滨海的的各种生境中的湿地，非繁殖期主要在沿海活动。常成小群觅食，集大群休憩。以软体动物、甲壳动物、环节动物和昆虫等小型无脊椎动物为食。繁殖期在5—7月，营巢于水岸土丘上的植物丛中。窝卵数通常4枚，孵化期23~25天。

分布与居留　繁殖于欧亚大陆，越冬于欧洲南部、非洲和印度等地。在我国分布于东北、华北、西北等地，越冬于长江流域及以南多地。

泽鹬

中文名 泽鹬

拉丁名 *Tringa stagnatilis*

英文名 Marsh Sandpiper

分类地位 鸻形目鹬科

体长 19~26cm

体重 55~120g

野外识别特征 小型涉禽，体形纤瘦，脚尤细长。夏羽上体灰色具黑褐斑，腰白色延伸至背部，下体白色，颈侧和胸具灰褐色纵纹，飞羽黑色，喙黑色，脚黄绿色。

IUCN红色名录等级 　LC

形态特征 成鸟夏羽头颈部白色带灰褐色纵纹，头顶色深，眼圈白色，贯眼纹为不明显的褐色；上体沙褐色具黑色中央纹，下背至腰纯白色，尾上覆羽和外侧尾羽白色具黑褐色横斑，中央尾羽灰褐色具黑横斑；翼灰褐色，大覆羽和中覆羽具淡色羽缘，飞羽黑褐色，羽端略淡；下体白色，颈侧和胸具黑褐纵纹，两胁带黑色横斑；虹膜深褐色，喙细长而直，为黑色，基部泛灰绿，脚为灰绿至黄绿色。成鸟冬羽似夏羽，上体颜色偏灰。

生态习性 栖息于湖泊、河流、苇塘、沼泽等湿地，常单独、成对或成小群活动。在滩涂行走或涉水觅食，常边走边用长喙插入泥沙中或伸进水中摆动觅食。主食水生昆虫、蠕虫、软体类和甲壳类等，也吃小鱼。繁殖期在5—7月，多营巢于开阔平原的湿地附近的草丛中。窝卵数通常4枚，由雌雄亲鸟轮流孵化。

分布与居留 繁殖于欧洲东南部、中亚和亚洲东部的寒温带地区，越冬于非洲、地中海、波斯湾、印度、东南亚至澳大利亚等地。在我国繁殖于东北，越冬于东南沿海部分地区，多数为旅鸟，迁徙期间见于东部沿海至西部甘肃、新疆等多地。

青脚鹬

中文名 青脚鹬
拉丁名 *Tringa nebularia*
英文名 Common Greenshank
分类地位 鸻形目鹬科
体长 30~35cm
体重 128~350g
野外识别特征 中型涉禽，形似泽鹬而明显较大，且喙较粗，先端略上翘。

IUCN红色名录等级 LC

形态特征 成鸟夏羽头顶至后颈灰褐色具白色羽缘，眼圈白色，贯眼纹黑褐色不明显；上体深褐色具黑色羽干纹和浅色羽缘，上背、腰和尾上覆羽白色，尾白色具灰褐色横斑；翼黑灰色，大覆羽和三级飞羽具细碎的小白斑，第一枚初级飞羽羽轴白色；下体白色，颈侧和上胸两侧缀有褐纵纹；虹膜黑褐色，喙基部较粗，先端略上翘，基部灰蓝绿色，先端黑色，脚灰蓝绿色至黄绿色。成鸟冬羽似夏羽，体色偏淡灰色，头颈部白色具灰色条纹，颈侧、胸侧纵纹亦转为灰色。幼鸟羽色似冬羽，上体具皮黄色羽缘，下体颈、胸具细褐色纵纹，两胁具淡褐色横斑。

生态习性 繁殖期栖息于寒温带森林的湿地，非繁殖期见于河口、海滩和淡咸水湖等水滨。常单独、成对或成小群于沙滩或潮间带上觅食，善涉水或奔跑捕捉小型鱼、虾、蟹、螺和昆虫等，还善于成群围捕鱼群。繁殖期在5—7月，营巢于林缘的湿地岸滩上。窝卵数通常4枚，孵化期24~25天。雏鸟早成，约30天即可飞行。

分布与居留 繁殖于欧亚大陆北部，越冬于非洲、地中海、波斯湾、中东、东南亚和大洋洲等地。在我国为旅鸟和冬候鸟，越冬于我国长江流域和东南沿海等地。

夏羽

冬羽

冬羽

夏羽

白腰草鹬

中文名 白腰草鹬
拉丁名 *Tringa ochropus*
英文名 Green Sandpiper
分类地位 鸻形目鹬科
体长 20~27cm
体重 60~107g
野外识别特征 小型涉禽，体色黑白分明；头和上体及翼为黑褐色，洒有星状白斑，下腰至尾白色，尾端具黑色横斑；下体白色，胸部缀有黑褐色纵纹。

IUCN红色名录等级 LC

形态特征 成鸟夏羽额、头顶、后颈黑褐色具白色纵纹，眼圈白色，和眼先的白色眉纹相连；肩、背、翼黑褐色，羽缘具小白斑，下背和腰黑褐色略带白缘，尾上覆羽白色，尾白色，除最外侧尾羽全白，其余尾羽端部具黑色横斑；下体白色，颈侧和胸侧缀有褐纹，胁部略有褐斑；腋羽和翼下覆羽黑褐色；虹膜暗褐色，喙暗灰绿色，尖端黑色，脚灰绿色。成鸟冬羽和夏羽相似，但体色较淡，上体呈灰褐色，肩、背略沾皮黄色。

生态习性 繁殖期栖息于山地至平原森林中的水域附近，非繁殖期栖息在海滩、河口、沼泽乃至农田等地。常成小群活动，觅食时边走边上下摆尾。主食虾、田螺、蠕虫、蜘蛛和昆虫等小型无脊椎动物，也吃小鱼和稻谷。繁殖期在5—7月，营巢于森林中水域旁的草丛中，或利用鸫、鸽等鸟类废弃的旧巢。窝卵数3~4枚，由雌雄亲鸟轮流孵卵，孵化期20~23天。

分布与居留 繁殖于欧亚大陆寒温带地区，越冬于欧洲南部、非洲、地中海、波斯湾、中东至东南亚等地。在我国繁殖于东北，越冬于长江以南多地。

林鹬 鹰斑鹬

中文名 林鹬
拉丁名 *Tringa glareola*
英文名 Wood Sandpiper
分类地位 鸻形目鹬科
体长 19~23cm
体重 48~84g
野外识别特征 小型涉禽，形似白腰草鹬而偏小，白色眉纹长过眼后，黑褐色贯眼纹较明显，翼下为白色。

IUCN红色名录等级 LC

<u>形态特征</u> 成鸟夏羽头和后颈黑褐色，具白色细纵纹，长眉纹白色，贯眼纹黑褐色；肩、背黑褐色，具棕白斑，腰暗褐色，具白色羽缘，尾上覆羽白色，略带黑横斑，中央尾羽黑褐色，具黄白色横斑，外侧尾羽白色，具黑褐色横斑；翼黑褐色，第一枚初级飞羽羽轴白色；下体白色，头侧、颈侧具灰色细纹，前颈和上胸灰白色，带黑褐色纵纹，两胁和尾下覆羽具黑褐色横斑，翼下白色，略带褐色横斑；虹膜暗褐色，喙较短直，基部褐绿色，先端黑色，脚橄榄绿色。成鸟冬羽似夏羽，但上体偏灰褐色，白斑更明显，胸部灰褐色纵纹不甚明显，胁部横斑消失。幼鸟体羽似冬羽，但上体羽缘为皮黄色，胸部缀淡色灰斑，胁部无横斑。

<u>生态习性</u> 繁殖于林中或林缘的水域附近，越冬于淡咸水湖泊和沼泽等开阔水域。常单独或成小群活动，迁徙期集大群。觅食时常在水岸沙石地或浅水中边走边摄食，有时将喙伸入水中探扫取食。主食直翅目和鳞翅目昆虫以及蠕虫、蜘蛛、虾、软体动物等，也吃少量种子。繁殖期在5—7月，营巢于水域附近的灌草丛中。窝卵数通常4枚，由雌雄亲鸟轮流孵化。

<u>分布与居留</u> 繁殖于欧亚大陆寒温带地区，越冬于非洲、地中海、波斯湾、中东、印度、东南亚和澳大利亚等地。在我国繁殖于东北、华北及新疆部分地区，越冬于海南岛和台湾，迁徙时途经我国多地。

翘嘴鹬

中文名 翘嘴鹬
拉丁名 *Xenus cinereus*
英文名 Terek Sandpiper
分类地位 鸻形目鹬科
体长 22~25cm
体重 63~109g
野外识别特征 小型涉禽，喙黑色，以均匀的弧度明显上翘，上体灰色，下体白色，喙基和脚橘黄色，夏羽肩部具黑色纵带。

IUCN红色名录等级 LC

形态特征 成鸟夏羽头至上体灰色，具较细的黑色羽干纹，眉纹和眼圈白色，贯眼纹黑褐色，肩部羽干纹较宽，形成一条黑色纵带；腰至尾灰色稍淡，具白色尖端，外侧尾羽白色；翼灰褐色，后缘具明显的白色翅斑；下体白色，胸和胸侧具褐色细纵纹，翼下覆羽白色；虹膜褐色，喙橙黄色，尖端黑色，脚较短，为黄色。成鸟冬羽上体沙褐色，具细羽干纹，肩部无黑色纵带，胸部斑纹较淡。

生态习性 繁殖期栖息于极北冻原的水域附近，非繁殖期栖息于海滩、河口和大型内陆湖等地。常单独或成小群活动，觅食时较分散，休憩时集群。常在岸滩上边走边捕食，有时以上弯的喙探入水中扫动取食。主食甲壳类、软体类、蠕虫、昆虫等小型无脊椎动物。繁殖期在5—7月，营巢于苔原森林中的水岸附近，窝卵数通常4枚。

分布与居留 繁殖于欧亚大陆北部，越冬于非洲、波斯湾、东南亚、澳大利亚、新西兰和我国台湾。在我国其他地区为旅鸟，春秋季可见。

矶鹬

中文名 矶鹬
拉丁名 *Actitis hypoleucos*
英文名 Common Sandpiper
分类地位 鸻形目鹬科
体长 16~22cm
体重 40~61g
野外识别特征 小型涉禽，喙、脚均较短，头颈和上体橄榄褐色，下体白色，拢翼时可见胸侧白色延伸至翼角前方形成三角形区域，展翼时可见翼上具白带；飞翔时两翼向下扇动身体弓起，站立时频频点头和摆尾。

IUCN红色名录等级　LC

形态特征　成鸟头颈和上体橄榄褐色，具黑色细羽干纹和端斑，眉纹淡黄白色，眼圈白色，贯眼纹褐色；飞羽黑褐色，除第一枚外均具有白色端斑，在翼后缘形成白带；中央尾羽深褐色，外侧尾羽橄榄褐色具白端；下体白色，颈侧和胸侧灰褐色，前胸微具褐色纵纹，腋羽和翼下覆羽白色，翼下具两道褐色横带；虹膜褐色，喙黑褐色，基部泛绿褐色，脚灰绿色。成鸟冬羽似夏羽，但上体较淡，斑纹不明显，翼覆羽具皮黄色尖端，颈和胸微具纵纹。幼鸟体羽似冬羽，但羽缘多带有皮黄色。

生态习性　栖息于低山丘陵至山脚平原的江河、湖泊、水库等沿岸，常在多砾石的河滩上行走，并栖息于河中石头上，故名"矶鹬"（"矶"即水岸突出的石头或砾石滩）。常边飞边"叽、叽、叽"地鸣叫。喜食鞘翅目、直翅目、夜蛾等昆虫，也吃螺、蠕虫、小鱼和蝌蚪等。繁殖期在5—7月，求偶时雄鸟不断鸣叫并在巢区周围来回飞翔。雌雄亲鸟共同营巢于水岸边的石滩上，窝卵数4~5枚，由雌鸟孵卵，雄鸟警戒，孵化期约21天，雏鸟早成。

分布与居留　繁殖于欧亚大陆中纬度地区，越冬于欧亚大陆南部和非洲及澳大利亚等地。在我国繁殖于东北、河北和西北多地，越冬于长江流域及以南各省。

灰尾漂鹬 灰尾鹬

中文名 灰尾漂鹬
拉丁名 *Heteroscelus brevipes*
英文名 Grey-tailed Tattler
分类地位 鸻形目鹬科
体长 25~28cm
体重 72~280g
野外识别特征 小型涉禽。夏羽额至眉纹白色，头顶和上体灰色，额、腹和尾下覆羽纯白色，其余下体白色，具灰色细纹，喙较直且呈黑色，鼻沟较短，下喙基部黄色，脚黄色；冬羽下体无横斑，仅胸腹部泛灰。

IUCN红色名录等级 LC

形态特征 成鸟夏羽头顶灰色，额至眉纹白色，上体石板灰色微缀褐色，翼上覆羽和尾上覆羽略带白斑，尾羽和飞羽灰色；下体颏、喉、头侧、前颈和颈侧白色具灰纵纹，胸胁部白色具细密的"V"字形灰色横斑，其余下体白色，腋羽和翼下覆羽暗灰色；虹膜暗褐色，喙黑色，下喙基部黄色，脚黄色。成鸟冬羽似夏羽，但体下无横斑，颈侧和胸侧泛灰色。幼鸟体羽似冬羽，而上体略泛皮黄色，胸胁部微带横斑。

生态习性 繁殖期栖息于山地河流的沙岸，迁徙和越冬期见于海滩和河口等地。常单独或成小群活动于浅水处，休息时多在潮间带、堤岸或树上，不时地上下摆动尾部。主食石蛾、毛虫、水生昆虫、软体类和甲壳类等小型无脊椎动物，有时也吃小鱼。繁殖期在6—7月，营巢于山地河流沿岸的石隙或洞穴中，也利用树上鸦科鸟类的废弃旧巢。窝卵数4枚，由雌雄亲鸟轮流孵化。

分布与居留 繁殖于西伯利亚、贝加尔湖及蒙古等地，越冬于东南亚、新几内亚、澳大利亚和新西兰。在我国多为旅鸟，迁徙主要经过东部至南部沿海地区，部分越冬于台湾和海南岛。

翻石鹬

中文名 翻石鹬
拉丁名 *Arenaria interpres*
英文名 Ruddy Turnstone
分类地位 鸻形目鹬科
体长 18~25cm
体重 82~135g
野外识别特征 小型涉禽，喙、颈和脚均较短，体色斑驳醒目。夏羽头颈和胸部具迂回的黑白纹路，上体棕红色具黑白斑块，其余下体白色，喙黑色，脚橘红色；冬羽背暗褐色，其余似夏羽。

IUCN红色名录等级 LC

形态特征 雄鸟夏羽头颈白色，头顶与枕具黑色细纵纹，额有一细黑横带延伸至两侧眼周，并从眼下向下延伸，和黑色颊纹相交会，下端与颈部黑环带相接，胸部另具一宽黑环带；上体栗红色，具黑色宽羽干纹，飞羽黑褐色，展翼可见背部中央有一条白色纵带、翼上基部各具一白色纵带以及飞羽部分各有一白带；下背和尾上覆羽白色，腰黑褐色，形成一黑横带，尾羽端部白色；下体胸以下为白色，腋羽和翼下覆羽亦为白色；虹膜暗褐色，喙黑色，脚橘红色。雄鸟冬羽上体栗红色转为暗褐色，头颈部和胸部的黑斑转为褐色，对比不甚强烈。雌鸟似雄鸟，但上体体色较暗，偏褐色调。幼鸟体羽似成鸟冬羽，但上体体色更暗，且具褐黄色羽缘。

生态习性 栖息于海岸礁滩、泥沙地和潮间带等地，迁徙期间偶尔见于内陆河流等水域。常单独或成小群活动，迁徙时集大群。觅食时常在沙石滩上边走边用微微上翘的喙撬起小石块或翻开水草，找寻甲壳类、软体类、蚯蚓、蜘蛛和昆虫等小型动物或其尸体，也吃植物种子和浆果。繁殖期在6—8月，多营巢于北极海岸的地坑中，垫以草叶和苔藓而成。窝卵数通常4枚，由雌雄鸟轮流孵化。

分布与居留 繁殖于北极圈冻原，越冬于欧亚大陆南部、非洲、澳大利亚、南美、夏威夷群岛等地。在我国多为旅鸟，少部分冬候于广东、海南岛、福建和台湾。

夏羽

冬羽

大滨鹬

中文名 大滨鹬
拉丁名 *Calidris tenuirostris*
英文名 Great Knot
分类地位 鸻形目鹬科
体长 26~30cm
体重 135~207g
野外识别特征 小型涉禽,为滨鹬中体形最大者,黑色喙较长直。夏羽头颈白色,具黑纵纹,背黑色,具明显的白色羽缘,肩缀有栗红色斑点,尾上覆羽白色,下体白色,胸部密布黑斑;冬羽上体淡灰褐色,具黑纵纹,腰和尾上覆羽白色,缀有黑斑。

IUCN红色名录等级 VU

形态特征 成鸟夏羽头颈部灰褐色,具黑纵纹,上体羽毛黑褐色,具白色羽缘,肩部缀有栗红色斑点,腰和尾上覆羽白色,微具黑斑,尾灰褐色,具淡色羽缘;翼灰褐色带白斑;下体白色,胸部缀满浓密的黑褐色细碎斑纹,两胁和尾下覆羽洒有零星的心形褐斑,翼下白色,微缀褐色;虹膜暗褐色,喙黑褐色,基部泛绿色,脚灰绿色。成鸟冬羽上体和胸羽色较淡,近灰色,黑色羽轴不明显,肩部栗红色消失;胸部浓褐色斑纹转为细弱的黑褐色纵纹,胁部略带纵纹。幼鸟体羽似成鸟冬羽而泛皮黄色,脚为较浅的褐绿色。

生态习性 栖息于河口、沙洲等地,常成群活动于潮间带觅食。觅食时将喙插入泥沙中探取甲壳类、软体类等动物,也直接啄食昆虫等小型动物。繁殖期在6—8月,营巢于西伯利亚冻原上的近水灌草丛中,窝卵数通常4枚。

分布与居留 繁殖于欧亚大陆北部,越冬于地中海、非洲、印度、东南亚至澳大利亚等地。在我国主要为旅鸟,春秋季迁徙时途经我国东部和东南沿海地区,少部分在广东、海南岛和台湾越冬。

红腹滨鹬

中文名 红腹滨鹬
拉丁名 *Calidris canutus*
英文名 Red Knot
分类地位 鸻形目鹬科
体长 23~35cm
体重 80~148g
野外识别特征 小型涉禽，体形较粗胖，喙短粗而直，脚亦较短。夏羽上体深褐色，具锈红色斑和白色羽缘，头侧和下体锈红色；冬羽锈红色消失，上体灰色，具细黑羽干纹和白羽缘，下体白色，颊至胸略带黑褐色纵纹。

IUCN红色名录等级　NT

形态特征 成鸟夏羽头顶至后颈锈红色，带白斑和黑色纵纹，上体黑褐色，具棕红色斑纹和白色羽缘，腰和尾上覆羽白色，带黑色横斑，尾灰褐色，具窄白缘；翼灰褐色，具白带；头侧和下体锈红色，尾下覆羽泛白；虹膜暗褐色，喙粗短而直，呈黑褐色，脚黄褐色。成鸟冬羽锈红色消失，上体灰色，具细黑纵纹和白羽缘，下体白色，前颈、颈侧、胸和胁部具灰斑。幼鸟体羽似冬羽，但肩和翼上覆羽泛棕褐色，胸部带有皮黄色。

生态习性 繁殖期栖息于北极海岸的冻原草甸，非繁殖期见于海岸、河口和部分内陆湖泊。常单独或成小群活动，冬季集大群觅食。主食软体类、甲壳类、昆虫等小型无脊椎动物，也吃部分植物的嫩芽和种实。繁殖期在6—8月，多营巢于冻原山地及沿海地区覆有苔藓和草的岩石地上。窝卵数通常4枚，由雌雄亲鸟轮流孵化。

分布与居留 繁殖于北极及其附近地区，越冬于非洲、东南亚、大洋洲和南美洲。在我国多为旅鸟，主要沿东部和东南沿海迁徙。

红颈滨鹬 红胸滨鹬

中文名 红颈滨鹬
拉丁名 *Calidris ruficollis*
英文名 Red-necked Stint
分类地位 鸻形目鹬科
体长 13~17cm
体重 20~41g
野外识别特征 小型涉禽，喙较短而直，脚亦较短，均为黑色。夏羽头顶和上体红褐色，具黑白斑纹，头侧至上胸褐红色，下体白色；冬羽红褐色消失，上体灰褐色，下体白色。

IUCN红色名录等级　NT

形态特征 成鸟夏羽头顶、枕、后颈至整个上体红褐色，带有黑色羽干纹，眉纹褐红色，贯眼纹褐色；尾上覆羽和尾羽灰褐色，外侧灰白色；翼上覆羽亦为红褐色，带有黑褐色羽干纹和白色羽缘，飞羽黑褐色，翼上具窄长的白带；下体颏白色，头侧、喉、前颈、颈侧和上胸为褐红色，下胸和其余下体为白色，胸侧略缀褐斑；虹膜暗褐色，喙和脚较短，为黑色。成鸟冬羽似夏羽，但褐红色消失，上体灰褐色，具浅色羽缘，下体白色，胸侧微缀褐斑，眉纹白色。幼鸟体羽似冬羽，上体和胸侧斑纹处泛皮黄色。

生态习性 繁殖期栖息于冻原的沼泽、湖滨和海岸等湿地，越冬于海滨、河口和淡咸水湖及沼泽。常成群活动，喜在水滨边走边觅食。吃昆虫、蠕虫、甲壳类和软体类等动物。繁殖期在6—8月，营巢于苔原的草本植物丛中，窝卵数通常4枚。

分布与居留 繁殖于欧亚大陆北部冻原，越冬于东南亚、澳大利亚和新西兰。在我国主要为旅鸟，少数越冬于南部沿海。

长趾滨鹬

中文名 长趾滨鹬
拉丁名 *Calidris subminuta*
英文名 Long-toed Stint
分类地位 鸻形目鹬科
体长 13~17cm
体重 24~37g

野外识别特征 小型涉禽，喙黑色，脚黄绿色，趾较长。夏羽上体棕褐色，具黑白纹，下体白色，颈侧、胸侧具黑褐纵纹，飞行时可见背部白色"V"形图案、翼上白带和尾两侧白色区域；冬羽上体色淡，下体白色，颈侧和胸侧无黑褐斑。

IUCN红色名录等级 LC

形态特征 成鸟夏羽头顶棕色，具黑纵纹，眉纹白色，比较清晰，贯眼纹褐色，不明显，上体棕褐色，具黑褐色羽干纹和白色羽缘，有的个体翕部边缘形成较窄白带，故展翼时可见背部形成"V"字形图案；腰至尾黑褐色，具浅色羽缘，两侧形成较宽的灰白色区域，飞翔时明显可见；下体白色，颊、颈侧和胸侧具褐色细纵纹；虹膜暗褐色，喙黑色，脚黄绿色，趾较长，中趾长度明显超过喙长。成鸟冬羽似夏羽而色淡，上体灰褐色，具白色羽缘，下体白色，胸部略带褐纹，眉纹白色。幼鸟头顶暗褐色，具棕色纵纹和宽白眉纹，上体和胸侧的褐色区域羽缘泛皮黄色。

生态习性 栖息于沿海或内陆河湖沿岸及有草本植物的沼泽，常单独或成小群活动。吃昆虫、软体动物和甲壳动物等小型无脊椎动物。繁殖期在6—8月，营巢于水域附近的草丛中，窝卵数通常4枚。

分布与居留 繁殖于西伯利亚，越冬于东南亚到澳大利亚。在我国多为旅鸟，部分越冬于南部沿海。

尖尾滨鹬

中文名 尖尾滨鹬
拉丁名 *Calidris acuminata*
英文名 Sharp-tailed Sandpiper
分类地位 鸻形目鹬科
体长 16~23cm
体重 48~114g
野外识别特征 小型涉禽，喙黑褐色，略下弯，脚黄绿色，尾较其他滨鹬尖长。夏羽头顶棕红色，具黑纵纹，头侧、枕部和颈部色较淡，上体深褐色，带黑褐色和棕白色斑纹，下体近白色，胸部泛棕色，胸腹侧具褐斑；冬羽头顶为较淡的棕红色。

IUCN红色名录等级　LC

形态特征 成鸟夏羽头顶栗色具黑褐色纵纹，头侧、颈侧和后颈淡棕黄色，具细褐纵纹，眉纹和颊淡黄白色；上体黑褐色，具较宽的棕栗色至皮黄色羽缘，两侧尾上覆羽白色，具黑横斑，楔形尾褐色，外侧尾羽较短而带白色羽缘；翼深褐色，具白色翼带；下体近白色，胸以上密布褐色细小纵纹，胸侧和腹侧具黑褐色"V"字形斑，翼下污白色；虹膜深褐色，喙略下弯，为黑褐色，基部略带黄绿，脚黄绿色。成鸟冬羽似夏羽，但头顶的棕红色较淡，眉纹较明显，耳区色暗，体侧无黑褐色"V"字形斑，胸部微缀褐纹或形成黑褐色胸带。幼鸟头顶亮棕色，眉纹淡黄色，上体具皮黄色羽缘，颈、胸部泛皮黄色。

生态习性 繁殖期栖息于苔原上具有稀疏小柳树的沼泽地带，非繁殖期见于海滩、河口、草地和农田等地。常单独或成小群活动，也与其他鹬类混群，飞行时起飞迅速且成密集而有规律的群体。主食蚁类和其他昆虫幼虫，兼食甲壳类和软体类，也吃少量植物种子。繁殖于冻原上的灌草丛中，于草丛下地坑中垫以柳叶而成巢，窝卵数通常4枚。

分布与居留 繁殖于西伯利亚，越冬于东南亚、澳大利亚及新西兰。在我国多为旅鸟，春秋季见于东北至东部近海地区，少部分越冬于台湾和海南岛。

弯嘴滨鹬

中文名 弯嘴滨鹬
拉丁名 *Calidris ferruginea*
英文名 Curlew Sandpiper
分类地位 鸻形目鹬科
体长 19~23cm
体重 44~102g
野外识别特征 小型涉禽，喙较其他滨鹬显得细长而下弯。夏羽头和下体栗红色，上体黑褐色，具栗褐色和白色斑纹，飞翔时可见明显的白色腰和白色翼带，翼下和尾下白色；冬羽上体灰褐色，下体白色，颈侧和胸泛褐色。

IUCN红色名录等级 NT

形态特征 成鸟夏羽头至下腹部为一体的栗红色，头顶带褐纹，眉纹白色，喙基泛白；背和上腰黑褐色，带棕白斑，下腰至尾上覆羽白色，微缀褐斑；尾灰褐色，中央尾羽最暗；翼上覆羽黑褐色，杂棕栗色和白色斑，飞羽黑色，翼上具白色带；下体主体栗色，尾下覆羽和翼下为白色，对比鲜明；虹膜暗褐色，喙近黑色，细长而下弯，脚灰黑色，飞行时脚尖超出尾后。成鸟冬羽头顶和上体灰褐色，具黑纵纹，翼上覆羽灰色，具白缘，下体白色，胸侧微缀灰纹，白眉纹明显。幼鸟体羽似冬羽而泛皮黄色，上胸不具明显的褐色纵纹。

生态习性 繁殖期栖息于西伯利亚沿海冻原的湿地，非繁殖期栖息在海岸、河口、湖泊、沼泽等湿地。常成群在水岸边走边觅食，也与其他鹬类混群，集群飞行时密集而协调变换方向。常将下弯的喙探入泥沙中觅食，甚至将整个头部扎进水中捕食。吃甲壳类、软体类、蠕虫和水生昆虫。繁殖期在6—7月，营巢于冻原上的草丛中，掘小坑铺垫干草、苔藓、地衣和柳叶而成，有时利用往年旧巢址。窝卵数通常4枚，由雌雄亲鸟轮流孵化。雏鸟早成。

分布与居留 繁殖于西伯利亚，越冬于非洲、马达加斯加、南亚和澳大利亚。在我国多为旅鸟，春秋季迁徙经过我国东部和西部多地，部分越冬于南部沿海。

黑腹滨鹬

中文名 黑腹滨鹬
拉丁名 *Calidris alpina*
英文名 Dunlin
分类地位 鸻形目鹬科
体长 16~22cm
体重 40~83g

野外识别特征 小型涉禽，体形较短圆，喙尖略膨大且稍下弯，喙和脚黑色。夏羽头顶和上体栗红色，具黑白斑，下体白色，颈、胸缀有细小褐斑，腹部中央有一大块黑色区域，飞翔时可见白色的翼带和腰侧；冬羽上体灰褐色，下体白色，胸部略缀褐纹。

IUCN红色名录等级 LC

形态特征 成鸟夏羽头顶和眼先棕褐色，具黑色羽干纹，眉纹灰白色，耳区略带褐色，头侧余部和后颈为灰色，带褐色细纵纹，肩、背和三级飞羽黑色，具较宽的栗色羽缘，羽端略带灰白色；腰至尾上覆羽及中央尾羽黑色，腰侧和尾侧白色；翼上覆羽灰褐色，带浅色羽缘，飞羽黑色，翼上具明显的白色横带；下体白色，颈、胸部具有褐色细纵纹，腹部中央具有一块大黑斑，几乎占据整个腹部；虹膜暗褐色，喙和脚黑色，喙先端略下弯，且尖端稍显膨大。成鸟冬羽上体栗色区域转为灰色调，下体白色无大黑斑，胸侧略缀黑褐细纹。幼鸟体羽似冬羽而泛皮黄色。

生态习性 栖息于湖泊、河流和沼泽等湿地和附近草地，常成群活动于水岸，善奔跑，常跑跑停停。主食甲壳类、软体类、蠕虫和昆虫。繁殖期在5—8月，营巢于苔原沼泽或湖边的草丛中，于地面浅坑内垫以柳叶而成。窝卵数通常4枚，由雌雄亲鸟轮流孵卵，孵化期21~22天，雏鸟早成。

分布与居留 繁殖于欧亚大陆北部，越冬于欧洲西部、北非和东非、亚洲东南部及墨西哥湾。在我国，部分为旅鸟，春秋季见于东北、新疆和长江流域，部分越冬于东南沿海。

流苏鹬

中文名 流苏鹬
拉丁名 *Philomachus pugnax*
英文名 Ruff
分类地位 鸻形目鹬科
体长 20~33cm
体重 95~232g

野外识别特征 小型涉禽，雌雄差异显著。雄鸟较显肥大，体色鲜艳多变，繁殖期头部有可以竖起的耳状簇羽，前颈和胸部具有膨起的流苏状饰羽；雌鸟较小，夏羽上体黑褐色，下体色淡，胸胁具褐斑。冬羽雌雄相似，无饰羽，上体灰褐色，下体白色。

IUCN红色名录等级　LC

形态特征　雄鸟繁殖季体羽艳丽，脸部裸出部分呈黄色，耳簇羽、枕部、颈部和胸部的饰羽较蓬松，形成夺目的围领状，颜色艳丽多变，从栗红色到皮黄色、白色甚至泛有蓝紫色金属光的黑色；其余上体灰褐色，杂黑色和栗色斑；腰黑褐色，甚长的尾上覆羽盖住灰色尾羽，尾上覆羽两侧白色形成大椭圆斑；翼黑褐色，具白色窄翼带；下体余部白色；虹膜暗褐色，喙和脚色艳多变，从朱粉、橘红色到黄绿色不等。雄鸟冬羽无饰羽，上体灰褐色，具浅色羽缘，下体白色，胸胁部缀有褐斑；喙和脚转为黑褐色。雌鸟较小，无饰羽，脸不裸露，上体暗灰褐色带白缘，下体白色，胸胁具褐斑，冬羽体色较浅。幼鸟体羽似成鸟冬羽，而体色泛皮黄色，脚为黯淡的黄绿色。

生态习性　繁殖期栖息于冻原湿地及附近，非繁殖期栖息于草地、沼泽、农田、河流、湖泊等水域，少见于海滨。除繁殖期外集群活动，边走边啄食，也在盐湖中游泳。主食甲虫、蟋蟀、蚯蚓和蠕虫等小型无脊椎动物，也吃植物种子。繁殖期在5—8月，营巢于河湖及沼泽边的草地中，无固定配偶，雌鸟常和多只雄鸟交配，雄鸟不参与筑巢、孵卵和育雏。窝卵数通常4枚，孵化期20~21天，雏鸟早成。

分布与居留　繁殖于欧亚大陆北部，越冬于南非、东南亚和澳大利亚。在我国多为旅鸟，春秋季迁徙经过我国西部和东部，部分于南方沿海越冬。

亚成体冬羽

夏羽

黑尾鸥

中文名 黑尾鸥
拉丁名 *Larus crassirostris*
英文名 Black-tailed Gull
分类地位 鸻形目鸥科
体长 43~51cm
体重 400~675g
野外识别特征 中型鸥类，喙黄色，先端红色，红黄区域间有一黑色带，脚黄色。成鸟夏羽头颈部和下体全白，背部和翼深灰色，尾羽白色，具黑色亚端斑，翼后缘白色；冬羽枕和后颈缀灰褐色。

IUCN红色名录等级 LC

形态特征 成鸟夏羽头、颈和下体纯白色，上体和两翼深灰色，翼上初级覆羽和初级飞羽黑色，翼后缘白色，尾基部白色，端部黑色，具白色端斑；虹膜淡黄色，眼睑朱红色，喙黄色，具红色尖端和黑色次端斑，蹼足黄绿色。成鸟冬羽似夏羽，但枕部和后颈沾有灰褐色。当年幼鸟通体褐色，具灰色羽缘；第二年幼鸟头颈白色沾灰，尾上黑斑较大。

生态习性 栖息于海岸附近的沙滩、草地、悬崖及湖泊等地。常成群活动，在海面上翱翔或随船觅食，也集群于渔场觅食。捕食海面上层鱼类，也吃虾、软体动物、水生昆虫和废弃食物。繁殖期在4—7月，常成小群营巢于海岸悬崖的岩石上方，以枯草筑浅碟状巢。窝卵数通常2枚，由雌雄亲鸟轮流孵卵育雏，孵化期在25~27天。亲鸟捕食鱼和昆虫喂养雏鸟，早期由亲鸟半消化后再吐出哺育，30~45天后幼鸟即可飞翔。

分布与居留 繁殖于亚洲东部。在我国繁殖于吉林、辽宁、山东和福建沿海，多为留鸟，部分游荡或迁徙。

普通海鸥 海鸥

中文名 普通海鸥
拉丁名 *Larus canus*
英文名 Mew Gull
　　　　（Common Gull）
分类地位 鸻形目鸥科
体长 45~51cm
体重 394~586g
野外识别特征 中型鸥类，喙和脚黄色。成鸟夏羽头、颈和下体白色，肩、背和翼灰色，翅尖黑色，翼前后缘白色，腰、尾上覆羽和尾羽白色；冬羽类似，头和后颈沾有淡褐色斑。

IUCN红色名录等级　LC

形态特征 成鸟夏羽头、颈和下体纯白色，肩、背灰色，翼大部分为灰色，外侧两枚初级飞羽为黑色，带白端斑，其余飞羽为灰色，具白端斑，形成翼后白缘；腰、尾上覆羽和尾白色；虹膜黄色，喙和蹼足黄色。成鸟冬羽类似，头和后颈沾有棕褐色斑纹。幼鸟上体白色，具灰褐色斑，尾灰褐色带白斑，初级飞羽褐色；虹膜褐色，喙肉红至淡褐色，具黑褐色亚端斑，脚肉色。

生态习性 繁殖季栖息于北极苔原等地的水域，迁徙季在内陆湖泊、河流逗留，越冬栖息在海岸、河口和港湾等地。常成对或成小群在水面上空飞翔，或漂浮于水面。捕食小鱼、甲壳类、软体类和昆虫。繁殖期在5—7月，营巢于内陆湖岸或海边小岛上。窝卵数2~3枚，由雌雄亲鸟轮流孵卵，孵化期22~28天。

分布与居留 繁殖于欧亚大陆北部和北美西北部，越冬于亚洲东部、美国加州、地中海、北非、西亚等地。在我国主要为冬候鸟，越冬于辽宁、华北、华东、华南和西南，迁徙季见于东北。

成鸟

幼鸟

幼鸟

黄腿银鸥 黄脚银鸥、银鸥

中文名 黄腿银鸥
拉丁名 *Larus cachinnans*
英文名 Yellow-legged Gull
分类地位 鸻形目鸥科
体长 55~73cm
体重 775~1775g
野外识别特征 大型鸥类，喙黄色，下喙尖端有一枚小红斑，脚肉粉色。成鸟夏羽头、颈和下体白色，肩、背银灰色，腰至尾白色；冬羽头颈具褐色细纹。

IUCN红色名录等级 LC

形态特征 成鸟夏羽头、颈和下体纯白色，肩、背、翼上覆羽和内侧飞羽银灰色，肩羽具较宽的白色端斑，腰、尾上覆羽和尾羽白色；翼灰色，前后缘白色，初级飞羽具较宽的黑色次端斑和白色端斑；虹膜黄色，喙黄色，下喙端部具一红色小斑，蹼足肉粉色。成鸟冬羽类似，头颈部具褐色细纵纹。幼鸟第一年冬羽肩背和翼黑褐色，头、颈和体羽杂褐斑；第二年冬羽上体背部等部分褐色转为灰色，额、尾基和下体白色。

生态习性 繁殖季栖息于苔原、草原等区域的湖泊、沼泽或海岛上，迁徙季见于各内陆湖泊、河流，越冬于港口、海湾等沿海地区。常成对或成小群在水面上空飞行或翱翔，亦善游泳。主食鱼和水生无脊椎动物，也跟随船只捡食废弃食物，甚至吃地面小型脊椎动物的尸体，或偷食鸟蛋和雏鸟。繁殖期在4—7月，成群营巢于海岸峭壁及水滨沙滩上。窝卵数2~3枚，由雌雄亲鸟轮流孵卵，孵化期25~27天。

分布与居留 繁殖于欧亚大陆、非洲和北美，越冬于地中海、印度和美国。在我国繁殖于新疆、内蒙古东北部至黑龙江西北部，迁徙和越冬于繁殖地以南至我国南部沿海地区。

渔鸥

中文名 渔鸥
拉丁名 *Larus ichthyaetus*
英文名 Great Black-headed Gull
分类地位 鸻形目鸥科
体长 63~70cm
体重 约2000g
野外识别特征 大型鸥类，前额扁平，喙粗厚，为黄色，具红端和黑色亚端斑，脚黄绿色。成鸟夏羽头黑色，眼周白色，初级飞羽白色，具黑色亚端斑，肩、背灰色，其余体羽白色，站立时翼尖超过尾端；冬羽头白色，眼周略带黑色，头颈具褐纹，喙尖黑色。

IUCN红色名录等级　LC

形态特征 成鸟夏羽头部黑色，与白色的体羽分界鲜明，眼上下各有月牙形的白斑；肩、背和翼上覆羽淡灰色，初级飞羽白色，具黑色亚端斑；腰、尾上覆羽和尾白色；下体白色；虹膜暗褐色，黄色喙粗壮，先端红色，具黑色亚端斑，脚黄绿色。成鸟冬羽头白色，头颈部具褐色纵纹，眼上下具暗色斑；喙暗黄色，先端黑色。幼鸟上体暗褐色和白色斑驳交错，腰和下体白色，尾白色，具黑色亚端斑。

生态习性 栖息于海岸、大型淡咸水湖和高原湖泊，常单独或成小群活动。以捕鱼为主，兼食鸟卵、雏鸟、蜥蜴、昆虫和动物内脏等。繁殖期在4—6月，常与其他水鸟混群营巢于海岸、湖滨或岛屿上，窝卵数通常3枚。

分布与居留 繁殖于中亚、蒙古等地，越冬于地中海、红海、里海、黑海、波斯湾和印度。在我国繁殖于青海东部和内蒙古，迁徙经过四川和新疆，为夏候鸟和旅鸟。

棕头鸥

中文名 棕头鸥
拉丁名 *Larus brunnicephalus*
英文名 Brown-headed Gull
分类地位 鸻形目鸥科
体长 41~47cm
体重 450~714g
野外识别特征 中型鸥类，喙、脚深红色。夏羽头部棕褐色，在接近颈处渐深形成黑色领环，肩、背和翼淡灰色，翼尖黑色具白斑，其余体羽白色；冬羽头颈白色，眼后具褐斑。

IUCN红色名录等级 LC

形态特征 成鸟夏羽头部淡棕褐色，至颈处渐深，形成一圈黑色的领环，领环以下颈部为纯白色，眼后具窄白斑；肩、背和翼上内侧浅灰色，外侧翼上覆羽白色，初级飞羽白色，先端黑色，最外侧两枚近端处具卵形白斑；腰至尾白色；下体纯白色；虹膜暗褐色至黄褐色，喙和蹼足深红色。成鸟冬羽头颈部白色，略缀灰褐色，眼后有褐斑。幼鸟体羽似冬羽，但翅尖黑色无白斑，尾具黑色亚端斑；虹膜色淡，喙和脚橙黄色，喙尖褐色。

生态习性 繁殖期栖息于高原湖泊、河流和沼泽等水域，非繁殖期见于海滨、港湾、河口及平原的大型湖泊、河流和水库等水域。常成群活动，捕食鱼、虾、甲壳类、软体类和水生昆虫等。繁殖期在6—7月，集中营巢于水岸附近地坑中，窝卵数通常3枚。

分布与居留 繁殖于帕米尔高原和我国西部，越冬于印度和中南半岛及我国香港、云南等地。

红嘴鸥

中文名 红嘴鸥
拉丁名 *Larus ridibundus*
英文名 Black-headed Gull
分类地位 鸻形目鸥科
体长 35~43cm
体重 205~374g
野外识别特征 中型鸥类。夏羽头和颈上部深咖啡色，眼圈白色，肩、背和翼灰色，翼外侧白色，翅尖黑色带白斑，其余体羽白色，喙和脚暗红色；冬羽头颈白色，眼后有褐斑，喙和脚转为朱红色，喙端黑色。

IUCN红色名录等级 LC

夏羽

形态特征 成鸟夏羽头至上颈深咖啡色，眼后有新月形白斑，颈中央白色；下背、腰和翼的主体为浅灰色，翼上前缘、后缘和初级飞羽白色，初级飞羽端部黑色带白斑，翼下灰色带黑色翼尖；其余体羽白色；虹膜暗褐色，喙和脚深红色。成鸟冬羽头颈白色，头顶和后头沾灰色，眼前缘沾黑褐色，眼后耳区形成一黑褐斑；眼睑、喙和脚鲜红色，喙尖近黑色。幼鸟体羽似冬羽，但枕部带灰褐色，翼上内侧沾暗褐色，尾白色，具黑色端斑，次级飞羽具黑色横斑，喙和脚暗肉色。

生态习性 栖息于平原至低山的湖泊、水库、河流、海滨等水域，也出现于城市公园的人工湖泊上。常成小群活动，越冬过程中有时集大群在水面上空飞翔。主食小鱼、虾、水生昆虫、甲壳类和软体类，兼食鼠类、蜥蜴等陆生小动物，也吃其他小型动物的尸体。繁殖期在4—6月，常成群营巢于湖泊、水塘等岸边苇丛中，以枯草筑浅碗状巢。窝卵数通常3枚，卵绿褐色带黑褐斑，由雌雄亲鸟轮流孵卵，孵化期20~26天。

分布与居留 繁殖于欧亚大陆，越冬于北非、西欧、黑海、里海、印度和东南亚等地。在我国繁殖于新疆、内蒙古、黑龙江和吉林，越冬于东部至南部沿海以及黄河中下游、长江流域以及藏南和云南等地，多为冬候鸟，较常见。

冬羽

黑嘴鸥

中文名 黑嘴鸥
拉丁名 *Larus saundersi*
英文名 Saunders's Gull
分类地位 鸻形目鸥科
体长 31~39cm
体重 170~230g
野外识别特征 中型鸥类，喙黑色，脚暗红色。夏羽头黑色，眼后具新月形白斑，颈部白色，黑白对比强烈，肩、背和翼淡灰色，翼前后缘白色，翼尖略带黑色，翼下白色，仅部分初级飞羽黑色；冬羽头白色，仅耳区有黑斑，头顶微沾褐色。

IUCN红色名录等级 VU

形态特征 成鸟夏羽头及颈上部纯黑色，仅眼后具醒目的新月形白斑，颈纯白色，黑白对比鲜明；肩、背和翼淡灰色，其余体羽白色；翼上前后缘和外侧白色，翼尖初级飞羽端部略带黑斑，翼下白色，仅部分初级飞羽黑色；虹膜黑色，喙黑色，脚暗红色。成鸟冬羽头部白色，头顶略带褐斑，眼后耳区具黑斑，其余似夏羽。幼鸟体羽似冬羽，背部微沾褐色，头顶泛花褐色。

生态习性 栖息于沿海滩涂、沼泽和河口。常成小群活动于开阔的滩涂地带，或飞翔于水面上空。吃昆虫、甲壳类以及蠕虫等水生无脊椎动物。繁殖期在5—6月，集小群营巢于长有碱蓬等低矮盐碱植物的开阔滩涂上，以盐碱植物为材料筑盘状巢，窝卵数通常3枚。

分布与居留 繁殖于亚洲东部，越冬于亚洲东南部。在我国繁殖于辽宁盘锦、河北、山东渤海湾及江苏盐城等地，越冬于长江下游和东南沿海地区。

冬羽

夏羽

幼鸟

遗鸥

中文名 遗鸥
拉丁名 *Larus relictus*
英文名 Relict Gull
分类地位 鸻形目鸥科
体长 39~46cm
体重 500~600g
野外识别特征 中型鸥类，前额扁平。夏羽头黑色，眼后缘上下各具一新月形白斑，喙和脚暗红色，胫下部被羽，肩、背和翼上覆羽淡灰色，翼尖黑色带白斑，其余体羽白色；冬羽头白色，耳区有暗色斑，头颈缀褐色。

IUCN红色名录等级　VU
国家一级保护动物

形态特征 体形较红嘴鸥大，比渔鸥小。成鸟夏羽头部黑色，额部泛褐色而扁平，眼后缘上下各具一新月形白斑；肩、背和翼上覆羽淡灰色，外侧初级飞羽白色，具宽黑亚端斑和白端斑，其余飞羽灰色；余部体羽白色；虹膜褐色，喙和蹼足暗红色。成鸟冬羽头颈白色略沾褐色，耳区具暗色斑，其余似夏羽。第一年幼鸟体羽似成鸟冬羽，但耳覆羽无暗色斑，眼前有暗色新月形斑，后颈有暗色纹，翼上内侧泛暗褐色，白色尾端部具黑横带。

生态习性 栖息于开阔平原的荒漠和半荒漠地区的淡咸水湖泊中。喜成群活动，站立时颈部常向上伸直。捕食小鱼、昆虫和其他水生无脊椎动物。繁殖期在5—6月，集群营巢于荒漠和半荒漠湖泊中的小岛上，以枯草垫羽毛而成，窝卵数2~3枚。

分布与居留 仅繁殖于哈萨克斯坦、贝加尔湖、蒙古和我国内蒙古等地区，越冬于我国南方和东南亚，数量稀少。

鸥嘴噪鸥

中文名 鸥嘴噪鸥
拉丁名 *Gelochelidon nilotica*
英文名 Gull-billed Tern
分类地位 鸻形目鸥科
体长 31~39cm
体重 178~320g
野外识别特征 中型水禽，喙、脚黑色，尾白色，呈深叉状。夏羽从喙基到枕部的整个头顶为黑色，头余部、颈部和下体为白色，背和中央尾羽淡灰色，外侧尾羽白色，飞羽银灰色，翅尖稍暗；冬羽上体白色，两侧耳区各有一黑斑。

IUCN红色名录等级　LC

形态特征 成鸟夏羽额、头顶、枕和头侧的眼部以上部分为黑色，头余部和颈部为白色；肩、背、腰和翼上覆羽浅灰色，尾上覆羽白色，尾呈深叉状，除中央一对尾羽为银灰色带白端斑外，其余尾羽白色；初级飞羽银灰色，羽轴白色，翼尖部分羽色较深，其余飞羽浅灰色具白端；下体白色；虹膜暗褐色，喙和脚黑色。成鸟冬羽头白色，头顶和枕微缀灰褐色，耳区有灰斑，上体色淡近白色。幼鸟后头至后颈赭褐色，上体灰色，部分具赭褐色羽端。

生态习性 繁殖期栖息于内陆淡咸水湖，非繁殖期栖息在海滨和河口。常单独或成小群活动于具有开阔滩涂的水域，在水面上低空飞行，发现食物时直接插入水中捕食，然后直线升起。吃昆虫、蜥蜴、小鱼、甲壳类及软体类动物。繁殖期在5—7月，多成对或成松散小群营巢于开阔的水滨滩涂上。窝卵数通常3枚，由雌雄亲鸟轮流孵卵，孵化期22~23天。

分布与居留 繁殖于欧洲、中亚、东南亚、蒙古、澳大利亚和北美等地，部分越冬于南非、波斯湾、印度、印度尼西亚和南美等地。在我国夏候于新疆、内蒙古东北部、华北和渤海湾等地，越冬于东部和东南沿海，并有种群终年居留在东南沿海各省。

繁殖羽

非繁殖羽

红嘴巨燕鸥 红嘴巨鸥

中文名 红嘴巨燕鸥
拉丁名 *Hydroprogne caspia*
英文名 Caspian Tern
分类地位 鸻形目鸥科
体长 47~55cm
体重 520~656g
野外识别特征 大型水禽，喙粗大而长直，为朱红色，先端黑色，脚黑色，翼尖长，尾呈深叉形。夏羽额至头顶黑色，具黑色冠羽，背和翼上覆羽灰色，飞羽下面黑色，其余体羽白色；冬羽额和头顶具白纵纹。

IUCN红色名录等级　LC

形态特征 成鸟夏羽额、头顶、枕连同头侧眼以上部分为纯黑色，具黑色的冠羽，头余部白色；肩、背和翼上覆羽银灰色，初级飞羽羽轴白色，尖端黑色；白色尾呈深叉形，其余体羽亦为纯白色；虹膜暗褐色，喙粗壮且长直，呈鲜艳的朱红色，先端沾黑，蹼足褐黑色。成鸟冬羽似夏羽，但头部额至头顶的黑色区域杂有白色纵纹，上体灰色较淡。幼鸟体羽似冬羽，且眼前眼后具褐斑，后颈具灰色纵纹，上体灰色中杂有褐斑。

生态习性 栖息于海岸沙滩、岛屿、沼泽和河口，也见于内陆河湖。常单独或成小群活动，在水上低空飞翔，发现食物时，喙朝下在空中快速鼓翼盘旋，然后突然向下直冲，潜入水中攫取食物，亦善游泳。以小鱼为主食，兼食其他小型水生无脊椎动物及小鸟、雏鸟和鸟卵。繁殖期在5—7月，常小群营巢于海岛或河滩。窝卵数2~3枚，由雌雄亲鸟轮流孵卵，孵化期20~22天。

分布与居留 分布于北美、欧洲、非洲、中亚、南亚和大洋洲。在我国分布于东部至南部沿海，北方种群为夏候鸟，南方部分种群为留鸟。

普通燕鸥

中文名 普通燕鸥
拉丁名 *Sterna hirundo*
英文名 Common Tern
分类地位 鸻形目鸥科
体长 31~38cm
体重 92~122g
野外识别特征 中型水禽，翼窄长而尖，尾深叉形，外侧尾羽延长，站立时翼尖和尾尖几乎等长，喙和脚黑色至橘红色。夏羽额、头顶和枕黑色，头侧、颈和上胸白色，背蓝灰色，胸以下淡灰色；冬羽头顶前部沾白色，下体白色。

IUCN红色名录等级 LC

形态特征 成鸟夏羽头上部纯黑色，自额经眼延伸至枕部并下延到上颈部，头、颈余部白色；肩、背蓝灰色，腰、尾上覆羽和尾白色；尾呈深叉状，外侧尾羽延长，羽轴黑色；翼上蓝灰色，初级飞羽暗灰色，翅尖近黑色；下体胸以上白色，余部淡灰色；虹膜暗褐色，喙和脚黑褐色或橘红色乃至橙黄色。成鸟冬羽似夏羽，而额白色，头顶前部具黑白纵纹，下体近白色。幼鸟体羽似冬羽，但上体和翼具白缘和黑色亚端斑，下喙基部红色。

生态习性 栖息于平原、草地至荒漠的河湖或沼泽，也见于沿海湿地。常成小群活动，在水域及附近上空低空飞翔捕食，扎入水中捕食水生动物，或直接在空中飞翔捕食昆虫，有时亦在水面漂浮或游泳。吃小鱼、虾、蟹和昆虫等小型动物。繁殖期在5—7月，常成群或与其他鸥类混群营巢于河湖岸滩或岛屿上。窝卵数通常3枚，由雌雄亲鸟轮流孵化，孵化期20~24天，雏鸟早成，密被绒毛，出壳当天即可离巢行走，但隐匿在草丛中，需由亲鸟喂食，约1个月后可飞翔。

分布与居留 繁殖于欧亚大陆和北美的寒带至温带地区，越冬于非洲、东亚、东南亚和北美南部等地。在我国为夏候鸟，繁殖于黄河以北多地，迁徙期间见于东部至南部沿海。

白额燕鸥

中文名 白额燕鸥
拉丁名 *Sterna albifrons*
英文名 Little Tern
分类地位 鸻形目鸥科
体长 23~28cm
体重 40~108g
野外识别特征 小型水禽，尾深叉形。夏羽喙黄色，脚橙黄色，额白色，贯眼纹黑色，与头顶至后颈的黑色连为一体，上体淡灰色，翅尖黑色，其余体羽白色；冬羽喙黑色，脚暗红色，头顶前部泛白。

IUCN红色名录等级　LC

形态特征 成鸟夏羽额至眼上为白色，头顶、枕和贯眼纹为一体的黑色，头余部和颈白色；肩、背、腰和尾上覆羽淡灰色；深叉形尾白色；翼灰色，外侧初级飞羽黑色；下体白色；虹膜暗褐色，喙黄色，具黑色尖端，脚橙黄色。成鸟冬羽类似，但头顶前部杂白斑，喙黑色，脚暗红色。幼鸟上体灰色，缀有褐色横斑和皮黄色羽缘，尾较短。

生态习性 栖息于内陆湖泊、河流、沼泽，或者沿海滩涂、岛屿等水域和湿地。常成群活动，在水面上低空飞行觅食。发现食物后频繁鼓翼停留于原处，伺机垂直冲入水中捕捉，甚至继而潜入水中追捕。吃小鱼、甲壳类、软体类和昆虫。繁殖期在5—7月，成对或成小群营巢于海岸、岛屿或河滩上。窝卵数2~3枚，由雌雄亲鸟轮流孵卵，孵化期20~22天。

分布与居留 繁殖于欧洲、亚洲、非洲和大洋洲。在我国主要为夏候鸟，繁殖于北达黑龙江、南至海南岛、西至云南和新疆的全国多地，在台湾地区的种群为留鸟。

灰翅浮鸥 须浮鸥

中文名 灰翅浮鸥
拉丁名 *Chlidonias hybrida*
英文名 Whiskered Tern
分类地位 鸻形目鸥科
体长 23~28cm
体重 79~98g
野外识别特征 小型水禽，尾浅叉形。夏羽额至头顶黑色，头余部白色，其余体羽主要为蓝灰色，腹部和翼尖颜色偏深灰，翼下、尾下覆羽和尾羽为白色；冬羽额白色，头顶白色，具黑纵纹，贯眼纹和耳羽黑色，上体浅灰色，下体白色。

IUCN红色名录等级 LC

形态特征 成鸟夏羽体色对比鲜明，额、头顶、枕和眼以上的头侧为黑色，眼下方等头侧余部白色；肩、背、腰和尾上覆羽灰色；叉形尾白色，最外侧尾羽外翈灰色；翼上灰色，翼尖偏深灰，外侧飞羽羽轴白色，翼下白色；下体灰色，下胸、腹和胁部深灰黑色，尾下覆羽白色；虹膜红褐色，绛红色的喙和脚尤显纤细，趾间的蹼不发达。成鸟冬羽前额白色，头顶的黑色区域杂有白色纵纹；眼前后、耳区连同后枕形成黑褐色半环，其余上体灰色，下体白色。幼鸟体羽似冬羽，但肩、背为黑褐色，具棕黄色羽缘，翼下覆羽和尾下覆羽具褐斑。

生态习性 栖息于开阔平原的湖泊、河流、沼泽附近，或见于海岸甚至农田上空。喜成群于水面上低空飞翔，飞翔时常喙向下，伺机捕捉小鱼、虾、水生昆虫等小型动物，也吃部分水生植物。繁殖期在5—7月，集大群营巢于开阔浅水域附近的芦苇沼泽上，半沉浮的圆台状巢下宽上窄，基部堆集芦苇、蒲草等材料，台部用金鱼藻、眼子菜、轮藻等构成。窝卵数通常3枚，由雌雄亲鸟轮流孵化。

分布与居留 繁殖于欧洲南部、北非、中亚和东亚，越冬于非洲南部、中南半岛、印度尼西亚和澳大利亚。在我国为夏候鸟和旅鸟，繁殖于东北、华北、华中等地，迁徙经过华南。

 白翅浮鸥

中文名 白翅浮鸥
拉丁名 *Chlidonias leucopterus*
英文名 White-winged Tern
分类地位 鸻形目鸥科
体长 20~26cm
体重 62~80g
野外识别特征 小型水禽。夏羽
喙暗红色，脚红色，头、颈、背
和下体乌黑，小覆羽白色，翼余
部灰色，腰和尾白色；冬羽喙黑
色，脚暗红色，头、颈和下体白
色，头顶、枕和眼后有黑斑，背
和翼灰褐色。

IUCN红色名录等级　LC

形态特征 成鸟夏羽头、颈、背和下体黑色；翼银灰色，小覆羽白色，
翅尖深灰色，翼下覆羽黑色，飞羽下面银灰色；腰、尾上覆羽和尾下
覆羽白色，浅叉形尾银灰色；虹膜暗褐色，喙深红色，脚红色。成鸟
冬羽头顶、眼周和耳后黑色，其余头部、颈、下体及翼下覆羽白色略
沾黑点，背、腰灰黑色；喙黑色，脚暗红色。幼鸟体羽似冬羽，但头
顶黑褐色，肩、背和小覆羽灰褐色，腰至尾污白色，翼上具淡色斑，
下体白色。

生态习性 主要栖息于内陆湖泊、河流、沼泽等水域，也见于海滨沼
泽。喜成群飞翔于水面低空，发现食物时频繁鼓翼悬停，伺机捕食；
休息时常栖于电线杆、水边木桩或石块上。主食小鱼、虾、水生昆虫
等小型水生动物，也捕食陆地昆虫。繁殖期在6—8月，集小群营巢于
湖泊和沼泽中枯死的水生植物堆上，堆集芦苇和水草而成浮巢。窝卵
数通常3枚，由雌雄亲鸟轮流孵化。

分布与居留 繁殖于欧洲南部、北非、中亚和东亚，越冬于非洲、地中
海、南亚和澳大利亚。在我国繁殖于东北和河北北部，迁徙和越冬期
见于繁殖地以南广大地区。

黑浮鸥

中文名 黑浮鸥
拉丁名 *Chlidonias niger*
英文名 Black Tern
分类地位 鸻形目鸥科
体长 24~27cm
体重 57~66g
野外识别特征 小型水禽，似白翅浮鸥，但与之相比体色更深，喙黑色，脚红褐色。夏羽背至尾为灰色，尾下覆羽和翼下覆羽白色；冬羽胸侧有明显黑斑。

IUCN红色名录等级 LC
国家二级保护动物

形态特征 成鸟夏羽头、颈和几乎整个下体为乌黑色，只有尾下覆羽和翼下为近白色；上体深灰色，翼和尾亦为灰色，尾呈深叉形；虹膜暗褐色，喙黑色，脚红褐色。成鸟冬羽额和头顶前端白色，头顶灰色，后顶后端至枕为黑色，略杂灰白色，眼前有一暗色斑，耳区黑色；上体似夏羽，但上背体色略淡；下体白色，胸两侧各具一大黑斑，翼下覆羽淡灰色。幼鸟体羽似冬羽，但上体偏灰褐色。

生态习性 栖息于富有水生植物的内陆浅水湖泊，也见于海岸沼泽。常单独或成小群活动，在水面低空飞翔，轻盈地掠过水面取食，或猛然扎入水中捕食，不善陆地行走。主食水生无脊椎动物和岸边昆虫，也吃小鱼。繁殖期在5—7月，成群或与其他鸥类混群营巢于富有水生植物的开阔水域近岸处，以苇叶和草茎在漂浮的植物团上营造浮巢。窝卵数通常3枚，由雌雄亲鸟轮流孵化，孵化期14~17天。

分布与居留 繁殖于欧洲南部、中亚和北美北部，越冬于非洲和美国南部。在我国繁殖于新疆，偶见于京津，为夏候鸟和旅鸟。

毛腿沙鸡 兔爪儿鸡

中文名 毛腿沙鸡
拉丁名 *Syrrhaptes paradoxus*
英文名 Pallas's Sandgrouse
分类地位 沙鸡目沙鸡科
体长 26~43cm
体重 182~285g
野外识别特征 中型鸟类，大小似家鸽而尾、翼尖长，主体沙褐色，头锈黄色，背密布黑色横斑，腹部具大块黑斑，跗跖至趾被羽。

IUCN红色名录等级 LC

形态特征 雄鸟额、头顶和头侧锈黄色，头余部土灰色，颈侧灰色，后颈基部两侧具锈红色；上体沙褐色，密布黑色横斑，肩、背黑斑较粗大，向尾部逐渐变得较为细密；中央一对尾羽特别尖长，为沙棕色，具黑褐色羽缘和灰横斑，其余尾羽外翈蓝灰色，内翈沙色，具黑色横斑；翼沙棕色，翼上具栗色横带，初级飞羽蓝灰色；下体颏、喉锈红色，胸棕灰色，胁、腹部沙褐色，腹中央具大块黑斑，腿覆羽和尾下覆羽灰白色，翼下覆羽棕黄色；虹膜暗褐色，喙蓝黑色，跗跖至趾密被灰白色短羽，跖底呈垫状。雌鸟似雄鸟，但头顶、颈侧及耳羽具黑色羽干纹，额、眉纹、颏和喉棕黄色，颈侧具一黄斑；背上黑斑呈波状，翼上覆羽和胸侧具黑色圆斑，前颈基部和胸间有一黑色环带。幼鸟似雌鸟，且颈、胸和肩缀有黑斑。

生态习性 栖息于荒漠和半荒漠地区，耐饥渴，善沙漠行走。常成群活动，秋冬成大群，行走时身体左右摆动，飞行时呈波浪形前进，饮水时可把喙扎入水中连吞数次不间断。以各种野果和嫩芽等为食。繁殖期在4—7月，营巢于草地至荒漠的开阔地或灌草丛中。窝卵数通常3枚，由雌雄亲鸟轮流孵卵，孵化期22~27天。

分布与居留 分布于中亚至东亚。在我国繁殖于内蒙古、甘肃、青海和新疆，越冬于东北、河北和山东，为游荡性鸟类，冬季无规律游荡。

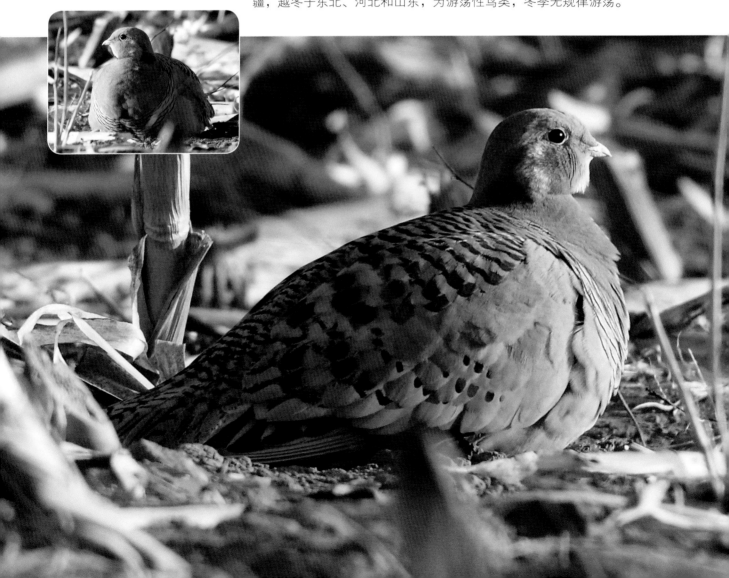

岩鸽 野鸽子

中文名 岩鸽
拉丁名 *Columba rupestris*
英文名 Hill Pigeon
分类地位 鸽形目鸠鸽科
体长 29~35cm
体重 180~305g
野外识别特征 中型鸟类，体形和
羽色似家鸽，即主体灰色，头颈灰
色较深，胸和背灰色，带金属绿紫
色，翼上具两条黑色横带，但尾上
具宽阔的白色横带，有别于相似的
家鸽和原鸽。

IUCN红色名录等级 LC

形态特征 雄鸟灰色，头颈部至上胸为石板蓝灰色，颈基和上胸缀有
带金属光泽的蓝绿色，颈后和上胸形成带紫红色金属光泽的颈环；
上背和肩灰色，下背白色，腰和尾上覆羽灰褐色，尾深灰褐色，先端
黑色，黑带上方有一明显宽白带；翼上覆羽浅灰色，内侧飞羽和大覆
羽具两条不完整的黑带，初级飞羽灰褐色；下体胸以下灰色，至腹部
渐浅变为灰白色，腋羽和翼下覆羽白色；虹膜红褐色至橙黄色，喙黑
色，脚肉褐色或珊瑚红色。雌鸟似雄鸟，但体色稍灰暗，金属光泽弱。

生态习性 栖息于山地至高原的悬崖峭壁。喜成群活动，在山谷至平原
或田野上觅食各种植物的种子、果实、根茎及农作物。繁殖期在4—7
月，营巢于峭耸的山崖岩缝中或高大的建筑物上，以枯枝、干草和羽
毛筑盘状巢。每年繁殖1~2窝，窝卵数通常2枚，由雌雄亲鸟轮流孵
卵，孵化期约18天，雏鸟晚成。

分布与居留 分布于东亚、中亚和南亚。在我国分布于秦岭以北的整个
北部和西部地区，为留鸟。

山斑鸠

中文名 山斑鸠
拉丁名 *Streptopelia orientalis*
英文名 Oriental Turtle Dove
分类地位 鸽形目鸠鸽科
体长 26~36cm
体重 175~323g
野外识别特征 中型鸟类，主体沙褐色，颈两侧各具一枚黑色和蓝灰色斜纹相间的斑块，胸部微泛紫褐色，肩褐色，具棕黄色羽缘，飞羽和尾羽深褐色，飞翔时尾呈扇状展开。

IUCN红色名录等级　LC

形态特征 成鸟头颈部棕灰色，额和头顶略泛蓝灰色，颈基两侧各有一斑块，由带蓝色羽缘的黑色羽毛组成，形成蓝黑相间的斜纹；上背褐色，具红褐色羽缘，下背和腰蓝灰色，尾上覆羽和尾褐色，具蓝灰色羽缘，最外侧尾羽外翈灰白色；肩和内侧飞羽黑褐色，具棕黄色羽缘，翼上覆羽褐色，具蓝灰色羽缘，飞羽黑褐色；下体胸部为泛紫红色调的褐色，腹淡灰色，尾下覆羽和翼下覆羽蓝灰色；虹膜橙黄色，喙铅蓝灰色，脚肉红色。

生态习性 栖息于低山丘陵至平原的林地，常成对或成小群活动。飞翔时鼓翼快速，叫声为反复而低沉的"咕咕咕"声。吃植物的果实、种子和嫩芽，也吃农作物和昆虫。繁殖期在4—7月，营巢于林中树上靠近主干的枝丫上，以细枝堆成松散的盘状巢。通常一年繁殖2窝，窝卵数2枚，由雌雄亲鸟轮流孵卵，孵化期18~19天，雏鸟晚成。喂食时，由亲鸟将半消化的乳状食物"鸽乳"从嗉囊中吐出，雏鸟将喙伸入亲鸟口中取食。

分布与居留 分布于亚洲东部。在我国各地均有分布，多为留鸟，东北地区为夏候鸟。

灰斑鸠

中文名 灰斑鸠
拉丁名 *Streptopelia decaocto*
英文名 Eurasian Collared Dove
分类地位 鸽形目鸠鸽科
体长 25~34cm
体重 150~200g
野外识别特征 小型鸟类，体形较山斑鸠小，主体土灰色，后颈至颈侧具一黑色半环，胸缀有粉色，尾较长，呈黑色，具白色宽端斑。

IUCN红色名录等级 LC

形态特征 成鸟头颈部灰色，头侧略泛粉红，颈后至颈侧有一黑色带白缘的半月形领环；肩、背、腰和尾上覆羽为淡葡萄灰色；中央尾羽葡萄灰褐色，外侧尾羽灰白色，羽基黑褐色；翼上小覆羽淡葡萄灰色，其余翼上覆羽淡蓝灰色，飞羽黑褐色；下体颏、喉灰白色，其余下体淡粉灰色，胸部泛粉色，稍明显，尾下覆羽和两胁蓝灰色，翼下覆羽白色；虹膜和眼睑红色，眼周裸露皮肤灰白色，喙近黑色，脚暗肉红色。

生态习性 栖息于平原、山麓至低山的树林中，亦活动于农田、果园和村落附近。常成小群或和其他斑鸠混群活动。主食植物的种子和果实，也吃农作物和昆虫。繁殖期在4—8月，营巢于小树、灌丛或房舍上，以细枝堆积而成。每年繁殖1~2窝，窝卵数2枚，由雌鸟孵卵，雄鸟警戒，孵化期14~16天。雏鸟晚成，经双亲喂养15~17天即可飞翔。

分布与居留 分布于欧洲东半部、中亚、印度和东亚。在我国分布于西北和华北地区，亦见于长江下游和华南地区，为留鸟。

火斑鸠

中文名 火斑鸠
拉丁名 *Streptopelia tranquebarica*
英文名 Red Turtle Dove
分类地位 鸽形目鸠鸽科
体长 20~23cm
体重 82~135g
野外识别特征 小型鸟类。雄鸟站立时可见主要体羽为砖红色，头颈蓝灰色，后颈具黑色颈环，腰部蓝灰色，飞羽黑色，尾羽黑色，具白缘；雌鸟上体灰褐色，下体为较淡的赤色，后颈有一黑色领环，具白缘。

IUCN红色名录等级 LC

形态特征 雄鸟头颈蓝灰色，额至后颈羽色略深，颏和上喉泛灰白，后颈基部有一黑色半月形领环延至颈侧；上体肩、背、翼上覆羽和三级飞羽砖红色，其余飞羽黑褐色；腰、尾上覆羽和中央尾羽暗蓝灰色，其余尾羽灰黑色具较宽的白端斑；下体喉至腹为砖红色，尾下覆羽白色，肛周、胁、腿覆羽和翼下覆羽为蓝灰色；虹膜暗褐色，喙黑色基部稍浅，脚红褐色。

生态习性 栖息于开阔的平原、田野、果园和村庄至低山疏林。常成对或成群活动，亦与山斑鸠或珠颈斑鸠混群，喜栖息在高大的枯枝上或电线杆上。主食植物浆果、种子等，也吃农作物和小型昆虫。繁殖期在2—8月，北方地区主要集中在5—7月，营巢于低山至山脚疏林中的乔木上，以枯枝搭建盘状巢，窝卵数2枚。

分布与居留 分布于亚洲东部和东南亚。在我国分布于辽宁以南的大部分地区。长江以北繁殖的种群为夏候鸟，长江以南繁殖的种群为留鸟。

珠颈斑鸠

中文名 珠颈斑鸠
拉丁名 *Streptopelia chinensis*
英文名 Spotted Dove
分类地位 鸽形目鸠鸽科
体长 27~34cm
体重 120~205g
野外识别特征 小型鸟类，头颈灰色，后颈具有一宽黑斑，其上密布白色珠状小点，上体沙褐色，下体土色，泛粉红，尾较长，具白色端斑。

IUCN红色名录等级　LC

形态特征 成鸟头颈部灰色，额泛淡蓝，至头顶转为泛粉红色，后颈有一大块黑色领斑，其上满布细密的白色珠点；上体淡褐色，中央尾羽褐色，外侧尾羽黑褐色，具白色宽端斑；翼淡土褐色，翼缘、外侧小覆羽和中覆羽泛蓝灰色，飞羽深褐色带浅缘；下体土色，颏泛白，喉以下带有粉红色调，胁、腋羽、翼下覆羽和尾下覆羽灰色；虹膜褐色，喙深褐色，脚绛红色。

生态习性 较为常见，栖息于有稀疏树木的平原、草地、低山或农田，也出现于村庄或城市公园中。常小群活动，亦与其他斑鸠混群，常在固定区域活动。晨昏活跃，飞翔快速有力，鸣叫时作点头状，叫声为反复的"咕咕咕——咕"。主食植物种子、浆果等，喜食农作物，兼食昆虫。繁殖期在3—7月，营巢于小乔木或灌木丛中，以细小枯枝堆成平盘状巢。窝卵数2枚，由雌雄亲鸟轮流孵卵，孵化期18天。

分布与居留 分布于亚洲东南部，现已被引进澳大利亚和美国。在我国遍布于中部和南部地区，为留鸟。

绿翅金鸠 绿背金鸠

中文名 绿翅金鸠
拉丁名 *Chalcophaps indica*
英文名 Emerald Dove
分类地位 鸽形目鸠鸽科
体长 22~25cm
体重 95~130g
野外识别特征 小型鸟类，喙朱红色，脚绛红色。雄鸟头顶至后颈淡蓝灰色，额和眉纹白色，头颈余部和下体为泛紫红的褐色，背及翼上覆羽为鲜亮的翠绿色，尾羽和尾黑褐色；雌鸟无白眉纹，体色略黯淡。

IUCN红色名录等级 LC
在中国濒危动物红皮书中被列入易危种

形态特征 雄鸟头顶至后颈为蓝灰色，额至眉纹处泛白，眼以下的头颈余部至胸为泛紫的棕褐色；上背、肩、翼上覆羽和内侧飞羽为带有强金属光的翠绿色，故而其英文名意为"祖母绿鸠"；下背和腰黑色，其上各有一灰白色横带；尾上覆羽暗蓝灰色带黑端，中央尾羽黑褐色，外侧尾羽淡蓝灰色，具较宽的黑褐色次端斑；翼上初级覆羽和飞羽暗褐色；下体紫棕褐色，向后渐为淡灰色，尾下覆羽蓝灰色；虹膜暗褐色，眼睑铅灰色，喙朱红色，脚绛紫红色。雌鸟前额蓝白色，无白色眉纹，头顶至后枕棕褐色，颈侧和肩部暗褐色，尾羽暗褐色，外侧尾羽具棕色次端斑，其余似雄鸟，稍显暗淡。幼鸟下体暗棕色，具黑色横斑，背暗紫褐色，其余似成鸟。

生态习性 栖息于中低山阔叶林中或灌丛、竹林中，常单独或成对活动，喜在山间地面上奔跑和觅食。主食植物果实和种子，兼食白蚁和其他昆虫。繁殖期在3—5月，营巢于灌丛或竹林中，以枯枝、小藤条构成盘状巢，窝卵数通常2枚。

分布与居留 分布于东南亚至澳大利亚。在我国分布于云南、川西、两广南部和香港、海南与台湾，为留鸟。

灰头绿鸠

中文名 灰头绿鸠
拉丁名 *Treron pompadora*
英文名 Pompadour Green Pigeon
分类地位 鸽形目鸠鸽科
体长 24~29cm
体重 141~180g
野外识别特征 小型鸟类。雄鸟头顶灰色，上体橄榄绿色，背中央和肩紫栗色，翼黑色，具亮黄色羽缘，下体黄绿色，上胸橙黄色；雌鸟上体无紫栗色。

IUCN红色名录等级 LC
国家二级保护动物

形态特征 雄鸟额至枕蓝灰色，后颈至上背橄榄绿色，下背和肩紫栗色，腰至尾橄榄绿色，外侧尾羽具灰白色端斑和黑色次端斑；翼上小覆羽紫栗色，中覆羽和大覆羽黑色，具亮黄色羽缘，飞羽黑色；头侧、颏、喉亮黄绿色，上胸橙黄色，下胸和腹黄绿色，尾下覆羽棕色；虹膜外圈粉红，内圈淡蓝，眼周裸露皮肤淡蓝色，喙灰色，脚洋红色。雌鸟与雄鸟体色相似，但上体不具紫栗色斑块，尾下覆羽棕色，具暗绿色条纹。

生态习性 栖息于热带雨林的树冠层上，成群活动，晨昏凉爽时觅食饮水，发出嘈杂的声音，中午择阴凉处休息。主食榕树果实，兼食其他种实。繁殖期在4—8月，可能一年繁殖2窝。营巢于乔木、灌木上或竹林中，雄鸟搜集小枯枝为巢材，由雌鸟堆成简陋的巢。窝卵数2枚，雏鸟晚成。

分布与居留 分布于东南亚地区。在我国繁殖于云南西双版纳地区，为留鸟。

针尾绿鸠

中文名 针尾绿鸠
拉丁名 *Treron apicauda*
英文名 Pin-tailed Green Pigeon
分类地位 鸽形目鸠鸽科
体长 31~41cm
体重 180~257g
野外识别特征 中型鸟类，体色娇艳，主体为嫩黄绿色，后颈和上背沾灰，形成带状，翼上有两道明显的乳黄色翼斑，灰色的中央尾羽特别尖长，喙蓝绿色，眼周裸露皮肤石青色，脚朱红色。

IUCN红色名录等级　LC

形态特征　雄鸟主体嫩黄绿色，头、颈淡葱绿色，后颈和上背橄榄绿色，泛灰色部分形成带状，肩、背暗草绿色，腰和尾上覆羽缀亮黄色，尾羽暗紫灰色，中央一对尾羽特长，尖端沾灰；翼上小覆羽、中覆羽及内侧尾羽暗草绿色，其余覆羽和飞羽黑褐色，大覆羽和内侧飞羽外翈组成两道乳黄色翼斑；下体淡绿黄色，胸部略沾橘粉色，尾下覆羽棕红色，两侧具白缘，胁部和腿覆羽暗绿色，杂淡棕白色；虹膜内圈浅蓝色，外圈红色，眼周裸露皮肤石青色，喙蓝绿色，脚朱红色。雌鸟似雄鸟，但体色较暗，尾较短。幼鸟似雌鸟。

生态习性　栖息于山地常绿阔叶林，常小群活动于高树上，发出似口哨般的悦耳鸣声。吃榕树果实和其他植物果实。繁殖期在5—8月，营巢于中低山的常绿阔叶林中，在近开阔地或近水域的乔木上以枯枝筑平台状巢，窝卵数2枚。

分布与居留　分布于亚洲东南部。在我国分布于云南、川西和广西等西南地区，为留鸟。

绿皇鸠

中文名 绿皇鸠
拉丁名 *Ducula aenea*
英文名 Green Imperial Pigeon
分类地位 鸽形目鸠鸽科
体长 36~43cm
体重 约500~600g
野外识别特征 中型鸟类，头、颈和下体淡蓝灰色，有的后颈沾橘色，背至尾上覆羽铜绿色，飞羽和尾羽暗铜蓝色，上背和肩带有紫色金属光泽。

IUCN红色名录等级 LC
国家二级保护动物

形态特征 成鸟头、颈和下体淡蓝灰色，微缀葡萄粉紫，额和颏泛白色，有的后颈带有橙色斑块；肩、背、腰、尾上覆羽和翼上覆羽铜绿色，带强烈金属光泽，肩和上背闪紫色金属光泽，飞羽和尾羽深蓝绿色，略带金属光泽；除尾下覆羽为暗栗色外，下体其余部位均为灰色，略沾粉紫色；虹膜红色，喙铅灰色，端部渐白或略带橙色，脚暗紫红色。

生态习性 栖息于近热带的平原、河谷或丘陵的阔叶林中，喜在榕树和橄榄树上活动。常单独或成对活动，冬季集群。晨昏活跃，常栖息于高大乔木的树冠顶端，少下地活动。主食榕树和其他植物果实，也吃少量昆虫。繁殖期在4—7月，营巢于森林中的树木枝杈上，以枯枝筑浅盘状巢。窝卵数1~2枚，由雌雄亲鸟轮流孵卵。

分布与居留 分布于东南亚的近热带地区。在我国仅分布于云南、广东和海南岛，为留鸟。

山皇鸠

中文名 山皇鸠
拉丁名 *Ducula badia*
英文名 Mountain Imperial Pigeon
分类地位 鸽形目鸠鸽科
体长 38~47cm
体重 380~570g
野外识别特征 中型鸟类，头颈和下体灰色，后颈淡紫红色，上体紫褐色，尾黑褐色，具灰色端斑，喙橙红色，脚紫红至橙红色。

IUCN红色名录等级 LC
国家二级保护动物

形态特征 成鸟头颈部淡灰色，后颈和翕部泛淡紫红色调；肩、上背、翼上小覆羽和中覆羽紫褐色，带金属光泽，下背、腰和尾上覆羽灰褐色；尾黑褐色，具较宽的灰褐色端斑；翼上大覆羽灰褐色，具栗色羽缘，飞羽黑色，内侧飞羽同背为金属紫褐色；下体颏、喉白色，颈灰色，胸、腹灰色泛葡萄紫，胁和腋羽灰色，尾下覆羽皮黄色；虹膜灰白色，喙橙红色，脚橙红色或紫红色。

生态习性 栖息于近热带地区中低山的常绿阔叶林中。常成小群活动于高大乔木的树冠顶层，晨昏活跃。主食植物果实，尤喜橄榄、乌榄和琼楠等果实。繁殖期在4—6月，营巢于山林乔木上，以枯枝在树杈间堆筑平盘状巢。窝卵数1枚，偶尔2枚，由雌雄亲鸟轮流孵卵。

分布与居留 分布于东南亚的近热带地区。在我国仅分布于云南和海南岛，为留鸟。

绯胸鹦鹉

中文名 绯胸鹦鹉
拉丁名 *Psittacula alexandri*
英文名 Red-breasted Parakeet
分类地位 鹦形目鹦鹉科
体长 22~36cm
体重 85~168g
野外识别特征 中型鸟类，体色娇艳，头颈部紫灰色，眼周沾草绿色，前额有一黑色窄带延至两眼，上体绿色，额白色，喙基黑色，向两侧延伸形成条带，喉和胸灰中泛绯红色。

IUCN红色名录等级 NT
国家二级保护动物

形态特征 雄鸟头颈部紫灰色，额有一窄黑带，向两侧延伸至眼，下喙基部宽黑带向两侧延伸至颈侧，眼周沾草绿色，后颈及颈侧草绿色；肩、背、内侧覆羽、内侧飞羽和尾上覆羽为铜绿色，闪金属光泽；尾尖长，呈铜蓝绿色，中央尾羽特别窄长；翼葱绿色，大覆羽嫩芽黄色，飞羽橄榄绿色，带黄绿色羽缘；下体颏污白色，喉和胸紫灰色，中央泛葡萄红至绯红色，下体余部和翼下草绿色，腹部羽缘沾紫蓝色；虹膜黄色，钩状喙珊瑚红色，先端牙白色；对趾足石板灰色。雌鸟似雄鸟，头偏蓝灰色，喉、胸偏橙色调，中央尾羽较雄鸟短；虹膜黄白色，喙黑褐色，脚暗黄绿色或黄灰色。幼鸟体色暗淡，头颈灰色，黑色带和喙的红色不明显，体色为草绿色，缺乏光泽，中央尾羽较短。

生态习性 栖息于低山和山麓的常绿阔叶林中，也出现在农田中觅食。喜小群活动，有时亦与鸦或八哥混群。善攀援，可并用钩状喙和对趾足灵活地上下垂直攀爬。叫声嘈杂粗亮，飞行迅捷。主食植物果实、种子和幼芽，也吃谷物和昆虫。繁殖期在3—5月，营巢于低山森林中的天然树洞内。窝卵数3~4，由雌鸟孵卵，孵化期约28天。雏鸟晚成，约50天后可离巢飞翔。

分布与居留 分布于东南亚。在我国分布于藏东南、云南的南部、广西西南、香港和海南，为著名的观赏鸟，长期被人工饲养，并可模仿人语，但现在野生种群稀少。

大鹰鹃 鹰鹃

中文名 大鹰鹃
拉丁名 *Cuculus sparverioides*
英文名 Large Hawk-Cuckoo
分类地位 鹃形目杜鹃科
体长 35~42cm
体重 130~168g
野外识别特征 中型攀禽，体色似雀鹰，故名"鹰鹃"。其头灰褐色，眼显大，眼圈黄色，喙基具灰白色髭纹，上体褐色，下体白色，具褐纹，尾具横斑，喙尖端略下弯，脚为对趾足。

IUCN红色名录等级 LC

形态特征 成鸟头和颈侧深灰色，眼先近白色，喙基各具一条灰白色髭纹；上体褐色，尾上覆羽深灰褐色，具棕白端斑，尾羽灰褐色，具数道暗褐色和浅棕灰色横斑；翼褐色，初级飞羽内翈具多道白色横斑；下体颏暗灰色，其余下体近白色，喉、胸具褐色和暗灰色纵纹，腹部具褐色宽横斑；虹膜橙黄色，眼圈明黄色，喙暗褐色，喙基和嘴裂黄绿色，脚橙黄色。幼鸟上体褐色，微具棕色横斑；下体棕黄色，具黑色斑纹；胸侧、两胁和腿覆羽具黑褐色宽横斑；虹膜褐色。

生态习性 栖息于山地至山麓的森林。常单独活动，飞翔姿势像雀鹰。常隐匿于树冠，频频发出"贵贵——阳"的叫声，繁殖期尤甚。主食各种昆虫，尤喜毛虫等鳞翅目幼虫以及蝗虫、蚂蚁和鞘翅目昆虫。繁殖期在4—7月，不营巢，产卵于钩嘴鹛、喜鹊等鸟类的巢中，由该类亲鸟代为孵化抚育。

分布与居留 分布于印度、缅甸、泰国、印度尼西亚、菲律宾等东南亚地区，以及我国的华北、秦岭一带至西南和东南沿海地区，在我国为夏候鸟。

四声杜鹃

中文名 四声杜鹃
拉丁名 *Cuculus micropterus*
英文名 Indian Cuckoo
分类地位 鹃形目杜鹃科
体长 31~34cm
体重 90~146g
野外识别特征 中型攀禽，头颈部灰色，上体深褐色，下体灰白色，具较粗的黑褐色横斑，翼较尖长，尾亦较长，具白斑和较宽的黑色近端斑，叫声为四声一度的"花花苞谷"。

IUCN红色名录等级　LC

形态特征　成鸟头颈部灰色，头顶至枕羽色略深；上体浓褐色；尾较长，中央尾羽棕褐色，具数道棕白色斑块，并具较宽的黑褐色近端斑和棕白色羽缘，外侧尾羽褐色，具黄白色横斑，羽缘白色；翼深褐色，初级飞羽内翈具白色横斑；下体淡灰色，胸腹灰白色，具数道明晰的黑褐色横纹，下腹部横纹渐疏，尾羽下面可见黑白交替的横斑；虹膜暗褐色，眼睑黄绿色，喙端略下弯，上喙黑褐色，下喙褐绿色，喙基色淡，嘴角泛黄，对趾足蜡黄色。

生态习性　栖息于山地森林和山麓平原的混交林、阔叶林和林缘，也见于农田边缘和城市绿地。鸣声四声一度，常被形容为"花花苞谷""光棍好苦""割麦割谷"等拟声词，也有三声一度类似"布布谷"的叫声；昼夜反复鸣叫，繁殖期尤甚。单独或成对活动，游荡无定。以昆虫为食，主食松毛虫等鳞翅目幼虫，也吃其他昆虫和少量种子等植物性食物，食量甚大。繁殖期在5—7月，不营巢，产卵于灰喜鹊、黑卷尾等鸟类的巢中，由义亲代为孵化喂养。

分布与居留　分布于亚洲东部和东南部。在我国广泛分布于北至黑龙江、南至海南岛的大部分地区，多为夏候鸟，在海南岛为留鸟。

大杜鹃 布谷鸟

中文名 大杜鹃
拉丁名 *Cuculus canorus*
英文名 Common Cuckoo
分类地位 鹃形目杜鹃科
体长 26~37cm
体重 91~153g
野外识别特征 中型攀禽，头颈和上体深灰色，翼深灰褐色，初级飞羽具白色小横斑，尾羽深褐色，带细小白斑和白色端斑，无黑色亚端斑，下体灰白色，腹部密布黑褐横斑，叫声为二声一度的"布谷"。

IUCN红色名录等级 LC

形态特征 成鸟头颈部深灰色，头顶和枕颜色略深；上体浓灰褐色，腰及尾上覆羽泛蓝灰色；尾羽暗褐色，具白色端斑，中央尾羽颜色最深，尾羽两侧具白色小斑点，外侧尾羽白斑稍大；翼深褐色，具较细的白色羽缘，初级飞羽内翈具数枚白色横斑；下体淡灰色，胸以下渐变为白色，均密布黑褐色细横斑；虹膜黄色，眼圈黄色，喙黑褐色，基部近黄色，脚棕黄色。幼鸟头顶至背及翼上覆羽黑褐色，带棕白色羽缘，腰和尾上覆羽灰褐色，也具白色羽缘，下体颏至上胸黑褐色，缀以白色横斑，下体白色，杂以黑褐色横斑。

生态习性 栖息于山地、丘陵至平原的树林中，也见于农田和城市绿地。常单独活动，飞翔时安静，繁殖期常昼夜反复发出"布谷"的鸣叫声，故也叫作"布谷鸟"。吃松毛虫、舞毒蛾、松针枯叶蛾等鳞翅目幼虫和其他多种农林害虫，食量颇大。繁殖期在5—7月，无固定配偶，不营巢，每次产一枚卵于大苇莺等雀形目小型鸟类的巢中，由义亲代孵代育。雏鸟出壳先于寄主的卵，孵出后不久即本能地用背部将巢中其他卵推出巢外。

分布与居留 分布于欧洲、除北极圈外的整个亚洲地区以及非洲。在我国遍布各地，主要为夏候鸟，部分旅鸟。

乌鹃

中文名 乌鹃
拉丁名 *Surniculus dicruroides*
英文名 Asian Drongo Cuckoo
分类地位 鹃形目杜鹃科
体长 23~28cm
体重 25~55g
野外识别特征 小型攀禽，通体乌黑，尾较长，呈浅叉形，尾下覆羽和外侧尾羽具白斑。

IUCN红色名录等级 LC

形态特征 成鸟体羽大都为具有蓝绿色金属光泽的乌黑色，最外侧尾羽及尾下覆羽具白色横斑，第一枚初级飞羽内翈有一白斑，第三枚初级飞羽内翈基部亦有一白斑，翼缘微缀白色；虹膜褐色至红色，喙黑色，脚灰蓝色。幼鸟体色较淡，缺乏金属光泽，头、胸和上体缀有白色端斑，尾下覆羽和尾羽白色更明显。老龄个体的枕部常缀有白斑。

生态习性 栖息于山地至平原的密林中，也见于林缘地带。常单独或成对活动，飞翔呈波形且无声，叫声为口哨般渐高的六声音节，也有双音节叫声。主食毛虫等鳞翅目幼虫，也吃甲虫、膜翅目昆虫等，兼食植物果实和种子。繁殖期在3—5月，不营巢，产卵于卷尾、燕尾、山椒鸟等鸟类的巢中，由该类鸟代孵代育。

分布与居留 分布于东南亚。在我国夏候于藏南、云贵、川西、两广、福建及香港地区，在海南为留鸟。

噪鹃

中文名 噪鹃
拉丁名 *Eudynamys scolopaceus*
英文名 Common Koel
分类地位 鹃形目杜鹃科
体长 37~43cm
体重 175~242g
野外识别特征 中型攀禽，喙、脚等较其他杜鹃粗壮，虹膜血红色；雄鸟通体乌黑，雌鸟上体黑褐色，布满白斑，下体白色，缀以褐色横斑；叫声为二音节。

IUCN红色名录等级 LC

<u>形态特征</u> 雄鸟通体乌黑泛幽蓝色金属光泽，下体泛蓝绿色；虹膜血红色，喙淡土黄色，基部较暗，脚蓝灰色。雌鸟上体、翼和尾为深褐色，密布阵列状的白色星斑；下体颏至上胸黑色，洒有明显的白斑，其余下体为白色，具黑横斑；脚为淡绿色。幼鸟通体暗褐色，上体微具蓝色光泽，翼和尾上覆羽具白点，下体胸以下布满白色横斑。

<u>生态习性</u> 栖息于低山至山脚的树林里。多单独活动，鸣声为重复的双音节。主食榕树、芭蕉和无花果等植物的果实和种子，兼食多种昆虫。繁殖期在3—8月，不营巢，产卵于黑领椋鸟、喜鹊和红嘴蓝鹊等鸟类的巢中，由该类鸟代为孵化育雏。

<u>分布与居留</u> 分布于东南亚至澳大利亚。在我国分布于秦岭以南的大部分地区，多为夏候鸟，在海南和香港为留鸟。

雌鸟

绿嘴地鹃

中文名 绿嘴地鹃
拉丁名 *Phaenicophaeus tristis*
英文名 Green-billed Malkoha
分类地位 鹃形目杜鹃科
体长 43~59cm
体重 92~146g
野外识别特征 中型攀禽，主体蓝灰色，喙粗厚，呈石绿色，眼周具明显的鲜红色菱形区域，凸形尾特长。

IUCN红色名录等级 NT

形态特征 成鸟通体蓝灰色，头顶杂黑色纵纹，眼先略带黑色，眼周菱形裸露区域鲜红色；上体带蓝绿色调，背部、翼上覆羽和尾上覆羽闪金属光泽，飞羽和尾羽暗蓝绿色，尾具白色端斑；下体颏至胸泛浅栗色，上胸具黑色羽干纹，下胸、腹和翼下覆羽暗棕灰色，腹以后体羽灰色；虹膜赤红色或淡色，眼周裸露皮肤在繁殖期呈鲜红色，在繁殖期外为暗红色，喙浅石绿色，基部及端部较暗，下喙基部沾红，非繁殖期时下喙黄褐色，脚石板绿色。幼鸟似成鸟，但羽色缺乏光泽，枕、颈和上背沾棕色，尾较短，下喙棕褐色。

生态习性 栖息于低山至山脚的丛林中，常单独或成对在林下或灌丛中跳跃奔走。主食象甲、金龟甲、蜡象、毛虫和蝗虫等昆虫，也吃蜘蛛等其他小型无脊椎动物和少量的植物种实。繁殖期在3—7月，营巢于林下灌丛或竹丛中距地面不高处，以枯枝、草茎等构盘状巢。一年繁殖2窝，窝卵数2~4枚。

分布与居留 分布于东南亚。在我国分布于藏东南、云南西南部、广西的西南部和海南岛，为留鸟。

褐翅鸦鹃

中文名 褐翅鸦鹃
拉丁名 *Centropus sinensis*
英文名 Greater Coucal
分类地位 鹃形目杜鹃科
体长 40~52cm
体重 250~392g
野外识别特征 中型攀禽，黑色的喙粗且厚，凸形尾长而宽，除两翼和肩棕栗色外，其余体羽为黑色。

IUCN红色名录等级 LC
国家二级保护动物

形态特征 成鸟主体为黑色，头颈和胸带蓝紫色金属光泽并具黑亮的羽干纹，下胸至腹部泛金属绿光泽，两翼和肩部为棕栗色，外侧飞羽具暗色羽端，尾羽闪铜绿色光泽；虹膜赤红色，喙和脚黑色。成鸟冬季上体羽干稍淡，下体具横斑。幼鸟上体暗褐色，具深红褐色横斑和灰白色羽干，腰至尾黑褐色，杂有棕白色横斑；下体暗褐色，具细白横斑；虹膜灰蓝至暗褐色。

生态习性 栖息于低山至平原的丛林中，常单独或成对活动于地面至灌草丛中。主食毛虫、蝗虫、甲虫、蜚蠊、蚁类等昆虫或昆虫幼虫，也吃蜈蚣、蟹、蚯蚓等其他无脊椎动物和蛇、蜥蜴、鼠类等小型脊椎动物。繁殖期在4—9月，营巢于灌草丛中，以细枝、草叶等构成侧上方开口的球形巢。窝卵数3~5枚，由雌雄亲鸟轮流孵卵。

分布与居留 分布于亚洲东南部。在我国分布于南方沿海和浙江、贵州等省，为留鸟。

领角鸮

中文名 领角鸮
拉丁名 *Otus lettia*
英文名 Collared Scops Owl
分类地位 鸮形目鸱鸮科
体长 19~28cm
体重 110~205g

野外识别特征 小型猛禽，平时体形显短胖，惊警时收缩体羽伸颈而显得瘦长；体色为斑驳的淡灰褐色，具圆形面盘，耳簇明显，后颈基部有一明显翎领，上体灰褐色，杂有虫蠹斑和黑色羽干纹，下体黄白色，缀有褐斑，有的跗跖被羽覆盖到趾，有的不覆盖趾。

IUCN红色名录等级　LC
国家二级保护动物

形态特征 成鸟面盘棕白色，微缀褐纹，眼先和眼上方羽毛黑褐色，眼缘羽毛白色，耳羽外翈黑褐色带棕斑，内翈棕白色，呈簇状，可立起，形似两猫耳；后颈具棕白色半领圈；上体和翼灰褐色，具黑褐色羽干纹和虫蠹斑，肩和外侧翼上覆羽具棕白大斑，翼较宽圆，飞羽黑褐色带白横斑；尾灰褐色，带棕黑色横斑；下体颏、喉白色，上喉形成一圈棕色皱领，其余下体灰白色，布满黑褐色羽干纹和棕色波状横斑，尾下覆羽近纯白色，腿覆羽棕白色具褐斑，有的趾亦被羽；眼大而圆，虹膜黄色，喙黄色，趾和爪黄色。除具有斑驳的黑褐色飞羽和尾羽外，幼鸟周身被污褐色绒羽，斑纹细碎，腿覆羽为白色。

生态习性 栖息于山地阔叶林和混交林中，常单独活动，繁殖期成对活动。夜行性，白昼隐匿于密枝中，晚间活动和鸣叫。飞行轻快无声，鸣声为低沉的"不、不、不、不"声，常连续重复几组。捕食鼠类、甲虫、蝗虫等小型动物。繁殖期在3—6月，营巢于天然树洞或啄木鸟废弃树洞乃至喜鹊弃巢中。窝卵数3~4枚，由雌雄亲鸟轮流孵化。

分布与居留 分布于亚洲东部至南部。在我国分布于北至黑龙江、南至海南岛的多地，为留鸟。

红角鸮 东方角鸮

中文名 红角鸮
拉丁名 *Otus sunia*
英文名 Oriental Scops Owl
分类地位 鸮形目鸱鸮科
体长 16~22cm
体重 48~105g
野外识别特征 小型猛禽，体形和羽色似领角鸮，但红角鸮体色较深带棕色调，后颈无翎领，趾不被羽。

IUCN红色名录等级 LC
国家二级保护动物

形态特征 灰色型红角鸮面盘灰褐色，额羽短硬，眼先灰白色，眉纹灰黑色，簇状耳羽较长，基部棕色，端部暗灰色，具黑褐斑和白斑；上体、翼和尾为灰褐色，密布黑褐色虫蠹斑及棕白斑；飞羽黑褐色，外翈有棕白斑，拢翼时形成浅色横斑，翼缘棕白色；下体颏棕白色，其余下体灰白色，缀有细密的暗褐色横斑和明显的黑褐色羽干纹，腿覆羽淡棕色带褐斑，腋羽和翼下覆羽棕白色；眼大而圆，虹膜黄色，喙暗褐色，脚肉灰色不被羽。棕色型红角鸮与之类似，但上体和胸部偏棕色调，上体黑褐色羽干纹较细小，肩羽和后颈显露白色。

生态习性 栖息于山地至平原的阔叶林和混交林中，也见于林缘和人类居住区附近。夜行性，白昼潜伏于树林中，夜晚活动。常单独活动，繁殖期成对活动，飞行无声，有时夜间发出"王刚哥、王刚哥"的鸣叫。繁殖期在5—8月，营巢于树洞、岩缝或人工巢箱中，也利用鸦科鸟类的旧巢，以枯草筑巢，内垫苔藓和羽毛。窝卵数通常4枚，由雌鸟孵卵，孵化期24~25天。雏鸟晚成，约21天后可离巢飞翔。

分布与居留 分布于欧洲、非洲、中亚、东亚和东南亚。在我国几乎各地均有分布，北方繁殖的种群为夏候鸟，南方繁殖的种群有的为留鸟。

雕鸮

中文名 雕鸮
拉丁名 *Bubo bubo*
英文名 Eurasian Eagle-Owl
分类地位 鸮形目鸱鸮科
体长 55~89cm
体重 1025~3959g
野外识别特征 大型猛禽，为我国最大的鸮类，体形粗壮，样貌凶猛，耳羽长而显著，体羽黄褐色，具黑褐色纵纹，虹膜金黄至橙黄色，脚和趾密被细羽。

IUCN红色名录等级 LC
国家二级保护动物

形态特征 成鸟头部面盘明显，为略带黑色细纹的淡棕色，眼先和眼前缘密被白色具黑端的刚毛状羽，眼的上方有一大黑斑；黑褐色带白色上缘的耳羽特发达，立于头顶两侧；头顶和皱领黑褐色，杂以棕白色；后颈至上背棕色，具较粗的黑色羽干纹和黑色端斑；其余上体和翼上覆羽棕灰色，也带有宽黑色羽干纹和黑褐斑，腰和尾上覆羽具黑褐色波状细斑；中央尾羽暗褐色，具6道不规则棕色横斑，外侧尾羽棕色，具黑褐横斑；飞羽棕色，具较宽的黑褐色横斑和褐色斑点；下体颏白色，皱领外的喉部灰白色，其余下体棕白色，具黑褐色羽干纹，胸棕色较浓，具明显的粗黑色羽干纹；虹膜金黄色至橙黄色，喙铅黑色，脚密被细羽，爪近黑色。

生态习性 栖息于山林、平原、高原、荒漠等生境中，通常远离人居地，但偶见于城市公园。除繁殖期外常单独活动，夜行性，白昼藏伏于密林中，夜晚活动，飞行缓慢而无声，善贴地低空飞行。捕食鼠类、兔、蛙、刺猬、昆虫和鸟类等中小型动物。吞食后经过数小时的消化，会从胃中呕出枣核状的食物残渣，为不能消化的皮毛和骨骼等。繁殖期在东北为4—7月，在南方12月即开始繁殖，营巢于树洞、岩缝或地面。窝卵数通常3枚，由雌鸟孵卵，孵化期约35天。

分布与居留 广泛分布于欧亚大陆大部分地区及非洲。在我国几乎遍布各地，为留鸟。

长尾林鸮

中文名 长尾林鸮
拉丁名 *Strix uralensis*
英文名 Ural Owl
　　　（Ural Wood Owl）
分类地位 鸮形目鸱鸮科
体长 45~54 cm
体重 452~842g
野外识别特征 大型猛禽，头圆，面盘明显且圆，无耳簇羽，主体灰白色，杂以黑色细纵纹，尾较短，虹膜黑褐色。

IUCN红色名录等级　LC
国家二级保护动物

形态特征 成鸟头圆，无耳簇羽，面盘圆整，为灰白色带黑色细羽轴，皱领褐色，羽端黑褐色和白色交杂，耳羽银灰色，后颈黑褐色，具灰白色羽缘；上体灰褐色，具黑褐色羽干纹；尾淡褐色，具灰色横斑和端斑；翼上覆羽淡褐色，杂灰白色，飞羽深褐色，带灰褐色横斑；下体颏至前颈褐色，具黑褐色羽干纹和灰白色羽缘；上胸绒状羽灰白色，杂灰褐斑，下胸至胁部褐色具灰缘，杂以灰黄色绒羽；腹部淡黄灰色，带褐色羽干纹，尾下覆羽和腿覆羽淡灰色，脚和趾密被灰白色绒羽；虹膜暗褐色，喙黄色，爪角褐色。幼鸟体羽偏乌褐色。

生态习性 栖息于寒温带的山地，主要在阔叶林和混交林中。灰白色带有褐纵纹的体羽类似于北方树木的树干以及冬天覆盖着白雪的枯枝的颜色，和栖息环境很好地融为一体。除繁殖期成对活动外平时常单独活动，夜行性，白昼隐于树上，寒冬藏在树洞中。常在树林的中下层活动，追捕各种鼠类，也吃昆虫和其他中小型动物。繁殖期在4—6月，营巢于树洞中或石缝内。窝卵数2~6枚，由雌鸟孵卵，孵化期约28天。雏鸟晚成，经30~35天即可飞翔。

分布与居留 分布于欧洲北部和东部，至东亚。在我国分布于东北、内蒙古中西部、北京和四川，为留鸟。

乌林鸮

中文名 乌林鸮
拉丁名 *Strix nebulosa*
英文名 Great Grey Owl
分类地位 鸮形目鸱鸮科
体长 56~65cm
体重 750~1005g
野外识别特征 大型猛禽，体形似长尾林鸮而较大，体色偏深，头大而无耳簇羽，面盘较圆，为灰白色，具同心的细密黑纹，眼先、眼上和眼下形成白色的月牙状斑。

IUCN红色名录等级 LC
国家二级保护动物

形态特征 成鸟头大而圆，无耳簇羽，面盘显著，为灰白色，密布同心圆状的黑色波纹，两眼和喙集中在面盘近中心位置，眼先、眼上和眼下的白色区域形成左右相背的两个月牙形斑；皱领羽毛密集，为黑褐色，杂有白斑；上体灰褐色，具白色横斑和黑褐色羽干纹，背部黑纵纹较粗，肩部泛白；尾上覆羽和尾羽灰褐色，具横斑；翼暗褐色，飞羽具浅褐色横斑；下体颏、喉黑色，其余下体污白色，具较宽的灰褐色纵纹，腿和脚被羽，为灰白色，具淡褐色横斑；虹膜黄色，喙黄色，趾被羽，爪黑色。

生态习性 栖息于原始针叶林和以落叶松、白桦、山杨为主的混交林中。除繁殖期成对活动外，平时单独活动。飞翔悄然无声，夜间活动，不仅有敏锐的视力，而且可通过面盘和耳的特殊结构通过采声判断猎物位置，准确抓捕隐于暗夜中或雪地下的鼠类、鸟类、昆虫和蜘蛛等小型动物。叫声为粗犷而单调的"呼——呼——呼——"声。繁殖期在5—7月，营巢于树干顶端或侵占其他大型鸟类的巢。窝卵数通常4枚，由雌鸟孵卵，孵化期约30天，雏鸟晚成。

分布与居留 分布于欧亚大陆北部和北美。在我国仅分布于大兴安岭，为留鸟。

猛鸮

中文名 猛鸮
拉丁名 *Surnia ulula*
英文名 Hawk Owl
分类地位 鸮形目鸱鸮科
体长 34~40cm
体重 205~375g
野外识别特征 中型猛禽，外形似隼而略胖，无耳簇羽，面盘不明显，且翼、尾较尖长；面盘白色，面盘周边黑色，上体棕褐色，具白斑，下体白色，带褐横斑。

IUCN红色名录等级 LC
国家二级保护动物

形态特征 成鸟面盘不甚明确，为白色，眼先具黑色须状羽，耳羽外缘在面盘周围形成黑色轮廓，眉纹白色，头顶黑色，杂白纵纹；后颈、肩和翼上覆羽棕褐色，具白斑，腰和尾上覆羽棕褐色，具白色横斑；尾羽棕褐色，具9道棕白色横斑和白端斑；翼棕褐色，飞羽具白色横斑；下体颏、喉具灰褐色须状羽，其余下体白色，密布整齐的褐色细横斑，腿覆羽至趾亦被白色具淡褐斑的细羽；虹膜明黄色，喙黄色，爪黑色。

生态习性 栖息于原始针叶林和混交林及森林苔原。日行性，白昼活动，晨昏尤其活跃。飞行迅速，善滑翔并俯冲捕猎，叫声和行为都与鹰相似。主要捕食各种啮齿类动物，也袭击小鸟和野兔。繁殖期在4—7月，营巢于枯树顶端或树洞内，也利用鸦科鸟类的旧巢。窝卵数通常3~9枚，变化较大，由雌鸟孵卵。

分布与居留 分布于欧亚大陆北部、阿拉斯加和加拿大等地。在我国冬候于东北，夏候于新疆西部。

斑头鸺鹠

中文名 斑头鸺鹠
拉丁名 *Glaucidium cuculoides*
英文名 Asian Barred Owlet
分类地位 鸮形目鸱鸮科
体长 20~26cm
体重 150~260g
野外识别特征 小型猛禽，但为鸺鹠中体形最大者；体形短圆，头圆，面盘不明显，无耳簇羽；大部分体羽褐色，遍布白色细密横斑，喉白色，下腹和肛周白色，具宽褐纵纹；虹膜和喙黄色。

IUCN红色名录等级 LC
国家二级保护动物

形态特征 成鸟头、颈和整个上体棕褐色，密布白色细横斑，眉纹白色，眼先具白色刚毛；翼和尾似上体，为黑褐色，具白横斑；下体颊和颚纹白色，喉至上胸白色，喉中部褐色，具皮黄色横斑，下胸白色，具褐色横斑，腹至肛周白色，具褐色纵纹，尾下覆羽和腋羽纯白色，跗跖被羽；虹膜黄色，喙黄绿色，基部较暗，蜡膜褐色，趾黄绿色，具刚毛状羽毛。幼鸟上体主要为褐色，横斑较少。

生态习性 栖息于低山至平原的阔叶林和混交林及林缘地带，单独或成对活动。主要为日行性，可以像鹰一样在空中飞翔抓捕小型鸟类和大型昆虫，也在晚上活动猎食。主食昆虫，也吃小鸟、鼠类和蜥蜴等小型动物。繁殖期在3—6月，营巢于树洞中，窝卵数通常4枚。

分布与居留 分布于亚洲东部和东南部。在我国分布于中部、南部和西南地区，为留鸟。

纵纹腹小鸮

中文名 纵纹腹小鸮
拉丁名 *Athene noctua*
英文名 Little Owl
分类地位 鸮形目鸱鸮科
体长 20~26cm
体重 100~185g
野外识别特征 小型猛禽,体形较短圆,面盘和皱领不明显,无耳簇羽;上体褐色,缀有卵形白斑,下体棕白色,具褐纵纹,腹中央至肛周白色,跗跖至趾被羽。

IUCN红色名录等级 LC
国家二级保护动物

形态特征 成鸟眼先须状羽白色,具黑羽干纹,眼上方的白色和白眉纹形成"V"形斑,眼周污白色,耳羽黄褐色,具白色羽干纹;上体褐色,后颈具黄白色羽干纹,背部和翼上覆羽具卵形白斑;尾羽褐色,具5道棕白色横斑和灰白端斑;下体颏、喉白色,并向两侧延伸至耳羽下方,前颈白色,具一褐色领环状横带,下体余部棕白色,胸、腹侧和两胁具显著的黑褐色纵纹,翼下覆羽纯白色,脚被棕白色细羽;虹膜黄色,喙黄绿色,爪黑褐色。

生态习性 栖息于低山至平原的林地,也见于农田、荒漠或村落附近。主要在夜间活动,常栖息于大树顶端或电线杆头,伺机捕食。主食鼠类和鞘翅目昆虫,也吃小鸟、蜥蜴和蛙类等小型动物。繁殖期在5—7月,营巢于岩缝、树洞和废弃建筑物凹处等。窝卵数通常3~5枚,由雌鸟孵卵,孵化期约28天,雏鸟晚成,经26天左右即可飞翔。

分布与居留 分布于欧洲、北非、中亚至东亚。在我国分布于长江以北大部分地区及江苏、四川和藏南等地,为留鸟。

鹰鸮

中文名 鹰鸮
拉丁名 *Ninox scutulata*
英文名 Brown Hawk-Owl
分类地位 鸮形目鸱鸮科
体长 22~32cm
体重 212~230g
野外识别特征 小型猛禽，外形稍似鹰，无明显面盘、翎领和耳簇羽，眼大而圆，虹膜黄色；上体主要深褐色，下体白色具褐纹，尾褐色具横斑；跗跖被羽，趾裸为橙黄色，仅具刚毛。

IUCN红色名录等级　LC
国家二级保护动物

形态特征 成鸟喙基、额基和眼先白色，头顶、后颈至上背暗褐色，肩杂有白色，头侧、颈侧其余上体浓褐色；尾黑褐色，具灰褐色宽横斑和灰白端斑；翼棕褐色，初级飞羽黑褐色具灰褐横斑，最外侧两枚飞羽具成对排列的小白斑；下体颏、颊灰白色，喉灰色具褐色细纹，胸、腹和胁白色，缀以宽大的褐色纵纹，尾下覆羽白色，腿覆羽褐色，跗跖被棕褐色短羽；虹膜鲜黄色，喙灰黑色，趾肉红色被淡黄色刚毛。幼鸟眼先和脸被松散灰白色短羽，上体羽色偏暗，下体具面积较大的黑褐斑，腿覆羽灰褐色。

生态习性 栖息于中低山至平原的混交林和阔叶林，以及河谷、果园和农田附近。除繁殖期外单独活动，黄昏和夜晚活跃，也有时于白天活动。繁殖期夜间常发出反复的"嘣嘣、嘣嘣、嘣嘣"的低沉而短粗的叫声，又有似红角鸮的叫声。捕食多种鼠类、小鸟和昆虫。繁殖期在5—7月，营巢于大乔木的天然树洞，或侵占啄木鸟、鸳鸯等营巢的树洞。窝卵数通常3枚，雌鸟孵卵，雄鸟警戒，孵化期25~26天，雏鸟晚成。

分布与居留 分布于亚洲东部至南部，在中国分布于东北、华北和华东。为夏候鸟。

长耳鸮

中文名 长耳鸮
拉丁名 *Asio otus*
英文名 Long-eared Owl
分类地位 鸮形目鸱鸮科
体长 33~40cm
体重 208~326g
野外识别特征 中型猛禽，面盘显著，耳簇羽长而竖立，黑白色皱领完整；上体棕黄色，密被黑褐色羽干纹，下体主要为棕白色带黑色羽干纹，腹部羽干纹分枝成横斑；脚和趾密被棕黄羽毛，虹膜橙红色。

IUCN红色名录等级 LC

形态特征 成鸟面盘显著，眼先及其上下呈白色的"X"形斑，面盘两侧为棕黄色放射状羽毛，眼内侧和上下缘黑褐色，皱领白色具黑缘，耳簇羽发达，立于头顶两侧，为带有白色和棕色斑的黑褐色；上体棕黄色具黑褐色羽干纹，杂棕白斑纹；尾羽棕黄色具数道黑色横斑和灰褐色端斑；飞羽黑褐色具棕褐色横斑；额白色，下体棕黄色具黑褐纹和棕白斑，胸部黑褐色羽干纹宽，羽端两侧有白斑，腹部黑色羽干纹逐渐分枝成横斑，下腹中央棕白色，跗跖和趾被棕黄色羽毛，尾下覆羽棕白色；虹膜橙红色，喙和爪黑褐色。

生态习性 栖息于针叶林、阔叶林和混交林。常单独或成对活动，迁徙季节集群。夜行性，白天藏匿于树林中。繁殖期夜间发出重复的"呼——呼——"鸣声。主食啮齿类动物，兼食其他小型哺乳类动物、小鸟和昆虫。繁殖期在4—6月，营巢于森林中，常利用鸦科或猛禽的旧巢。窝卵数通常4~6枚，雌鸟孵卵，孵化期约28天，雏鸟晚成，经约24天可飞翔。

分布与居留 分布于欧洲、亚洲、非洲和北美洲，在中国繁殖于东北、华北和西北地区，越冬于长江流域以南的东南沿海各省，部分在北方为留鸟。

短耳鸮

中文名 短耳鸮
拉丁名 *Asio flammeus*
英文名 Short-eared Owl
分类地位 鸮形目鸱鸮科
体长 35~40cm
体重 251~450g
野外识别特征 中型猛禽，体形和羽色似长耳鸮，但短耳鸮耳簇羽短小不明显，腹部黑色羽干纹均为纵向。

IUCN红色名录等级　LC

形态特征 成鸟面盘显著，眼周黑色，眼先及内侧眉纹灰白色，面盘余部棕黄色杂以黑色细羽干纹，耳簇羽短小而几乎不外露，皱领白色具黑缘；上体连同翼、尾为棕黄色，缀以宽阔的黑褐羽干纹并杂以棕白斑，腰和尾上飞羽羽干纹不明显；飞羽和尾羽具有黑褐和棕黄色的横斑；下体棕白色具黑褐纵纹，颏白色，胸部泛棕色且纵纹密集，下腹中央至尾下覆羽及腿覆羽几乎无斑纹，跗跖和趾被棕黄色羽毛；虹膜金黄色，喙和爪黑色。

生态习性 栖息于低山、平原、草原、荒漠、沼泽、苔原等多种生境中，在开阔地较为多见。晨昏猎食，亦白昼活动，常贴地飞行，平时多潜伏于草丛中。繁殖期一边飞一边发出重复的"不——不——不——"鸣声。主食鼠类，也吃小鸟、蜥蜴和昆虫，甚至吃少量植物种子和果实。繁殖期在4—6月，营巢于沼泽附近草丛中，或阔叶林内树洞中。窝卵数通常4~6枚，雌鸟孵卵，孵化期24~28天，雏鸟晚成，经24~27天即可飞行。

分布与居留 分布于欧亚大陆、北非、南北美洲和太平洋及大西洋一些岛屿，在我国繁殖于东北部地区，越冬于全国各地。

普通夜鹰 贴树皮

中文名 普通夜鹰
拉丁名 *Caprimulgus indicus*
英文名 Indian Jungle Nightjar
分类地位 夜鹰目夜鹰科
体长 26~28cm
体重 79~105g
野外识别特征 小型鸟类，头顶扁平，眼大而圆，喙扁阔，口角具刚毛；主体灰褐色密布黑褐色和灰白色虫蠹斑，额、喉黑褐色，下喉具一大白斑；脚中趾特长，善攀附。

IUCN红色名录等级　LC

形态特征　成鸟头颈和上体灰褐色，密布黑褐色与灰白色虫蠹斑，额、头顶和枕具宽黑色中央纹；翼黑色具锈红色横斑和眼状斑，初级飞羽外侧具大的棕白斑；中央尾羽灰白色具宽黑横斑和黑色虫蠹斑，外侧尾羽黑色具白端斑和棕白横斑，亦杂有黑褐色虫蠹斑；下体颏、喉黑色具细白羽缘，下喉具一大白斑；胸灰白色杂以黑褐色虫蠹斑和横斑；腹和胁红棕色，密布黑褐色横斑；尾下覆羽棕白色杂以黑褐横斑；眼大而圆，虹膜暗褐色，扁阔的喙黑色，口角具黑色刚毛状口须，脚肉褐色，中趾特长。

生态习性　栖息于中低山的阔叶林和混交林中，常单独或成对活动。夜行性，昼伏于林间地面枯叶堆中或树干上，也称"贴树皮"，体色和环境很好地融为一体；黄昏和夜间在空中回旋飞行捕食，飞行快速而无声，边飞边张开宽阔的大口如捞鱼般捕食蚊、蚋、夜蛾、甲虫等昆虫。繁殖期为5—8月，在东北为6—7月，营巢于林下灌丛旁。直接产卵于苔藓地面上，窝卵数2枚，雌雄亲鸟共同孵卵，孵化期16~17天。

分布与居留　分布于亚洲东部至南部。在我国多为夏候鸟，自黑龙江至海南均有繁殖，藏东南和云南西北部的种群为当地留鸟。

棕雨燕

中文名 棕雨燕
拉丁名 *Cypsiurus balasiensis*
英文名 Asian Palm Swift
分类地位 雨燕目雨燕科
体长 11~12cm
体重 9~13g
野外识别特征 小型鸟类，喙短阔而扁平，翼尖长，尾深叉形，上体黑褐色，下体灰褐色。

IUCN红色名录等级 LC

形态特征 成鸟额浅褐色，头顶和头侧黑色，后颈、颈侧至上体为黑褐色，头顶、两翼和尾黑色偏深且略带光泽，尾呈深叉形；下体颏、喉泛灰色，其余下体暗灰褐色；虹膜暗褐色，喙黑色，跗跖被羽，脚黑褐色为前趾足，即4枚脚趾均向前，分为两对。

生态习性 栖息于低山至平原的开阔地，尤喜林缘、灌丛、村镇附近和有棕榈树的田间。常成群在开阔地上空飞翔，晴朗时高飞，阴天则低飞，飞行迅速敏捷，回旋穿梭捕食空中的多种昆虫。繁殖期在5—7月，成对或集小群营巢于屋檐下或棕榈叶上。窝卵数通常2枚，椭圆形卵为白色。

分布与居留 分布于亚洲东南部，在我国仅分布于云南南部、东南部和海南岛，为留鸟。

普通雨燕 普通楼燕、北京雨燕、楼燕

中文名 普通雨燕
拉丁名 *Apus apus*
英文名 Common Swift
分类地位 雨燕目雨燕科
体长 29~41cm
体重 29~41g
野外识别特征 小型鸟类，喙扁平短阔，两翼狭长呈镰状，尾叉状，身体呈流线型，体羽除喉部灰白色外，其余全为黑褐色。

IUCN红色名录等级 LC

形态特征 成鸟头和上体黑褐色，头顶和背黑色尤深且具金属光泽；两翼狭长呈镰状，尾叉形，飞羽和尾羽黑色微具铜绿色金属光；下体颏、喉灰白色，微缀黑褐色细羽干纹；其余下体黑褐色，腹部略带灰白色羽缘；虹膜暗褐色，黑色喙短阔且扁平，前趾足黑褐色。幼鸟主体烟褐色缺乏光泽，略带灰白色羽缘；额泛污白色，颏、喉灰白色延伸至上胸部。

生态习性 栖息于森林、平原、荒漠、海滩和城镇等多种生境，常伴人而栖息在高大建筑、城墙甚至立交桥等构筑物的缝隙中。白天成群在空中飞翔捕食，晨昏和阴雨天尤其活跃，边飞边发出清亮的叫声，飞行迅捷。飞行中张开阔口捕食空中的昆虫。休息时不会栖息在树枝或电线上，而是攀爬在近乎垂直的悬崖或墙壁上。繁殖期在6—7月，成群营巢于高大建筑的缝隙，尤喜富有斗拱结构的大型古建筑群，也在天然岩壁中营巢。以枯草、叶片、破布、纸屑等混合泥土筑成碟状巢，内垫羽毛等柔软材质，可多年重复利用。窝卵数通常3枚，卵白色，雌雄轮流孵卵，孵化期21~23天。雏鸟晚成，经约30天后可飞翔。

分布与居留 繁殖于欧洲、非洲西北部、中亚至东亚，越冬于印度北部和非洲，在我国夏候于秦岭以北以西的广大地区。

白腰雨燕

中文名 白腰雨燕
拉丁名 *Apus pacificus*
英文名 Fork-tailed Swift
分类地位 雨燕目雨燕科
体长 17~20cm
体重 35~48g
野外识别特征 小型鸟类，喙短平而扁阔，翼尖长呈镰状，尾深叉形，身体呈流线型；上体除了腰为白色，其余上体黑褐色，下体暗烟褐色，腹部隐约可见波浪状横纹。

IUCN红色名录等级 LC

形态特征 成鸟上体、两翼和尾均为黑褐色，头顶至上背微具淡色羽缘，下背和两翼带有光泽，也有不明显的近白色羽缘，腰白色，具暗褐色细羽干纹；下体颏、喉泛白并具黑褐色羽干纹，其余下体黑褐色，羽端白色，在胸腹部形成波状暗横纹；虹膜棕褐色，喙黑色，扁平而宽阔，脚紫黑色，为前趾足。

生态习性 栖息于近水源的陡峭山崖，喜成群在栖息地上空往复飞翔。飞行迅捷，边飞边发出尖细的"叽、叽、叽"叫声，阴天则低空飞翔。飞行中张开阔口捕食空中的昆虫。繁殖期在5—7月，成群营巢于近河边的峭壁岩缝中，亲鸟用唾液将草叶、小树叶、树皮、苔藓和羽毛等巢材粘合起来并黏附在崖壁上，形成坚固的半杯状或半碟状巢，巢沿侧面留有缺口，以供亲鸟孵卵时放置尾部。窝卵数2~3枚，雌鸟孵卵，期间雄鸟衔食喂雌鸟，孵化期20~23天。雏鸟晚成，经约33天可离巢飞翔。

分布与居留 繁殖于西伯利亚、东亚至印度，越冬于东南亚和澳大利亚，在我国夏候于北达黑龙江、南至香港的全国大部分地区，迁徙期间也经过海南岛和新疆西部。

普通翠鸟 翠鸟、叼鱼郎

中文名 普通翠鸟
拉丁名 *Alcedo atthis*
英文名 Common Kingfisher
分类地位 佛法僧目翠鸟科
体长 15~18cm
体重 23~36g
野外识别特征 小型鸟类，头大身小，喙粗长且直，翼和尾短小，脚弱小，为并趾足；羽色艳丽，头顶和上体翠蓝色，下体红褐色，耳羽红褐色，耳后有一白斑。

IUCN红色名录等级 LC

形态特征 雄鸟额、头顶、枕和后颈黑绿色，密被翠蓝色细窄横斑，眼先和贯眼纹黑褐色，额侧、颊、眼下和眼后至耳覆羽为棕红色，耳后接一显著白斑，颧纹的翠蓝绿色与颈侧和肩部相接；上体背至尾上覆羽为强烈电光般的鲜艳亮蓝色；尾短小，上表面为暗蓝绿色，下面黑褐色；翼上覆羽暗蓝色具翠蓝绿斑纹，飞羽黑褐色，除第一枚初级飞羽外，均具有暗蓝色外翈；下体颏、喉白色，下体余部红棕色，胸泛棕灰色，腹中央颜色稍浅；虹膜褐色，喙黑色，并趾足朱红色。雌鸟似雄鸟，但羽色稍显暗淡，上体少宝蓝而多铜绿色调，下体稍淡且胸部不沾灰色，下喙基部泛橘红色。幼鸟似雌鸟，羽色更显污浊苍淡。

生态习性 栖息于森林溪流、平原河谷、水塘甚至城市公园水体等缓流的小型水域。常单独或成对活动，立于水边树桩或岩石上，长时间注视水面，发现鱼、虾、蝲蛄或水生昆虫等猎物时，立即迅捷地扎入水中用长喙捕获；或飞翔在水面上方，鼓翼悬停在原处，伺机捕食；捕获后将猎物带回栖息地，摔打后整条吞食。有时亦从水面上迅速低空飞过，并发出清亮的鸣声。繁殖期在5—8月，在水边土壁上掘洞为巢，洞口直径仅5~8cm，洞道可深达50~70cm，洞底扩大呈囊状，垫以沙土和鱼骨。窝卵数5~7枚，雌雄亲鸟轮流孵卵，孵化期19~21天。雏鸟晚成，经23~30天即可飞翔。

分布与居留 分布于欧洲、亚洲和非洲等地，在中国南北多地均有分布，于冬季水面不封冻地区为留鸟，在东北、华北等地区为夏候鸟。

蓝耳翠鸟

中文名 蓝耳翠鸟
拉丁名 *Alcedo meninting*
英文名 Blue-eared Kingfisher
分类地位 佛法僧目翠鸟科
体长 约15cm
体重 约20g
野外识别特征 小型鸟类，体形似普通翠鸟而较小，蓝耳翠鸟耳覆羽不为棕色，为与头部一体的蓝色，体色偏宝蓝色而少翠绿色调。

IUCN红色名录等级　LC
国家二级保护动物

形态特征　雄鸟额、头顶和枕为蓝宝石色，密被黑紫色和钴蓝色相间的细小横斑；眼先皮黄色，耳覆羽和头侧为浓郁的蓝色，耳后至颈侧各有一明显白斑；上背、腰和尾上覆羽为亮钴蓝色，尾短圆，暗蓝色；肩和翼上覆羽暗蓝色，缀以钴蓝色斑点，飞羽黑色，次级飞羽具蓝紫色羽缘，内侧飞羽近蓝紫色；下体颏、喉白色，其余下体棕栗色；虹膜暗褐色，喙黑色，基部泛红，脚朱红色。雌鸟和雄鸟相似，但喙基部红色范围更大。

生态习性　栖息于低山至平原的阔叶林中的溪流边。常单独活动，栖息于岸边低枝上，伺机俯冲捕食水中鱼虾和其他小型动物。繁殖期在4—8月，营巢于林中水岸边的土崖上，掘深洞为巢。窝卵数5~8枚，雌雄亲鸟轮流孵卵。

分布与居留　繁殖于亚洲南部和东南部，在我国仅见于云南西双版纳，为留鸟。

白胸翡翠

中文名 白胸翡翠
拉丁名 *Halcyon smyrnensis*
英文名 White-throated Kingfisher
分类地位 佛法僧目翠鸟科
体长 26~30cm
体重 54~100g
野外识别特征 中型鸟类，喙粗壮而长，脚弱小，喙和脚均为绛红色；颏、喉至胸具大白斑，头、颈和其余下体为巧克力色，上体和翼、尾为亮蓝色，飞翔时可见翼上大白斑和褐色翅尖。

IUCN红色名录等级 LC

形态特征 成鸟头颈部至整个下体为均匀的带有光泽的浓巧克力色，颏、喉至胸中央形成一块大白斑；上体自背至尾羽为鲜亮的亮蓝色，肩和三级飞羽亦为同样的亮蓝色，翼上小覆羽栗色，中覆羽黑色，大覆羽、初级覆羽和次级飞羽为宝石蓝绿色，初级飞羽基部白色，端部黑褐色，形成翼上的大白斑和黑褐色翅尖，翼下覆羽和腋羽亦同胁部为棕栗色；虹膜暗褐色，喙粗壮，喙峰长直，下喙外轮廓略呈上翘弧形，喙和脚为绛红色。

生态习性 栖息于山林及山脚的河流、湖泊、水塘、沼泽甚至稻田附近。常单独活动，站立于水边树桩、石头或电线杆上，长时间凝望水面，伺机捕食。飞行时呈直线，飞行快速且边飞边发出尖锐的叫声。主食鱼、甲壳类、软体类和昆虫，也吃蛇、蛙、鼠类甚至小鸟等小型陆生脊椎动物。繁殖期在3—6月，营巢于岸边土坎上，掘深洞为巢，隧道终端膨大成室。窝卵数通常5~7枚，由雌雄亲鸟轮流孵化。

分布与居留 分布于亚洲东南部和我国华南诸省及川西，为留鸟。

蓝翡翠 喜鹊翠

中文名 蓝翡翠
拉丁名 *Halcyon pileata*
英文名 Black-capped Kingfisher
分类地位 佛法僧目翠鸟科
体长 26~31cm
体重 64~115g
野外识别特征 中型鸟类，头喙
大，头顶黑色具白色领环，喙红
色，上体钻蓝色，颏喉部白色，胁
腹部棕色，脚红色。

IUCN红色名录等级 LC

形态特征 成鸟头顶与侧面部黑色，颏喉部与颈部白色，形成宽领环。
背至尾上覆羽钻蓝色，尾羽也为钻蓝色；翅主体蓝色，覆羽黑色形成
大黑斑，初级飞羽展开后可见三角形大白斑；上胸白色，下胸至腹部
渐变为橙棕色，胁部及翼下覆羽亦为橙棕色；虹膜暗褐色，喙及脚为
鲜明的珊瑚红色。

生态习性 栖息于溪流、水塘等湿地。喜单独活动，常站在水边枝桠或
电线杆上凝视水面，伺机捕猎。以小鱼虾等水生动物及昆虫为食。繁
殖期在5—7月，于水岸土壁上掘洞营巢。每窝产卵4~6枚，雏鸟晚成。

分布与居留 国外分布于东亚、东南亚多国，在中国大部分地区可见。
多为留鸟，部分地区为夏候鸟。

冠鱼狗

中文名 冠鱼狗
拉丁名 *Megaceryle lugubris*
英文名 Crested Kingfisher
分类地位 佛法僧目翠鸟科
体长 37~43cm
体重 244~500g
野外识别特征 中型鸟类，头大而
喙壮，体色黑白相间；头顶具长的
黑白杂色冠羽，上体和翼、尾为黑
色密布白色斑纹，后颈有一白色领
环沿头侧至下喙基部；下体白色，
具一宽的灰黑色胸带。

IUCN红色名录等级 LC

形态特征 成鸟头部黑色密布白斑，头顶和头后具黑白混杂的竖直长
冠羽，常呈凌乱状耸立；后颈有一白色领环，经头两侧延伸至喙基；
上体灰黑色，密布白色横斑，两翼和尾黑色，亦满布白色横斑；下体
颔、喉白色，经嘴角有一灰黑色宽条纹向斜下延伸，于胸部的灰黑色
胸带两端相连；其余下体白色，腹侧和胁部缀有黑色横斑，尾下覆羽
亦略带黑斑；腋羽和翼下覆羽雄鸟白色，雌鸟棕褐色微带黑斑；虹膜
暗褐色，喙黑褐色，口裂和喙尖泛黄白色，并趾足橄榄褐色。

生态习性 栖息于林间溪流、山脚河流、湖泊或水塘等岸边。常单独
活动，沿溪流中央飞行，边飞边叫，飞翔中伺机觅食，或站在水边树
桩、岩石或电线杆上观察水中鱼虾，一旦发现则立刻扎入水中捕食，
捞起后飞回栖息地吞食。繁殖期在2—8月，多在5—6月繁殖，在水岸
土壁上掘洞为巢，洞口和隧道窄小，底端产卵室较大，窝卵数通常
4~6枚。

分布与居留 分布于亚洲东部，在我国分布于辽宁、河北、山西、陕
西、四川、云贵、两广、香港和海南岛，为留鸟。

斑鱼狗

中文名 斑鱼狗
拉丁名 *Ceryle rudis*
英文名 Lesser Pied Kingfisher
分类地位 佛法僧目翠鸟科
体长 27~31cm
体重 100~130g
野外识别特征 中型鸟类，形似冠
鱼狗而稍小，斑鱼狗头顶冠羽较
短，尾白色具黑色亚端斑，翅上具
白带，雄鸟下体具2条黑色胸带，
雌鸟仅1条胸带。

IUCN红色名录等级 LC

形态特征 雄鸟头部黑色，杂以白色细纹，眼先和眉纹白色，头顶具不明显黑色冠羽，后颈黑斑斑驳，颈侧各具一大白斑；肩、背及翼上覆羽黑色杂白斑，腰和尾上覆羽白色具黑色次端斑；尾羽白色，具明显的宽黑色次端斑；飞羽黑褐色，初级飞羽基部白色，在翼上形成显著的白带，飞翔时可见；下体白色，胸具2条黑色横带，上条较宽，下条较窄，两胁和腹侧缀有黑横斑；虹膜淡褐色，喙黑色，并趾足黑褐色。雌鸟和雄鸟相似，但胸部仅具1条黑带，且有的中部断裂，在胸两侧形成黑斑。

生态习性 栖息于低山至平原的溪流、河湖、水塘等较开阔水域边。常单独活动，在水面上低空飞行觅食，或休憩于水边木桩或电线杆上，窥见水中有鱼虾时，立即俯冲捕食。除鱼虾也吃水生昆虫和蝌蚪等小型动物。繁殖期在3—7月，营巢于水岸边沙岩或土壁上，掘洞为巢。窝卵数通常4~5枚，由雌雄亲鸟轮流孵化，雏鸟晚成。

分布与居留 分布于亚洲南部和东南部。在我国分布于云南、广西和其他长江流域以南地区。

蓝须夜蜂虎 夜蜂虎

中文名 蓝须夜蜂虎
拉丁名 *Nyctyornis athertoni*
英文名 Blue-bearded Bee-eater
分类地位 佛法僧目蜂虎科
体长 29~34cm
体重 77~200g
野外识别特征 中型，较其他蜂虎粗大，喙亦显得粗厚而下弯；头颈和上体草绿色，下体淡褐绿色，颏至上胸形成一亮蓝色纵带。

IUCN红色名录等级　LC

形态特征　成鸟额青蓝色，至头顶和后颈渐转为蓝绿色，无深色贯眼纹，头侧、颈侧和整个上体为浓草绿色，翼和尾亦为亮草绿色，尾为方形，中央尾羽不突出；下体前颈浓草绿色，颏、喉至胸的中央形成一条亮蓝色纵带，如胡须样悬垂于前胸；胸余部至尾下覆羽为渐变的淡褐绿色至褐芽黄色，腹和胁具粗的褐绿色纵纹；虹膜棕红色，喙黑褐色，脚暗褐绿色。

生态习性　栖息于低山至山麓的热带雨林，常单独或成对活动于树冠层和枝叶花丛间，上下回旋翻飞，边飞边鸣叫，飞行中捕食蜂类和其他飞行昆虫。繁殖期在3—6月，营巢于林中河边的土壁上，掘洞为巢，巢呈隧道状，末端扩大为巢室。窝卵数4~6枚，雌雄亲鸟轮流孵化，雏鸟晚成。

分布与居留　分布于印度、中南半岛和我国云南与海南岛，为留鸟。

绿喉蜂虎

中文名 绿喉蜂虎
拉丁名 *Merops orientalis*
英文名 Little Green Bee-eater
分类地位 佛法僧目蜂虎科
体长 18~24cm
体重 15~22g
野外识别特征 小型鸟类，体色娇艳，主体嫩草绿色，头和上体带有赤黄色，喉部带亮蓝色，具黑色贯眼纹和黑色胸带，黑色的喙细长下弯，方形尾，中央尾羽特别延长。

IUCN红色名录等级 LC
国家二级保护动物

形态特征 成鸟体羽草绿色为主，头顶至枕泛赤黄色，贯眼纹黑色，眉纹、头侧和颏喉为亮蓝色，蓝色区域下方有一黑色胸带；翼上飞羽部分和整个翼下为赤棕黄色，翼缘黑褐色；绿褐色的尾呈长方形，中央尾羽特别细长，长出尾羽约1倍的长度；虹膜朱红色，喙黑色，脚淡褐色。

生态习性 栖息于疏林、竹林至城镇绿地。常单独或小群活动，喜栖于树枝或电线上，也常多只挤在一条电线或枝梢上。在空中翻飞捕食，吃蜂类等多种膜翅目昆虫，也吃蝗虫、蚱蜢等其他昆虫。繁殖期在4—6月，营巢于林缘土坡上，掘洞为巢，窝卵数4~7枚，雌雄亲鸟轮流孵化，雏鸟晚成。

分布与居留 分布于非洲、阿拉伯、中亚、印度、东南亚和我国云南，为留鸟。

蓝喉蜂虎

中文名 蓝喉蜂虎
拉丁名 *Merops viridis*
英文名 Blue-throated Bee-eater
分类地位 佛法僧目蜂虎科
体长 26~28cm
体重 32~35g
野外识别特征 中型鸟类，羽色艳丽；头顶至上背栗红色，腰至尾湖蓝色，中央尾羽特别延长呈针状外露，喉部亮蓝色，其余下体和两翼为翠蓝绿色，黑色喙细长而下弯。

IUCN红色名录等级　LC

形态特征 成鸟额、头顶、枕、后颈至上背为富有光泽的栗红色，贯眼纹黑色；下背蓝绿色，腰至尾为靓丽的湖蓝色，中央一对尾羽呈针状特别延长出尾端6~7cm；肩和翼铜绿色，内侧飞羽蓝色，飞羽和尾羽梢端略沾蓝紫色；下体颏、喉和颈侧为均匀而鲜艳的亮蓝色，胸和上腹部翠绿色，腹部向下渐过渡为浅绿色，尾下覆羽微泛莹蓝色；虹膜暗红色，黑色喙细长而下弯，脚黑色。幼鸟似成鸟，但中央尾羽不延长，头顶、枕和上背为暗绿色。

生态习性 栖息于林缘、灌丛和草坡等开阔地，甚至出现于农田、果园、滨海等地。常单独或小群活动，回旋翻飞捕食空中蜂类等飞行的昆虫，休息时则栖息于树枝或电线上。繁殖期在5—7月，于土洞中营巢，窝卵数通常4枚。

分布与居留 分布于亚洲东南部，在我国云南和海南为留鸟，在两广、香港、福建、江西、湖南甚至河南南部夏候繁殖。

蓝胸佛法僧

中文名 蓝胸佛法僧
拉丁名 *Coracias garrulus*
英文名 European Roller
分类地位 佛法僧目佛法僧科
体长31~33cm
体重 约180g
野外识别特征 中型鸟类，体
色绮丽；主体淡蓝绿色，背、
肩锈红色，翅和尾上有淡蓝色
斑，飞羽近黑色。

IUCN红色名录等级 LC

形态特征 成鸟头颈和下体淡翠蓝色，喉部具青白色羽干纹，腹部较浅泛石绿色；肩、背和内侧飞羽锈红色，腰为浓郁的蓝紫色，尾上覆羽和中央尾羽蓝绿色，均闪有艳丽的金属光泽，外侧尾羽外翈基部蓝色，内翈基部黑色，羽端为明亮的淡蓝色；翼上小覆羽为浓郁的群青色，其余覆羽和内侧飞羽基部亮蓝色，其他飞羽黑褐色，翼下覆羽和腋羽为淡石青色；虹膜淡褐色，喙暗褐色，脚沙褐色。幼鸟体色较暗淡，喉和胸泛沙褐色，羽轴白色。

生态习性 栖息于低山至平原的开阔地。常单独或成对活动，善于在空中飞行捕食，吃大型昆虫和蜥蜴、鼠类、鸟卵及雏鸟等。繁殖期在5—7月，集小群营巢于河岸等地的土壁洞中或树洞里，窝卵数4~6枚。雌雄亲鸟轮流孵卵，孵化期18~19天，雏鸟晚成，经26~28天即可飞翔。

分布与居留 分布于北非、欧洲至中亚，在我国分布于新疆，为夏候鸟。

三宝鸟

中文名 三宝鸟
拉丁名 *Eurystomus orientalis*
英文名 Dollarbird
分类地位 佛法僧目佛法僧科
体长 26~29cm
体重 107~194g
野外识别特征 中型鸟类，通体深蓝绿色，头和翼颜色尤重，飞翔时可见初级飞羽基部具淡蓝色斑，喙和脚朱红色，常站立在树尖上，或在空中呈画圈状上下翻飞，并发出"嘎嘎"鸣叫。
IUCN红色名录等级 LC

形态特征 成鸟通体为富有光泽的墨蓝绿色，头大而头顶扁平，头部色深近紫黑色，上体至尾泛有铜绿光泽，两翼有幽蓝金属光，初级飞羽黑褐色，羽基淡石青色，形成大块淡蓝，飞翔时明显；下体颏喉深黑蓝色带有钴蓝色羽干纹，胸腹泛有亮泽的蓝绿色，腋羽和翼下覆羽亦为墨蓝绿色；虹膜暗褐色，喙和脚为鲜艳的朱红色，喙尖微沾黑。雄鸟体色较鲜亮；雌鸟体色稍暗淡；幼鸟体色暗淡，背部泛绿褐色，喉无蓝色。

生态习性 栖息于混交林和阔叶林及林缘、河谷等高大乔木上。有时三五成群，栖息于树顶枯枝，亦在空中灵活地上下翻飞或盘旋，并边飞边发出"嘎嘎"的叫声。善于在空中飞翔捕食，吃金龟甲、叩头虫、天牛等多种昆虫。繁殖期在5—8月，营巢于针阔混交林的林缘处，在高大的水曲柳或青杨等树洞中或啄木鸟废弃的树洞中营巢，于洞内垫以木屑、苔藓和干叶。窝卵数3~4枚，由雌雄亲鸟轮流孵卵，雏鸟晚成。

分布与居留 分布于亚洲东部、东南部至澳大利亚，在我国分布于东北、华北、宁夏、西南和华南多省区。

育雏喂食

戴胜 花蒲扇、臭咕咕

中文名 戴胜
拉丁名 *Upupa epops*
英文名 Common Hoopoe
分类地位 戴胜目戴胜科
体长 25~32cm
体重 53~90g
野外识别特征 中型鸟类，喙细长而下弯，头顶具直立的扇状冠羽，翼短圆，尾方形，体羽棕黄色具黑白相间的横斑。

IUCN红色名录等级 LC

形态特征 成鸟头、颈、上背、肩和胸为棕黄色，头顶具长冠羽，可呈扇状打开立于头顶，冠羽棕黄色具黑色端斑和白色次端斑；下背和翼上覆羽由黑白相间的宽横斑组成，内侧飞羽和背部图案连接的黑白条纹，外侧飞羽黑褐色，近翼尖处有一道白色宽横斑；腰白色，尾上覆羽端部黑色，尾羽黑褐色，中央具一道宽白斑；下体颏至胸棕黄色，腹部及以下渐为棕白色，并略杂褐色纵纹；虹膜暗褐色，喙黑色，基部肉色，细长而向下弯曲，脚褐色。

生态习性 栖息于山林、平原、河谷、农田等开阔地，也见于城市公园。常单独或成对活动，在地面边行走边觅食，飞行时鼓翼从容，呈波浪状起伏前进。常将长而下弯的喙插入泥土中啄食土壤中的小型无脊椎动物，吃多种昆虫及其幼虫和蠕虫。繁殖期在4—6月，营巢于林缘天然树洞中或啄木鸟的废弃树洞中，也使用人工巢箱。窝卵数6~8枚，雌鸟孵卵，孵化期约18天，雏鸟晚成，由双亲共同抚育26~29天即可飞翔离巢。育雏期间，亲鸟不清理雏鸟粪便，且雌鸟尾脂腺分泌臭味油脂，使得巢泛恶臭，故俗称"臭咕咕"。虽为常见鸟类，但分类学上较为特殊，为单行种，即为独立的1目1科1属1种，无其他"近亲"鸟类。

分布与居留 分布于欧亚大陆和非洲，在中国多地均有分布，除在云南、广东和海南岛为留鸟外，在其余地方繁殖的种群为夏候鸟。

冠斑犀鸟

中文名 冠斑犀鸟
拉丁名 *Anthracoceros albirostris*
英文名 Oriental Pied Hornbill
分类地位 犀鸟目犀鸟科
体长 74~78cm
体重 600~960g
野外识别特征 大型鸟类，下弯的喙非常粗大，喙上具硕大的盔突，喙和盔突为蜡黄色至牙白色，盔突前端具黑斑；体羽主要为黑色泛金属绿，腹部及以下白色，翼外缘、翼上横斑和尾羽外侧端部为白色。

IUCN红色名录等级　LC
国家二级保护动物

形态特征 雄鸟体羽主要为黑色，带有金属绿光泽，头、背和两翼光泽尤其明显；除第一、二枚初级飞羽外，飞羽端部均为白色，形成明显的白色翼缘，初级飞羽基部亦为白色，在翼上形成明显的白色横斑，飞行时可见；外侧尾羽具宽阔的白色端斑；腹及以下的下体为白色；虹膜红褐色，眼周裸露皮肤蓝紫色，喉侧裸露斑块肉色，粗大的喙和盔突为蜡黄色至牙白色，盔突先端和喙基黑色，脚铅黑色。雌鸟形态相似，而体形略小。

生态习性 栖息于中低山至山脚的常绿阔叶林，繁殖期外成群活动。善攀援，常栖息于树上，啄食多种热带植物的种子和果实，也到地面上捕食蜗牛、蠕虫、昆虫和爬行类动物。繁殖期在4—6月，营巢于树洞中，窝卵数2~3枚，雌鸟孵卵。

分布与居留 分布于亚洲南部和东南部，在我国仅分布于云南西部、南部和广西的西南部，为留鸟。

花冠皱盔犀鸟 皱盔犀鸟

中文名 花冠皱盔犀鸟
拉丁名 *Aceros undulatus*
英文名 Wreathed Hornbill
分类地位 犀鸟目犀鸟科
体长 约102cm
体重 2000~2500g
野外识别特征 大型鸟类，淡黄色喙非常硕大，上喙基部有一扁平盔突，表面具皱褶，并有一鲜黄色喉囊，其上具一道黑纹；雄鸟羽冠栗色，头、颈和尾白色，其余体羽黑色；雌鸟除尾白色外，其余体羽均为黑色。

IUCN红色名录等级 LC

形态特征 雄鸟额、头顶至后枕栗色，具栗色羽冠，头余部、前颈、颈侧和上胸棕白色，尾纯白色；其余体羽黑色，具有蓝绿色金属光泽，上体尤为明显；具一鲜黄色喉囊，其上有一道黑色横带，有的个体黑带中部断裂；虹膜橙红至血红色，眼周裸露皮肤暗红色，巨大的喙和扁平的皱盔为淡黄色，脚灰绿色。雌鸟除尾白色外，其余体羽均为带有蓝绿金属光泽的黑色；虹膜灰褐色，喉囊皮肤石青色，侧面泛淡蓝色，亦具一道紫黑色横带。

生态习性 在我国栖息于中低山的亚热带常绿阔叶林中，尤喜栖息于水域附近。常小群活动，叫声嘶哑如犬吠。吃多种植物果实，也吃树蛙、蝙蝠和蜥蜴等小型动物。繁殖期在2—6月，营巢于丛生的大树上，窝卵数2~3枚，雌鸟孵卵。

分布与居留 分布于东南亚，在我国仅分布于云南西部，为留鸟。

大拟啄木鸟

中文名 大拟啄木鸟
拉丁名 *Megalaima virens*
英文名 Great Barbet
分类地位 䴕形目拟䴕科
体长 30~34cm
体重 150~230g
野外识别特征 中型攀禽，喙粗壮，为淡黄色；头颈部暗蓝紫色，肩、背暗绿褐色，其余上体草绿色，上胸暗褐色，下胸和腹淡黄色具蓝绿纵纹，尾下覆羽朱砂红色。

IUCN红色名录等级 LC

形态特征 成鸟头颈暗紫蓝色，上背和肩暗褐绿色，略缀锈红色调，下背、腰、尾上覆羽和尾羽草绿色；翼上内侧覆羽为与背部相同的草绿色，内侧飞羽草绿色至铜绿色，外侧覆羽和飞羽暗铜绿色至黑褐色；下体胸部暗褐色，下胸至腹部铜绿色和芽黄色纵纹交错，胁部黄色缀以褐绿色纵纹，尾下覆羽朱砂红色，腿覆羽黄绿色，腋羽和翼下覆羽黄白色；虹膜褐色，喙粗厚，淡黄色，上喙先端沾褐色，脚灰褐色。

生态习性 栖息于中低山常绿阔叶林或混交林。常单独或成对活动，善攀援，常栖息在高树枝头。主食马桑、五加科植物及其他植物的花、果实和种子，也吃昆虫，尤其在繁殖期会摄食相当量的昆虫。繁殖期在4—8月，营巢于山林树干上，以粗壮的喙凿洞，或利用天然树洞扩建而成。窝卵数通常3~4枚，雌雄亲鸟轮流孵卵，雏鸟晚成。

分布与居留 分布于喜马拉雅山地区和中南半岛，在我国分布于云贵、藏南、四川及东南沿海部分地区。

金喉拟啄木鸟

中文名 金喉拟啄木鸟
拉丁名 *Megalaima franklinii*
英文名 Golden-throated Barbet
分类地位 鴷形目拟鴷科
体长 19~24cm
体重 72~122g
野外识别特征 小型攀禽，体色艳丽；额赤红色，头顶金黄色，头顶两侧黑色，耳区银灰色，后枕有一红斑，额和上喉赤黄色，下喉银灰色，上体草绿色，下体浅芽绿色。

IUCN红色名录等级　LC

形态特征 成鸟头部前额和后枕各具一赤红色斑，头顶金黄色，眼先、头顶两侧和枕的两侧为一体的黑色，眉纹灰黑色；上体后颈至尾为草绿色；肩和翼内侧亦为草绿色，翼上小覆羽和外侧覆羽泛宝蓝色至蓝紫色，飞羽内翈黑褐色，具淡黄色羽缘，初级飞羽除第一枚外全具有蓝色羽缘；下体喙基有一橙色斑，颏和上喉赤黄色，耳区、头侧和下喉为银灰色，其余下体浅芽绿色；虹膜褐色，喙铅蓝黑色，脚灰绿色。

生态习性 栖息于中低山的常绿阔叶林中茂密的乔木上，常单独活动。主食多种植物的果实、种子和花，也吃昆虫。繁殖期集中在5—6月，营巢于山林间邻近溪谷的常绿阔叶树上，在枯朽树干上凿洞为巢。窝卵数通常3~4枚，雌雄亲鸟轮流孵卵，雏鸟晚成。

分布与居留 主要分布于印度和东南亚。在我国分布于云南、藏南和广西的西南部，为留鸟。

台湾拟啄木鸟 黑眉拟啄木鸟

中文名 台湾拟啄木鸟
拉丁名 *Megalaima nuchalis*
英文名 Taiwan Barbet
分类地位 鴷形目拟鴷科
体长 20~25cm
体重 69~118g
野外识别特征 小型攀禽，羽色艳丽，似金喉拟啄木鸟，但台湾拟啄木鸟具显著黑眉纹，头顶、头侧、耳羽及下喉为宝蓝色，前颈两侧各具一红斑。

IUCN红色名录等级 LC

形态特征 成鸟额赤黄色，额基两侧各具一小红点，头顶宝蓝色，宽眉纹黑色，颏和上喉赤黄色，下喉和头侧余部全为宝蓝色；后颈至尾草绿色；翼和尾亦为草绿色，外侧飞羽和外侧尾羽铜蓝色，初级飞羽黑褐色；下体喉部的蓝色带下方左右各具一枚鲜红斑，其余下体浅芽绿色；虹膜红褐色，喙粗厚为铅黑色，脚暗褐色。

生态习性 栖息于中低山至山脚平原的常绿阔叶林中。常单独或小群活动，隐匿于树冠上层，善攀爬，不善持续飞行；夜晚则栖息于树洞中；叫声为不断重复的"咯、咯、咯"声。主食植物种子和果实，兼食昆虫等小型动物。繁殖期在4—6月，在树洞中营巢，窝卵数3枚，雏鸟晚成。

分布与居留 分布于我国台湾地区，为留鸟。

蓝喉拟啄木鸟

中文名 蓝喉拟啄木鸟
拉丁名 *Megalaima asiatica*
英文名 Blue-throated Barbet
分类地位 鴷形目拟鴷科
体长 20~23cm
体重 70~90g
野外识别特征 小型攀禽，额至头顶鲜红色，上具一黑色横带，头侧、额和喉铜蓝色，下喉两侧各具一红点，上体草绿色，下体浅芽绿色。

IUCN红色名录等级 LC

形态特征 成鸟额朱红色，边缘金黄，喙基、头顶至枕为朱红色，额和头顶间有一黑色横带，头顶红色两侧各有一黑色纵带，眉纹、颊、喉和头侧余部为鲜亮的铜蓝色；上体草绿色，后颈尤为浓郁，肩、背沾橄榄黄色；翼表面浓草绿色，小覆羽沾蓝色，初级飞羽黑褐色具蓝绿色外翈；尾深草绿色，尾下面石青色具黑褐端斑；下体淡黄绿色，微沾蓝色；虹膜红褐色，眼周皮肤橙色，喙基部黄绿色，先端黑褐色，脚橄榄绿色。

生态习性 栖息于中低山常绿阔叶林至山脚林缘。常单独或成对活动，平时隐匿于乔木树冠中，不断发出反复的"哥多罗、哥多罗、哥多罗"清脆鸣声。主食榕树果实和其他树木果实、种子及花，也吃昆虫和其他小型动物。繁殖期4—6月，在死树或朽木的树干上凿洞营巢。窝卵数3~4枚，雌雄亲鸟轮流孵化，雏鸟晚成。

分布与居留 分布于亚洲东南部。在我国分布于西南部分地区，为留鸟。

蚁䴕 绕脖子鸟、地啄木、蛇皮鸟

中文名 蚁䴕
拉丁名 *Jynx torquilla*
英文名 Eurasian Wryneck
分类地位 䴕形目啄木鸟科
体长 16~19cm
体重 28~47g
野外识别特征 小型攀禽，上体灰白色具黑色虫蠹斑，翼和尾锈褐色具黑灰斑点和黑褐色横斑，下体灰黄色具暗横斑。

IUCN红色名录等级　LC

形态特征 成鸟额至头顶污灰色，杂以黑褐色细斑和灰白色端斑，上体和翼上覆羽灰白色，密布黑褐色虫蠹斑，且具有宽大的黑色纵纹；尾灰褐色具黑褐横斑和虫蠹斑；飞羽棕色，具深褐色横斑；下体灰白色略带黑斑，颏至胸及胁部沾棕，密布黑褐色横纹，尾下覆羽棕黄色，具黑褐横斑；虹膜黄褐色，喙和脚铅灰色。

生态习性 栖息于低山至平原的疏林地带，尤喜阔叶林和混交林。繁殖期外单独活动，在地面跳跃式前进觅食，斑驳的体色可很好地与地面枯草和沙土等环境相融合。头颈可以灵活地向多个方向转动，形似蛇颈，在受到威胁时可能有恐吓的作用。繁殖期频繁发出重复的"嘎嘎嘎"叫声，短促而尖锐。舌尖长且灵活，可伸出喙外3~4cm长，吃蚂蚁、蚁卵和蛹，也吃小型甲虫。繁殖期在5—7月，营巢于树洞或啄木鸟弃洞中，或在腐朽树干上凿洞营巢，窝卵数通常7~12枚。雌雄亲鸟轮流孵卵，孵化期12~14天。雏鸟晚成，经双亲喂养19~21天即可离巢飞翔。

分布与居留 繁殖于欧洲和亚洲，越冬于非洲、印度和中南半岛等地区。在我国长江以北多为夏候鸟，长江以南为冬候鸟和旅鸟。

斑姬啄木鸟

中文名 斑姬啄木鸟
拉丁名 *Picumnus innominatus*
英文名 Speckled Piculet
分类地位 鸮形目啄木鸟科
体长 9~10cm
体重 10~16g
野外识别特征 小型攀禽，体形短小，上体橄榄绿色，下体乳白色具黑斑。雄鸟头顶橙红色，头侧有2条白色纵纹。

IUCN红色名录等级　LC

形态特征 雄鸟额至后颈栗褐色，头顶前部橙红色，羽基黑色，眼上下各有一道白纹，耳区栗褐色；上体背至尾上覆羽橄榄绿色，尾羽黑色，中央尾羽内翈黄白色；翼绿褐色，外缘沾黄绿色；下体颏、喉白色缀有小黑圆斑，其余下体淡黄绿色，胸腹缀满黑圆斑，胁和尾下覆羽黑斑成横排排列，腹部中央无斑；虹膜红褐色，喙和脚铅灰色。雌鸟类似，但头顶为单一的烟褐色，不带有红斑。

生态习性 栖息于中低山和山脚平原的常绿或落叶阔叶林中，也见于针叶林或灌丛、竹林。常单独活动，在地上或树枝上觅食，可灵活地在细枝上攀爬，甚至头朝下攀行，但较少像其他啄木鸟一样在树干上攀援。吃蚂蚁、甲虫等昆虫。繁殖期在4—7月，营巢于树洞中，窝卵数3~4枚，雌雄亲鸟轮流孵卵。

分布与居留 分布于亚洲东南部。在我国分布于甘肃、陕西和河南等省的南部，至长江以南各省区，为留鸟。

星头啄木鸟

中文名 星头啄木鸟
拉丁名 *Dendrocopos canicapillus*
英文名 Grey-capped Pygmg Woodpecker
分类地位 鴷形目啄木鸟科
体长 14~18cm
体重 20~30g
野外识别特征 小型攀禽，体形短小；额至头顶灰褐色，宽白眉纹自眼后延伸至颈侧，眼周和耳区淡灰褐色，上体和尾黑色，下背至腰及两翼具白色横纹，下体棕白色具细黑纵纹。雄鸟枕部两侧各有一小红斑。

IUCN红色名录等级　LC

形态特征　雄鸟额至头顶中央灰褐色，头顶两侧近黑色，宽眉纹白色，沿耳区后方向下延伸，眼周和耳区淡灰褐色，眼先至颚纹白色，枕两侧各具一小红点；枕、后颈、上背和肩黑色，下背和腰白色具黑横斑，尾黑色；翼黑色，翼上中覆羽和大覆羽具宽白端斑，飞羽具白色横斑；下体棕白色，满布黑褐色纵纹；虹膜红褐色，喙铅灰色，脚绿褐色至灰黑色。雌鸟类似，但枕侧无红色。

生态习性　栖息于山地至平原的阔叶林、混交林和针叶林中，也见于城镇绿地。常单独或成对活动，巢后带雏期成家族群活动。多在乔木枝干上攀爬取食，有时也在地面活动，飞行时呈波状前进。吃天牛、小蠹虫、蚂蚁、蜻象等昆虫，也吃少量植物种实。繁殖期在4—6月，营巢于芯材腐朽的树干上，雌雄亲鸟共同凿洞为巢。窝卵数4~5枚，雌雄亲鸟共同孵卵，孵化期12~13天，雏鸟晚成。

分布与居留　分布于亚洲东部和东南部。在我国广泛分布于东北、华北、华东、华中、华南等多地，为留鸟。

棕腹啄木鸟

中文名 棕腹啄木鸟
拉丁名 *Dendrocopos hyperythrus*
英文名 Rufous-bellied Woodpecker
分类地位 鴷形目啄木鸟科
体长 18~24cm
体重 41~65g
野外识别特征 小型攀禽,雄鸟头顶至后颈红色,脸白色,肩、背、腰和翼为黑色具白横斑,下体棕色,颈侧和尾下覆羽红色;雌鸟与雄鸟相似,但头顶和后颈为黑色具白斑。

IUCN红色名录等级 LC

形态特征 雄鸟头顶至后颈红色,额、眼先和眉纹白色,眼周和喙基沾黑色,脸白色杂有灰色;肩、背和腰黑色具白横斑,尾上覆羽和尾羽黑色,外侧尾羽具白横斑;翼黑色,翼上大覆羽、中覆羽近端和飞羽内翈缀有白斑,拢翼时呈横带状排列;下体颏、喉、耳羽、颈侧至胸腹部为栗棕色,肛周和尾下覆羽朱红色,腋羽白色,翼下覆羽和腿覆羽白色缀黑斑;虹膜褐色,喙黑色,下喙基部黄绿色,脚铅黑色。雌鸟与雄鸟大体相同,但头部无红色,头顶至后颈为带有白斑的黑色。

生态习性 栖息于山地针叶林和混交林中,越冬期有时到果园和庭院中活动。常单独活动,在树干上旋绕攀爬。以多种昆虫为食,也吃少量植物种实。繁殖期在4—6月,在半腐朽的树干上凿洞营巢,雌雄亲鸟共同啄洞、孵卵和育雏。窝卵数通常3~4枚,雏鸟晚成。

分布与居留 分布于喜马拉雅山、缅甸、泰国、老挝和越南等地区,以及我国西藏、四川、云南和黑龙江,多为留鸟,部分在两广、云贵和四川越冬。

雌鸟

雄鸟

 # 小斑啄木鸟

中文名 小斑啄木鸟
拉丁名 *Dendrocopos minor*
英文名 Lesser Spotted Woodpecker
分类地位 鴷形目啄木鸟科
体长 13~18cm
体重 20~29g
野外识别特征 小型攀禽，额和颊白色，上体和翼黑色具白横斑，下体灰白色，两侧具黑纵纹，尾下覆羽灰白色，有别于相似种大斑啄木鸟或白背啄木鸟的红色；雄鸟头顶红色，雌鸟头顶黑色。

IUCN红色名录等级　LC

形态特征　雄鸟额灰白色沾棕，头顶和枕朱红色或略杂白斑，眉纹和颧纹黑色，头侧眼先和耳羽污白色，颈侧白色；后颈至上背黑色，下背白色具黑横斑，腰至尾上覆羽黑色；尾黑色，外侧尾羽白色具黑端斑；翼上小覆羽和中覆羽褐黑色，大覆羽黑色缀有白色横斑；下体额、喉灰白色，前颈至胸灰白色略缀棕色，胸侧和两胁淡棕灰色具黑纵纹，腹至尾下覆羽灰白色；虹膜红褐色，喙和脚褐黑色。雌鸟似雄鸟，但头顶至枕部为黑色。

生态习性　栖息于低山丘陵和山脚平原的阔叶林及针阔混交林，秋冬也到果园、公园等地。繁殖期外通常单独活动，较之白背啄木鸟等其他啄木鸟，更少围绕树干进行觅食活动，而偏好栖息在树冠层，沿树枝边觅食并发出"喳、喳、喳"的叫声。飞行时翅膀有节奏地一张一合，呈波浪状疾速前进。吃天牛幼虫、小蠹虫、蚂蚁和蚜虫等农林害虫。繁殖期在5—6月，营巢于山地阔叶林和针阔混交林，雌雄亲鸟轮流在腐朽的树干上啄洞营巢，每年啄凿新巢。窝卵数3~8枚，雌雄亲鸟轮流孵卵和育雏，孵化期14天。雏鸟晚成，经21天可离巢。

分布与居留　分布于欧洲、中亚、东亚和非洲西北部地区。在我国分布于新疆北部、内蒙古东北部和东北三省等地。

大斑啄木鸟

中文名 大斑啄木鸟
拉丁名 *Dendrocopos major*
英文名 Great Spotted Woodpecker
分类地位 鸮形目啄木鸟科
体长 20~25cm
体重 63~79g
野外识别特征 小型攀禽,体色为鲜明的黑白红相间;头顶黑色,脸白色具黑颊纹,上体黑色,肩和翼黑色各具一大白斑,飞羽上有白横斑,下体污白色,下腹和尾下覆羽鲜红色,雄鸟枕部具有红斑,雄性幼鸟头顶暗红色。

IUCN红色名录等级　LC

形态特征 雄鸟额棕色,眼先、眉纹、颊和尾羽白色,头顶和枕黑色具蓝色金属光泽,枕中央具一红斑,后枕形成黑色窄横带,延至颈侧和黑色的颚纹相连接,后颈及颈侧白色,形成白色领圈;肩白色,背至中央尾羽黑色,腰具白色端斑,外侧尾羽白色具黑横斑;翼黑色具金属光泽,翼缘白色,白色的中覆羽和大覆羽形成翼上大白斑,飞羽黑色具数道白色横斑;下体污白色,腹部略沾棕红,下腹部、肛周和尾下覆羽鲜红色;虹膜暗红色,喙铅黑色,脚深褐色。雌鸟类似,但枕部全黑无红斑,耳羽棕白色。雄性幼鸟整个头顶暗红色。

生态习性 较为常见,栖息于山林至平原,甚至出现在农田附近和城市绿地中。常单独或成对活动,繁殖后期以家族形式活动。飞行呈波浪式前进,常在树干和粗枝活动,从树干基部跳跃式向上攀援,啄捕树皮下和树干里的害虫,并善于用舌头探入树皮缝中取食。吃多种昆虫,尤其是农林害虫,也吃蜗牛、蜘蛛等其他小型无脊椎动物,和少量的橡果、松子等植物种实。繁殖期在4—5月,求偶期间常用喙连续敲击树干,发出弹簧般一连串的声响,吸引异性。雌雄共同在芯材腐朽的树干上啄洞为巢,每年啄新巢。窝卵数通常4~6枚,雌雄共同孵化育雏,孵化期13~16天。雏鸟晚成,经20~23天即可飞翔。

分布与居留 分布于欧洲、亚洲和北非。在我国大部分地区均有分布,为留鸟。

雄鸟

雌鸟

黑啄木鸟

中文名 黑啄木鸟
拉丁名 *Dryocopus martius*
英文名 Black Woodpecker
分类地位 鴷形目啄木鸟科
体长 41~47cm
体重 325~352g
野外识别特征 中型攀禽，通体黑色，头顶朱红色，头后略带冠羽，楔形尾坚挺。

IUCN红色名录等级 LC

形态特征 雄鸟额、头顶至枕朱红色，冠羽不长，亦为朱红色，其余体羽褐黑色带金属光泽；虹膜淡黄色，喙角色，喙尖沾铅灰色，脚黑褐色。雌鸟似雄鸟，但羽色较为暗淡偏褐，额和头顶褐黑色，仅头后朱红色。幼鸟比成鸟羽色偏淡，红色部分亦不甚鲜艳；喙淡铅灰色，喙端和脚为蓝灰色。

生态习性 主要栖息于中低山的原始针叶林和混交林中。常单独活动，繁殖后期成家族群活动，在树干、粗枝或枯木桩上攀爬啄食蚂蚁、金龟甲、天牛和叩头虫等昆虫及其卵与幼虫，也在倒木堆或地面上觅食。觅食时常用喙敲击树干，发出响亮的啄木声。飞行呈波浪状前进。繁殖期在4—6月，雌雄亲鸟共同在芯材腐朽的树干上啄洞营巢，洞多位于树干较高处，洞口呈长方形，有别于其他啄木鸟鸟洞的圆形洞口。窝卵数通常4~5枚，雌雄亲鸟轮流孵化育雏，孵化期12~14天。雏鸟晚成，经14~28天可离巢飞翔。

分布与居留 分布于欧洲、小亚细亚、西伯利亚、朝鲜半岛、日本和我国北方地区，为留鸟。

黄冠啄木鸟 黄冠绿啄木鸟

中文名 黄冠啄木鸟
拉丁名 *Picus chlorolophus*
英文名 Lesser Yellownape
（Small Yellow-naped Woodpecher）
分类地位 鴷形目啄木鸟科
体长 23~27cm
体重 63~79g
野外识别特征 小型攀禽，额和眉纹绛红色，头顶和耳羽橄榄绿色，后枕鲜绿黄色，上体和胸橄榄绿色，腹及以下污白色且密布褐色横纹。

IUCN红色名录等级 LC

形态特征 雄鸟额红色或橄榄绿色，鼻羽至眼上方黑色，眉纹绛红色，颚纹灰白色，头顶和颈侧橄榄绿色，枕部冠羽金黄绿色；眼先至颈侧有一道白色颊纹，白颊纹下有一道红色颚纹；上体和胸部橄榄绿色，尾黑褐色；翼褐绿色，飞羽外翈具锈红色；下体腹部及以下污白色且密布褐色细横斑；虹膜朱红色，喙黑色至灰黄色，脚褐绿色。雌鸟与雄鸟相似，但额不具有红色，仅眼后至枕具一条红带。

生态习性 栖息于中低山常绿阔叶林和混交林中，也见于竹林和灌丛。常单独或成对活动，吃多种昆虫，兼食植物种子和果实。繁殖期在4—7月，营巢于树洞中。窝卵数2~4枚，雌雄亲鸟轮流孵卵，雏鸟晚成。

分布与居留 分布于亚洲东南部。在我国分布于云南、藏东南、广西、海南和福建，为留鸟。

灰头绿啄木鸟 黑枕绿啄木鸟

中文名 灰头绿啄木鸟
拉丁名 *Picus canus*
英文名 Grey-headed Woodpecker
（Black-naped Green Woodpecker）
分类地位 鸮形目啄木鸟科
体长 26~33cm
体重 105~159g
野外识别特征 中小型攀禽，上体灰绿色，飞羽黑褐色具白色横斑，头颈和下体灰色；雄鸟额基灰色，头顶朱红色，雌鸟头顶黑色，眼先和颚纹黑色，枕灰色。

IUCN红色名录等级　LC

形态特征 雄鸟额基灰色杂黑色，额和头顶朱红色，枕部至后颈深灰色具黑羽干纹，眼先黑色，眉纹灰白，颚纹黑色，头颈余部灰色；背和翼上覆羽橄榄灰绿色，腰及尾上覆羽黄绿色；中央尾羽橄榄绿色，两翈具灰白色半圆形斑，外侧尾羽黑褐色具暗横斑；初级飞羽黑褐色具白色横斑，次级尾羽橄榄褐色；下体颏、喉和前颈灰白色，胸、腹和两胁灰色略泛草绿色，尾下覆羽灰绿色；虹膜红色，喙铅黑色，脚灰绿色。雌鸟与雄鸟相似，但额至头顶暗灰色具黑色羽干纹和端斑，头顶不带红。雄性幼鸟额和头顶前侧具红斑，但头余部灰色为主，眼先、额纹和枕部略杂黑色，下腹和尾下覆羽灰色杂黑褐斑。

生态习性 较常见，栖息于低山阔叶林和混交林，也见于农田边和城市绿地。常单独或成对活动，飞行迅速，呈波浪状前进。常在树干中下部、地面或倒木上活动。觅食时常缘树干基部螺旋式向上攀爬，到达枝桠时再飞到另一棵树上继续攀爬觅食。搜寻到树皮下或木质部里有虫时，用长舌伸进缝隙中粘并钩出虫。吃多种蚂蚁、小蠹虫、天牛幼虫等昆虫。平时较少鸣叫，繁殖期频繁发出洪亮高亢的"咯——咯——咯——"鸣声。繁殖期在4—6月，雌雄亲鸟共同在芯材腐朽的阔叶乔木树干上凿洞筑巢，每年啄新洞使用。窝卵数9~10枚，雌雄亲鸟共同孵化育雏，孵化期12~13天。雏鸟晚成，经约24天可离巢飞翔。

分布与居留 主要分布于欧亚大陆东部至南部。在我国广布于多地，为留鸟。

雌鸟

长尾阔嘴鸟

中文名 长尾阔嘴鸟
拉丁名 *Psarisomus dalhousiae*
英文名 Long-tailed Broadbill
分类地位 雀形目阔嘴鸟科
体长 20~28cm
体重 47~79g
野外识别特征 中型鸟类，喙扁阔，头顶至后枕黑色，头顶中央有一蓝斑，后枕两侧各具一黄斑，其余头颈部亮黄色；上体草绿色，下体淡绿色，尾和翼镜钴蓝色。

IUCN红色名录等级 LC
国家二级保护动物

形态特征 成鸟头部额至后颈上部为黑色，头顶中央有一大块浅蓝色斑，枕两侧各有一黄色斑，头颈余部为亮黄色；上体草绿色，翼上小覆羽、中覆羽和内侧飞羽亦为深草绿色，大覆羽黑色泛暗绿色，初级飞羽黑色，近基部外翈蓝色形成翼镜，翼镜外侧钴蓝色，内侧转为铜绿色，带强烈金属光泽；楔形尾较长，表面钴蓝色，下面黑色；下体颏、喉黄色，黄色下缘有一细白色颈圈，胸及以下全为草绿色，两胁微泛翠蓝；虹膜红褐色，喙黄绿色，扁平而宽阔，上喙基部蓝色，下喙基部泛橙色，脚绿褐色。幼鸟似成鸟，但额基至后颈翠绿色，头顶无亮蓝色斑块，眼先蓝绿色，耳羽黑色，颏、喉淡绿色微沾黄，颈侧具亮黄白色领斑。

生态习性 栖息于中低海拔的热带常绿阔叶林中，尤喜茂林中林下植物发达的溪谷。常成小群活动，晨昏活跃。不善鸣叫和跳跃，常在飞行中捕食昆虫，或在枝条上攀爬觅食。主食甲虫、蟒象、蚂蚁等昆虫，也吃蜘蛛、蛙等小型动物和一些植物种实。繁殖期在6—7月，在溪边的低矮常绿阔叶树上营巢，在溪流上空悬垂的枝条上以草茎、草叶、草根和蔓藤等材料编织梨形巢，窝卵数通常5~6枚。

分布与居留 分布于东南亚和我国云南、广西的部分地区，为留鸟。

蒙古百灵 百灵

中文名 蒙古百灵
拉丁名 *Melanocorypha mongolica*
英文名 Mongolian Lark
分类地位 雀形目百灵科
体长 17~22cm
体重 45~60g
野外识别特征 小型鸟类，头顶栗色，中央棕黄，眉纹和枕部形成连接的棕白色带，上体栗褐色具皮黄色羽缘，尾上覆羽栗色，翼后缘具大白斑，下体白色，上胸两侧各具一黑斑。

IUCN红色名录等级 LC

形态特征 雄鸟头顶中央浅棕黄色，头顶周边和额部栗色，眼周和眉纹棕白色，与后颈的白色条带相连接，颊和耳区棕色；背、腰栗褐色具淡棕色羽缘，尾上覆羽栗色具棕白色羽缘，中央尾羽栗褐色，最外侧尾羽基本为白色，次外侧尾羽黑褐色具白缘，其余尾羽黑褐色具白色先端；翼上覆羽栗红色具棕黄羽缘，大覆羽中部泛黑褐色，初级覆羽黑褐色带棕白色羽缘，初级飞羽主要为黑褐色，带少量白色羽缘，内侧飞羽后缘形成宽白斑；下体白色，胸微沾棕，胸两侧各有一黑褐斑；虹膜褐色，喙较短厚，为角褐色，脚肉色。繁殖期雄鸟体色更加艳丽，上体泛栗红色，胸侧两黑斑间有一细纹连接。雌鸟体色相似但稍暗淡，胸侧黑斑较小。

生态习性 栖息于草原至半荒漠等开阔地，尤喜植被茂盛的湿草地。繁殖期外成群活动，善奔跑，亦喜直冲云霄高飞鸣唱，鸣声婉转清扬，富于颤音，自古为人们所喜爱和歌颂。以草籽等植物种实为主食，兼食昆虫和其他小型动物。繁殖期在5—7月，营巢于草地凹坑内，以枯草构杯状巢。窝卵数3~5枚，孵化期约15天。

分布与居留 分布于蒙古及附近地区。在我国分布于东北、华北、宁夏和青海等地，为夏候鸟或留鸟。

短趾百灵 亚洲短趾百灵

中文名 短趾百灵
拉丁名 *Calandrella cheleensis*
英文名 Asian Short-toed Lark
分类地位 雀形目百灵科
体长 14~17cm
体重 22~32g

野外识别特征 小型鸟类，体形较蒙古百灵小，上体沙褐色，满布黑色纵纹，有短的近白眉纹，外侧尾羽白色，下体淡皮黄色，尾下覆羽白色，上胸两侧具褐色纵纹。

IUCN红色名录等级　LC

形态特征 成鸟上体沙褐色具黑色羽干纹，淡棕白色眉纹较短；翼覆羽沙棕色，初级飞羽黑褐色具沙棕色羽缘，第四枚初级飞羽明显短于前三枚初级飞羽；尾羽黑褐色，外侧两对尾羽具棕白斑，最外侧尾羽近全白色；下体淡皮黄色，喉和胸颜色略深，上胸两侧具褐色纵纹，尾下覆羽白色；虹膜暗褐色，黄褐色喙较为短粗，端部黑褐色，脚肉色。

生态习性 栖息于开阔的干旱平原至荒漠地带，也见于草地和农田。常单独或成群活动，迁徙期间集大群。善奔跑，喜站在石块或土堆上鸣唱，也经常在直冲高空时鸣唱，鸣声清脆悦耳。以甲虫、蚊、蚂蚁等多种昆虫为食，也吃草籽等植物种实。繁殖期在5—7月，营巢于杂草掩映的地面凹坑内，窝卵数通常4~5枚，雏鸟晚成。

分布与居留 繁殖于东北亚、东亚、中亚、西亚至非洲等地。在我国东北和西北地区为夏候鸟，华北、华中和西南等地为冬候鸟。

凤头百灵

中文名 凤头百灵
拉丁名 *Galerida cristata*
英文名 Crested Lark
分类地位 雀形目百灵科
体长 16~19cm
体重 33~50g
野外识别特征 小型鸟类，喙较蒙古百灵显尖长，头具明显羽冠，上体沙褐色具黑色羽干纹，下体皮黄色，胸部密布黑褐纵纹。

IUCN红色名录等级　LC

形态特征　成鸟上体沙褐色具黑褐色羽干纹，头部黑褐色纵纹细密，头顶具明显的可以立起的冠羽，亦具有黑色羽干纹，眉纹棕白色，贯眼纹黑褐色，眼先和颊棕白色；翼上覆羽浅沙褐色，飞羽黑褐色具棕色羽缘，内翈基部有宽棕斑；尾上覆羽浅棕色，尾羽褐色较短，外侧尾羽泛棕色；下体淡皮黄色，后侧和上胸密被黑褐色纵纹；虹膜暗褐色，喙角褐色，脚肉色至黄褐色。

生态习性　栖息于植被稀疏的平原、旷野、半荒漠地区和农田。除繁殖期外成群活动，善于在地面奔跑，飞行时呈波浪形前进，一般只做短距离飞行。善鸣唱，鸣声清脆婉转，繁殖期间尤其丰富。食性较杂，吃金龟子、象鼻虫、步行虫等甲虫类昆虫，以及杂草、麦苗、大豆、玉米、浆果等多种植物性食物。繁殖期在4—7月，营巢于荒漠草地上的凹坑内。窝卵数3~5枚，主要由雌鸟孵卵，孵化期12~13天。雏鸟晚成，经双亲喂养约11天即可离巢。

分布与居留　广泛分布于欧亚大陆多地。在我国分布于长江以北和西部地区，多为留鸟，少数在江苏和川北越冬。

云雀

中文名 云雀
拉丁名 *Alauda arvensis*
英文名 Eurasian Skylark
分类地位 雀形目百灵科
体长 15~19cm
体重 23~45g
野外识别特征 小型鸟类，体形较百灵显纤细；头具短冠羽，受惊或兴奋时可立起，眉纹棕白色，上体沙棕色，具明显的黑褐色羽干纹和红棕色羽缘，最外侧尾羽几乎纯白色，下体淡棕白色，胸密被黑褐色纵纹，翼后缘具窄白边。

IUCN红色名录等级 LC

形态特征 成鸟头沙褐色具黑色细羽干纹，头顶具不明显短冠羽，受惊或兴奋时竖起可见，眼先和眉纹棕白色，颊和尾羽淡棕色具黑细纹；上体沙棕色，具黑褐色羽干纹和棕红色羽缘，背部羽干纹尤粗；尾羽黑褐色具宽棕白色羽缘，最外侧一对尾羽几乎纯白色，次外侧尾羽外翈具白斑；翼上覆羽黑褐色具棕白边缘和羽端，飞羽黑褐色，外翈羽缘棕色；下体淡棕白色，胸泛沙棕色并密布黑褐纵纹，两胁亦略带棕色；虹膜暗褐色，喙黑褐色，脚肉色。

生态习性 栖息于开阔的平原、草地、沼泽和海岸等多种生境，尤喜水域附近草地。除繁殖期外成群活动，善地面奔跑或突然高飞，不在树上栖息。常垂直快速飞升和下降，边飞边鸣唱，鸣声清脆悦耳。主食多种草籽和农作物等植物性食物，兼食昆虫、蜘蛛等小型动物。繁殖期在4—7月，在枯草掩蔽的地面凹坑中营巢。窝卵数3~5枚，主要由雌鸟孵卵，孵化期约11天。雏鸟晚成，经双亲哺育12~14天后可离巢。

分布与居留 分布于欧洲、非洲东部和北部，以及亚洲古北界地区。在我国繁殖于黑龙江、吉林、内蒙古、河北北部和新疆等地，越冬于繁殖地以南的东部地区。

小云雀

中文名 小云雀
拉丁名 *Alauda gulgula*
英文名 Oriental Skylark
分类地位 雀形目百灵科
体长 14~17cm
体重 24~40g
野外识别特征 小型鸟类，形似云雀而稍短小，头具短冠羽，受惊或兴奋时可立起，上体沙褐色具黑褐纵纹，下体棕白色，胸棕色具黑纵纹，较云雀的胸部颜色深。

IUCN红色名录等级 LC

形态特征 成鸟额至后枕沙褐色密布细黑褐纵纹，头顶具短冠羽，平时贴合在头顶不可见，受惊或兴奋时立起，眼先和眉纹棕白色，耳羽淡棕栗色；上体沙褐色，布满黑褐色羽干纹；翼黑褐色，飞羽外翈具淡棕色羽缘；尾羽黑褐色具棕白色窄羽缘，最外侧一对尾羽几乎纯白色；次外侧尾羽外翈白色；下体棕白色，胸部棕色密布黑褐色羽干纹；虹膜暗褐色，喙角褐色，下喙基部淡黄色，脚肉黄色。

生态习性 栖息于开阔平原、草地、农田及沿海平原地区。除繁殖期外成群活动，善奔跑，有时也在树枝上停歇，喜突然从地面起飞直冲高空，悬停空中片刻，再振翅高冲，下降时则垂直下坠；边飞边鸣唱，鸣声清脆悦耳。杂食性，吃多种植物性食物和农作物，也吃大量昆虫。在大部分地区繁殖期在4—7月，营巢于草丛中地面凹坑处，以枯草构杯状巢，窝卵数3~5枚。

分布与居留 分布于东亚、南亚、中亚至西南亚等地区。在我国广泛分布于中部、南部地区及海南、台湾，多为留鸟，在西部地区部分为夏候鸟或冬候鸟。

淡色崖沙燕 淡色沙燕

中文名 淡色崖沙燕
拉丁名 *Riparia diluta*
英文名 Pale Sand Martin
分类地位 雀形目燕科
体长 11~14cm
体重 11~17g
野外识别特征 小型鸟类，为燕类中体形较小者，上体沙灰色，下体白色，胸有一道灰褐色胸带，尾浅叉形，跗跖裸露无被羽。

IUCN红色名录等级　LC

形态特征 成鸟头和上体沙褐色至烟灰色，下背至尾上覆羽略具白色羽缘。飞羽的外面深褐黑色，腹面淡灰褐色；颏、喉灰白色延伸至颈侧，胸部灰褐色胸带和上体的灰色部分相连，其余下体白色，胁灰白色，腋羽和翼下覆羽灰褐色；虹膜深褐色，喙黑褐色，脚灰褐色。

生态习性 栖息于河流、沼泽、湖滨沙滩、沙丘和沙岩坡上。常成中大群在水域附近活动，也与家燕、金腰燕混群在水面上空低飞捕食，边飞边发出细弱的叫声，休息时则栖于沙丘、沙滩上，也停歇于电线上。主要捕食水面低空中飞行的昆虫，也吃水面上的水生昆虫，如蚊、蝇、虻、蚁、叶蝉、小甲虫和蜉蝣等。繁殖期在5—7月，成群营巢于水岸沙质悬崖上，雌雄亲鸟共同在沙质悬崖壁上啄洞为巢，巢洞为水平的坑道状，深度可达0.5~1.3米，末端扩大成巢室，内垫苇叶、枯草和羽毛等。窝卵数4~6枚，孵化期12~13天，雏鸟晚成，经约19天可离巢。

分布与居留 在我国分布于新疆、内蒙古西部、宁夏、青海、甘肃、四川、西藏等地区，也见于湖北和福建，主要为留鸟。

家燕 拙燕儿、燕子

中文名 家燕
拉丁名 *Hirundo rustica*
英文名 Barn Swallow
分类地位 雀形目燕科
体长15~19cm
体重14~22g
野外识别特征 小型鸟类，体形纤细，翼和尾尖长，尾呈深叉形；上体蓝黑色带金属光泽，额、喉至上胸部棕栗色，腹部灰白。

IUCN红色名录等级 LC

形态特征 雌雄相似。成鸟头顶、颈背部至尾上覆羽为带有金属光泽的深蓝黑色，翼亦为黑色，飞羽狭长；额、喉、上胸棕栗色，下胸、腹部及尾下覆羽浅灰白色，无斑纹；尾深叉形，蓝黑色；喙黑褐色，短小而龇阔；跗跖和脚黑色，较纤弱。

生态习性 常见的伴人鸟类，喜栖息于人类居住环境。常成群栖息于房顶、电线等人工构筑物上，低声细碎鸣叫。善飞行，白天大部分时间在栖息地附近飞行。喜飞行中捕食昆虫，不善啄食。主要食物为昆虫，包括蚊、蝇、虻、蛾、叶蝉、象甲等农林害虫。繁殖期在4—7月，喜在屋檐、横梁等处筑巢。雌雄亲鸟共同筑巢，衔取泥、枯草、线等巢材，混合唾液，从下至上编织成碗状巢，内部铺垫细草、羽毛等。部分家燕第二年会重复使用旧巢。每窝产卵4~5枚，卵为长卵圆形，白色，具不规则褐色斑点。雏鸟由亲鸟轮流喂食，20天左右出巢。出巢的幼鸟由亲鸟继续喂食5~6天后可自行捕食。

分布与居留 广泛分布于世界多地。我国大部分地区均有分布，多为夏候鸟，部分为旅鸟。

洋燕 洋斑燕、燕子

中文名 洋燕
拉丁名 *Hirundo tahitica*
英文名 Pacific Swallow
分类地位 雀形目燕科
体长 13~15cm
体重 12~20g
野外识别特征 小型鸟类，形似家燕而较小，浅叉形尾较短，上体蓝黑色，额、颏和喉暗栗红色，其余下体近白色，胸部略沾棕色，无黑色胸带。

IUCN红色名录等级　LC

形态特征 成鸟额暗栗红色，眼先绒黑色，头顶和头侧、后颈及其余上体为带有金属光泽的蓝黑色，腰深蓝色，尾羽和飞羽黑褐色；尾呈浅叉形，除中央尾羽外，其余尾羽近端处有一白斑；下体额、喉暗栗红色延伸至颈侧，其余下体近白色，胸胁部泛棕色，尾下覆羽端部深褐色具白色羽缘，形成鳞片状斑。

生态习性 栖息于沿海地区至草场、农田等生境。常成对或小群活动，飞行敏捷，常边飞边叫，在飞行中捕捉空中的多种昆虫；休息时则栖息在电线、房顶等处。在我国繁殖期在3—6月，营巢于海岸突出的石壁上，雌雄亲鸟共同筑巢、孵卵和育雏，以烂泥和植物碎片混合成泥丸而砌筑成附于崖壁上的半杯状巢。一年繁殖2窝，窝卵数3~4枚，孵化期约16天。雏鸟晚成，经19~21天可离巢飞翔。

分布与居留 分布于东南亚至大洋洲。在我国分布于台湾地区，为留鸟。

金腰燕 巧燕儿、燕子

中文名 金腰燕
拉丁名 *Cecropis daurica*
英文名 Red-rumped Swallow
分类地位 雀形目燕科
体长 16~20cm
体重 15~31g
野外识别特征 小型鸟类，形似家燕，但腰部具金栗色横带，下体密布黑色纵纹。

IUCN红色名录等级 LC

形态特征 成鸟眼先棕灰色，颊和耳羽棕色具黑褐色羽干纹，额、头顶、枕、后颈至背为富有金属光泽的墨蓝绿色，腰金棕栗色，微具黑色羽干纹，深叉形尾黑褐色具蓝绿色金属光泽；翼尖长亦为黑褐色，飞羽内翈较暗淡，外翈具金属光泽；下体棕白色，满布黑褐色细纵纹，下腹至尾下覆羽纵纹较为稀疏；虹膜暗褐色，喙黑褐色，脚暗褐色。幼鸟似成鸟，但羽色缺乏光泽，尾较短，嘴角泛淡黄色。

生态习性 栖息于低山丘陵至平原的村落、城镇等地，常伴人生活。常成小群活动，迁徙季节集大群。大部分时间在村落及田野上空飞翔，边飞边捕食蚊、蝇、虻、蜂等飞虫，休息时则栖息在电线、房顶的屋檐等处，并发出"唧唧"的细弱叫声。繁殖期在4—9月，在建筑物的屋檐下、房梁上或顶棚吊灯、角落处筑巢，雌雄亲鸟共同营巢，衔泥伴以植物纤维堆砌成瓶状巢，巢口为细小而外伸的瓶颈状，巢室扩大呈囊状，内部垫有干草、碎布、羽毛等柔软材质。每年繁殖1~2窝，第一窝约5枚卵，第二窝平均4枚，孵化期约17天。雏鸟晚成，在双亲共同喂养下，约26~28日可飞翔离巢。

分布与居留 分布于欧洲、亚洲和非洲等地。在我国大部分地区均有分布，主要为夏候鸟。

烟腹毛脚燕

中文名 烟腹毛脚燕
拉丁名 *Delichon dasypus*
英文名 Asian House Martin
分类地位 雀形目燕科
体长 12~13cm
体重 10~15g
野外识别特征 小型鸟类，体形较短小，翼和叉形尾不显尖长；上体蓝黑色带金属光泽，腰白色，下体烟灰白色，跗跖和趾被羽。

IUCN红色名录等级 LC

<u>形态特征</u> 成鸟头至上体蓝黑色，头顶、耳覆羽、上背和翕泛有蓝色金属光泽，后颈羽毛基部白色，有时露出部分白斑；下背、腰和短的尾上覆羽白色具细黑羽干纹，长的尾上覆羽和叉形尾为黑褐色，略带金属光泽；下体烟灰白色，胸胁部烟灰色偏浓重，尾下覆羽具黑色细羽干纹；虹膜暗褐色，喙黑色，跗跖至趾密被白色绒羽。

<u>生态习性</u> 栖息于中高山地的悬崖峭壁上，也见于人类建筑物上。常成群活动，低空飞行捕食飞行的昆虫。繁殖期在6—8月，集群营巢于悬崖凹陷处或建筑物墙壁的缝隙。雌雄亲鸟共同筑巢，用泥土和枯草混合成泥丸砌筑而成半球形巢，侧面开口，内垫以枯草、苔藓和羽毛等柔软材质。窝卵数通常3枚，雏鸟晚成。

<u>分布与居留</u> 分布于中亚至亚洲东南部等地。在我国分布于西部、西南、中部、华南和东南地区，多为旅鸟，部分在西南地区的种群为夏候鸟，部分在福建的种群为留鸟。

山鹡鸰

中文名 山鹡鸰
拉丁名 *Dendronanthus indicus*
英文名 Forest Wagtail
分类地位 雀形目鹡鸰科
体长 15~17cm
体重 13~22g
野外识别特征 小型鸟类，体形较为纤巧，同其他鹡鸰一样具有喙、脚和尾稍显细长的特征；上体褐绿色，眉纹黄白色，飞羽和尾羽黑色，翼上有两道显著白横斑，外侧尾羽白色，下体白色，胸有两条黑色横带；常栖于树上，栖息时尾左右摆动。

IUCN红色名录等级　LC

形态特征　雄鸟额、头顶至后颈灰绿色，眉纹黄白色，贯眼纹黑褐色，耳羽和颈侧橄榄褐色，颊淡黄色杂有褐点；上体为灰褐绿色，腰部较淡，尾上覆羽灰褐色；尾羽褐黑色，中央尾羽褐绿色，外侧尾羽白色；翼上小覆羽橄榄褐色，中覆羽和大覆羽黑褐色具黄白色先端，在翼上形成两道明显的白斑，飞羽黑褐色，除第一枚初级飞羽外，基部均为近白色，并且外翈具有黄白斑；下体颏、喉白色，胸白色具有两道黑色横带，下方黑横带中央断裂，与腹部的白色相接，其余下体亦为白色，胸部沾灰褐；虹膜暗褐色，上喙黑褐色，下喙肉粉色，脚肉色。雌鸟相似，体色略显暗淡。

生态习性　栖息于低山丘陵的稀疏阔叶林中，常在林缘、河边或林间空地活动。飞行呈波浪状前进，活动时喜沿着粗树枝来回行走，栖息时尾不停左右摆动，并发出"唧呱—唧呱—唧呱—唧呱—唧"5个音节为一组的叫声，见人则发出"唧——唧——"的声音。主食多种昆虫，也吃蜗牛、蛞蝓等小型无脊椎动物。繁殖期在5—7月，营巢于粗的水平树枝上，以草茎、草叶、苔藓和花絮等筑成精巧的碗状巢，内部垫以兽毛和羽毛等柔软材质。窝卵数通常5枚，雏鸟晚成，经双亲共同喂养约13天可离巢飞翔。

分布与居留　分布于亚洲东部至南部。在我国繁殖于东北、华北、华东等地，多为夏候鸟，少部分越冬于四川、贵州和华南等地。

白鹡鸰 张飞鸟、颠尾巴塞儿

中文名 白鹡鸰
拉丁名 *Motacilla alba*
英文名 White Wagtail
分类地位 雀形目鹡鸰科
体长 16~20cm
体重 15~30g
野外识别特征 小型鸟类，体色为黑白灰三色交错；额和脸白色，头顶、后颈和颔、喉、胸为黑色，上体灰色，翼黑色具白斑，尾窄长呈黑色，外侧白色，腹部和其余下体白色。

IUCN红色名录等级　LC

形态特征 成鸟额、头顶前部和脸为白色，头顶后部、枕和后颈为黑色，颔、喉至胸为黑色，有的颔、喉为白色，使得整个头颈部黑白交错、对比鲜明，有如京剧张飞脸谱，故俗称"张飞鸟"；上体及翼上覆羽灰色至灰黑色，翼上中覆羽和大覆羽尖端白色，在翼上形成白斑，飞羽黑色具白缘；尾窄而长，尾羽黑色，外侧尾羽白色；下体腹及以下全为白色；虹膜黑褐色，喙和脚黑色。幼鸟头颈部黑白对比不甚鲜明，整个头颈、胸和上背染烟灰色。

生态习性 栖息于河湖、溪流、水塘等水域和附近湿地，也见于农田和城市公园。常三五成群，行动轻盈，活动于水边岩石上，并常在站立时上下颠动尾部，所以也俗称"颠尾巴塞儿"。飞行呈波浪式前进，常边飞边叫，鸣声为清脆的"鹡鸰、鹡鸰"声。吃大量昆虫和其他小型无脊椎动物，也吃少量的植物种实，为农林益鸟。繁殖期在4—7月，雌雄亲鸟共同营巢、孵卵和育雏，在水域附近的岩土缝隙中营巢，以枯草、树皮等材料筑杯状巢，内垫羽毛等物。窝卵数5~6枚，孵化期约12天，雏鸟晚成，约14天可离巢。

分布与居留 广泛分布于欧洲、亚洲和非洲。在我国几乎遍布各地，主要为夏候鸟。

黄头鹡鸰

中文名 黄头鹡鸰
拉丁名 *Motacilla citreola*
英文名 Citrine Wagtail
分类地位 雀形目鹡鸰科
体长 15~19cm
体重 14~27g
野外识别特征 小型鸟类，头和下体鲜黄色，后颈和肩沾黑，上体灰色，翼黑褐色具白斑，尾黑褐色，外侧白色。

IUCN红色名录等级　LC

形态特征 雄鸟头部鲜黄色，有的后颈具有黑色领环；上体灰色，腰暗灰色；尾上覆羽和尾羽黑褐色，外侧尾羽白色具大白斑；翼黑褐色，翼上中覆羽、大覆羽和内侧飞羽具宽白羽缘；下体同头部为一体的鲜黄色，尾下覆羽近白色，胁部略泛灰色；虹膜黑褐色，喙和脚黑色。雌鸟头部羽基黄色，但头顶至后颈以及脸的部分区域羽端缀灰色，眉纹和颊纹为纯粹的淡黄色，其余体羽似雄鸟而略显灰暗。

生态习性 栖息于河岸、湖滨、沼泽、草地和农田等地。单独、成对或小群活动，迁徙季集大群；夜间多成群栖息，也与其他鹡鸰混群。栖息时尾部上下摆动，觅食时常沿水岸小跑追捕食物。主食水岸附近的多种昆虫，也吃少量植物性食物。繁殖期在5—7月，营巢于土丘下或草丛中，以草叶、草茎和苔藓等材料筑巢，内部垫以毛发和羽毛等柔软材质。窝卵数4~5枚，雏鸟晚成。

分布与居留 分布于亚洲东部、中部至南部。在我国几乎遍布各地，主要为夏候鸟，少数在云南南部和藏南越冬。

黄鹡鸰

中文名 黄鹡鸰
拉丁名 *Motacilla flava*
英文名 Yellow Wagtail
分类地位 雀形目鹡鸰科
体长 15~18cm
体重 16~22g
野外识别特征 小型鸟类，头灰色具明显的白眉纹，上体褐绿色，翼黑褐色具两道近白色横斑，尾黑褐色，两侧白色，下体鲜黄色。

IUCN红色名录等级 LC

形态特征 成鸟额、头顶、头侧、枕和后颈为蓝灰色，细长的眉纹黄白色，眼下亦略缀黄白色；上体灰褐绿色，腰泛黄色；翼黑褐色，翼上覆羽和内侧飞羽的白端在翼上形成黄白色横斑；尾较为窄长，为黑褐色，外侧两对尾羽几乎全白色；下体鲜黄色，有的颏部白色，两胁泛有灰绿色；虹膜褐色，喙和脚黑色。

生态习性 栖息于高原、低山及平原的林缘地带，尤喜栖于林中溪流、平原河谷和湖畔等水域附近，也伴村落而居。常成对或小群活动，迁徙季节成大群。喜栖于河边或水中的石头上，尾部不停上下摆动，或沿水边来回行走，飞行时翅膀在鼓翼间隙频频收拢，呈波浪式前进，常边飞边发出"唧、唧"的叫声。主食昆虫，主要在地面捕食，也偶尔在飞行中捕食。繁殖期在5—7月，雌雄亲鸟共同营巢和育雏，营巢于河畔草丛中，以枯草等材料构碗状巢，内垫羽毛和牛羊毛等。窝卵数通常5枚，主要由雌鸟孵卵，孵化期14天。雏鸟晚成，约14天后可离巢。

分布与居留 分布于欧洲、亚洲和非洲。在我国多地均可见，其中在西北和东北部地区的种群主要为夏候鸟，其他地区的多为旅鸟和冬候鸟。

灰鹡鸰

中文名 灰鹡鸰
拉丁名 *Motacilla cinerea*
英文名 Grey Wagtail
分类地位 雀形目鹡鸰科
体长 16~19cm
体重 14~22g
野外识别特征 小型鸟类，形似黄鹡鸰，但雄鸟夏季额、喉黑色，冬季转为白色，雌鸟四季额喉均为白色。

IUCN红色名录等级　LC

形态特征 雄鸟夏羽额、头顶、头侧、枕和后颈灰色，细长的眉纹和颊纹近白色；上体灰褐绿色，尾上覆羽鲜黄色；尾较为细长，中央尾羽黑褐色具黄绿色羽缘，最外侧尾羽全白色，次外侧两对尾羽内翈白色；翼黑褐色具白色翼斑；下体颏喉黑色，其余下体鲜黄色；虹膜褐色，喙黑褐色，脚绿褐色。雄鸟冬季额、喉转为白色。雌鸟全年额、喉均为白色，其余同雄鸟。

生态习性 栖息于溪流、河谷、沼泽、池塘等多种水域岸边，及附近农田、草地乃至居住点等。常单独或成对活动，也与白鹡鸰混群。飞行时翅膀在鼓翼间隙频频收拢，并不断发出"加、加、加"的叫声。休息时栖息于岸边或水中石块上，以及电线杆、屋顶等突出物体上，尾部不停上下摆动。觅食时则常沿岸边或道路行走，也在飞行中捕食，吃多种水生和陆生昆虫。繁殖期在5—7月，在河岸的石缝、倒木洞、建筑物等生境中营巢，就地取材，雌雄亲鸟共同筑成精于伪装的碗状巢。窝卵数通常5枚，雌鸟孵卵，雄鸟警戒，孵化期12天。雏鸟晚成，经双亲共同喂养约14天后可离巢。

分布与居留 分布于欧洲、亚洲和非洲。在我国分布广泛，长江以北主要为夏候鸟，部分为旅鸟；长江以南地区部分为旅鸟，多数为冬候鸟。

田鹨

中文名 田鹨（鹨）
拉丁名 *Anthus richardi*
英文名 Oriental Pipit
分类地位 雀形目鹡鸰科
体长 15~19cm
体重 20~43g
野外识别特征 小型鸟类，鹨类体形较纤瘦，脚趾细长，尤其后爪甚长；田鹨上体棕褐色，头顶和背具褐色暗纹，眼先和眉纹皮黄色，尾黑褐色，外侧白色，下体淡皮黄色，胸胁缀褐色纵纹。站立时体态常显得直立。

IUCN红色名录等级　LC

形态特征 成鸟头部和上体棕褐色，眉纹和颊纹近白色，头顶、肩和背具暗褐色纵纹；翼黑褐色具棕黄色羽缘；尾暗褐色具沙色羽缘，外侧尾羽白色；下体淡皮黄色，胸和胁皮黄色带褐色纵纹；虹膜褐色，喙褐色，基部淡黄，脚肉色至褐色，后爪甚长，长度几乎等同后趾。

生态习性 栖息于开阔平原、草原、河滩、沼泽、农田和灌丛等地。常单独或成群活动，迁徙季集群，有时也与云雀混群在地面觅食。多栖于地面或小灌木上，善奔走，飞行多为波浪式贴地飞行。主食多种鞘翅目、直翅目、鳞翅目幼虫及蚂蚁等昆虫。繁殖期在5—7月，营巢于水畔草丛中，以枯草筑杯状巢。窝卵数通常5枚，雏鸟晚成。

分布与居留 分布于东亚、中亚、东南亚、非洲和大洋洲。在我国除西藏外几乎遍布各地，主要为夏候鸟，南方部分地区为冬候鸟或留鸟。

布氏鹨

中文名 布氏鹨
拉丁名 *Anthus godlewskii*
英文名 Blyth's Pipit
分类地位 雀形目鹡鸰科
体长 15~19cm
体重 20~43g
野外识别特征 小型鸟类，与田鹨颇为相似，但后爪为肉色，长度明显长于后趾，站立时姿势显得平。

IUCN红色名录等级 LC

形态特征 成鸟头部和上体棕褐色具黑褐色纵纹，眉纹和颊纹黄白色；翼黑褐色具黄白斑，尾黑褐色，外侧尾羽白色；下体淡皮黄色，胸和体侧泛棕色，上胸具黑褐色纵纹；虹膜深褐色，喙角褐色，基部色较浅，脚纤长，为黄褐色至肉色，后爪肉色，长度明显长于后趾。

生态习性 栖息于平原、草地、稻田、灌丛、河流或水塘边。常在地面或灌丛中活动，善奔走，有时贴地做波浪状飞行。捕食直翅目、鞘翅目、膜翅目和鳞翅目等多种昆虫。繁殖期在5—7月，营巢于隐蔽的草丛中，以枯草等材料筑碗状巢。窝卵数通常5枚，雏鸟晚成。

分布与居留 分布于东亚至南亚和中亚等地。在我国多地均有分布，多为夏候鸟，部分在南方地区为冬候鸟或留鸟。

树鹨

中文名 树鹨
拉丁名 *Anthus hodgsoni*
英文名 Olive-backed Pipit
分类地位 雀形目鹡鸰科
体长 15~16cm
体重 15~26g
野外识别特征 小型鸟类，体形较田鹨稍显短小。树鹨上体橄榄绿或绿褐色，头顶密布黑褐细纹，到下背部细纹渐隐，眉纹棕白色，耳后有一白斑，下体近白色，胸部泛棕色，胸腹和胁满布显著的黑色纵纹；栖息时尾常上下摆动。

IUCN红色名录等级　LC

形态特征 成鸟眼先棕白色，眉纹自喙基起棕黄色，渐转为棕白色，头部和上体橄榄绿色或绿褐色，头顶密布黑褐色纵纹，至下背部纵纹渐不明显，下背、腰至尾上覆羽橄榄绿色，纵纹不明显；尾黑褐色具橄榄绿色羽缘，外侧尾羽主要为白色；翼黑褐色具橄榄黄绿色羽缘，中覆羽和大覆羽具白色端斑；下体颏、喉棕白色，胸部泛棕色，其余下体近白色，胸、腹侧和胁部具显著的黑褐色粗纵纹；虹膜黑褐色，上喙黑色，下喙肉黄色，脚肉红色。

生态习性 繁殖季主要栖息于中高山森林中，迁徙和越冬季栖息在低山丘陵和山脚平原。常成对或小群活动，迁徙期间成大群。常在地面奔跑，站立时尾上下摆动，受惊时飞到灌丛中，并边飞边发出"唧、唧、唧"的尖细叫声。食性较杂，主食多种昆虫和其他小型无脊椎动物，兼食苔藓、谷物和草籽等植物性食物。繁殖期在6—7月，营巢于林缘或林间空地的灌草丛中，雌雄亲鸟共同以枯草、苔藓等材料筑杯状巢。窝卵数通常5枚，主要由雌鸟孵卵，孵化期约14天。

分布与居留 分布于亚洲东部至南部。在我国繁殖于北方地区，越冬于长江流域以南地区。

红喉鹨

中文名 红喉鹨
拉丁名 *Anthus cervinus*
英文名 Red-throated Pipit
分类地位 雀形目鹡鸰科
体长 14~16cm
体重 17~25g
野外识别特征 小型鸟类，外形似其他鹨类，但眉纹、额、喉和上胸染棕红色，其余下体黄褐色。

IUCN红色名录等级 LC

形态特征 雄鸟夏羽眉纹棕红色，头至上体橄榄灰褐色，具黑色羽干纹，头顶至背部羽干纹尤其深重；翼上覆羽暗褐色具浅色羽缘，在翼上形成白色横斑，飞羽黑褐色具淡灰黄色羽缘；尾羽暗褐色具淡灰色羽缘，外侧尾羽具大白斑；下体颏、喉至胸为棕红色，其余下体黄褐色，下胸、腹和胁部具黑褐色羽干纹；虹膜暗褐色，喙黑色，基部肉色，脚褐色。雄鸟冬羽似夏羽，但上体主要为黄褐色且具黑色羽干纹；第一年冬羽喉部污白色至淡皮黄色，胸部也有黑褐纵纹。雌鸟似雄鸟，喉为暗皮粉色，其余下体淡皮黄色，具更为显著的黑褐色纵纹。

生态习性 繁殖季栖息于开阔的苔原、草地、沼泽等生境，非繁殖季见于林缘、疏林、水边及农田等地。常单独或成对活动，迁徙期间集小群。主要在地面活动，觅食多种昆虫。繁殖期在6—7月，营巢于北极苔原中有柳灌的草地或沼泽土丘上，以枯草、苔藓等构巢。窝卵数通常5枚，雌鸟孵化，约10天即可孵出。雏鸟晚成，经双亲共同喂养约13天便可离巢。

分布与居留 繁殖于欧亚大陆北部，越冬于欧洲南部、非洲北部、西亚、中亚、南亚至东亚。在我国多地可见，长江以北为旅鸟，长江以南为冬候鸟。

水鹨

中文名 水鹨
拉丁名 *Anthus spinoletta*
英文名 Water Pipit
分类地位 雀形目鹡鸰科
体长 15~18cm
体重 18~27g
野外识别特征 小型鸟类，形似其他鹨类，但体色较灰，纵纹不甚明显；上体橄榄褐色具纵纹，下体棕白色，繁殖期喉、胸部略沾葡萄红色，胸胁部暗色纵纹较为细弱。

IUCN红色名录等级 LC

形态特征 成鸟眉纹灰棕白色，头部及上体为灰褐色或橄榄褐色，头顶和背具不甚明显的暗色纵纹；翼暗褐色，翼上中覆羽和大覆羽具棕白色端斑，在翼上形成两道横斑，飞羽外翈具近白色细羽缘；尾黑褐色，外侧尾羽具白斑；下体棕白色，胸侧和两胁微缀不明显的褐色纵纹，繁殖季喉至胸略沾葡萄红色；虹膜褐色，喙暗褐色，脚暗褐色。

生态习性 繁殖季栖息于高原草甸、溪流或河谷，非繁殖季栖息于低山至平原的溪流、河谷、湖泊、水塘和沼泽等水域，也见于水域附近的农田和旷野。常单独或成对活动，迁徙时集群。多在地面活动，善奔跑，受惊则飞到附近灌丛或树木上，飞行呈波浪状。主食昆虫，也吃其他小型无脊椎动物和少量草籽。繁殖期在5—8月，营巢于灌草丛中或隐蔽的石堆间，以枯草茎、草叶等筑巢，内垫羽毛、兽毛等柔软物。窝卵数4~6枚，雌鸟孵卵，孵化期约14天。雏鸟晚成，经双亲共同喂养约15天后可离巢。

分布与居留 分布于欧洲东北部、亚洲和北美。在我国多地可见，主要为旅鸟，部分在长江流域和东南沿海等地越冬。

冬羽

 # 黄腹鹨

中文名 黄腹鹨
拉丁名 *Anthus rubescens*
英文名 Buff-bellied Pipit
分类地位 雀形目鹡鸰科
体长 15~18cm
体重 18~27g
野外识别特征 小型鸟类，形似水鹨，但黄腹鹨下体偏土黄色，胸胁部纵纹较水鹨更明显，繁殖期胸部纵纹更加明显，脚肉黄色。

IUCN红色名录等级 LC

形态特征 成鸟头部和上体灰褐色略具暗色纵纹，眉纹灰白色；翼上覆羽深褐色具白缘，在翼上形成两道白横斑，飞羽黑褐色具浅色细羽缘；尾羽黑褐色，外侧尾羽具白斑；下体淡土黄色，胸胁部具有黑褐色纵纹，繁殖期胸部纵纹比较明显；虹膜褐色，喙黑褐色，脚肉黄色。

生态习性 栖息于溪流、河谷、湖泊、沼泽等近水处。常单独或成对活动，迁徙季集群。主要在地面活动，善奔跑，飞行呈波浪式前进。主食昆虫及其他小型无脊椎动物。繁殖期在5—8月，营巢于水域附近的隐秘的草丛或石堆中，以枯草等材料筑巢，内部垫以羽毛、兽毛等柔软材质。窝卵数4~6枚，雌鸟孵卵，孵化期约14天，雏鸟晚成，经双亲共同喂养约15天后可离巢。

分布与居留 分布于欧洲东北部、亚洲和北美。在我国多地可见，主要为旅鸟，部分冬候于长江流域和东南沿海等地。

灰山椒鸟

中文名 灰山椒鸟
拉丁名 *Pericrocotus divaricatus*
英文名 Ashy Minivet
分类地位 雀形目山椒鸟科
体长 18~20cm
体重 20~28g
野外识别特征 小型鸟类，体形较细瘦，尾较长，栖息时身形直立；贯眼纹黑色，上体石板灰色，下体白色，翼和尾黑色，翼上具斜行白斑，尾外侧白色。

IUCN红色名录等级　LC

形态特征 雄鸟额和头顶前部白色，头顶后部、枕、眼先和耳区为黑色，后颈至上体石板灰色；翼内侧覆羽灰色，外侧黑褐色，展翼时可见飞羽基部的灰白色横斑在翼下形成明显的倒"V"字形条带；中央尾羽全黑褐色，其余尾羽基部黑色，先端白色；下体白色，胸侧和两胁略泛灰色，翼下覆羽白色具黑斑；虹膜暗褐色，喙和脚黑色。雌鸟上体几乎全为灰色，眼先沾黑色，翼和尾的黑褐色较淡，其余同雄鸟。

生态习性 繁殖期栖息于茂密的阔叶林或红松阔叶混交林中，非繁殖期见于次生林、林缘甚至村落附近。喜成群在森林树冠层上空飞翔，飞翔呈波浪式前进，常边飞边叫，鸣声为清脆的"叽哩哩、叽哩哩、叽哩哩"。主食叩头虫、瓢虫、毛虫和蟓象等昆虫及其幼虫。繁殖期在5—7月，在隐秘的高大树木侧枝上以枯草、树皮、苔藓和地衣等材料筑碗状巢，窝卵数4~5枚。

分布与居留 分布于亚洲东部。在我国繁殖于内蒙古东北部、黑龙江和吉林，迁徙经过辽宁、河北、河南、山东等省，以及华东、华南沿海各地和西南地区，到境外越冬。

长尾山椒鸟

中文名 长尾山椒鸟
拉丁名 *Pericrocotus ethologus*
英文名 Long-tailed Minivet
分类地位 雀形目山椒鸟科
体长 17~20cm
体重 15~25g
野外识别特征 小型鸟类，体色鲜艳，尾羽较长；雄鸟头、颈、胸和上背黑色，下背至尾上覆羽以及胸以下的整个下体为鲜艳的辣椒红色，翼和尾黑色，翼上有红色翼斑，尾端红色；雌鸟体色分布类似雄鸟，但红色区域为黄色。

IUCN红色名录等级 LC

形态特征 雄鸟头、颈、肩和背为黑色，下背、腰和尾上覆羽赤红色；翼黑色，第一枚初级飞羽外翈粉红色，翼上具红色大横斑；中央尾羽全黑色，次中央尾羽黑色具红色外翈，其余尾羽基部黑色，端部红色；下体颏、喉和头颈两侧为黑色，其余下体辣椒红色，翼下覆羽橙红色；虹膜暗褐色，喙和脚黑色。雌鸟额基和眼先沾污黄色，头顶、枕和后颈灰黑色，背灰褐色略泛绿，下背、腰和尾上覆羽芽黄色；翼黑色，翼上具黄色宽斑；中央尾羽黑色，次中央尾羽黑色，外翈带黄色，其余尾羽基本黑色，端部黄色；下体颏、喉和颊、耳羽为浅灰色，其余下体柠檬黄色。

生态习性 栖息于多种山地森林，冬季也见于林缘和周围平原。喜三五成群活动，休息时栖于疏林地带的大乔木树顶上，常边飞边发出"啾、啾、啾"的尖细叫声。常在树上觅食多种昆虫，捕食大量金龟子、金花虫、蟓象、毛虫等农林害虫，也在空中飞行捕食，不常下地活动。繁殖期在5—7月，营巢于中低山林的乔木上，以草根、草茎、苔藓、地衣乃至蛛网等材料编织精致的杯状巢。窝卵数通常3枚，雌鸟孵化，雄鸟警戒，雏鸟晚成，由双亲共同喂养。

分布与居留 分布于喜马拉雅山周边的亚洲东部至南部地区。在我国长江以北地区繁殖的种群为夏候鸟，其分布地区北端可至陕西、山西、河北和河南等省；在长江以南为留鸟，分布于四川、云南、广西和藏南等地。

赤红山椒鸟

中文名 赤红山椒鸟
拉丁名 *Pericrocotus flammeus*
英文名 Scarlet Minivet
分类地位 雀形目山椒鸟科
体长 18~22cm
体重 20~37g
野外识别特征 小型鸟类，形似长尾山椒鸟，但赤红山椒鸟体形稍大，雄鸟第一枚初级飞羽不具粉红色外翈，翼上红斑更大，雌鸟额、头顶前部、颊、颏和喉都为黄色。

IUCN红色名录等级　LC

形态特征　雄鸟头、颈、背、肩和翼上小覆羽为辉亮的黑色，下背、腰和尾上覆羽为鲜艳的朱红色至橙红色；翼黑色，翼上大覆羽几乎全为红色，与飞羽基部的红色在翼上形成宽红色横斑，拢翼时可见一大一小不相连的两枚椭圆形红斑；虹膜棕褐色，喙和脚黑色。雌鸟额和前头部为嫩黄色，眼先灰褐色，后头部至上体灰色，腰和尾上覆羽绿黄色；中央尾羽黑色，次中央尾羽黑色具黄色端部，其余尾羽大体绿黄色，仅基部黑色；翼灰黑色，具两道绿黄色翼斑；下体全为柠檬黄色，胁部略沾橄榄绿。

生态习性　栖息于低山丘陵和山麓林地，除繁殖期外成群活动，有时亦与其他山椒鸟混群。喜成松散的群体活动在树冠层，性活跃，常成群由一棵树转到另一颗树上，边飞边发出尖细的叫声。在树枝上觅食，或在飞行中捕食，主食多种昆虫，也吃少量植物种子。繁殖期在5—7月，在小树上以细草根茎和松针等材料编织精细的杯状巢，并用蛛网、苔藓和地衣等材料对巢进行伪装。窝卵数2~4枚，卵蓝绿色具褐斑。

分布与居留　分布于亚洲东部至南部。在我国分布于藏东南、云贵、两广、海南、福建、江西和湖南等地，为留鸟。

灰喉山椒鸟

中文名 灰喉山椒鸟
拉丁名 *Pericrocotus solaris*
英文名 Grey-chinned Minivet
分类地位 雀形目山椒鸟科
体长 17~19cm
体重 12~21g
野外识别特征 小型鸟类，雄鸟整个头部连同喉部均为灰黑色，上体石板黑色，翼斑和腰赤红色，下体自胸部及以下全为辣椒红色；雌鸟体色分布和雄鸟类似，但红色部分被黄色取代。

IUCN红色名录等级　LC

形态特征 雄鸟自额、头顶、枕至后颈为亮泽的灰黑色，头侧及颏喉部烟灰色；上体灰黑色，下背、腰和尾上覆羽赤红色；中央和次中央尾羽大部分黑色，外侧尾羽端部红色逐渐扩大；翼黑色，翼上具赤红色翼斑；下体胸部及以下全为鲜艳的辣椒红色；虹膜褐色，喙和脚黑色。雌鸟额至背部深灰色，眼先灰黑色，头侧和喉部烟灰色；下背、腰和尾上覆羽为橄榄绿黄色。雌鸟尾和翼上斑块形同雄鸟，但色为绿黄色；下体自胸部以下全为鲜黄色。

生态习性 主要栖息于低山丘陵的阔叶林和混交林中，常小群活动，有时与赤红山椒鸟混群。主要在树冠活动，很少下地，性活跃，常边飞边发出"啾、啾、啾"的叫声。主食鳞翅目、鞘翅目、双翅目等多种昆虫，兼食少量植物种实。繁殖期在5—6月，于常绿阔叶林等山林中营巢，以枯草、苔藓、松针等材料编织精巧的杯状巢，并以苔藓、地衣等材料模拟枝干质地进行伪装。窝卵数3~4枚，卵蓝绿色具棕褐色斑。

分布与居留 分布于喜马拉雅山附近的地区。在我国分布于云贵、两广、江西、湖南、海南及闽台地区，为留鸟，冬季进行垂直迁徙。

领雀嘴鹎

中文名 领雀嘴鹎（bēi）
拉丁名 *Spizixos semitorques*
英文名 Collared Finchbill
分类地位 雀形目鹎科
体长 17~21cm
体重 35~50g
野外识别特征 小型鸟类，蜡黄色的喙短而粗，额和头顶前部黑色，额基有一白斑，喉黑色，前颈形成一白色颈环，其余上体暗橄榄绿色，下体橄榄黄色。

IUCN红色名录等级 LC
中国特有鸟种

形态特征 成鸟头颈黑灰色，额、头顶前部和喉部为深黑色，余部渐转为灰色，额基近鼻孔处和下喙基部各有一小撮白羽，颊和耳羽杂白色细纹；上体暗橄榄绿色，尾上覆羽稍淡，尾羽橄榄褐黄色；翼上覆羽暗橄榄绿色，飞羽暗褐色，外翈橄榄黄绿色；下体颏、喉黑色，颈部围有半环形的白色颈环，胸和胁橄榄绿色，腹和尾下覆羽橄榄黄色；虹膜褐色，喙短粗，上喙略向下弯曲，为灰黄色至肉黄色，脚淡灰至肉褐色。

生态习性 栖息于低山丘陵至山脚平原，也出现在庭院、果园等处。常成群活动，鸣声悦耳。食性较杂，主食草莓、马桑等果实以及草籽和嫩叶，兼食金龟子、步行虫等昆虫。繁殖期在5—7月，营巢于溪边、路旁小树侧枝上或灌丛中，以细枝、藤条、草茎等编织成碗状巢，内垫以草叶、棕丝等柔软材质，窝卵数3~4枚。

分布与居留 主要分布于我国的长江流域及以南地区，也见于甘肃东南部、河南、陕南和湖广、云贵、闽台等地，为我国特有鸟种。

黑头鹎

中文名 黑头鹎
拉丁名 *Pycnonotus atriceps*
英文名 Black-headed Bulbul
分类地位 雀形目鹎科
体长 17~19cm
体重 25~38g
野外识别特征 小型鸟类，头黑色，其余体羽主要为橄榄黄色，飞羽、腰羽中部和尾羽次端斑黑色，尾上覆羽甚长，覆盖尾羽超过一半。

IUCN红色名录等级　LC

形态特征 成鸟头、颈、颔和喉全为黑色，具蓝紫色金属光泽；上体橄榄黄色，腰羽中部黑色，尾上覆羽延长至覆盖尾羽长度过半，为鲜黄色；尾羽橄榄黄色，具黑色次端斑和浓黄色端斑；翼上小覆羽和中覆羽橄榄黄色，大覆羽和飞羽黑褐色，除第二、三枚初级飞羽外，均具有橄榄绿黄色羽缘；下体胸部橄榄黄色，腹部及以下为浓黄色，尾下覆羽亦延长至覆盖尾羽长度过半，翼下覆羽黄白色；虹膜淡灰蓝色，喙黑色，脚暗褐色。

生态习性 栖息于低山常绿阔叶林，常成对或小群活动，食性较杂，吃多种昆虫，也吃植物种子和果实。

分布与居留 分布于亚洲东南部。在我国仅分布于云南西双版纳地区，为留鸟。

红耳鹎

中文名 红耳鹎
拉丁名 *Pycnonotus jocosus*
英文名 Red-whiskered Bulbul
分类地位 雀形目鹎科
体长 17~21cm
体重 26~43g
野外识别特征 小型鸟类，额、头顶和枕黑色，具有明显而耸立的黑色冠羽，耳区有一鲜红斑，头两侧各有一具黑边的大白斑，额和喉白色，胸侧形成黑褐色横带；其余上体褐色，下体灰白色。

IUCN红色名录等级　LC

形态特征 成鸟额、头顶至枕黑色，头顶具有高耸的尖角状黑色冠羽，眼后下方有一红斑，耳羽和颊白色，具黑色细边缘；后颈、背至尾上覆羽褐色；尾黑褐色，外侧尾羽内翈具白斑；翼上覆羽灰褐色，飞羽深黑褐色，外翈略带土黄色；下体额、喉白色，沿颊部向两侧延伸；自颈侧至胸侧各有一明显的宽黑褐色横带；其余下体近白色，两胁略泛烟褐色；虹膜褐色，喙和脚黑色。

生态习性 栖息于低山丘陵的常绿阔叶林或雨林中，也见于林缘、农田等开阔地，甚至庭院等人工绿地。常小群活动，也与红臀鹎、黄臀鹎混群，多在树冠或灌丛中活动，性活泼，善鸣叫，常边跳跃觅食边鸣叫。杂食性，主食榕树、石楠、蓝靛等乔灌木种子、果实和花，兼食多种草籽和昆虫。繁殖期在4—8月，求偶期常站在树梢鸣唱，或成对在花树间嬉戏。营巢于小乔木、灌丛或香蕉树上，以细枝、枯草等搭建杯状巢，内垫以草叶、鸟羽、兽毛等柔软材质。窝卵数通常3枚，孵化期12~14天。

分布与居留 分布于喜马拉雅山周边地区。在我国分布于藏东南、云贵、两广和香港等地，为留鸟。

 黄臀鹎

中文名 黄臀鹎
拉丁名 *Pycnonotus xanthorrhous*
英文名 Brown-breasted Bulbul
分类地位 雀形目鹎科
体长 17~21cm
体重 27~43g
野外识别特征 小型鸟类，似红耳鹎，但头上冠羽不明显，头侧无红斑，下喙基部两侧各有一小红点，尾下覆羽鲜黄色。

IUCN红色名录等级 LC

形态特征 成鸟额、头顶至枕部黑色，无明显冠羽，眼先和眼周亦为黑色，耳羽灰褐色；上体土褐色；尾暗褐色具不明显横斑；翼暗褐色，飞羽具淡色羽缘；下体颏、喉白色，喉侧具不明显的黑色髭纹，上胸灰褐色，形成宽环带，胁部泛烟褐色，尾下覆羽鲜黄色，其余下体乳白色；虹膜茶褐色，喙和脚黑色，下喙基部两侧各有一小红点。

生态习性 栖息于中低山的稀疏林地，除繁殖期外成群活动。主食植物种实，兼食昆虫，幼鸟主要吃昆虫；冬季吃乌桕等种子，夏季吃多种浆果、梨果等果实，以及鳞翅目、鞘翅目等昆虫。繁殖期在4—7月，在灌丛、竹林或小树上筑碗状巢，巢由枯枝、草茎、纤维等材料构成，内垫细草、花穗等柔软物。窝卵数2~5枚，卵灰白至淡红色，表面有褐斑。

分布与居留 分布于喜马拉雅山周围地区。在我国广泛分布于长江流域、西南和东南沿海等地，较为常见，为留鸟，进行季节性垂直迁徙。

白头鹎 白头翁

中文名 白头鹎
拉丁名 *Pycnonotus sinensis*
英文名 Light-vented Bulbul
分类地位 雀形目鹎科
体长 17~22cm
体重 26~43g
野外识别特征 小型鸟类，额至头顶黑色，眼后上方和枕部白色，耳羽后部形成白斑，上体橄榄褐色，下体额、喉白色，胸灰褐色，腹部灰白色具黄绿色纵纹。

IUCN红色名录等级 LC
中国特有鸟种

形态特征 成鸟额至头顶亮黑色，眼后上方各有一道宽白纹，向后枕延伸相连，形成宽白色枕环，颊和颧纹黑色，耳羽黑褐色，后部转为灰白色；上体橄榄褐色，具黄绿色羽缘；尾羽和飞羽暗褐色具黄绿色羽缘；下体额、喉白色，胸灰褐色，形成一道不明显的宽横带，下体余部污白色具不明显的暗黄绿色纵纹，胁部略泛橄榄褐色；虹膜褐色，喙和脚黑色。

生态习性 栖息于低山丘陵至平原的疏林、灌丛、竹林、草地以及村落和城市公园等生境。常小群活动于小树和灌木上，性活泼，不甚怕人。善鸣唱，常在枝梢间跳跃或在相邻树间飞行，一般不进行长距离飞行。杂食性，吃多种昆虫和植物种实，繁殖季以金龟甲、步行虫、夜蛾、瓢虫、蝗虫等昆虫为主食，其他季节主要吃蔷薇、卫矛、桑、石楠、女贞、乌桕等植物种实。繁殖期在4—8月，于灌木、竹丛或小树上以枯草、细枝、芦苇等材料筑碗状巢。窝卵数通常4枚，卵粉白色，表面有紫褐色斑点。

分布与居留 广泛分布于我国长江流域及以南地区，一般为留鸟。

栗背短脚鹎

中文名 栗背短脚鹎
拉丁名 *Hemixos castanonotus*
英文名 Chestnut Bulbul
分类地位 雀形目鹎科
体长 18~22cm
体重 29~49g
野外识别特征 小型鸟类，额栗色，头顶和羽冠黑色，背栗色，翼和尾暗褐色具灰白羽缘，下体近白色，胸胁部泛灰色。

IUCN红色名录等级 LC
中国特有鸟种

<u>形态特征</u> 成鸟额至头顶前部及眼先和颊为栗色，头顶至枕黑色，头顶具黑色短冠羽；上体褐栗色；尾羽暗褐色，外侧尾羽具灰白色羽缘；翼暗褐色，翼上小覆羽泛栗色，大覆羽、内侧初级飞羽和次级飞羽外翈具灰白色至黄绿色羽缘；下体颏、喉白色，胸胁部泛灰色，其余下体灰白色；虹膜红褐色，喙和脚暗褐色至黑色。

<u>生态习性</u> 栖息于低山丘陵的阔叶林、林缘、灌丛和草地等生境，常成对或小群在树冠活动，也在林下灌丛觅食。杂食性，主食核果和乌饭果等植物种实，兼食叶甲、象甲、蛾类、蜂类、蝇类等昆虫。繁殖期在4—6月，于小树或灌木上营杯状巢。窝卵数3~5枚，卵洋红色被紫色斑。

<u>分布与居留</u> 为我国特有种，分布于贵州、广西、湖南、江西、福建、广东、海南和香港等地，为留鸟。

绿翅短脚鹎

中文名 绿翅短脚鹎
拉丁名 *Hypsipetes mcclellandii*
英文名 Mountain Bulbul
分类地位 雀形目鹎科
体长 20~26cm
体重 26~50g
野外识别特征 中型鸟类，头暗褐色，头顶羽毛尖立，耳和颈侧泛锈红色，上体灰褐色缀橄榄绿色，下体颏、喉灰色，胸棕褐色具白色纵纹，尾下覆羽浅黄色。

IUCN红色名录等级 LC

形态特征 成鸟额、头顶和枕栗褐色，羽呈尖矛状，先端具明显的白色羽轴，眼先灰白色；颈浅栗褐色，肩、背和腰橄榄褐色微泛黄绿色；尾橄榄绿色，翼上覆羽橄榄绿色，飞羽黑褐色，外翈黄绿色；下体颏、喉浅灰色，颏至胸部有灰白色纵纹，胸棕灰色，两胁泛橄榄棕色，腹棕白色，尾下覆羽淡橄榄黄色；虹膜暗红色，喙黑色，脚肉色至黑褐色。

生态习性 栖息于中低山林及林缘地带，常小群活动于树冠和灌丛。性活泼，鸣声清脆。主食榕、乌饭、蔷薇等多种植物果实和种子，兼食甲虫、蜂、蚱蜢、斑蝥等昆虫。繁殖期在5—8月，在小乔木或林下灌木上营巢，以草茎、草根和竹叶等材料构杯状巢，窝卵数2~4枚，卵灰白色缀绛红色斑。

分布与居留 分布于东喜马拉雅山地区至印度东北部。在我国分布于藏东南、云贵、湖广、四川、安徽、福建和海南等地，为留鸟。

黑短脚鹎

中文名 黑短脚鹎
拉丁名 *Hypsipetes leucocephalus*
英文名 Black Bulbul
分类地位 雀形目鹎科
体长 22~26cm
体重 41~67g
野外识别特征 中型鸟类，通体黑色，或头颈白色、主体黑色，喙朱红色，脚橘红色，尾呈浅叉形。

IUCN红色名录等级 LC

形态特征 一种成鸟通体黑色，上体泛金属蓝绿光泽，飞羽和尾羽黑褐色，下体略泛灰色；另一种成鸟头颈部纯白色，其余体羽黑色，上体带蓝绿色光泽，飞羽和尾羽泛黑褐色。两者虹膜黑褐色，喙朱红色，脚橘红色。

生态习性 栖息于低山丘陵至山脚平原的阔叶林、常绿阔叶林及针阔混交林中，常单独或小群活动，冬季集大群。性活泼，善鸣叫，常在树冠跳跃活动，啄食蜂、甲虫、蝗虫等昆虫，也吃植物种实。繁殖期在4—7月，营巢于山地乔木上，以细枝、枯草、树皮、苔藓等材料筑杯状巢，内垫松针和细草，外饰蛛网伪装。窝卵数2~4枚，卵白色至淡红色，被紫褐斑。

分布与居留 分布于马达加斯加、巴基斯坦、尼泊尔、印度、越南和泰国等地。在我国分布于长江流域及以南各地，主要为留鸟，进行季节性垂直迁徙；少数在长江以北繁殖的种群到长江以南越冬。

黑短脚鹎（白头型）

橙腹叶鹎

中文名 橙腹叶鹎
拉丁名 *Chloropsis hardwickii*
英文名 Orange-bellied Leafbird
分类地位 雀形目叶鹎科
体长 16~20cm
体重 21~40g

野外识别特征 小型鸟类，雄鸟额至后颈黄绿色，上体叶绿色，亮钴蓝色的小覆羽形成明显的肩斑，飞羽和尾羽黑色，额、喉和上胸紫黑色，髭纹钴蓝色，其余下体橙黄色；雌鸟与雄鸟体色相似，但飞羽和尾羽绿色。

IUCN红色名录等级　LC

形态特征 雄鸟额、头顶至后颈黄绿色或蓝绿色，其余上体草绿色至叶绿色；翼和尾为带有金属光泽的紫黑色，翼上小覆羽形成亮钴蓝色肩斑；下体额、喉和胸为金属紫黑色，与头部额基、眼先、耳羽等区域的黑色连为一体，髭纹钴蓝色，其余下体橙黄色，两胁略泛草绿色；虹膜棕红色，喙黑色，脚绿灰色至黑色。雌鸟与雄鸟体色相似，但额和头顶及上体全为均一的草绿色，翼和尾亦为草绿色；下体喉中部至上胸为淡绿色，仅腹部中央和尾下覆羽显橙色。

生态习性 栖息于中低山至平原的森林中，常三五成群活动于树冠上，性活跃，善鸣叫。主食甲虫、蝗虫、毛虫等昆虫，也吃少量蜘蛛等小型无脊椎动物，以及榕果、草籽等植物种实。繁殖期在5—7月，在林中乔木上以枯草等材料筑杯状巢，窝卵数通常3枚。

分布与居留 分布于喜马拉雅山周围地区。在我国分布于西藏、云南、广西、广东、香港、福建和海南岛等地，为留鸟。

雌鸟

雄鸟

雄

 # 太平鸟

中文名 太平鸟
拉丁名 *Bombycilla garrulus*
英文名 Bohemian Waxwing
分类地位 雀形目太平鸟科
体长 16~21cm
体重 43~65g
野外识别特征 小型鸟类，主体葡
萄灰色，头部深栗色，头顶有一
簇长冠羽，贯眼纹和颏喉黑色，
翼上具白斑，次级飞羽羽干末端
具红色滴状斑，尾羽具黑色次端
斑和黄色端斑。

IUCN红色名录等级 LC

形态特征 成鸟额、头顶前部和头侧褐栗色，具一簇褐灰色的尖长冠
羽，头顶后部栗灰色，贯眼纹黑色，从额基贯穿到后枕；背、肩为葡萄
灰色，腰和尾上覆羽浅灰色；尾羽深灰色，具明黄色端斑和黑色次端
斑；翼内侧覆羽葡萄灰色，初级覆羽黑褐色具白色端斑，在翼上形成一
道细白翼斑，初级飞羽灰黑色，除第一枚初级飞羽外，外翈具有狭长的
淡黄色和黄白色端斑，棕褐色的次级飞羽外翈亦具有白色端斑，并有红
色滴状斑；下体颏、喉黑色，胸栗灰色，腹部向下由灰色渐为黄白色，
尾下覆羽栗色；虹膜暗红色，喙黑色，基部铅蓝色，脚黑色。

生态习性 栖息于针叶林、混交林乃至果园和城市公园等地。除繁殖期
外成群活动，没有固定活动区，常在树冠或灌木上跳跃活动，飞行时鼓
翼疾速。主食油松、桦树、蔷薇、忍冬、海棠、火棘等植物的果实、
种子和嫩芽，也吃少量昆虫。繁殖期在5—7月，营巢于针叶林或混交林
中，以松针、枯草、苔藓等材料构杯状巢。窝卵数通常5枚，卵蓝灰色
被黑斑，雌鸟孵卵，孵化期14天。

分布与居留 分布于欧洲北部，亚洲北部、中部和东部，以及北美西部
等地。在我国分布于东北、内蒙古、华北等地，主要为冬候鸟和旅鸟。

小太平鸟

中文名 小太平鸟
拉丁名 *Bombycilla japonica*
英文名 Japanese Waxwing
分类地位 雀形目太平鸟科
体长 16~20cm
体重 31~63g
野外识别特征 小型鸟类，和太平鸟很相似，但小太平鸟尾羽端斑红色，尾下覆羽亦为红色。

IUCN红色名录等级 NT

形态特征 成鸟额、头顶和头侧栗褐色，头顶后部具一簇尖长的灰栗色冠羽，黑色的贯眼纹自额基至枕部，下喙基部和眼后下方各有一细小白斑；上体葡萄灰色，腰和尾上覆羽略偏淡灰色；尾羽深灰色，具黑色次端斑和红色端斑；翼上覆羽灰褐色，大覆羽外翈先端红色，形成红色带状翼斑，初级飞羽黑褐色，外翈羽缘蓝灰色，第三至八枚初级飞羽外翈端部具白斑，次级飞羽灰褐色，外翈蓝灰色，端部具暗红色小点；下体颏、喉黑色，胸栗灰色，腹灰色，尾下覆羽栗红色，羽端红色；虹膜暗红色，喙和脚黑色。

生态习性 栖息于针叶林、混交林、果园和城市公园等地。除繁殖期外成群活动，常在树冠或灌丛活动，有时也在地面取食。主食植物种子、果实和嫩芽，也吃昆虫。

分布与居留 分布于西伯利亚东南部、朝鲜、日本等亚洲东部地区。在我国主要冬候或迁徙经过长江以北地区，部分在东北繁殖，偶见于长江以南地区冬候。

虎纹伯劳

中文名 虎纹伯劳
拉丁名 *Lanius tigrinus*
英文名 Tiger Shrike
分类地位 雀形目伯劳科
体长 16~19cm
体重 23~38g
野外识别特征 小型鸟类，雄鸟额基和贯眼纹黑色，头顶至后颈灰色，上体棕栗色，具细黑波纹，下体乳白色；雌鸟体色与雄鸟类似，但头部无明显黑色区域，两胁具有细黑波纹。

IUCN红色名录等级 LC

形态特征 雄鸟头顶至上背蓝灰色，额基连同粗贯眼纹为黑色；背至尾上覆羽、翼上覆羽和内侧飞羽为棕栗色，具有细的黑色波状横纹，故名"虎纹伯劳"；外侧覆羽和飞羽暗褐色具棕红色羽缘；尾棕褐色具不明显的暗色横斑，外侧尾羽具白色端斑；下体近白色；虹膜褐色，喙和脚黑色，伯劳类喙形粗厚，上喙先端弯曲成钩状，下喙有齿突，口角具有须状刚毛。雌鸟相似，但额基为灰色，无明显黑色贯眼纹，头顶灰色仅延伸到后颈，上体羽色稍暗淡，两胁具有黑色细波纹。

生态习性 栖息于低山丘陵至山脚平原的开阔丛林，常单独或成对活动。常站在路边小树顶端或电线杆头，伺机捕猎。性凶猛，叫声粗犷响亮，鸣叫时常仰首翘尾，飞行时快速鼓翼呈波浪状前进。主食金龟子、步行虫、蝗虫、蛾等昆虫，也吃蜥蜴和小鸟等小型脊椎动物。繁殖期在5—7月，雌雄亲鸟共同在小树或灌木上以枯草、细枝、树皮等营造杯状巢，外壁粗糙，内层精致。窝卵数通常5~6枚，雌鸟孵卵，雄鸟警戒，孵化期约14天。雏鸟晚成，由双亲共同喂养13~15天即可离巢。

分布与居留 分布于亚洲东部。在我国繁殖于东北、华北、长江中下游地区和四川、陕西等地，越冬于云南、广西、广东、福建、湖南等地。

牛头伯劳

中文名 牛头伯劳
拉丁名 *Lanius bucephalus*
英文名 Bull-headed Shrike
分类地位 雀形目伯劳科
体长 19~23cm
体重 30~42g
野外识别特征 小型鸟类，似虎纹伯劳，但头顶至后颈为棕栗色，头部显得较大，黑色贯眼纹上具细白色眉纹，上体无明显波状纹，雄鸟具白色翼斑。

IUCN红色名录等级　LC

形态特征 雄鸟额、头顶至后枕棕栗色，粗贯眼纹黑色，眉纹污白色；背、肩、腰及尾上覆羽褐灰色；中央一对尾羽灰黑色，其余尾羽浅褐灰色，具棕白色端斑；翼黑褐色，外侧飞羽基部具白斑；下体棕白色，颏、喉以下渐为浅棕色，具细小的黑褐色波状横斑，胸侧和两胁尤其明显；虹膜暗褐色，钩状喙黑色，基部灰褐色，脚黑褐色。雌鸟体色与雄鸟相似，但头部主要为棕褐色，无明显的黑色贯眼纹，翼上无明显白斑，上体体色较灰暗，下体横纹细密而多。

生态习性 栖息于林缘、河谷或农田、村落边的疏林灌丛。常单独或成对活动，性活泼，常在树丛间跳跃或快速飞行，也站在树梢或电线杆上伺机捕猎，猎取后返回栖息处啄食。主食蝗虫、螽斯、蜂、甲虫和蛾等昆虫，也吃蜘蛛、小鸟等小动物。繁殖期在5—7月，营巢于杨桦林等疏林内，以细枝、枯草、松针等材料筑杯状巢。窝卵数4~6枚，孵化期约16天。雏鸟晚成，由双亲共同喂养13~14天后可离巢飞翔。

分布与居留 分布于俄罗斯远东、日本、朝鲜半岛等亚洲东部地区。在我国北方地区为夏候鸟，在南方地区为冬候鸟。

雄鸟

雌鸟

红尾伯劳

中文名 红尾伯劳
拉丁名 *Lanius cristatus*
英文名 Brown Shrike
分类地位 雀形目伯劳科
体长 18~20cm
体重 26~35g
野外识别特征 小型鸟类，和牛头伯劳相似，但红尾伯劳尾上覆羽红棕色，尾羽棕褐色，飞羽上无明显白斑。

IUCN红色名录等级 LC

形态特征 雄鸟头顶至后颈棕色，额略泛灰，额基有一窄黑横带和黑色的宽贯眼纹相连；上背灰褐色，下背和腰棕褐色，尾上覆羽栗红色，尾羽棕褐色；翼上覆羽深褐色具棕白色羽缘，飞羽黑褐色，基部白斑不明显，羽缘白色；下体近白色，两胁泛玉黄色；虹膜褐色，钩状喙和脚黑褐色。雌鸟类似，但头颈颜色更偏棕褐色，前额和眼先深赭色，耳羽暗褐色，上体亦较暗淡，下体胸和体侧具黑色波状横纹。

生态习性 栖息于低山丘陵至山脚平原的疏林和灌丛。常单独或成对活动，性活跃，常在枝头上下跳跃，或立于树顶，伺机捕食。主食直翅目、鞘翅目、半翅目和鳞翅目等昆虫，偶食少量草籽。繁殖期在5—7月，营巢于低山丘陵的疏林至林缘，雌雄亲鸟共同以莎草、苔草和蒿草等材料构杯状巢。窝卵数5~7枚，雌鸟孵卵，雄鸟警戒，孵化期约15天。雏鸟晚成，经双亲共同喂养约16天离巢，离巢后仍随亲鸟在巢区活动一段时间学习捕食。

分布与居留 分布于亚洲东部。在我国广泛分布于多地，较为常见，在东北、华北等地繁殖，在繁殖地以南越冬。

栗背伯劳

中文名 栗背伯劳
拉丁名 *Lanius collurioides*
英文名 Burmese Shrike
分类地位 雀形目伯劳科
体长 18~20cm
体重 26~31g
野外识别特征 小型鸟类，额至贯眼纹黑色，头顶至上背灰色，其余上体栗棕色，翼和尾黑色具白斑，下体白色。

IUCN红色名录等级 LC

形态特征 成鸟额基、眼先、眼周至耳覆羽黑色，形成黑色的宽贯眼纹，头顶至上背灰色；下背、肩和腰栗棕色；尾羽黑色具白色端斑，外侧尾羽白端斑逐渐变大，至最外侧尾羽几乎全白色；翼黑褐色具栗色羽缘，初级飞羽基部具白斑；下体白色，体侧微沾棕色；虹膜暗褐色，钩状喙黑色，基部灰色；脚铅灰色。

生态习性 栖息于低山丘陵和山脚平原的疏林和林缘。常单独或成对活动，喜立于小树顶上，鸣声婉转多变。主食多种昆虫。繁殖期在4—6月，在小树上以枯草、苔藓等材料筑巢。窝卵数3~6枚，雏鸟晚成。

分布与居留 分布于印度东北部、缅甸和泰国等地。在我国分布于云南、贵州、广西、广东和香港等地，为留鸟。

棕背伯劳

中文名 棕背伯劳
拉丁名 *Lanius schach*
英文名 Long-tailed Shrike
分类地位 雀形目伯劳科
体长 23~28cm
体重 42~111g
野外识别特征 中型鸟类，为伯劳中体形较大者，头顶至后颈灰黑色，贯眼纹黑色，背棕色，翼黑色具白色翼斑，尾长，中央尾羽黑色，外侧棕黄色，下体棕白色。

IUCN红色名录等级　LC

形态特征 成鸟额、眼先、眼周至耳羽黑色，形成宽贯眼纹；头顶至上背灰色或黑色；下背、肩、腰和尾上覆羽棕色；尾羽黑色，外侧尾羽外翈具棕黄色羽缘和端斑；翼上覆羽黑色，大覆羽具窄的棕色羽缘，飞羽黑色，初级飞羽基部棕白色形成翼斑，内侧飞羽外翈羽缘棕色；下体白色，两胁和尾下覆羽棕色；虹膜暗褐色，钩状喙和脚黑色。

生态习性 栖息于低山丘陵至山脚平原。除繁殖期外单独活动，善鸣唱，并能模仿其他鸟类叫声，鸣声婉转，故棕背伯劳等伯劳类有"百舌鸟"之别称。性凶猛，常立于树顶或电线上，发现猎物后飞扑捕杀，然后返回栖息处撕食。主食多种昆虫，也能捕杀小鸟、蛙、蜥蜴和鼠类等小型脊椎动物。繁殖期在4—7月，雌雄亲鸟共同在乔木或大灌木上以细枝、枯草、树叶等材料筑碗状或杯状巢。窝卵数通常4~5枚，雌鸟孵卵，雄鸟警戒，孵化期12~14天。雏鸟晚成，经双亲共同喂养13~14天后可离巢。雏鸟离巢后，亲鸟仍喂食雏鸟一段时间，雏鸟随亲鸟继续在一定领域内活动1~2个月后方可独立生活。

分布与居留 分布于东亚、东南亚至南亚。在我国分布于长江流域及以南广大地区，为留鸟，较常见。

灰背伯劳

中文名 灰背伯劳
拉丁名 *Lanius tephronotus*
英文名 Grey-backed Shrike
分类地位 雀形目伯劳科
体长 22~25cm
体重 40~54g
野外识别特征 中型鸟类，额基至贯眼纹黑色，头顶至背深灰色，腰和尾上覆羽棕色，尾黑褐色具浅色羽缘，翼黑褐色，下体白色，胁部和尾下覆羽沾棕色。

IUCN红色名录等级　LC

形态特征 成鸟额基、眼先、眼周至耳羽形成一条宽的黑色带，头顶、颈至下背为深灰色；腰和尾上覆羽棕色，尾羽黑褐色具浅棕色羽缘和羽端；翼黑褐色，内侧飞羽和大覆羽具淡棕色羽缘；下体白色，胸部微沾棕色，两胁和尾下覆羽棕色；虹膜褐色，钩状喙和脚褐黑色。

生态习性 栖息于中低山阔叶林和混交林的林缘地带。常单独或成对活动，喜站在树顶或电线上伺机捕猎，捕获后飞回原处进食。主食甲虫、蚂蚁和毛虫等昆虫，兼食小鸟和鼠类。繁殖期在5—7月，在小树或灌木上营巢，以枯草、细枝和毛发等材料构碗状巢。窝卵数通常5枚，雏鸟晚成。

分布与居留 分布于喜马拉雅山周边和印度北部。在我国分布于西藏、青海、甘肃、宁夏、陕西、四川、贵州和云南等地。部分为留鸟，进行季节性垂直迁徙；云南以北繁殖的种群主要为夏候鸟。

黑额伯劳

中文名 黑额伯劳
拉丁名 *Lanius minor*
英文名 Lesser Grey Shrike
分类地位 雀形目伯劳科
体长 20~23cm
体重 47~53g
野外识别特征 中型鸟类，额和贯眼纹形成黑宽带，头顶至背部灰色，翼和尾黑色具白斑，下体白色，胸胁部略泛葡萄粉色。

IUCN红色名录等级 LC

形态特征 雄鸟额、眼先、眼周和耳羽黑色，形成一条宽黑带贯眼纹，头顶至尾上覆羽灰色；中央尾羽黑色，外侧尾羽基部具逐渐扩大的白斑，最外侧尾羽几乎全白；翼黑色，初级飞羽基部白色形成白色翼斑，次级飞羽具白色端斑；下体白色，胸胁部泛淡葡萄粉色；虹膜深褐色，钩状喙和脚黑色。雌鸟体色和雄鸟相似，但贯眼纹偏褐色，上体颜色亦带有褐色调。

生态习性 栖息于有稀疏乔灌木的开阔草地上，也见于农田、果园或庭院。常单独或成对活动，喜立于树顶，伺机俯冲捕食，或像鹰一样在空中翱翔，叫声尖锐。主食昆虫，兼食小鸟和鼠类。繁殖期在5—7月，营巢于阔叶树或灌木上，以枯草、蒿、细枝等材料构杯状巢。窝卵数通常5~6枚，雌雄亲鸟共同孵化和育雏，孵化期约15天。雏鸟晚成，经约15天可离巢随亲鸟活动。

分布与居留 繁殖于欧洲中南部、西亚和中亚等地，越冬于非洲。在我国夏候于新疆。

楔尾伯劳

中文名 楔尾伯劳
拉丁名 *Lanius sphenocercus*
英文名 Chinese Grey Shrike
分类地位 雀形目伯劳科
体长 25~31cm
体重 75~104g
野外识别特征 中型鸟类，为我国伯劳中体形最大者，喙基至贯眼纹黑色，头顶至上体灰色，翼黑色具大白斑，楔形尾中央黑色，外侧3枚尾羽白色，下体白色；喙基粗壮，有时将头部羽毛膨起，显得头喙部特别粗大。

IUCN红色名录等级　LC

形态特征 成鸟眼先、眼周和耳羽黑色，形成黑色贯眼纹，额基和眉纹略泛白色，额、头顶至整个上体为干净的灰色；翼黑色，飞羽基部白色，在翼上形成大白斑；尾楔形，中央两对尾羽黑色，外侧尾羽黑色具逐渐扩大的白端斑，最外侧三对尾羽全白色；下体白色，有时胸胁部微沾葡萄粉灰色；虹膜深褐色，粗壮的钩状喙铅黑色，脚黑色。

生态习性 栖息于低山丘陵至平原的林缘、草地、农田和荒漠等多种生境。常单独或成对活动，喜立于树顶，伺机扑捕猎物，或在枝头跳跃，性凶猛，叫声粗犷。吃多种昆虫，也善于捕食小鸟、蜥蜴、蛙类和鼠类等小型脊椎动物，食量大，可将未吃完的猎物挂在皂荚树等植物的枝刺上，故而伯劳类亦名"屠夫鸟"，可见其性情凶猛。繁殖期在5—7月，营巢于具有灌草丛中的稀疏树木上，以榆枝、麻杆、蒿杆、枯草和花序等材料构杯状巢，内垫细草、羽片和兽毛。窝卵数5~7枚，雏鸟晚成。

分布与居留 分布于亚洲东部。在我国繁殖于东北、华北、陕西、甘肃、宁夏、青海和四川等地，越冬于长江以南至闽粤港台地区，部分在东北和华北为留鸟。

黑枕黄鹂 黄鹂

中文名 黑枕黄鹂
拉丁名 *Oriolus chinensis*
英文名 Black-naped Oriole
分类地位 雀形目黄鹂科
体长 23~27cm
体重 62~106g
野外识别特征 中型鸟类，主体金黄色，翼和尾黑色，贯眼纹和枕部黑色，形成连贯的黑带。

IUCN红色名录等级 LC

形态特征 雄鸟主体金黄色，头部额基、贯眼纹至枕黑色，形成围绕头顶的黑色宽带；翼黑色，羽端和外翈羽缘多带有黄白色；中央尾羽黑色，外侧尾羽黑色具逐渐扩大的黄色端斑；虹膜褐红色，喙肉粉红色，脚铅蓝灰色。雌鸟体色与雄鸟相似，但羽色稍显暗淡，上体略泛橄榄绿色。

生态习性 栖息于低山丘陵至山脚平原的阔叶林和混交林，也见于农田和城市公园，尤喜天然栎树林和杨树林。常单独或成对活动于高大乔木树冠，很少下地活动。繁殖期间常隐藏于大乔木树冠中鸣唱，鸣声婉转清亮，善于变调和模仿其他鸟类鸣叫，飞行呈波浪式。主食鞘翅目、鳞翅目和直翅目多种昆虫，也吃少量桑椹等植物果实和种子。繁殖期在5—7月，营巢于阔叶林中的高大乔木上，以枯草、麻、树皮纤维等材料编织吊篮状巢。窝卵数通常4枚，雌鸟孵卵，孵化期约15天。雏鸟晚成，经双亲共同喂养约16天可离巢，由亲鸟再喂食数天可独立生活。

分布与居留 分布于东亚至东南亚，在我国广泛分布于多地，较常见。

朱鹂

中文名 朱鹂
拉丁名 *Oriolus traillii*
英文名 Maroon Oriole
分类地位 雀形目黄鹂科
体长 23~28cm
体重 64~114g
野外识别特征 中型鸟类，雄鸟头颈、胸和翼黑色，其余体羽猩红色；雌鸟体色与雄鸟类似，但胸腹部灰白色具黑色纵纹。

IUCN红色名录等级 LC

形态特征 雄鸟头、颈、喉和上胸黑色具金属光泽，上体和下体猩红色，尾为稍暗的栗红色，翼黑色具蓝色金属光泽；虹膜淡黄色，喙和脚铅灰色。雌鸟体色与雄鸟类似，体色较暗淡，黑色区域偏褐色调，光泽较弱，胸腹部灰白色具黑色纵纹。幼鸟体色似雌鸟，但下体偏白，胸胁缀有红色。

生态习性 栖息于热带至亚热带的低山常绿阔叶林、落叶阔叶林和针阔混交林中。常单独或成对活动，鸣声清脆婉转而多变。吃昆虫和植物种实。繁殖期在4—7月，以植物纤维和枯草在树枝上筑碗状悬挂巢。窝卵数2~3枚，雌雄亲鸟共同孵化喂养，雏鸟晚成。

分布与居留 分布于喜马拉雅山周边地区。在我国分布于云南、海南岛和台湾地区，为留鸟。

黑卷尾 黎鸡儿

中文名 黑卷尾
拉丁名 *Dicrurus macrocercus*
英文名 Black Drongo
分类地位 雀形目卷尾科
体长 24~30cm
体重 40~65g
野外识别特征 中型鸟类，通体黑色具蓝绿色金属光泽，尾长而呈叉形，外侧尾羽末梢向外卷曲。

IUCN红色名录等级　LC

形态特征 雄鸟通体黑色，上体尤其具有闪亮的蓝绿色金属光泽；叉形尾黑色，具铜绿色光泽，最外侧一对尾羽最长，末端向两侧弯曲并微向上翘卷；虹膜褐色，喙和脚黑色。雌鸟体色和雄鸟相似，通体黑色，但光泽较暗淡。幼鸟体色似成鸟，通体黑褐色，仅肩背部具金属光泽，翼缘具白色，下体羽缀有白色近端斑。

生态习性 栖息于低山丘陵至山麓，常在溪谷、沼泽、果园等林缘开阔地活动。多成对或小群活动，喜栖于高大乔木或电线上，发现猎物时俯冲捕捉，然后返回栖息的高处吞食。繁殖期常在黎明时彼此呼应地连续鸣叫，故别称"黎鸡儿"。繁殖期在4—7月，在阔叶树上以草茎、花序等材料筑杯状巢，并以棉絮、蛛丝等将巢与附着的枝杈进行加固。窝卵数3~4枚，雌雄亲鸟轮流孵化。

分布与居留 分布于中亚、东亚和东南亚等地，在我国分布于东北、华北、陕西、四川、云贵、藏东南以及长江流域和东南沿海地区，长江以北多为夏候鸟，南方地区多为留鸟。

灰卷尾

中文名 灰卷尾
拉丁名 *Dicrurus leucophaeus*
英文名 Ashy Drongo
分类地位 雀形目卷尾科
体长 25~32cm
体重 39~63g
野外识别特征 中型鸟类，体形和黑卷尾类似，但灰卷尾通体灰色，个体从深灰色到浅灰色不等，尾长呈叉形。

IUCN红色名录等级 LC

形态特征 成鸟通体灰色，额近黑色而具有光泽，上体较下体颜色略深且光泽明显，叉形尾较长；羽色灰度深浅随亚种而呈现差异，淡灰色的几个亚种头侧具有泛白的斑块，深灰色的亚种不具有头侧白斑；虹膜橙红色，喙和脚黑色。

生态习性 栖息于低山丘陵至山脚平原的阔叶疏林中，亦见于农田和果园。常单独或成对活动，有时也三五成群，喜栖于高大阔叶树上，伺机捕猎，捕获后立即返回栖息处。飞行时两翼时展时合，呈波浪式前进。叫声为粗犷的"喳、喳、喳"声。主食蚂蚁、牛虻、蜂、甲虫等昆虫，偶食少量植物种实。繁殖期在4—7月，营巢于乔木的冠层顶部，以细枝、草茎等材料编织精细的浅杯状巢，外壁覆以地衣、苔藓和蛛网等材料，内层垫有细草和根须。窝卵数3~4枚，雌雄亲鸟轮流孵卵。

分布与居留 分布于南亚、东南亚和东亚等地区。在我国分布于长江流域及华南和西南地区，主要为夏候鸟，部分在海南越冬。

发冠卷尾

中文名 发冠卷尾
拉丁名 *Dicrurus hottentottus*
英文名 Hair-crested Drongo
分类地位 雀形目卷尾科
体长 28~35cm
体重 70~110g
野外识别特征 中型鸟类，通体黑色具有蓝绿色金属光泽，额部具发丝状羽冠，叉形尾外侧尾羽末端向上卷曲。

IUCN红色名录等级　LC

形态特征 雄鸟通体黑色，具有闪亮的蓝绿色金属光泽；前额有一束黑色的丝状冠羽，繁殖期间尤长，可达到11cm，向后披至颈部；颈部羽毛呈披针状；尾叉形，最外侧一对尾羽明显向上卷曲；虹膜暗红褐色，喙和脚黑色。雌鸟与雄鸟类似，通体黑色，但光泽较弱，额部发丝较短小。

生态习性 栖息于中低山丘陵和山麓的阔叶林或松林等地。单独或成对活动，树栖性，飞翔姿势优美，善于在空中捕食昆虫。主食金龟甲、金花虫、蝗虫、蚱蜢等昆虫，偶食少量植物性食物。繁殖期在5—7月，营巢于高大乔木顶端的枝丫上，以枯草、须根、树叶和松针等材料构盘状或浅杯状巢。窝卵数3~4枚，雌雄轮流孵卵，孵化期约16天。雏鸟晚成，经双亲共同喂养20~24天可离巢。

分布与居留 分布于亚洲东南部地区。在我国分布于长江流域及以南地区，也见于华北等地，主要为夏候鸟。

大盘尾

中文名 大盘尾
拉丁名 *Dicrurus paradiseus*
英文名 Greater Racket-tailed Drongo
分类地位 雀形目卷尾科
体长 46~60cm
体重 73~100g
野外识别特征 中型鸟类，通体黑色，额部具有长而卷曲的羽簇，尾叉形，最外侧一对尾羽羽轴特别延长，长度等于或超过身体长度，羽端扭曲成匙状。

IUCN红色名录等级 LC

形态特征 雄鸟通体黑色而具有闪亮的蓝绿色金属光泽，额部卷曲的羽簇发达，形成向上耸立的冠羽；尾呈现叉形，最外侧一对尾羽有较大延长，近端内翈较外翈宽，末端外翈较宽，且扩大形成扭曲的匙状；虹膜深红色，喙和脚黑色。雌鸟和雄鸟类似，但体色较为黯淡，缺少光泽。

生态习性 栖息于低山丘陵至山脚平原的常绿阔叶林，也见于竹林、农田和果园等开阔地。常单独或成对活动，或三五成群。喜栖于开阔地的孤树枝头，伺机俯冲捕猎后飞回原处进食，飞行呈波浪状，姿势优雅，鸣声清脆。主食蝗虫、蚱蜢等昆虫，兼食蜥蜴、蛙类等小型动物。繁殖期在4—6月，营巢于常绿阔叶林的树顶，以细枝、莎草、树皮和苔藓等材料编织悬挂在枝丫上的摇篮状巢。窝卵数3~4枚，雌雄轮流孵卵，雏鸟晚成。

分布与居留 分布于喜马拉雅山周围的东南亚地区。在我国分布于云南西南部和海南岛，部分为留鸟，部分为夏候鸟。

鹩哥

中文名 鹩哥
拉丁名 *Gracula religiosa*
英文名 Hill Myna
分类地位 雀形目椋（liáng）鸟科
体长 27~30cm
体重 165~258g
野外识别特征 中型鸟类，主体黑色，泛蓝紫绿色金属光泽，飞翔时可见白色翼斑，喙和脚橙黄色，头后两侧有鲜黄色肉垂。

IUCN红色名录等级 LC

形态特征 成鸟主体黑色，具蓝紫色金属光泽，头顶中央羽毛硬且卷曲，眼下有一黄色裸露区域，经头后延伸到枕部，腰和尾上覆羽具铜绿色光泽，翼和尾黑色光泽较弱，翼上初级飞羽基部白色形成大白斑；虹膜褐色，外圈白色，喙和脚橙黄色，头侧裸露皮肤黄色。

生态习性 栖息于低山丘陵至山脚平原的林缘疏林。常三五成群活动，冬季结大群，数目十几个，社会性强。常通过鸣叫相互呼应，鸣声清脆多变，善模仿其他鸟类，乃至人类的语音。主食蝗虫、蚱蜢和蚂蚁等昆虫，也吃无花果等植物种实。繁殖期在4—6月，常两三对在同一棵树或相邻的乔木上营巢，利用朽树上的天然树洞扩大而成巢，会重复利用旧巢，窝卵数通常3枚，卵蓝绿色，雏鸟晚成。

分布与居留 分布于印度、斯里兰卡、缅甸、泰国、马来西亚和印尼等地区。在我国分布于云南、广西、海南岛和香港等地区，为留鸟。

八哥

中文名 八哥
拉丁名 *Acridotheres cristatellus*
英文名 Crested Myna
分类地位 雀形目椋鸟科
体长 23~28cm
体重 78~150g
野外识别特征 中型鸟类，主体黑色，额具竖立的冠状簇羽，飞翔时可见翼上的白色翼斑，尾羽和尾下覆羽具白色端斑，喙淡黄色，脚黄色。

IUCN红色名录等级 LC

形态特征 成鸟主体黑色，喙基至额部矛状羽形成竖立的冠状，头颈部羽毛亦为矛状，黑色具蓝绿色金属光泽；上体略泛紫褐色光泽；翼上具宽白斑；尾除中央尾羽外，其余尾羽均具有白色端斑；下体褐黑色，尾下覆羽和肛周具白色羽缘；虹膜橙黄色，喙淡黄色，脚黄色。

生态习性 栖息于中低山至山脚平原的林缘疏林，也见于农田、果园和牧场等开阔地。性活泼，成群活动，有时集大群，白天在栖息地附近活动觅食，夜晚在固定地点集体过夜。喜随牛、猪等家畜活动，啄食牲畜身上的寄生虫，或在翻耕过的农田啄食土壤生物。主食蚱蜢、蝗虫、金龟子、毛虫、地老虎、蝇和虱等，兼食谷物和其他植物种实。善鸣叫，能模仿其他鸟类和人类的声音。繁殖期在4—8月，单独或集小群在树洞和建筑物洞隙中营巢，内垫草根、树皮等柔软材料，窝卵数通常4~5枚，卵蓝绿色，雏鸟晚成。

分布与居留 分布于缅甸、中南半岛等地，已被引进菲律宾和加拿大。在我国分布于西至四川和云南，北达陕西和河南的广大地区，为留鸟，较为常见。

家八哥

中文名 家八哥
拉丁名 *Acridotheres tristis*
英文名 Common Myna
分类地位 雀形目椋鸟科
体长 24~26cm
体重 100~118g
野外识别特征 中型鸟类，眼周具黄色裸露区域，头颈黑色微具蓝紫色光泽，背葡萄灰褐色，翼黑褐色具白色翼斑，尾黑色具白色端斑，胸胁淡葡萄灰色，腹和尾下覆羽灰白色。

IUCN红色名录等级 LC

形态特征 成鸟头颈部黑色微具蓝紫色金属光泽，背、肩、内侧覆羽和内侧飞羽葡萄灰褐色；初级飞羽暗褐色，基部白色形成明显的白色翼斑；尾羽黑色具白色端斑，向外侧逐渐扩大；上胸灰黑色，下胸、上腹部和两胁淡葡萄灰褐色，下腹、尾下覆羽和翼下覆羽近白色；虹膜红褐色，眼周裸露皮肤黄色，喙橙黄色，脚亦为黄色。

生态习性 栖息于低山丘陵至山脚平原，常见于农田、草地、果园和庭院等地，伴人和家畜而活动。常成群活动，亦与斑椋鸟混群。吃蝗虫、甲虫、蚊和虻等，也吃农作物和其他植物种实。鸣声多变，善模仿人类语音。繁殖期在3—7月。在屋檐下、树洞中或树杈上营杯状或半球状巢，有时亦利用旧巢。窝卵数4~6枚，雌雄共同孵卵育雏。孵化期17~18天，雏鸟晚成，经23~24天可离巢。

分布与居留 分布于东亚、南亚和东南亚等地，已被引进到夏威夷、非洲和澳新地区。在我国分布于西南地区和南方沿海，为留鸟。

黑领椋鸟

中文名 黑领椋鸟
拉丁名 *Gracupica nigricollis*
英文名 Black-collared Starling
分类地位 雀形目椋鸟科
体长 27~29cm
体重 134~180g
野外识别特征 中型鸟类，为椋鸟中体形较大者。头和下体白色，上胸至后颈具黑色领环，上体、翼和尾主体黑色，腰和尾端白色。

IUCN红色名录等级　LC

形态特征 成鸟头白色，眼周具黄色裸露皮肤，下喉、颈和上胸为黑色，形成一宽阔的黑色领环，领环下方白色；背和尾上覆羽褐黑色，具不明显的灰白色羽缘，腰白色；尾黑褐色具白色羽端；翼黑色，初级覆羽白色，中覆羽和大覆羽具白色尖端，初级飞羽略具白色端斑，其余飞羽亦具有白色端斑；下体除领环部分外均为白色；虹膜淡灰黄色，眼周裸露皮肤黄色，喙黑色，脚灰黄色。

生态习性 栖息于山脚平原和农田等开阔地。常成对或小群活动，有时和八哥混群。鸣声嘈杂，常边飞边叫。主要在地面上觅食，吃甲虫、毛虫和蝗虫等，以及蚯蚓、蜘蛛等其他小型无脊椎动物和植物种实。繁殖期在4—8月。营巢于高大乔木上，以细枝和枯草等材料构瓶状或带圆盖的半球形巢。窝卵数4~6枚，雏鸟晚成。

分布与居留 分布于东南亚。在我国分布于云南、广西、广东、福建和香港等地，为留鸟。

丝光椋鸟

中文名 丝光椋鸟
拉丁名 *Sturnus sericeus*
英文名 Silky Starling
分类地位 雀形目椋鸟科
体长 20~23cm
体重 65~83g
野外识别特征 中型鸟类，喙朱红色，脚橙黄色；雄鸟头颈部呈丝光白色，上体深灰色，下体铅灰色，翼和尾黑色；雌鸟头顶前部棕白色，后部深灰色，上体灰褐色，下体浅灰色，翼和尾黑色。

IUCN红色名录等级 LC
中国特有鸟种

形态特征 雄鸟头颈部白色微缀灰色和皮黄色，羽毛呈长披针形披散，具丝质光泽；背至尾上覆羽为渐浅的深灰色；翼黑色具蓝绿色金属光泽，小覆羽具宽的灰色羽缘，外侧大覆羽具白色羽缘，初级飞羽基部有白斑；尾亦为带有蓝绿金属光泽的黑色；下体颏、喉白色，上胸暗灰色，形成不明显的领环，下胸和胁部灰色，腹至尾下覆羽渐为灰白色；虹膜黑褐色，喙朱红色端部具黑褐色，脚橙黄色。雌鸟与雄鸟大致相似，但体色较暗淡，头顶前部棕白色，后部渐为暗灰色，上体为渐淡的灰褐色，下体颏、喉部羽毛呈灰白色。

生态习性 栖息于低山丘陵和山脚平原的疏林草坡及农田旷野。除繁殖期外成小群活动，鸣声清脆。常和其他鸟类混群在地面上觅食。主食甲虫、蝗虫、蟓象和毛虫等农林害虫，也吃少量植物种实。繁殖期在5—7月。在树洞或建筑洞缝中营巢，雏鸟晚成。

分布与居留 分布于我国长江流域及以南地区，为留鸟，是我国特有的鸟种。

成小群活动

灰椋鸟

中文名 灰椋鸟
拉丁名 *Sturnus cineraceus*
英文名 White-cheeked Starling
分类地位 雀形目椋鸟科
体长 20~24cm
体重 65~105g
野外识别特征 中型鸟类，头顶至后颈黑色，额和头侧白色杂有黑色纵纹，上体灰褐色，尾上覆羽白色，下体额、腹中央和尾下覆羽白色，其余部分灰色；喙橙红色，脚橙黄色。

IUCN红色名录等级　LC

形态特征 雄鸟头顶至后颈黑色，额、颊和耳羽白色杂有黑色纵纹，其余头部灰色；上体灰褐色，尾上覆羽白色；中央尾羽灰褐色，外侧尾羽黑褐色，内翈先端白色；翼黑褐色，飞羽外翈具灰白色羽缘；下体额白色，喉至上胸黑色具暗灰色纵纹，下胸、腹侧和两胁褐灰色，腹中央、尾下覆羽和翼下覆羽白色；虹膜褐色，喙橙红色具黑色尖端，脚橙黄色。雌鸟似雄鸟，但头部基本全为灰黑色，仅前额杂有白色，额、喉为淡棕灰色，上胸黑褐色具棕色羽干纹。

生态习性 栖息于低山丘陵至平原的疏林、草甸或农田。除繁殖期外成群活动。常在草地、农田等开阔地上觅食，休息时栖于电线或枯枝上。主食毛虫、蚂蚁、蛀、蜂、蝗虫和甲虫等，秋冬季也吃多种植物种实。繁殖期在5—7月。营巢于阔叶树上的天然树洞或啄木鸟废弃洞中，雌雄鸟共同以枯草等材料筑碗状巢。窝卵数通常5~7枚，主要由雌鸟孵卵，孵化期12~13天。雏鸟晚成，雌雄亲鸟共同育雏。

分布与居留 分布于亚洲东部。在我国繁殖于长江以北多地，北达黑龙江，西至甘肃和青海东部，越冬于长江流域及以南地区，南至港台和海南岛。

紫翅椋鸟

中文名 紫翅椋鸟
拉丁名 *Sturnus vulgaris*
英文名 Common Starling
分类地位 雀形目椋鸟科
体长 20~24cm
体重 60~85g
野外识别特征 中型鸟类，通体黑色具紫绿色金属光泽，冬季上体羽具棕白色端斑，下体具白色星斑。

IUCN红色名录等级 LC

形态特征 成鸟通体褐黑色，具强烈的金属紫色光泽，背和胸还泛有金属绿色光泽；冬羽上体具有细密的沙色端斑，下体亦具有渐大的白色端斑；夏羽斑点不明显；虹膜暗褐色，喙夏季黄色，冬季角褐色，脚赭红色。

生态习性 栖息于山地至平原的开阔地，常见于林缘、疏林、农田和果园等地，多在灌草丛中或地面走动。常成群活动，迁徙季集大群。主食蝗虫、蚱蜢和甲虫等昆虫，兼食植物种实。繁殖期在5—7月。营巢于天然树洞或人工巢箱中，以枯草和树叶等材料构碗状巢。窝卵数通常5枚，雌雄鸟共同孵卵育雏，孵化期12~13天。雏鸟晚成，经20~22天可离巢飞翔。

分布与居留 分布于欧洲、北非、西亚、中亚、贝加尔湖及喜马拉雅山地区。在我国繁殖于新疆，迁徙路过青海、西藏、甘肃等地，也偶见于河北、山东、福建和广东等地。

松鸦

中文名 松鸦
拉丁名 *Garrulus glandarius*
英文名 Eurasian Jay
分类地位 雀形目鸦科
体长 28~35cm
体重 120~190g
野外识别特征 中型鸟类，翼短、尾长，体羽蓬松，头部羽毛可竖起，主体赭褐色，颊纹黑色，翼和尾黑色，翼上有黑、白、蓝三色相间的细密横斑。

IUCN红色名录等级　LC

形态特征 成鸟主体赭褐色，头部具黑色颊纹，有的亚种头顶具有黑色纵纹；翼上小覆羽栗色，中覆羽基部深褐色，先端栗色带黑褐纵纹，大覆羽、初级覆羽和次级飞羽外翈基部为醒目的黑、白、蓝三色相间的细密横纹，初级飞羽黑褐色具灰白色外翈，次级飞羽余部主要为黑色，部分外翈白色形成翼斑；尾上覆羽白色，尾羽黑色，基部和最外侧尾羽浅褐色；下体颏、喉、肛周和尾下覆羽灰白色；虹膜灰褐色，喙黑色，脚肉色。

生态习性 为森林性鸟类，栖息于针叶林、混交林和阔叶林中。除繁殖期外常三五成群活动，多隐匿于树冠中，有时在树间做短距离飞行，叫声为粗犷而单调的"嘎—嘎—嘎"声。杂食性，繁殖期主要吃金龟子、天牛、尺蠖（huò）、松毛虫和象甲等农林害虫，秋冬季则以松子、橡子、栗子和浆果等植物种实为食，喜将未吃完的种子藏在地面缝隙中。繁殖期在4—7月。营巢于森林中邻近水源处，在高大乔木顶端以枯枝、枯草和苔藓等材料营杯状巢。窝卵数5~8枚，雌鸟孵卵，孵化期约17天。雏鸟晚成，经雌雄亲鸟共同喂养19~20天后可离巢飞翔。

分布与居留 分布于欧洲、亚洲和非洲北部。在我国分布于东北、内蒙古部分地区、华北、华中、西南、长江流域及以南地区，为留鸟，常在一定范围内游荡。

灰喜鹊

中文名 灰喜鹊
拉丁名 *Cyanopica cyanus*
英文名 Azure-winged Magpie
分类地位 雀形目鸦科
体长 33~40cm
体重 73~132g
野外识别特征 中型鸟类，额至后颈黑色，背灰色，楔形尾较长，翼和尾主要为灰蓝色，下体灰白色，喙和脚黑色。

IUCN红色名录等级 LC

形态特征 成鸟额、头顶、枕、头侧及后颈为微具蓝色金属光泽的黑色，黑色帽状色块下方的浅灰色羽毛围合成一不明显的灰白色领环，肩、背、腰和尾上覆羽土灰色；翼上灰蓝色，初级飞羽基部形成白色翼斑；尾羽灰蓝色具白色端斑；下体颏、喉白色，余部淡灰白色；虹膜黑褐色，喙和脚黑色。幼鸟似成鸟，但羽色较淡，头部黑色区域为斑驳的灰褐色。

生态习性 栖息于低山至平原的林地及城市绿地。除繁殖期外成小群活动，活动于树上和地下，常做短距离飞行，到处游荡，通过发出嘈杂的"嘎嘎"叫声相互联络。主食金龟子、金针虫、蝽象、毛虫等多种农林害虫，兼食植物种实。繁殖期在5—7月。营巢于次生林或杨树林等人工林中，以枯枝、草茎等材料搭建简易的平盘状巢，有时利用旧巢或乌鸦废弃的巢。窝卵数通常6~7枚，雌鸟孵卵，孵化期约15天。雏鸟晚成，经雌雄亲鸟共同喂养约19天后可离巢飞翔。

分布与居留 分布于西班牙、葡萄牙、贝加尔湖、朝鲜和日本等地。在我国分布于北方多地和长江中下游地区，为留鸟，有些进行季节性游荡。

中文名 台湾蓝鹊
拉丁名 *Urocissa caerulea*
英文名 Taiwan Blue Magpie
分类地位 雀形目鸦科
体长 53~64cm
体重 150~200g
野外识别特征 大型鸦科鸟类，喙和脚
朱红色，头颈和上胸黑色，其余体羽
深宝蓝色，下腹色略淡，翼和尾上面蓝
色，下面灰白色，飞羽和尾羽具显著
的白色端斑，凸形尾甚长，中央尾羽尤
长，其余尾羽还具有黑色亚端斑。

IUCN红色名录等级　LC
中国特有鸟种

形态特征 成鸟全头部、颈部及上胸为油亮的纯黑色；其余体羽为
浓郁的深宝蓝色，下腹色稍淡，飞羽黑褐色，外翈蓝色，羽端白
色；蓝色的凸形尾特长，中央一对尾羽尤其突出，具白色端斑，
其余尾羽具白色端斑和黑色次端斑，尾下覆羽亦具有白色端斑；
虹膜亮黄色，喙和脚为鲜艳的朱红色，喙尤显粗壮。

生态习性 栖息于低山至平原的森林。常成小群活动，性凶悍，攻
击性强，可攻击比它体形大的鸟类。飞翔时舒展翼和尾羽，飞行
时排成一纵列，成直线飞行，拖着长尾鱼贯而过，优雅壮观，在
台湾当地也被称作"长尾阵"。食性较杂，捕食昆虫、蜗牛、螃
蟹、爬行动物、小鸟甚至小型哺乳动物，也吃腐肉和死鱼，兼食
木瓜、香蕉、浆果和坚果等植物种实。

分布与居留 仅分布于我国台湾，为留鸟，是我国特有鸟种。

红嘴蓝鹊

中文名 红嘴蓝鹊
拉丁名 *Urocissa erythrorhyncha*
英文名 Red-billed Blue Magpie
分类地位 雀形目鸦科
体长 54~65cm
体重 147~210g
野外识别特征 大型鸦科鸟类，喙和脚朱红色，头颈至上胸黑色，头顶至后颈处有一淡灰蓝色斑块，其余上体灰蓝色，下体近白色，凸形尾甚长，具黑色亚端斑和白色端斑。

IUCN红色名录等级　LC

形态特征 成鸟头颈部至上胸黑色，头顶和后颈具有淡灰蓝色纵纹形成的斑块；上体肩、背和腰灰蓝色至紫蓝灰色，尾上覆羽淡蓝灰色具黑色端斑和白色次端斑；翼黑褐色，初级飞羽外翈基部蓝紫色，末端白色，次级飞羽内外翈均具有白色端斑，外翈羽缘蓝紫色；下体主要为略泛蓝灰的白色；虹膜橘红色，喙和脚朱红色。

生态习性 栖息于山地森林中。常成小群活动，喜在枝头跳来跳去，声音嘈杂，飞翔时多展开翼和尾优雅地滑翔。主食叩头虫、金龟甲、蝗虫等昆虫，也吃蜘蛛、蜗牛、蜥蜴、蛙甚至雏鸟等小动物，并兼食植物种实和农作物。繁殖期在5—7月。在乔木或高大竹丛上以枯草、细枝和苔藓等材料营碗状巢。窝卵数通常4~5枚，雌雄亲鸟共同孵卵育雏。雏鸟晚成。

分布与居留 分布于亚洲东南部喜马拉雅山周围地区。在我国分布于辽宁、华东、华中、陕西、甘肃和长江流域及以南地区，为留鸟。

灰树鹊

中文名 灰树鹊
拉丁名 *Dendrocitta formosae*
英文名 Grey Treepie
分类地位 雀形目鸦科
体长 31~39cm
体重 70~125g
野外识别特征 中型鸟类，头顶至后枕灰色，头余部黑灰色，肩、背灰褐色，腰和尾上覆羽灰白色，翼黑色具白色翼斑，尾黑色，中央尾羽灰色，下体主要为灰色，尾下覆羽栗色。

IUCN红色名录等级 LC

形态特征 成鸟额、眼先和眼周黑色，头侧、颏和喉为烟褐色，头顶至后颈灰色；肩和背灰褐色至棕褐色，腰及尾上覆羽淡灰色；尾羽基部暗灰色，端部黑色，中央尾羽灰色部分为主，外侧尾羽则主要为黑色；翼黑色，除第一、第二枚初级飞羽外，所有初级飞羽基部均为白色，形成明显的白色翼斑；下体颏、喉烟褐色，颈侧和胸淡烟灰色，腹和胁灰白色，尾下覆羽栗色，腿覆羽褐色；虹膜红褐色，喙和脚黑色。

生态习性 栖息于山地森林或林缘，树栖性，常三五成群在树冠层活动。性活跃，常在树间跳跃飞翔，叫声嘈杂。主食浆果、坚果等植物种实，兼食多种昆虫。繁殖期在4—6月。营巢于中低山森林中的乔灌木上，窝卵数3~5枚，雌雄亲鸟轮流孵卵。雏鸟晚成。

分布与居留 分布于喜马拉雅山周边、长江流域及以南地区，为留鸟。

喜鹊

中文名 喜鹊
拉丁名 *Pica pica*
英文名 Magpie
分类地位 雀形目鸦科
体长 38~48cm
体重 180~266g
野外识别特征 中型鸦科鸟类，头、颈、胸及上体黑色，腹白色，两翼各具一明显大白斑。

IUCN红色名录等级　LC

形态特征 成鸟整头部及颈部、颏喉至胸部、背部至尾羽为黑色，头颈沾金属辉紫色，背部带蓝绿色金属光泽，尾羽泛铜绿色金属光泽；肩白色，翼上覆羽黑色带蓝绿光，初级飞羽外翈黑色，内翈白色，故飞翔时可见两翼白斑；次级飞羽和三级飞羽均为泛金属蓝绿的黑色；腹部及胁部白色，下腹部至肛周黑色；虹膜深褐色，喙、脚黑色。

生态习性 栖息于平原至低山丘陵，尤喜人居环境。繁殖期成对活动，其余时间三五成群，冬季则十数集群，或与乌鸦等混群活动于农田、绿地等开阔地，轮流分工守卫或觅食。叫声为响亮、单调的"喳——喳——喳喳喳"，常边飞边叫。随季节而杂食，春夏啄食多种昆虫，其他季节以植物种子和果实为主，并捡食人类生活垃圾，有时甚至吃鸟卵和雏鸟。繁殖期在3—5月。喜在高大乔木上营巢，甚至在建筑工地的高处或高压塔上筑巢。雌雄鸟共同造巢，以枯枝为主，杂以铁丝等人造材料，构成直径50~80cm的大型巢，内部垫有苔藓、羽毛等细软材料。有时修缮废弃的旧巢重复使用。窝卵数5~8枚，雌鸟孵卵，孵化期17天左右。雏鸟晚成，30天左右离巢。

分布与居留 广泛分布于欧亚大陆、北非、北美西部等地。在我国几乎遍布各地，为留鸟。

黑尾地鸦

中文名 黑尾地鸦
拉丁名 *Podoces hendersoni*
英文名 Mongolian Ground Jay
分类地位 雀形目鸦科
体长 28~31cm
体重 90~128g
野外识别特征 中型鸦科鸟类，主体淡沙褐色，头顶至后颈黑色具蓝色光泽，翼和尾黑色，具白色翼斑，黑色的喙和脚较长。

IUCN红色名录等级　LC

形态特征 成鸟主体淡沙褐色，额、头顶至后颈黑色，泛蓝紫色金属光泽，头侧淡黄色具乳白色尖端；上体余部泛淡葡萄褐色；飞羽黑色泛蓝紫色金属光泽，初级飞羽中部白色，在翼上形成明显的翼斑；尾黑色具蓝色光泽，外侧尾羽具窄的沙褐色羽缘；喙较长而略下弯，喙和脚均为黑色。

生态习性 栖息于干旱的山脚平原至荒漠地带。常单独或成对活动，主要在地面活动，善奔跑，少飞翔，多在灌丛中觅食。主食蝗虫、蚱蜢、甲虫和蚂蚁等昆虫，也吃蜥蜴和小鼠以及植物种实。繁殖期在4—5月。营巢于灌丛中或土洞里，以枯枝、枯草等材料编织杯状巢，内垫以羽毛等柔软材质。

分布与居留 分布于中亚、蒙古和我国西部地区，为留鸟。

星鸦

中文名 星鸦
拉丁名 *Nucifraga caryocatactes*
英文名 Spotted Nutcracker
分类地位 雀形目鸦科
体长 30~38cm
体重 130~200g
野外识别特征 中型鸦类，喙圆锥形，头顶、翼和尾黑色，其余体羽暗褐色，满布白色星斑。

IUCN红色名录等级　LC

形态特征 成鸟额、头顶至枕黑褐色或紫黑色，头侧和眼周暗褐色具有黄白色纵纹；飞羽和尾羽黑褐色，尾除中央尾羽外均具有黄白色端斑，外侧端斑渐大，最外侧尾羽几乎全为白色；颏和尾下覆羽白色，其余体羽均为暗褐色，满布黄白色星斑；虹膜褐色，喙和脚黑色。

生态习性 栖息于山地针叶林及混交林中。常单独或成对活动，冬季集小群。喜站在树冠上，或在树间来回飞翔，并发出"嘎—嘎"的叫声，有时也下地活动，有在林下土壤或植被下储藏食物的习惯。主食红松、云杉和落叶松等种子，也吃浆果和其他种实，以及昆虫等，繁殖期间尤其喜食昆虫。繁殖期在4—6月。营巢于针叶林或以针叶树建群的混交林中，雌雄共同以枯枝、干草、松针和地衣等材料在云杉、冷杉等针叶树上营巢。窝卵数2~5枚，雌雄亲鸟共同孵卵，孵化期约17天。雏鸟晚成，经双亲共同喂养19~21天后可离巢飞翔。

分布与居留 分布于欧洲和亚洲。在我国分布于东北、华北、华中、西北、西南和台湾等地，为留鸟，部分为冬候鸟。

红嘴山鸦

中文名 红嘴山鸦
拉丁名 *Pyrrhocorax pyrrhocorax*
英文名 Red-billed Chough
分类地位 雀形目鸦科
体长 36~48cm
体重 210~485g
野外识别特征 大型鸦类，通体黑色具蓝色金属光泽，喙和脚朱红色，喙尖细而下弯。

IUCN红色名录等级 LC

形态特征 成鸟通体羽毛纯黑色具幽蓝色金属光泽，翼和尾泛有蓝绿色金属光泽；虹膜暗褐色，喙较为尖细，并且呈镰状下弯，喙和脚朱红色。

生态习性 栖息于开阔的山地至荒漠。地栖性，常小群在地面上觅食，也成群在山地上空飞翔，有时也和喜鹊、寒鸦等混群活动，声音嘈杂，吵闹不休。主食金针虫、天牛、蝗虫、蜷象等多种昆虫，也吃草籽、嫩芽等植物性食物。繁殖期在4—7月。营巢于山地悬崖或河谷等开阔地的岩缝中，以枯枝、草茎等材料构碗状巢，内垫兽毛、须根等柔软材质。窝卵数3~6枚，雌鸟孵卵，孵化期17~18天。雏鸟晚成，经雌雄亲鸟共同喂养约38天后可离巢。

分布与居留 分布于欧洲中南部、英伦三岛、北非、高加索、中亚及蒙古等地区。在我国分布于内蒙古、东北、华北、华中、西北和西南等地区，为留鸟。

达乌里寒鸦

中文名 达乌里寒鸦
拉丁名 *Coloeus dauuricus*
英文名 Daurian Jackdaw
分类地位 雀形目鸦科
体长 30~35cm
体重 190~285g
野外识别特征 小型鸦类，体羽主要为黑色，后颈具一宽阔的灰白色领环，并自体侧延伸至胸腹部，喙和脚黑色。

IUCN红色名录等级 LC

形态特征 成鸟额、头顶、头侧、颏和喉黑色具蓝紫色金属光泽，后头和耳羽杂有灰白纵纹；后颈、颈侧至胸腹部灰白色；其余体羽纯黑色具蓝紫色金属光泽，仅肛周具白色羽缘；虹膜黑褐色，喙和脚黑色。幼鸟头部黑色区域偏褐色，后颈和颈侧亦为稍浅的黑褐色，领环苍灰白色，其余体羽黑褐色具灰白色羽缘。

生态习性 栖息于山地丘陵至农田旷野等生境。喜成群活动，也与其他鸦类混群。主要在地面觅食，有时亦随犁地啄食土壤昆虫。常边飞边叫，叫声单调嘈杂。主食蝼蛄、甲虫和金龟子等昆虫，兼食鸟卵、雏鸟、腐肉、垃圾和植物性食物。繁殖期在4—6月。成群营巢于悬崖岩隙中，巢外层由枯枝构成，内层垫以树皮、羊毛、麻和羽毛等柔软材料，窝卵数通常5~6枚。雏鸟晚成。

分布与居留 分布于中亚至东亚。在我国分布于北方大部分地区及西南地区，本地繁殖的种群基本为留鸟，部分为境外迁入的冬候鸟。

秃鼻乌鸦 乌鸦、老鸹

中文名 秃鼻乌鸦
拉丁名 *Corvus frugilegus*
英文名 Rook
分类地位 雀形目鸦科
体长 41~51cm
体重 356~495g
野外识别特征 大型鸦类，通体辉
黑色，黑色的喙长直且粗壮，喙基
裸露呈灰白色。

IUCN红色名录等级 LC

形态特征 成鸟通体为油亮的黑色，有紫色金属光泽，翼和尾具铜绿色
光泽，尾圆形；额至喙基裸露，覆以灰白色皮膜；虹膜褐色，喙尖直
且颇为粗壮，喙和脚黑色。幼鸟似成鸟，但体羽光泽较弱，额和喙基
不裸露，鼻孔有刚毛。

生态习性 栖息于低山丘陵至平原农田等地。常成群活动，冬季也集大
群或与其他鸦类混群。夜晚栖于河岸或村庄附近树林中休息，清晨成
群飞到附近农田、河滩或垃圾堆上觅食，傍晚沿原路返回栖息地。常
边飞边发出嘈杂的"嘎、嘎、嘎"叫声。主食蝗虫、甲虫、蝼蛄等多
种昆虫，兼食植物种实以及腐肉和垃圾。繁殖期在4—7月。集群在大
树上营巢，以枯枝、草根、毛发、苔藓等材料构碗状巢。窝卵数通常
5~6枚，雌鸟孵卵，孵化期约17天。雏鸟晚成，经双亲共同喂养约1个
月可离巢飞翔。

分布与居留 繁殖于欧亚大陆中纬度至高纬度地区，越冬于欧亚低纬度
地区及北非。在我国分布于东北、华北及长江中下游等地，也偶见于
西部及东南沿海地区。在我国繁殖的种群多为留鸟，也有境外迁来越
冬的种群。

小嘴乌鸦 乌鸦、老鸹

中文名 小嘴乌鸦
拉丁名 *Corvus corone*
英文名 Carrion Crow
分类地位 雀形目鸦科
体长 45~53cm
体重 360~650g
野外识别特征 大型鸦类，通体黑色，带紫蓝绿色金属光泽，喙较直，不显粗大，额不突出，头部轮廓较平滑。

IUCN红色名录等级　LC

形态特征 成鸟全身羽毛乌黑，上体带金属蓝紫色光泽，翼与尾带金属蓝绿色，下体色泽较暗淡；头顶羽毛尖细，喉部羽毛披针形；喙较为平直；虹膜深褐色，喙与脚为黑色。

生态习性 栖息于平原至低山丘陵的疏林与林缘，部分地区繁殖于山地及半荒漠地带。繁殖季节单独或成对活动，其他时间三五成群活动，有时和大嘴乌鸦混群。常在河流、农田等地活动觅食，夜晚栖息于高大乔木，有的种群也在城市集群过夜。杂食性，啄食昆虫、植物果实种子、小型脊椎动物，亦吃动物尸体或生活垃圾。繁殖期在4—6月。营巢于高大乔木。窝卵数一般为4~5枚，卵天蓝色带褐斑，主要由雌鸟孵化。孵化期约17天。雏鸟晚成，30~35天离巢。

分布与居留 分布于东亚、中亚至欧洲及北非等地。在我国繁殖于东北、华北、内蒙古、新疆、四川、云南等地区，部分为留鸟，部分迁徙经过河北、山东、江苏、陕西、四川、青海等地，于华南至西南地区越冬。

大嘴乌鸦 乌鸦、老鸹

中文名 大嘴乌鸦
拉丁名 *Corvus macrorhynchos*
英文名 Jungle Crow;
　　　　Large-billed Crow
分类地位 雀形目鸦科
体长 45~54cm
体重 412~675g
野外识别特征 大型鸦类，通体黑色，带紫蓝绿色金属光泽，喙粗壮，嘴峰弯曲，喙基有长羽，额突出，枕后羽毛松散。

IUCN红色名录等级 LC

形态特征 成鸟全身羽毛乌黑，上体具带金属光泽的蓝紫色，两翼及尾羽泛金属蓝绿色；喉部羽毛披针状，带强烈蓝绿色金属光泽，额至枕部羽毛略松散，显得额部突出；喙壮硕，嘴峰弯曲，峰脊明显，基部有长羽覆盖；虹膜暗褐色，喙、脚均为黑色。

生态习性 栖息于平原至低山的林地，常见于林缘或疏林，喜在河流、沼泽、耕地附近活动，冬季主要活动于海拔较低的平原，如农田、村庄或城市。繁殖期成对活动，其余时间集小群活动，有些地区亦出现大群，或与小嘴乌鸦、秃鼻乌鸦混群。杂食性，啄食昆虫与植物种实，也吃鸟卵、雏鸟、小型脊椎动物、动物尸体、人类生活垃圾等。繁殖期在3—6月。在高大乔木上以枯枝枯草等材料构建碗状巢。窝卵数3~5枚，卵天蓝至蓝绿色杂以褐斑，雌雄鸟轮流孵化。孵化期约18天。雏鸟晚成，26~30天离巢。

分布与居留 分布于亚洲东部和南部。在我国广泛分布于东北、华北、华中、华南、西南等地，为留鸟。

白颈鸦 白脖儿老鸹

中文名 白颈鸦
拉丁名 *Corvus pectoralis*
英文名 Collared Crow
分类地位 雀形目鸦科
体长 42~54cm
体重 385~700g
野外识别特征 大型鸦类，主体乌黑，后颈、颈侧和胸部白色，形成一条醒目的宽白色领环。

IUCN红色名录等级　NT

形态特征 成鸟额、头顶、头侧、颏和喉全为黑色，喉部羽毛呈披针形并具紫绿色金属光泽；枕、后颈、上背、颈侧和胸为白色，形成一条鲜明的白色宽领环；其余体羽全为黑色，上体具蓝紫色金属光泽，小翼羽和初级飞羽泛绿色金属光泽；虹膜褐色，喙和脚均为黑色。幼鸟似成鸟，但白色领环不明显，为浅褐色。

生态习性 栖息于低山丘陵至山脚平原的树林灌丛中，秋冬季也常在收割后的农田活动。除繁殖期外成小群活动，也与大嘴乌鸦混群。主要在地面觅食，善行走，清晨到田野觅食，傍晚回附近村落或林缘的树上休息。性较为机警，鸣声响亮，边飞边发出"呱——呱——"的叫声。主食蝗虫、蝼蛄、甲虫、毛虫、蜗牛、蛙、蜥蜴、小鸟等小型动物，兼食农作物、其他植物种实以及垃圾和腐肉。繁殖期在2—8月，因地而异，在长江以北每年繁殖1~2窝，长江以南可每年繁殖1~3窝。营巢于村寨附近的高大乔木上，以枯枝、毛发和纤维等材料构碗状巢。窝卵数3~7枚。雏鸟晚成。

分布与居留 分布于越南北部和我国的华北、西北、黄河和长江的中下游地区及东南沿海，为留鸟。

褐河乌

中文名 褐河乌
拉丁名 *Cinclus pallasii*
英文名 Brown Dipper
分类地位 雀形目河乌科
体长 17~20cm
体重 52~70g
野外识别特征 小型水边鸟类，额、喉白色，其余体羽棕褐色。常在水边上下摆动尾部，能潜水。

IUCN红色名录等级 LC

形态特征 成鸟通体深褐色，颏、喉白色，眼缘缀有白色，腹中央和尾下覆羽略缀有白色；虹膜淡褐色，喙和脚黑褐色。

生态习性 栖息于山地溪流和河谷。单独或成对活动，常站立在水边或溪流中露出的石头上，头和尾不住地上下摆动，善于潜入水中，在水底行走觅食，有时贴水面做短距离飞行。叫声为清亮的"唧、唧"声。主食石蛾、蜻蜓等昆虫在水中的幼虫及其他昆虫，也吃小鱼、小虾和软体类等水生小型动物。繁殖期在4—6月。营巢于河边石缝、树根下或水坝等水岸建筑物的缝隙中，以苔藓、树皮和枯草构成，内垫草叶和毛发等柔软物。窝卵数4~5枚。孵化期约15天。雏鸟晚成，经雌雄亲鸟共同喂养约22天后可离巢。

分布与居留 分布于中亚和东亚。在我国分布于西北、东北、华北、西南和南部沿海地区，为留鸟。

鹪鹩

中文名 鹪鹩
拉丁名 *Troglodytes troglodytes*
英文名 Eurasian Wren
分类地位 雀形目鹪鹩科
体长 9~11cm
体重 7~13g
野外识别特征 小型鸟类，体形短小，体羽褐色满布黑色细横纹，眉纹灰白色，尾短小而常极度上翘，性活跃，常在林下灌丛频繁跳跃。

IUCN红色名录等级　LC

形态特征 成鸟额至后颈暗赭褐色，眉纹灰白色，颊棕白色，耳羽灰褐色；背和翼上覆羽棕褐色密布黑色细横纹；腰、尾上覆羽和尾羽棕栗色具黑褐色细横斑，尾上尤其明显；飞羽黑褐色，外侧几枚飞羽外翈具黑白相间的横斑；下体颏、喉、颈侧和胸为杂有黑褐色斑点的淡棕褐色，腹棕白色洒有显著的黑褐色横斑，尾下覆羽深褐色具黑色横斑和白色端斑；虹膜暗褐色，上喙暗褐色，下喙角黄色，脚暗褐色。幼鸟似成鸟，但羽色较为灰淡，黑褐色横斑更加细密。

生态习性 栖息于多种山地森林。除繁殖期外单独活动，为地栖性鸟类，常在茂密的林下植被中蹿动，性甚活跃忙碌，一般不高飞，只做贴地短距离飞行。有时站在地面倒木上鸣唱，两翼微张，仰头翘尾，全身抖动着发出一串串连续而急促的清脆叫声。主食蚊、蚂蚁、小蠹、步行虫和蝗虫等多种昆虫，也吃蜘蛛和浆果等食物。繁殖期在5—7月。营巢于林下溪边的树根、倒木或岩石等缝隙中，以苔藓、松针和树叶等材料构侧面开口的球状巢。窝卵数通常5~7枚。雌鸟孵卵，孵化期13~14天。雏鸟晚成，经16~17天后可离巢。

分布与居留 遍布于欧洲、北非、亚洲东部和北部，以及北美等几乎整个北半球地区。在我国北方大部分地区和中西部地区均有分布，为留鸟，亦有少部分在东南沿海地区越冬。

领岩鹨

中文名 领岩鹨
拉丁名 *Prunella collaris*
英文名 Alpine Accentor
分类地位 雀形目岩鹨科
体长 16~20cm
体重 30~45g

野外识别特征 小型鸟类，头颈和上背褐灰色，腰和尾上覆羽棕栗色，其余体羽黄褐色，羽片具有黑褐色中央纹，胁部栗色具白端斑，翼黑褐色具白色翼斑，尾黑色具白色端斑，喉部具有黑白相间的横斑。

IUCN红色名录等级　LC

形态特征 成鸟额、头顶、头侧、枕部至后颈为褐灰色；肩背黄褐色，羽片具黑褐色中央纹，腰和尾上覆羽棕栗色；尾羽黑褐色具棕白色端斑；翼上小覆羽灰褐色，其余覆羽黑色具白色端斑，在翼上形成连珠状的白色翼斑，飞羽黑褐色具灰白色羽缘；下体颏、喉白色具黑色横斑，胸灰褐色，腹黄褐色，两胁栗色具白色羽端，尾下覆羽灰色具棕白色斑；虹膜暗褐色，喙黑色，基部和喙缘黄色，脚肉褐色。

生态习性 为高寒山区鸟类，从其英文名含义"阿尔卑斯岩鹨"也可了解。领岩鹨主要栖息于中高山地带，其灰、褐黄和栗色的斑驳体羽也和高原环境形成良好融合。繁殖期主要在中高海拔的山顶苔原、草甸或裸岩区活动，秋冬季也到附近低山或山脚。除繁殖期外成群活动，性活跃，喜在岩石间跳跃，或在高空边飞翔边鸣唱。主食蝗虫、毛虫、蚊、叶蝉和甲虫等，也吃蜘蛛等其他小型动物和浆果等植物性食物。繁殖期在6—7月。营巢于高山苔原石缝中或杜鹃等小灌丛下，雌雄鸟共同以苔藓和枯草等材料营碗状巢。窝卵数3~5枚，卵为光洁的淡蓝绿色，雌鸟孵卵，雄鸟警戒，孵化期约15天。雏鸟晚成，经双亲共同喂养约13天后即可离巢，经亲鸟再喂养数天后才能独立生活。

分布与居留 分布于欧洲中南部山区及西亚、中亚、喜马拉雅山区、阿尔泰、贝加尔湖至日韩等地。在我国分布于东北、华北、西部和西南等地区，多为留鸟，少部分做短距离迁徙。

棕眉山岩鹨 铃铛眉子

中文名 棕眉山岩鹨
拉丁名 *Prunella montanella*
英文名 Siberian Accentor
分类地位 雀形目岩鹨科
体长 13~16cm
体重 15~21g
野外识别特征 小型鸟类，头顶和头侧黑色，显著的宽眉纹淡棕色，上体栗褐色具黑褐色纵纹，翼黑褐色具黄白色翼斑，下体皮黄色，胸侧和两胁具有栗褐色细纵纹。

IUCN红色名录等级　LC

形态特征 成鸟额、头顶、枕和后颈黑色，淡棕黄色的眉纹宽且长，从额基延伸到头后侧；后颈、背和肩栗褐色，有的具有黑褐色羽干纹，腰和尾上覆羽灰褐色；尾羽深褐色；翼上覆羽黑褐色，中覆羽和大覆羽尖端棕白色，在翼上形成明显的连珠状翼斑；飞羽黑褐色，外翈羽缘红褐色；下体颏、喉至上胸黄褐色，胸部渐为茶褐色，羽片基部黑褐色，形成隐隐的鳞状斑，胸侧和两胁黄褐色微具栗褐色细纵纹，腹中部和尾下覆羽皮黄色；虹膜深褐色，喙黑褐色，下喙基部淡黄色，脚黄褐色。

生态习性 繁殖期栖息于西伯利亚泰加林的河谷地带，越冬期间栖息于低山丘陵和山脚平原的林缘、河谷和农田等地。常单独、成对或小群活动。性隐匿，少鸣叫，有时在地面快速奔跑或贴地做短距离飞行。主食多种昆虫及昆虫幼虫，也吃草籽等植物种实。繁殖期在6—7月，营巢于高寒地区的小树或灌丛中，以细枝、枯草和苔藓等材料筑巢。窝卵数通常5枚，卵淡蓝绿色，雏鸟晚成。

分布与居留 繁殖于西伯利亚北部，越冬于朝鲜和我国东北、华北及西部地区，在我国为冬候鸟。

欧亚鸲 知更鸟

中文名 欧亚鸲（qú）
拉丁名 *Erithacus rubecula*
英文名 European Robin
分类地位 雀形目鸫科
体长 13~15cm
体重 16~20g
野外识别特征 小型鸟类，轮廓圆润，喙和脚纤细，额、颊、颏、喉至上胸锈橙色，上体、翼和尾橄榄褐灰色，腹灰白色。

IUCN红色名录等级　LC

形态特征 成鸟额、眼先、颊、颏、喉及其两侧至上胸形成一个整体的锈橙色斑块，橙斑和颈侧及下胸交界的外缘为淡蓝灰色，耳区略沾淡灰，细微的眼圈近白色；头顶、后颈至其余上体为橄榄灰褐色，翼和尾暗灰褐色；下体余部灰白色，腹中央尤白；虹膜黑褐色，小巧的喙铅黑色，纤细的脚肉褐色。

生态习性 栖息于低山至山麓的森林和林缘灌丛，也见于果园、庭院等人工绿地。常单独或成对活动，主要为地栖性，常在林下灌丛和地上活动，善跳跃和奔跑，鸣声清脆优美，常在凌晨天未亮时就开始鸣唱，故有"知更鸟"之称。主食多种地面上的昆虫、昆虫幼虫及软体动物，兼食植物种子和果实。繁殖期在5—7月，繁殖期间雄鸟尤善鸣唱。营巢于地表树根或岩缝中，以草根、枯草等材料构松散的杯状巢。窝卵数5~6枚，雌鸟孵卵，孵化期约14天。雏鸟晚成，经雌雄亲鸟共同喂养12~15天即可离巢。

分布与居留 分布于欧洲、北非、西亚和中亚等地。在我国分布于新疆西部地区，为冬候鸟。

日本歌鸲

中文名 日本歌鸲
拉丁名 *Erithacus akahige*
英文名 Japanese Robin
分类地位 雀形目鸫科
体长 13~16cm
体重 16~20g
野外识别特征 小型鸟类，额、头侧、颏、喉至胸部锈橙色，上体及翼和尾红褐色，腰栗红色，下胸和胁部灰色，腹部和尾下覆羽白色，雄鸟上胸和下胸间具一条黑带。

IUCN红色名录等级　LC

形态特征 雄鸟额、眼先、眼周、头侧、颈侧、颏、喉和上胸为一体的锈橙色；其余上体棕褐色，飞羽橄榄褐色，尾羽栗红色；下体灰白色，上胸的锈橙色区域以下有一黑色横带，横带下方的下胸和两胁石板灰色，腹和尾下覆羽灰白色；虹膜黑褐色，喙暗褐色，脚棕灰色。雌鸟和雄鸟相似，但上体羽色偏橄榄褐色，额至上胸部的橙色区域偏棕褐色，胸部无黑带，胸侧和胁亦为淡橄榄褐色。

生态习性 栖息于山地针叶林或混交林中，也见于林缘。常单独或成对活动，地栖性，喜在溪流沿岸的林下灌丛或竹林里的地面上活动和觅食，停歇时常摆动尾部。主食甲虫等多种林下地表昆虫。繁殖期在5—7月，繁殖前期雄鸟常在枝头鸣唱，鸣声清脆，鸣唱时昂首翘尾，微垂双翼。以枯草等材料在林下地面上或河岸岩洞中营巢，窝卵数通常5枚，卵蓝绿色，雏鸟晚成。

分布与居留 繁殖于日本北部等地。在我国为冬候鸟，越冬于广东、广西和福建等地，也偶见于香港和台湾地区。

红尾歌鸲

中文名 红尾歌鸲
拉丁名 *Luscinia sibilans*
英文名 Rufous-tailed Robin
分类地位 雀形目鸫科
体长 13~15cm
体重 11~18g
野外识别特征 小型鸟类，上体橄榄褐色，尾上覆羽和尾红褐色，下体白色，额、喉、胸和两胁有明显的褐色鳞状纹。

IUCN红色名录等级 LC

形态特征 雄鸟头顶暗棕褐色，眼周黄白色，眼先黑褐色，耳区橄榄褐色杂以黄褐色细羽干纹；后颈、肩、背和腰橄榄褐色，尾上覆羽棕红色，尾羽红褐色；翼上覆羽橄榄褐色，飞羽黑褐色具棕褐色外缘；下体近白色。颏、喉微沾皮黄色具橄榄褐色羽缘，形成鳞状斑；胸胁皮黄色具显著的黑褐色鳞状斑，腹和尾下覆羽灰白色；虹膜暗褐色，喙黑褐色，脚为角褐色。雌鸟和雄鸟相似，但上体颜色较暗，尾部棕红色不如雄鸟鲜艳，下体鳞状斑较为稀疏。

生态习性 栖息于山地针叶林、阔叶林和混交林中，尤喜疏林中茂盛的林下灌木。常单独或成对活动，性活泼，善隐匿，多在林下灌丛中跑动或跳跃，并不时上下抖动尾部。鸣声似清长的哨音。主食鞘翅目和鳞翅目等昆虫。繁殖期在6—7月，营巢于树干低处的天然树洞或啄木鸟废弃树洞中，以枯草、树叶和苔藓等材料构杯状巢。窝卵数4~6枚，雌鸟孵卵，雄鸟警戒，孵化期约15天。雏鸟晚成，经雌雄亲鸟共同喂养约14天可离巢。

分布与居留 分布于亚洲东部。在我国繁殖于黑龙江、吉林和内蒙古东北地区，越冬于云南、两广、东南地区及香港和海南，迁徙期间经过辽宁、北京、河北、山东、江苏和福建等地。

 # 新疆歌鸲 夜莺

中文名 新疆歌鸲
拉丁名 *Luscinia megarhynchos*
英文名 Common Nightingale
分类地位 雀形目鸫科
体长 16~18cm
体重 23~27g
野外识别特征 小型鸟类，上体淡棕褐色，下体污白色，眼圈和眼先微白，尾明显比其他鸲类要长。

IUCN红色名录等级　LC

形态特征 成鸟全头顶和头侧淡棕褐色，眼先微微泛白，不甚明显的眼圈近白色；上体亦全为淡棕褐色；飞羽暗褐色具棕色外缘；圆形尾较长，尾羽棕褐色；下体污白色，胸和两胁微沾棕色，无斑点；虹膜褐色，喙黑褐色，脚为肉褐色。幼鸟上体暗褐色具赭褐色亚端斑，下体污白色，喉部有一褐色横带。

生态习性 栖息于阔叶林和混交林中，尤喜河谷疏林灌丛，也见于果园和苗圃等人工绿地。繁殖期外成群活动，常隐匿于灌丛中，善鸣唱，繁殖期尤甚，夜间亦进行婉转而多变的鸣唱，故由英文名翻译为"夜莺"。主食多种昆虫。繁殖期在5—7月，营巢于林下灌丛中，以枯草等材料构杯状巢，内垫柔软的动物毛。窝卵数通常4~6枚，卵褐绿色，雌鸟孵卵，孵化期13~14天。雏鸟晚成，经雌雄亲鸟共同喂养11~12天后，即可离巢。

分布与居留 分布于欧洲、北非、西亚、中亚等地。在我国分布于新疆西北部，为夏候鸟。

红喉歌鸲 红点颏

中文名 红喉歌鸲
拉丁名 *Luscinia calliope*
英文名 Siberian Rubythroat
分类地位 雀形目鸫科
体长 14~17cm
体重 15~27g
野外识别特征 小型鸟类，雄鸟眉纹和颧纹白色，额和喉鲜红色具黑色外围，上体褐色，下体胸部棕灰色，腹部烟灰白色；雌鸟亦具有白色的眉纹和颧纹，但额和喉为灰白色，体色偏沙褐色。

IUCN红色名录等级　LC

形态特征 雄鸟额、头顶深橄榄褐色，眉纹和颧纹为鲜明的白色，眼先和颊纹黑色，耳羽橄榄褐色；整个上体橄榄褐色，翼和尾暗棕褐色具棕色羽缘；下体颏和喉为鲜艳的枸杞红色，红色区域外围具窄黑边，胸灰褐色，腹烟灰白色，胁和尾下覆羽沙褐色；虹膜暗褐色，喙褐黑色，脚角褐色至肉褐色。雌鸟亦为上体棕褐色，下体浅沙色，但颏喉部为苍白色，眉纹和颧纹为不甚鲜明的偏棕白色。

生态习性 栖息于低山丘陵至山脚平原的次生阔叶林和混交林中，为地栖性鸟类，尤喜溪水边林下灌丛。单独或成对活动，迁徙时集群。性隐匿，善鸣唱，繁殖期间尤甚，雄鸟常站在枝梢或电线上，发出悠扬婉转且富有颤音的鸣声，晨昏亦鸣唱。主食甲虫、蚂蚁、蜻象等多种昆虫，兼食少量植物性食物。繁殖期在5—7月，营巢于林缘茂密的灌丛中地面上，以枯草等材料构成椭圆形的侧开口巢。窝卵数通常5枚，卵为光洁的蓝绿色，雌鸟孵卵，雄鸟警戒。孵化期约14天，雏鸟晚成，经双亲共同喂养约13天后可离巢。

分布与居留 分布于亚洲东部地区。在我国繁殖于黑龙江、吉林、内蒙古、青海、宁夏和甘肃等地，越冬于云南、广西、广东、香港、海南和台湾等地，迁徙经过辽宁、华北和华东等地。

雄鸟

雄鸟

雄鸟

蓝喉歌鸲 蓝点颏、蓝靛颏

中文名 蓝喉歌鸲
拉丁名 *Luscinia svecica*
英文名 Bluethroat
分类地位 雀形目鸫科
体长 14~16cm
体重 13~22g
野外识别特征 小型鸟类，雄鸟具白色眉纹，上体褐色，尾基栗红色，下体棕白色，颏和喉靛蓝色，中央栗红色或白色，下缘具黑、白、栗三色组成的胸带；雌鸟颏、喉灰白色，其余下体亦为污白色。

IUCN红色名录等级 LC

形态特征 雄鸟眉纹近白色，眼先黑褐色，颊和耳区褐色，额、头顶至整个上体均为褐色；飞羽暗褐色，羽缘较淡；中央尾羽黑褐色，其余尾羽基部栗红色，端部黑褐色；下体颏和喉为辉亮的靛蓝色，喉中央有一块栗红色或白色区域，喉部的蓝色区域下方紧接一条由黑、白、栗色构成的胸带，颏至胸部的色彩分布在个体之间略有差异，但都鲜明艳丽；其余下体近白色，胁和尾下覆羽略泛棕色；虹膜暗褐色，喙褐黑色，脚褐色至肉褐色。雌鸟上体羽色较为灰淡，具有近白色的眉纹和颧纹，颏喉苍白色，胸具不规则的隐隐黑褐色胸带，有时前后缘略缀不鲜明的蓝色和棕色，其余体征似雄鸟。第一年的雄鸟幼体似雌鸟，但翼具棕色羽缘，喉部黑带隐约可见。

生态习性 栖息于山地森林和林缘灌丛，喜在溪流等水源边的疏林灌草丛中活动。常单独或成对活动，迁徙期间成分散的小群。地栖性，善隐匿，繁殖期间尤善鸣唱，鸣唱时昂首翘尾，两翼下垂，鸣声优美多变，且能模仿其他鸟类甚至昆虫的鸣声。主食甲虫、毛虫和蝗虫等多种昆虫。繁殖期在5—7月，营巢于灌丛中或地面凹坑内。窝卵数4~7枚，雌鸟孵卵，孵化期约14天。雏鸟晚成，经双亲共同喂养14~15天可离巢。

分布与居留 繁殖于欧洲北部、中部、中亚和东亚等地，越冬于非洲北部和亚洲南部。在我国繁殖于黑龙江、吉林和内蒙古东北部，越冬于云南、广东、香港和福建等地，迁徙期间经过全国多地。

雄鸟

雄鸟

雄鸟

雌鸟

蓝歌鸲

中文名 蓝歌鸲
拉丁名 *Luscinia cyane*
英文名 Siberian Blue Robin
分类地位 雀形目鸫科
体长 12~14cm
体重 11~19g
野外识别特征 小型鸟类，眼大而圆，雄鸟上体普蓝色，下体白色，翼和尾暗褐色；雌鸟上体橄榄褐色，腰和尾上覆羽暗蓝色，翼上具明显棕黄色翼斑，下体为略沾皮黄色的污白色。

IUCN红色名录等级　LC

形态特征　雄鸟头至整个上体普蓝色，眼先、头侧和颊部近黑色，耳羽和颈侧黑蓝色，颊后黑纹经颈侧延伸至胸侧，在上体的蓝色区域和下体的白色区域间形成鲜明的间隔；飞羽和尾羽黑褐色，羽缘泛蓝色；自颏、喉至尾下覆羽的整个下体为纯白色；虹膜暗褐色，喙黑色，脚肉色。雌鸟眼周棕白色，上体橄榄褐色，腰和尾上覆羽缀有蓝色；尾黑褐色，除最外一对尾羽，外翈均带有蓝色；翼上覆羽橄榄褐色，大覆羽末端棕黄色，在翼上形成明显的翼斑，飞羽暗褐色，外翈泛淡棕色，内翈缀暗蓝色；下体污白色，颏、喉带有淡棕色，胸部泛皮黄色，两胁沾褐色。

生态习性　栖息于山地针叶林、混交林及林缘地带。常单独或成对活动，地栖性，喜在林下地面和灌丛中活动觅食。性隐匿，鸣声婉转动听。主食叶蜂、象甲、金花虫和蚂蚁等多种昆虫，兼食蜘蛛等其他小型无脊椎动物。繁殖于山地针叶林、混交林及疏林灌丛中，营巢于阴暗潮湿而富于草本和苔藓植物的林下地面的隐秘凹坑内，以枯草、树叶和苔藓等材料构杯状巢。窝卵数5~6枚，卵为光滑的蓝绿色，雌鸟孵卵，雄鸟警戒，孵化期12~13天。雏鸟晚成，由雌鸟喂养。

分布与居留　分布于亚洲东部。在我国繁殖于东北、内蒙古东北部和北京地区，迁徙期间经过华北、华中、西部和西南地区，少数在东南沿海越冬，多数则迁往境外东南亚地区越冬。

红胁蓝尾鸲

中文名 红胁蓝尾鸲
拉丁名 *Tarsiger cyanurus*
英文名 Red-flanked Bush Robin
分类地位 雀形目鸫科
体长 13~15cm
体重 10~17g
野外识别特征 小型鸟类，眼大而圆。雄鸟上体灰蓝色，有一白色短眉纹；下体白色，两胁锈橙色。雌鸟上体橄榄褐色，尾上覆羽，尾泛蓝色；下体近白色，胸缀褐色，胁部棕橙色。

IUCN红色名录等级　LC

形态特征 雄鸟头部和整个上体灰蓝色，头顶两侧、翼上小覆羽和尾上覆羽为鲜亮的金属蓝色，眉纹短且呈白色，眼先黑色，颊和耳羽蓝黑色；飞羽暗褐色，内侧飞羽外翈沾蓝色，外侧飞羽具棕黄色羽缘；尾黑褐色，具蓝色羽缘；下体颏、喉和胸棕白色，胸侧蓝灰色，两胁为鲜艳的锈橙色，腹至尾下覆羽白色；虹膜暗褐色，喙黑色，脚褐色。雌鸟上体橄榄褐色，具棕白色眼圈，眼周略沾白色；腰和尾上覆羽泛灰蓝色，黑褐色的尾羽亦泛深蓝色，下体棕白色，胸泛淡橄榄褐色，胸侧不具蓝色，胁部亦为棕橙色。第一年的雄性幼鸟羽色不如成鸟艳丽，但隐约能见其上体泛有蓝色。

生态习性 栖息于山地针叶林、混交林和林缘灌丛，尤喜居于潮湿的冷杉和岳桦林下，迁徙和越冬季亦见于低山至平原的树林灌丛或果园中。常单独或成对活动，秋季亦结小群。地栖性，多在林下灌丛间活动、觅食，停歇时上下摆尾。主食甲虫、小蠹虫、天牛和蚂蚁等昆虫，也吃蜗牛、蠕虫和蜘蛛等小型无脊椎动物，兼食少量植物果实和种子。4—5月进入繁殖期，营巢于湿暗的山地林下土洞中，以苔藓、松针和兽毛等材料筑杯状巢，窝卵数通常5~6枚；雌鸟孵卵，孵化期14~15天。雏鸟晚成，经双亲共同喂养约13天后即可离巢。

分布与居留 分布于亚洲东部。在我国主要于东北和西南地区繁殖，于长江流域及以南地区越冬。

雄性幼鸟

雌鸟

雄鸟

雌鸟

雄鸟

白眉林鸲

中文名 白眉林鸲
拉丁名 *Tarsiger indicus*
英文名 White-browed Bush Robin
分类地位 雀形目鸫科
体长 14~15cm
体重 14~15g
野外识别特征 小型鸟类。雄鸟上体
灰蓝色，具长而明显的白色眉纹，
下体棕橙色。雌鸟上体橄榄褐色，
亦具显著白眉纹，下体淡黄褐色。

IUCN红色名录等级　LC

形态特征 雄鸟头侧、眼先和颈侧黑色，长而明显的白色眉纹从额一直延伸到枕部，头顶至整个上体灰蓝色；翼内侧灰蓝色，外侧覆羽和尾羽褐色，羽缘金棕色；尾羽黑色，外侧缀有蓝色；下体棕橙色，腹中央、尾下覆羽和肛周污白色；虹膜褐色，喙黑色，脚褐色。雌鸟白色眉纹不明显，眼圈淡黄色，头侧和眼先赭褐色；上体橄榄褐色，腰微缀皮黄色；翼和尾褐色，羽缘橄榄褐色；下体暗棕色至灰褐色。

生态习性 栖息于高山和亚高山针叶林、混交林及林缘地带，尤其喜居于沟谷森林和杜鹃灌丛等茂密的林下灌丛中，冬季则垂直迁徙到中海拔山区。常单独或成对活动。主食多种昆虫。繁殖期在5—7月。在繁殖期，雄鸟常站在石头或灌木顶枝上鸣唱，鸣声清脆婉转。营巢于山地针叶林中的沟谷岩隙中，以苔藓、蕨根和草茎等材料筑碗状巢，窝卵数3~4枚；卵淡青色有褐色斑点，雏鸟晚成。

分布与居留 分布于喜马拉雅山周边地区。在我国分布于四川、云南、西藏和台湾等地区，多数为留鸟。

雄鸟

雄鸟

鹊鸲

中文名 鹊鸲
拉丁名 *Copsychus saularis*
英文名 Oriental Magpie Robin
分类地位 雀形目鹟科
体长 19~22cm
体重 32~50g
野外识别特征 小型鸟类，形似喜鹊但较喜鹊小。主体黑色，腹部及以下白色，翼上具有白斑，尾长。

IUCN红色名录等级 LC

形态特征 雄鸟整个头部和上体呈具蓝色金属光泽的黑色；翼黑褐色，翼上小覆羽、中覆羽、次级覆羽和内侧次级飞羽外翈均为白色，使得翼上形成一道明显的白色翼斑；中央尾羽黑色，外侧尾羽白色，尾基部具有黑斑；下体颏、喉、颊、颈侧至上胸均为和头部一样的亮蓝黑色，下胸、腹至尾下覆羽白色；虹膜褐色，喙黑色，脚黑褐色。雌鸟和雄鸟相似，但雌鸟上体偏暗灰褐色，下体白色部分泛棕灰色。幼鸟上体暗灰褐色，喉和胸黄褐色且具黑褐色羽缘。

生态习性 栖息于低山丘陵至山脚平原的林缘、疏林、竹林和果园等地。性活泼，较大胆，好争斗。常单独或成对活动，休息时常展翅翘尾，鸣声悠扬多变。主食甲虫、蝼蛄、蟋蟀、蚂蚁、蜂和蝇等多种昆虫，也吃蜘蛛、蜈蚣、螺、蛙等小动物，以及少量植物种实。繁殖期在4—7月，营巢于树洞、檐缝等洞隙中，以枯草、苔藓和松针等材料筑浅杯状巢或碟状巢。窝卵数4~6枚，卵绿褐色且密布茶褐色斑点；雌雄亲鸟共同孵卵和育雏，孵化期约13天，雏鸟晚成。

分布与居留 分布于亚洲东部。在我国广泛分布于长江流域及其以南地区。

雄鸟

白腰鹊鸲

中文名 白腰鹊鸲
拉丁名 *Copsychus malabaricus*
英文名 White-rumped Shama
分类地位 雀形目鸫科
体长 20~28cm
体重 26~36g
野外识别特征 中型鸟类。雄鸟头、颈、胸和背黑色具蓝色金属光泽，腰和尾上覆羽白色，黑色凸形尾特长，胸以下棕栗色。雌鸟似雄鸟而尾稍短，上体和胸部等呈黑色，部分为蓝灰色。

IUCN红色名录等级　LC

形态特征 雄鸟整个头颈部、胸部和肩背等上体为带有蓝色金属光泽的黑色，腰和尾上覆羽白色；凸形尾特长，是身体长度的一倍；尾羽黑色，外侧尾羽具渐宽的白色端斑；翼黑色，外侧飞羽的黑褐色边缘略沾棕黄色；下体胸部及以下为棕栗色；虹膜褐色，喙黑褐色，脚肉褐色。雌鸟尾羽较短但仍为明显的长尾，头颈、胸和上体为泛蓝的灰褐色，腰和尾上覆羽白色，下体胸部以下为栗黄色。

生态习性 栖息于低山丘陵至山脚平原的热带茂林和林缘疏林或竹林灌丛中。常单独活动，性隐匿，善鸣唱，鸣声动听，鸣叫时竖起长而柔顺的尾羽。主食甲虫、蜻蜓和蚂蚁等多种昆虫。繁殖期在4—6月，营巢于天然树洞中，以草茎、竹叶等材料筑巢，窝卵数4~5枚；雌鸟孵卵，孵化期12~13天。

分布与居留 分布于东南亚地区。在我国分布于云南和海南省，为留鸟。

雄鸟

雌鸟

赭红尾鸲

中文名 赭红尾鸲
拉丁名 *Phoenicurus ochruros*
英文名 Black Redstart
分类地位 雀形目鹟科
体长 13~16cm
体重 14~24g
野外识别特征 小型鸟类。雄鸟额、头侧、颈侧、颔、喉和胸近黑色，头顶和背浓灰色，腰、尾上覆羽、尾下覆羽和外侧尾羽栗色，中央尾羽深褐色，翼黑褐色。雌鸟上体和翼淡褐色，尾上覆羽和尾羽淡棕色，中央尾羽褐色，下体浅棕褐色。

IUCN红色名录等级 LC

形态特征 雄鸟额、头侧至颈侧近黑色，头顶、后颈至背深灰色，腰和尾上覆羽棕栗色；外侧尾羽为和腰一体的棕栗色，中央尾羽为较深的褐色；翼上覆羽灰黑色，飞羽暗褐色，羽缘色较淡；下体颔、喉至胸为和头侧一体的黑色，其余下体棕栗色；虹膜暗褐色，喙和脚褐黑色。雌鸟头和上体灰褐色，眼圈灰白色，翼和中央尾羽淡褐色，腰、尾上覆羽和外侧尾羽淡棕栗色，下体浅棕灰色，尾下覆羽淡棕灰色。

生态习性 栖息于高山针叶林和高原灌丛草地，冬季也见于低山的人工林或果园等地。除在繁殖期外，单独活动，常栖息在低枝或灌木上，发现地面上的食物后俯冲捕食。主食象鼻虫、金龟子、步行虫和蚂蚁等昆虫，兼食蜘蛛和甲壳动物等其他小型无脊椎动物，偶食少量植物种实。繁殖期在5—7月，营巢于林下灌丛或岩隙中，以草和苔藓等材料筑松散的杯状巢，主要由雌鸟筑巢和孵卵。窝卵数4~6枚，孵化期约13天。雏鸟晚成，经双亲共同喂养16~19天后可离巢。

分布与居留 分布于欧洲、北非和亚洲。在我国分布于西部、中部和西南地区，偶见于华北地区，多为留鸟。

雄鸟

雄鸟

幼鸟

雌鸟

雄鸟

雄鸟

北红尾鸲 倭瓜燕儿

中文名 北红尾鸲
拉丁名 *Phoenicurus auroreus*
英文名 Daurian Redstart
分类地位 雀形目鸫科
体长 13~15cm
体重 13~22g
野外识别特征 小型鸟类。雄鸟头
顶至上背石板灰色，下背和翼黑
色，翼上具明显白色斑块，腰、尾
上覆羽和尾栗色至棕橙色，额基、
头侧、颏、喉至上胸纯黑色，其余
下体棕橙色。雌鸟上体灰褐色，下
体淡黄褐色，腰和尾棕橙色，褐色
的翼上具白色翼斑。

IUCN红色名录等级 LC

形态特征 雄鸟额、头顶、后颈至上背石板灰色，前、侧边缘色渐泛
白；下背黑色，腰和尾上覆羽栗色至棕橙色；尾亦为栗色至棕橙色，
中央一对尾羽黑褐色，最外一对尾羽外翈具有黑褐色边缘；翼黑褐
色，次级飞羽和三级飞羽基部白色，在翼上形成明显的块状白斑；
额基、头侧、颈侧、颏、喉和上胸为一体的纯黑色，其余下体为棕橙
色，色如倭瓜，故民间俗称"倭瓜燕儿"；秋季新换羽后，体羽均具
有浅色的细小羽缘，随后渐渐磨损不显；虹膜暗褐色，喙和脚黑色。
雌鸟羽色较淡，具有不明显的灰白色眼圈，头顶至上背橄榄灰褐色，
飞羽深褐色且具有较小的白色翼斑，尾上覆羽和外侧尾羽为偏淡的棕
橙色，中央尾羽褐色，下体淡棕褐色，至尾下覆羽渐为淡棕橙色。

生态习性 栖息于山地、森林、河谷、林缘及民居附近的灌丛。常单
独或成对活动，进行短距离低飞，或者在地面和灌丛间跳跃，活动时
常发出"嘀、嘀、嘀"的轻微叫声，停歇时喜上下点头摆尾。主食甲
虫、毛虫、蝗虫和蚂蚁等多种昆虫，兼食少量植物种实。繁殖期在4—
7月，一年可繁殖2~3窝。营巢于树洞、建筑物缝隙和土坑等多种环境
中，雌雄亲鸟共同以树皮、枯草、苔藓和纤维等材料筑杯状巢。窝卵
数通常6~7枚，雌鸟孵卵，雄鸟警戒，孵化期约13天。雏鸟晚成，经
双亲喂养约14天后即可离巢。

分布与居留 分布于亚洲东部。在我国多地均有分布，较为常见，大多
在长江以北地区繁殖、长江以南越冬，也有部分留鸟。

红腹红尾鸲

中文名 红腹红尾鸲
拉丁名 *Phoenicurus erythrogastrus*
英文名 White-winged Redstart
分类地位 雀形目鸫科
体长 16~19cm
体重 22~31g
野外识别特征 小型鸟类，比其他红尾鸲体形偏大。雄鸟头顶至枕（领背）白色或略沾灰，头颈余部和肩、背、胸黑色，黑色翼上有大白斑，其余体羽锈棕色。雌鸟上体灰褐色，下体淡棕灰色，具不明显的白眼圈，腰至尾羽棕色。

IUCN红色名录等级 LC

形态特征 雄鸟头顶至枕白色或略沾灰，额、头侧、颈侧、肩、背和翼上覆羽黑色，腰、尾上覆羽至尾羽锈棕色；中央尾羽末端略泛黑褐色；飞羽褐黑色，初级飞羽和外侧次级飞羽基部白色，在翼上形成大白斑；下体颏、喉至上胸为与头侧一体的黑色，下胸、腹至尾下覆羽等其余下体均为锈橙色；冬羽头顶和胸具灰色细羽缘；虹膜褐色，喙和脚黑色。雌鸟上体橄榄灰褐色，头顶至后颈略泛烟灰色，具不明显的白色眼圈；腰、尾上覆羽和尾羽棕色，中央尾羽色略暗；翼褐色，无白色翼斑；下体浅棕灰色，下胸、胁和尾下覆羽褐黄色，腹中央色淡。幼鸟头顶至上背具暗色横斑，胸具淡色斑点；第一年雄鸟似雌鸟，但翼上具白色翼斑。

生态习性 栖息于高山和高原，夏季多在雪线及以上部分，冬季亦栖息于亚高山的林线上缘的疏林灌丛。除繁殖期外单独或小群活动，栖息在石滩、灌木或地面上，尾部不住上下摆动。主食甲虫等昆虫，兼食蠕虫等其他小型无脊椎动物和少量植物种实。繁殖期在6—7月，营巢于高山苔原上的岩隙中，以枯草和苔藓等材料筑杯状巢，内垫牛羊毛和羽毛等柔软保暖材料。窝卵数3~5枚，卵白色具红棕色斑。雏鸟晚成。

分布与居留 分布于中亚至东亚等地。在我国繁殖于新疆、青海和西藏等地，部分为留鸟，部分进行垂直迁徙，部分迁徙或越冬于甘肃、山西、山东、河北、四川和云南等地。

雄鸟

蓝额红尾鸲

中文名 蓝额红尾鸲
拉丁名 *Phoenicurus frontalis*
英文名 Blue-fronted Redstart
分类地位 雀形目鸲科
体长 14~16cm
体重 14~25g
野外识别特征 小型鸟类。雄鸟头颈、背和胸深灰蓝色，额和短眉纹鲜蓝色，翼暗褐色，其余体羽棕橙色，尾羽具黑色端斑，中央尾羽黑色。雌鸟具灰白色眼圈，上体为灰暗的棕褐色，下体淡棕褐色，尾上和尾下覆羽棕橙色，外侧尾羽亦具黑色端斑。

IUCN红色名录等级　LC

形态特征 雄鸟额及短眉纹灰蓝色，头余部、颈部、肩和背为泛有蓝色金属光泽的灰黑色；翼上中覆羽和小覆羽暗蓝色，大覆羽和飞羽暗褐色，具明显的淡褐色羽缘；腰、尾上覆羽及胸以下的下体为一体的棕橙色；中央尾羽黑褐色，外侧尾羽棕橙色具黑褐色端斑；冬羽头顶至背和两翼的羽片具棕色端；虹膜暗褐色，喙和脚黑色。雌鸟具明显的灰白色眼圈，头顶至背暗棕褐色，腰和尾上覆羽棕色，中央尾羽黑褐色，外侧尾羽棕色具黑褐色端斑，翼褐色具棕白色羽缘，头侧、颈侧、颏、喉和胸棕褐色；腹淡棕褐色，至尾下覆羽渐为棕橙色。

生态习性 繁殖季栖息于亚高山针叶林至高山灌丛草甸，冬季垂直迁徙至中低山和山脚林缘。常单独或成对活动，在灌丛间上下跳动翻飞，停息时则上下摆尾，不仅在地面跳跃觅食，而且常在空中捕食。主食毛虫、蝗虫、甲虫和蚂蚁等多种昆虫，兼食少量植物种实。繁殖期在5—8月，营巢于倒木或地表岩石的缝隙中，以苔藓和枯草筑杯状巢，内垫羽毛和毛发。窝卵数3~4枚，雌鸟营巢和孵卵。雏鸟晚成，雌雄亲鸟共同育雏。

分布与居留 分布于中亚至喜马拉雅山周边地区。在我国主要分布于西南地区，也见于陕甘、川鄂等地，多为留鸟，随季节进行垂直迁徙，部分也进行短距离水平迁徙。

雄鸟

雌鸟

雄鸟

红尾水鸲

中文名 红尾水鸲
拉丁名 *Rhyacornis fuliginosa*
英文名 Plumbeous Water Redstart
分类地位 雀形目鸫科
体长 13~14cm
体重 15~28g
野外识别特征 小型鸟类，体圆尾短。雄鸟主体暗灰蓝色，飞羽深褐色，尾锈红色。雌鸟上体灰褐色，翼和尾褐色，尾基部白色，翼具两道白色点状斑，下体灰色具细密的白斑。

IUCN红色名录等级 LC

形态特征 雄鸟主体均为暗灰蓝色，额基和眼先深灰黑色；翼暗褐色，外翈羽缘蓝灰色；尾上覆羽、尾下覆羽和尾羽锈红色，尾羽尖端微染黑色；虹膜褐色，喙黑色，脚肉褐色至黑褐色。雌鸟上体为略泛蓝的暗灰褐色，眼先和眼周略沾棕色；翼深褐色具淡色羽缘，内侧次级飞羽和覆羽的棕白色羽缘在翼上形成两道连珠状白斑；尾上覆羽白色，尾羽基部亦为白色，端部深褐色；下体蓝灰色，具细密的灰白色斑点；尾下覆羽白色；脚肉褐色。

生态习性 栖息于山地溪流与河谷地带，尤见于多石的林间。常单独或成对活动，立于水边或水中的石块上，栖息时尾不住地上下摆动，或散开呈扇形左右摆动。发现水面或地上有食物时，疾速飞冲捕捉，然后立即返回原处。有时贴水面沿河飞行，边飞边发出"吱、吱"的叫声。主食鞘翅目、鳞翅目、膜翅目、双翅目、半翅目、直翅目及蜻蜓目等多种昆虫，也吃少量浆果和植物种子。繁殖期在3—7月，有的一年繁殖两窝。营巢于隐秘的溪边岩隙中，以枯草、树叶、细枝和苔藓等材料筑杯状巢，有时内垫纤维、毛发和羽片等材质。窝卵数通常4~5枚，卵黄白色至淡绿色，具褐色斑点。主要由雌鸟筑巢和孵卵，雏鸟晚成，双亲共同育雏。

分布与居留 分布于亚洲东部。在我国广泛分布于全国多地，较常见，为留鸟。

雌性幼鸟

雄鸟

雄鸟

雄鸟

 # 白顶溪鸲

中文名 白顶溪鸲
拉丁名 *Chaimarrornis leucocephalus*
英文名 White-capped Water Redstart
分类地位 雀形目鹟科
体长 16~20cm
体重 22~48g
野外识别特征 小型鸟类。头顶白色，腰、尾上覆羽、尾羽、腹部及以下下体栗红色，其余体羽黑色，尾羽具黑色端斑。

IUCN红色名录等级 LC

形态特征 雌雄同色。成鸟头顶至枕白色，头颈余部及肩背为乌亮的纯黑色；翼黑褐色，飞羽外翈黑色；腰和尾上覆羽栗红色；圆形尾较长，为栗红色，基部灰色，端部形成明显的黑色端斑；下体颏、喉至胸纯黑色，腹至尾下覆羽栗红色，腋羽和翼下覆羽黑色；虹膜暗褐色，喙和脚黑色。幼鸟头部的白色区域具有黑褐色细羽缘；黑色区域色较淡，偏灰褐色且具有红褐色羽缘，翼上覆羽亦带有黄白色端斑。

生态习性 栖息于山地溪流与河谷沿岸。常单独或成对活动，也成三五小群活动，常站在河边或水中露出的石头上，有时沿河进行低空短距离飞行，边飞边发出"唧、唧"的叫声。降落时尾呈扇形散开，不停地上下摆动。主食多种陆生和水生昆虫，也吃一些软体动物等其他无脊椎动物，以及少量植物种实。繁殖期在4—7月，营巢于隐秘的溪边树根或石缝间，雌雄亲鸟共同以枯草、苔藓和树叶等材料筑碗状巢，内垫毛发和羽毛等柔软材质。窝卵数3~4枚，卵淡蓝绿色被红褐色斑；雌鸟孵卵，雏鸟晚成，雌雄亲鸟共同育雏。

分布与居留 分布于中亚至喜马拉雅山地区。在我国分布于西部、西南和中部等地区，主要为留鸟，部分在华南越冬。

白尾蓝地鸲 白尾地鸲

中文名 白尾蓝地鸲
拉丁名 *Myiomela leucurum*
英文名 White-tailed Robin
分类地位 雀形目鸫科
体长 15~18cm
体重 23~27g
野外识别特征 小型鸟类。雄鸟通体蓝黑色，额、眉纹和肩部蓝色尤其辉亮；除中央和最外侧尾羽外，尾羽基部均为白色，形成明显白斑。雌鸟通体橄榄褐色，上体较暗，下体较淡，眼周皮黄色，尾亦具有明显白斑。

IUCN红色名录等级　LC

形态特征 雄鸟通体蓝黑色，额、眉纹和翼上小覆羽为鲜亮的钴蓝色，眼先、眼周、头侧、颈侧、颏、喉和胸为浓郁的墨蓝色，颈侧各有一若隐若现的小白斑，胁部和尾下覆羽略沾白色；飞羽黑色，外翈灰蓝色；尾黑色，除中央和最外侧尾羽外，均具有白色的羽基，在尾上形成两块明显的大白斑；虹膜暗褐色，喙和脚黑色。雌鸟上体橄榄褐色，眼周淡皮黄色，飞羽棕褐色，尾羽深褐色，具有与雄鸟相似的白斑，下体淡黄褐色，腹中央浅灰白色，喙和脚深褐色。

生态习性 栖息于中低山常绿阔叶林或混交林中，尤喜居于潮湿阴暗的山林河谷。常单独或成对活动，营地栖生活，栖息时常上下摆尾，飞行时则将尾部呈扇形散开，繁殖期鸣声清脆明亮。主食昆虫及昆虫幼虫，秋冬季兼食少量植物种实。繁殖期在4—8月，营巢于林下倒木或岩隙中，以枯草、苔藓和藤蔓等材料筑杯状巢，内垫毛发和羽片。窝卵数通常3~4枚，卵白色且密被红褐斑，雏鸟晚成。

分布与居留 分布于亚洲东南部。在我国分布于中部、西南和华南等地区，为留鸟。

雌鸟

中文名 小燕尾
拉丁名 *Enicurus scouleri*
英文名 Little Forktail
分类地位 雀形目鹟科
体长 11~14cm
体重 14~20g
野外识别特征 小型鸟类，体形较为短圆。羽色黑白间错，尾呈浅叉形。上体主要为黑色，额至前头顶白色，腰和尾上覆羽白色，尾中央黑色、外侧白色，翼黑色且具白斑；下体胸以上黑色，腹及以下白色。

IUCN红色名录等级 LC

形态特征 成鸟额至头顶前部白色，头余部、颈至上背黑色，下背、腰至尾上覆羽白色；尾浅叉形，中央尾羽黑色，基部白色，外侧尾羽基部白斑逐渐扩大，至最外侧几乎全为白色；翼黑褐色，大覆羽先端和次级飞羽基部白色，在翼上形成醒目的条带状白色翼斑，飞羽外翈羽缘亦为白色；下体颏、喉至上胸黑色，其余下体白色；虹膜黑褐色，喙黑色，脚肉白色。幼鸟额和头顶前部黑褐色，颏、喉和上胸近白色，具黑褐色端斑，其余部分似成鸟。

生态习性 栖息于山地森林中湍急的溪流附近，尤喜居于多瀑布和砾石的具有明显落差的山林溪流。常单独或成对活动，喜立于溪边或涧中突出的乱石上，甚至瀑下石滩中，不住地上下摆尾，或反复散开收拢扇形的尾。有时沿溪贴水飞行，边飞边发出"吱、吱、吱"的叫声。在水岸或半浸在水中觅食，可从小瀑布中来回穿梭。主食多种水生和陆生昆虫，以及甲壳类等其他小型无脊椎动物。繁殖期在4—6月，巧妙地营巢于隐秘的溪边岩石缝隙中，或小瀑布后面的壁洞空间内，以苔藓和草根编织杯状巢。窝卵数通常3枚，卵近白色且有褐斑，雏鸟晚成。

分布与居留 分布于中亚至东南亚等地。在我国分布于长江流域及以南地区，为留鸟，随季节进行垂直迁徙。

雌鸟

白额燕尾 白冠燕尾

中文名 白额燕尾
拉丁名 *Enicurus leschenaulti*
英文名 White-crowned Forktail
分类地位 雀形目鸫科
体长 25~27cm
体重 37~52g
野外识别特征 中型鸟类，体形较为修长。羽色黑白交错，长尾呈深叉形；额和头顶前部白色，头余部、颈、肩、背和胸为一体的黑色，腰和腹白色，翼和尾黑色且具白斑。

IUCN红色名录等级　LC

形态特征 成鸟额和头顶前部白色，头余部、颈、肩、上背、颏、喉和胸为辉亮的黑色，下背、腰和尾上覆羽白色；深叉形尾甚长，尾羽黑色具白色的基部和端斑，收拢时在黑色的长尾上形成阶梯状排列的数对白斑，最外侧两对尾羽几乎全白；翼黑色，大覆羽的白色端部和飞羽的白色基部共同在翼上形成显著的白斑；下体自腹部至以下为纯白色；虹膜褐色，喙黑色，脚肉白色。雌鸟与雄鸟基本相同，头顶后部沾有浓褐色。幼鸟上体自额至腰为浓褐色，颏、喉棕白色，胸和上腹淡咖啡褐色且具棕白色羽干纹，其余似成鸟。

生态习性 栖息于山林中湍急而多石的溪涧河谷。常单独或成对活动，多立于水中或近岸的溪石上，或涉水觅食，受惊时则沿溪流进行短距离低空飞行，并发出"吱、吱、吱"的叫声。主食多种水生和陆生昆虫，兼食蜘蛛等其他小型无脊椎动物。繁殖期在4—6月，营巢于山林中隐秘的溪岸岩隙中，以苔藓、须根和草茎等材料编织杯状或盘状巢。窝卵数3~4枚，卵污白色且被红褐斑，雏鸟晚成。

分布与居留 分布于亚洲东南部。在我国分布于长江流域及以南地区，为留鸟。

黑喉石䳭

中文名 黑喉石䳭（bī）
拉丁名 *Saxicola maurus*
英文名 Common Stonechat
分类地位 雀形目鹟科
体长 12~15cm
体重 12~24g
野外识别特征 小型鸟类。雄鸟头和上体黑褐色，下体棕白色，腰白色，额、喉黑色，颈侧和肩有白斑，胸部染锈红色。雌鸟上体灰褐色，喉部近白色，其余似雄鸟。

IUCN红色名录等级 LC

形态特征 雄鸟前额、头顶、头侧、肩、背和上腰黑色且具棕色羽缘，下腰和尾上覆羽白色，羽缘淡棕色；尾羽黑色，羽基白色；翼黑褐色，飞羽具棕色羽缘，内侧覆羽和内侧尾羽的基部形成白色翼斑；下体颏、喉黑色，颈侧和上胸两侧形成白色半领状斑。胸锈红色，腹和两胁淡棕色，腹中央至尾下覆羽棕白色，翼下覆羽黑色；虹膜暗褐色，喙和脚黑色。雌鸟上体的深色区域具宽的棕灰色羽缘，尾上覆羽淡棕色，下体颏、喉淡棕黄色，羽基黑色，其余特征似雄鸟。幼鸟似雌鸟，但棕色羽缘更宽，眼先、颊和耳羽黑色，颏、喉羽片基部灰色，端部黄灰色。

生态习性 栖息于低山丘陵至山脚平原的疏林灌丛，也见于高原、田野、沼泽等多类生境，适应性较强，常单独或成对活动。喜站在灌木枝梢伺机捕食昆虫，捕到后立即返回原处，亦能鼓翼在空中稍作停留或上下垂直飞翔，叫声尖细响亮。主食蝗虫、甲虫、毛虫、蜂和蚁等多种昆虫，也吃蚯蚓、蜘蛛等其他动物和少量植物种实。繁殖期在4—7月，营巢于土坎石缝等隐蔽处，雌鸟筑巢和孵卵，以枯草、须根、苔藓和树叶等材料筑杯状巢，内垫兽毛和羽片。窝卵数5~8枚，孵化期约12天，雏鸟晚成，经雌雄亲鸟共同喂养12~13天即可离巢。

分布与居留 分布于欧洲、亚洲和非洲。在我国于北方地区繁殖，于南方地区越冬，较为常见。

雄鸟

雄鸟

灰林䳭

中文名 灰林䳭
拉丁名 *Saxicola ferreus*
英文名 Grey Bushchat
分类地位 雀形目鹟科
体长 12~15cm
体重 10~21g
野外识别特征 小型鸟类。雄鸟上体灰色且具黑褐色纵纹，头侧黑色，眉纹白色，翼和尾黑色且具白纹，下体白色，胸胁烟灰色。雌鸟上体赭褐色且略具黑褐色纵纹，下体棕白色。

IUCN红色名录等级　LC

形态特征 雄鸟额、头顶、枕、后颈、肩和背深灰色，羽片中央具黑褐色纵纹，头侧灰黑色，长而明显的眉纹白色；翼褐黑色，外翈具淡棕色窄羽缘，内侧翼上覆羽形成翼上白斑；尾褐黑色具灰白色窄羽缘，外侧尾羽淡灰色；下体灰白色，胸胁和尾下覆羽淡灰色且具窄棕色羽缘；虹膜褐色，喙和脚黑色。雌鸟上体棕褐色，各羽具不明显黑褐色中央纵纹，淡灰白色眉纹不明显，翼暗赭褐色，飞羽外翈具棕白色窄羽缘，腰和尾上覆羽棕栗色；中央尾羽褐黑色且具棕栗色羽缘，外侧尾羽棕栗色；下体颏、喉白色，其余下体棕白色，胸胁染棕灰色。幼鸟似雌鸟，但上体灰褐色部分具棕栗色羽缘，形成鳞状斑。

生态习性 栖息于中低海拔的树林草坡或农田果园等地。常单独或成对活动，也三五成群。常停息在灌木枝头伺机捕食地面昆虫或空中飞虫，并边飞边发出"吱、吱、吱"的叫声。主食甲虫、蝗虫、蝇、蚁和蜂等昆虫，兼食少量植物种实。繁殖期在5—7月，营巢于地面草灌丛中或土坡缝隙中，以苔藓和细草等材料编织杯状巢。主要由雌鸟筑巢并孵卵，窝卵数4~5枚，卵淡蓝绿色且有红褐斑，孵化期约12天。雏鸟晚成，经双亲共同喂养约15天后可离巢。

分布与居留 分布于中亚至东南亚等地。在我国分布于陕甘南部、长江流域及其以南地区，为留鸟。

雄鸟

雄性幼鸟

穗䳭

中文名 穗䳭
拉丁名 *Oenanthe oenanthe*
英文名 Northern Wheatear
分类地位 雀形目鹟科
体长 14~16cm
体重 19~30g
野外识别特征 小型鸟类。雄鸟头顶至腰灰色，眼先和头侧黑色，眉纹白色，尾上覆羽和外侧尾羽白色，中央尾羽和翼黑色，下体白色。雌鸟上体灰褐色，头侧深褐色，眉纹皮黄色，翼和尾似雄鸟，下体棕白色。

IUCN红色名录等级　LC

形态特征 雄鸟夏羽额基至长眉纹白色，眉纹以下的眼先、眼周、耳羽等头侧部位黑色，眉纹以上的头顶至腰背等上体淡石板灰色；尾上覆羽白色，中央尾羽基部白色，端部黑色，外侧尾羽白色且具黑色宽端斑；翼黑色；下体白色，颏、喉微染棕色；虹膜棕黑色，喙和脚黑色。冬羽上体的灰色区域转为赭褐色，翼具淡色羽缘，下体淡赭石色，腹中央泛白。雌鸟上体灰褐色，眉纹皮黄色，头侧深褐色，翼黑褐色且具皮黄色羽缘，腰和尾似雄鸟，下体棕白色。幼鸟似雌鸟，但具有暗色羽缘，形成斑驳的体色。

生态习性 栖息于干旱草原和荒漠地带，也见于亚高山草甸。常单独或成对活动，营地栖生活，在地面或灌丛活动，常栖于石块或灌木枝梢，缓慢地上下摆动尾部，伺机捕捉地面或空中昆虫。边飞边发出"吱、吱、吱"的叫声，繁殖期叫声更加丰富优美，且能模仿其他鸟类鸣叫。主食鳞翅目、鞘翅目、直翅目和膜翅目等昆虫，兼食少量植物种实，还吞食一些小沙石。繁殖期在5—8月，营巢于开阔草原上的啮齿类动物土洞中，窝卵数4~7枚，卵天蓝色。雌鸟孵卵，孵化期约14天。雏鸟晚成，经双亲共同喂养14~15天可离巢。

分布与居留 分布于欧洲、亚洲、非洲和北美洲。在我国分布于新疆、内蒙古和山西等地，为夏候鸟。

雌幼鸟

雄鸟夏羽

雌鸟

白顶鹏

中文名 白顶鹏
拉丁名 *Oenanthe pleschanka*
英文名 Pied Wheatear
分类地位 雀形目鹟科
体长 14~17cm
体重 14~20g
野外识别特征 小型鸟类。雄鸟头顶至后颈白色，头颈余部和上体黑色，翼黑色，腰和外侧尾羽白色，下体白色。雌鸟上体土褐色，腰和外侧尾羽白色，中央尾羽和其他尾羽端部黑褐色，额、喉黑褐色，下体淡皮黄色。

IUCN红色名录等级　LC

形态特征 雄鸟夏羽额、头顶至后颈白色，头颈余部黑色；上体肩、背亦为黑色，腰和尾上覆羽白色；尾白色且具黑色端斑，中央尾羽黑色端斑较大；翼黑褐色；下体颏、喉至上胸黑色，其余下体白色；虹膜暗褐色，喙和脚黑色。其冬羽基本相同，但具有赭褐色羽缘。雌鸟头颈和上体土褐色，下体淡皮黄色，翼和尾似雄鸟。幼鸟似雌鸟，体色更加斑驳。

生态习性 栖息于植被稀疏的荒原戈壁滩，也见于人工绿地。常单独或成对活动，营地栖生活，善在地面快速奔跑，常站在石块或灌木上伺机捕食。主食甲虫、蝗虫、蝽象、毛虫和蚂蚁等昆虫。繁殖期在5—7月，营巢于岩隙和废弃的鼠洞中，主要由雌鸟筑巢，以枯草和羊毛等材料筑碗状巢，窝卵数通常4~6枚，卵淡蓝绿色且具红褐色斑。雌雄轮流孵卵，雏鸟晚成。

分布与居留 分布于欧洲、亚洲和非洲。在我国分布于黄河以北地区，主要为夏候鸟。

雄鸟

雄鸟

漠鹍

中文名 漠鹍
拉丁名 *Oenanthe deserti*
英文名 Desert Wheatear
分类地位 雀形目鸫科
体长 14~17cm
体重 17~28g
野外识别特征 小型鸟类。雄鸟上体沙棕色，腰、尾上覆羽和尾基部白色，尾羽余部和翼黑色，眉纹白色，头侧及额、喉黑色；下体白色。雌鸟似雄鸟，但额、喉淡黄白色，头侧暗褐色。

IUCN红色名录等级 LC

形态特征 雄鸟额、头顶、枕、后颈至肩背为一体的沙土棕色，腰和尾上覆羽乳白色；尾黑色，基部白色；翼黑色且具皮黄色羽缘；飞羽基部白色，和白色的内侧翼上覆羽共同形成翼上白斑；下体额、喉至胸黑色，其余部分亚麻白色；虹膜褐色，喙和脚黑色。雌鸟似雄鸟，但上体偏灰色，头侧无黑色，仅略泛褐色，黄白色眉纹不明显，额和喉淡黄白色，翼和尾褐色且具皮黄色羽缘。

生态习性 栖息于荒漠、戈壁、岩石灌丛草地或高原荒滩等地。常单独或成对活动，营地栖生活，善在地面奔跑，也站在石块上伺机捕食，站立时常上下摆尾。主食甲虫和蚂蚁等昆虫。繁殖期在5—8月，营巢于岩隙和废弃的鼠洞中，以枯草和羊毛等材料筑碗状巢。窝卵数通常5枚，卵淡蓝绿色，雏鸟晚成。

分布与居留 繁殖于东亚至中亚，越冬于伊朗、印度和非洲东北部等地。在我国分布于西部地区，部分为留鸟，部分迁徙。

雌鸟

沙鸭

中文名 沙鸭
拉丁名 *Oenanthe isabellina*
英文名 Isabelline Wheatear
分类地位 雀形目鹟科
体长 15~16cm
体重 20~31g
野外识别特征 小型鸟类。主体为柔和的沙褐色，上体沙褐色且具白眉纹，腰和尾上覆羽白色，尾黑色，外侧尾羽基部白色；下体淡沙褐色，胸部微沾锈褐色。

IUCN红色名录等级 LC

形态特征 成鸟眉纹棕白色，眼先黑褐色，头颈余部至肩背等上体为一体的沙褐色，腰和尾上覆羽白色；尾白色具黑色端斑，中央一对尾羽几乎全黑色；翼暗褐色，外翈具窄的淡沙色羽缘，内翈具宽的白色羽缘；下体淡沙灰色，胸部微沾锈褐色；虹膜暗褐色，喙和脚黑色。

生态习性 栖息于有稀疏植被的荒漠和高原草甸。常单独或成对活动，领域性强。喜栖于突兀的石块或灌丛枝梢上，不住上下摆动尾部。主食甲虫、毛虫、蝗虫、蜂和蚁等昆虫。繁殖期在5—7月，营巢于地面废弃鼠洞及岩缝中，以细草和兽毛等材料筑浅碟状巢，窝卵数通常5~6枚，卵淡蓝色。雌鸟孵卵，孵化期约15天。雏鸟晚成，雌雄亲鸟共同育雏。

分布与居留 分布于高加索、阿尔泰、西伯利亚南部、中亚、西亚等地，冬季也见于印度和北非。在我国分布于西部和西北部地区，部分为留鸟，部分迁徙。

白背矶鸫

中文名 白背矶鸫
拉丁名 *Monticola saxatilis*
英文名 Common Rock Thrush
分类地位 雀形目鸫科
体长 18~20cm
体重 48~61g
野外识别特征 小型鸟类。雄鸟头颈部至背灰蓝色，腰白色，中央尾羽褐色，外侧尾羽棕栗色，翼黑褐色且具白色端斑，下体锈棕色。雌鸟上体灰褐色，下体皮黄色且满布黑褐色鳞斑，尾上覆羽和尾羽枭红色。

IUCN红色名录等级　LC

形态特征 雄鸟整个头颈部、上背和肩灰蓝色，下背和腰白色略沾蓝色，较长的尾上覆羽棕栗色，其余尾上覆羽灰蓝色；中央尾羽暗褐色且具棕栗色羽缘，其余尾羽棕栗色；翼黑褐色，除初级飞羽外均具有白色端斑；下体颏、喉同头颈为一体的灰蓝色，胸、腹至尾下覆羽锈棕色；虹膜暗褐色，喙黑褐色，脚褐色。雌鸟头顶至腰灰褐色，具黑色次端斑和白色端斑，形成鳞状斑；翼黑褐色，亦具有类似的鳞状斑；尾上覆羽和尾羽同雄鸟；下体颏、喉污白色，其余部分皮黄色，具有暗褐色鳞状次端斑。

生态习性 栖息于有稀疏植被的山地。常单独或成对活动，迁徙季成松散小群。营地栖生活，善于在地面行走和奔跑，也立于石头或灌木上，缓慢地上下摆尾，伺机捕食。鸣声婉转清脆。主食各种昆虫，兼食植物种实。繁殖期在5—7月，营巢于山石缝隙中，以枯草和根茎等材料筑碗状或杯状巢，内垫羽片和兽毛。窝卵数通常4~6枚，卵淡蓝绿色。雌鸟孵卵，雏鸟晚成。

分布与居留 分布于欧洲、亚洲和非洲。在我国分布于河北、北京、内蒙古、宁夏、甘肃、青海和新疆等地，多为夏候鸟。

雄鸟

白喉矶鸫 蓝头矶鸫、虎皮翠

中文名 白喉矶鸫
拉丁名 *Monticola gularis*
英文名 White-throated Rock Thrush
分类地位 雀形目鸫科
体长 17~18cm
体重 30~39g

野外识别特征 小型鸟类。雄鸟头顶和翼上覆羽辉蓝色,背、翼和尾褐黑色且具淡棕色羽缘,腰和下体棕栗色,喉和翼斑白色。雌鸟上体橄榄褐色且具黑色鳞状斑,头顶、翼和尾灰褐色,下体棕白色且具褐色鳞斑,喉亦为白色。

IUCN红色名录等级 LC

形态特征 雄鸟额、头顶、枕和后颈辉蓝色,眼先栗色,眼周和头侧褐黑色,略具栗色眼圈;肩、背褐黑色且具淡棕色羽缘,在上体形成明显的鳞状斑,故俗称"虎皮翠";腰和尾上覆羽栗色,尾羽黑褐色,外侧尾羽泛灰蓝色;翼上小覆羽钴蓝色,中覆羽和大覆羽黑色,外翈棕白色,大覆羽端部白色,飞羽黑褐色,外翈泛灰蓝色,内翈基部淡褐色,次级飞羽外翈基部白色,形成明显的白色翼斑;下体颏、喉及颊浓栗色,喉中央有一大块白斑,其余下体均为浓栗色,隐约泛有鳞状纹,下腹部至尾下覆羽渐为棕黄色;虹膜暗褐色,喙黑褐色,脚肉褐色。雌鸟自额至后颈橄榄灰色且具暗褐色细纹;肩背和翼上小覆羽、中覆羽橄榄褐色且具黑褐色边缘,形成明显的鳞状斑;腰和尾上覆羽污白色且具黑褐色横斑;尾和翼黑褐色,翼斑白色,下体亚麻白色且具显著的黑褐色鳞状斑,颏与喉亦具有大白斑。

生态习性 栖息于低山森林,尤喜居于针叶林或混交林中多石砾的溪流边。单独或成对活动,性机警,鸣声悦耳清脆。主食甲虫、蝼蛄、蟓象和毛虫等多种农林害虫,也吃蜘蛛和其他小型无脊椎动物。繁殖期在5—7月,营巢于河谷附近隐秘的地面凹坑或岩石缝隙中,以枯草、细枝、树叶和苔藓等材料筑碗状或杯状巢。窝卵数4~8枚,雌鸟孵卵,孵化期约14天。雏鸟晚成,雌雄亲鸟共同育雏。

分布与居留 分布于亚洲东部。在我国繁殖于东北和华北,越冬于东南沿海。

雌鸟

雄鸟

蓝矶鸫

中文名 蓝矶鸫
拉丁名 *Monticola solitarius*
英文名 Blue Rock Thrush
分类地位 雀形目鸫科
体长 20~30cm
体重 45~64g
野外识别特征 小型鸟类。雄鸟通体普蓝色。雌鸟上体暗灰蓝色，背具黑褐色横斑；下体淡灰蓝色且满布黑棕白色和褐色横斑，喉白色。

IUCN红色名录等级 LC

形态特征 雄鸟通体普蓝色，头顶和背较为辉亮，尾羽和飞羽黑褐色且具灰蓝色边缘；虹膜暗褐色，喙和脚黑色。雌鸟额、头顶至整个上体暗灰蓝色，隐隐具有黑褐色横斑，背部横斑较为明显，飞羽和尾羽黑褐色且具灰蓝色边缘，眼先、眼周和耳羽黑褐色杂以棕白色纵纹，颏、喉棕白色且微具黑褐色鳞状纹，头侧、颈侧和下体余部为淡铅灰蓝色，满布棕白色和黑褐色横斑。

生态习性 栖息于多岩石的低山峡谷，或溪流、湖泊和海岸等水边石滩和附近植被中。单独或成对活动，常立于突兀的岩石或枝梢上，伺机捕食。鸣声清脆婉转，并能模仿其他鸟类叫声。主食甲虫、蝗虫、毛虫、蜂和蜻蜓等昆虫，尤喜鞘翅目昆虫，也吃少量植物种实。自4月进入繁殖期，雄鸟求偶时高声鸣唱，飞来飞去，并将尾扇状散开翘起展示。主要由雌鸟筑巢，营巢于沟谷岩隙中，以苔藓、细枝和枯草等材料筑杯状巢，窝卵数通常4~5枚，卵淡蓝绿色。雌鸟孵卵，雄鸟警戒，孵化期12~13天。雏鸟晚成，经双亲共同喂养17~18天后可离巢。

分布与居留 分布于欧洲南部、地中海沿岸、西亚、中亚至喜马拉雅山地区。在我国分布于中部、西南和华南等地，为留鸟。

幼鸟

雌鸟

雄鸟

雄性幼鸟

雄性幼鸟

雄鸟

台湾紫啸鸫

中文名 台湾紫啸鸫
拉丁名 *Myophonus insularis*
英文名 Taiwan Whistling Thrush
分类地位 雀形目鸫科
体长 28~30cm
体重 130~200g
野外识别特征 中型鸟类。通体黑蓝色，肩具金属绿色，胸和上腹缀有辉蓝色端斑。

IUCN红色名录等级 LC
中国特有鸟种

形态特征 成鸟通体黑蓝色，额有一浓辉绿色窄横斑，肩泛有绿色金属光泽，翼具蓝色金属光泽，胸和上腹部具辉蓝色滴状端斑；虹膜褐红色，喙和脚黑色。

生态习性 栖息于中低山湍急溪流沿岸的阴湿森林中。单独或成对活动，营地栖生活，常在溪边活动觅食，晨昏和阴天更加活跃。叫声尖锐洪亮，犹如啸鸣（啸是指类似于呼哨的声音，故啸鸫英文名有"哨声"的含义）。主食蚱蜢、毛虫、蝴蝶和螳螂等昆虫，也吃蚯蚓、石龙子、青蛙、小鱼等其他小型动物。繁殖期在4—7月，营巢于树洞或岩隙中，以嫩枝和细草等材料编织碗状巢。窝卵数3~4枚，孵化期12~14天。雏鸟晚成，雌雄亲鸟共同育雏。

分布与居留 仅分布于我国台湾，为留鸟。

紫啸鸫

中文名 紫啸鸫
拉丁名 *Myophonus caeruleus*
英文名 Blue Whistling Thrush
分类地位 雀形目鸫科
体长 28~35cm
体重 136~210g
野外识别特征 中型鸟类。通体深紫蓝色，缀有亮蓝色滴状斑，翼黑褐色泛蓝紫光泽。

IUCN红色名录等级　LC

形态特征　成鸟通体深紫蓝色，额和眼先近黑色，周身遍洒辉蓝色滴状斑，滴状斑在肩背部尤其大而明显，飞羽黑褐色泛蓝紫色金属光泽；虹膜暗红褐色，喙和脚黑色，有的亚种喙为黄色。幼鸟似成鸟，但上体无明显的辉蓝色滴状斑，翼上覆羽缀有白点，下体乌褐色，胸腹杂有白细纹。

生态习性　栖息于中低山阔叶林或混交林中多岩石的山涧溪流附近。单独或成对活动，常在溪边石砾上活动，主要跳跃式前进，停歇时喜将尾羽呈扇状散开且上下或左右摆动。繁殖期鸣声尤其清扬高亢，有似哨音。主食金龟甲、金花虫、象甲、步行虫、蝗虫和蜷象等昆虫，兼食蛙和蟹等小型无脊椎动物，以及少量植物种实。繁殖期在4—7月，营巢于山涧溪流边的岩石缝隙中，或瀑布后的岩洞中，以苔藓、苇茎、枯草和泥等材料筑杯状巢。雌雄亲鸟共同筑巢、孵卵和育雏。窝卵数通常4枚，雏鸟晚成。

分布与居留　分布于中亚至喜马拉雅山地区。在我国繁殖于长江流域至黄河流域以北地区；长江以南为留鸟，以北地区繁殖的种群为夏候鸟，秋冬季迁徙到南方越冬。

光背地鸫

中文名 光背地鸫
拉丁名 *Zoothera mollissima*
英文名 Plain-backed (Mountain) Thrush
分类地位 雀形目鸫科
体长 23~27cm
体重 75~80g
野外识别特征 中型鸟类。雌雄相似，上体橄榄褐色沾锈红，下体棕白色满布深色鳞状纹，翼上无带状斑。

IUCN红色名录等级 LC

形态特征 成鸟上体头至尾上覆羽深橄榄褐色，有的略沾棕红；翼暗褐色具橄榄色羽缘；尾黑褐色具白色端斑，中央尾羽和外侧尾羽为橄榄褐色；眼周淡黄褐色，颊和耳区茶黄色杂以黑褐斑纹；下体淡棕白色，各羽具黑色鳞状端斑；翼下覆羽黑色具白端斑；虹膜褐色，喙深褐色，脚蜡黄色。

生态习性 繁殖期栖息于高山森林、灌丛及高山沟谷的裸岩地带；冬季则垂直迁徙至低山。单独或成对活动，秋冬季或成小群。主食昆虫和其他小型无脊椎动物，兼食少量草籽和野果。繁殖期在5—7月，营巢于灌丛地面上、岩壁或小树上。以苔藓、枯草等构筑杯状巢，窝卵数通常4枚，被红褐斑，雏鸟晚成。

分布与居留 分布于中亚至南亚等地区。在我国分布于川西、滇西、藏南等地，部分为留鸟，部分为夏候鸟。

虎斑地鸫

中文名 虎斑地鸫
拉丁名 *Zoothera dauma*
英文名 Scaly Thrush
分类地位 雀形目鸫科
体长 27~30cm
体重 124~174g
野外识别特征 中型鸟类。上体黄褐色布满黑色鳞状斑，下体棕白色，除额、喉和腹中央外，亦具有黑色鳞斑。

IUCN红色名录等级 LC

形态特征 成鸟自额至整个上体为鲜亮的橄榄褐色，羽片具棕白色羽干纹、金棕色次端斑和黑色边缘，在上体形成鲜明的黑色鳞状斑；翼上覆羽同背部，飞羽黑褐色，外翈羽缘淡棕黄色，内翈基部棕白色，在翼下形成一道白斑；中央尾羽橄榄褐色，外侧尾羽渐为黑色，且具有白色端斑；眼先棕白色，眼大而圆，眼圈白色，头侧棕白色微具黑色端斑，耳区有一黑褐斑；下体棕白色，除额、喉和腹中央斑纹不明显，其余下体均布有醒目的黑色鳞状纹；虹膜暗褐色，喙褐色，下喙基部肉黄色；脚肉色。

生态习性 栖息于山溪附近地势低洼的密林中，迁徙季节也见于疏林或农田。单独或成对活动，营地栖生活，在林下灌丛或林下落叶层的地面上活动觅食，善奔跑，受惊时贴地面做林下低空飞行，起飞时发出一声"嘎"的叫声，飞不远即降落下来。主食鞘翅目、直翅目和鳞翅目等昆虫及其幼虫，幼鸟主要吃鳞翅目幼虫和蚯蚓，兼食少量植物种实。繁殖期在5—8月，营巢于溪岸阔叶林或混交林内的树杈上，以细枝、枯草、苔藓、树叶和泥等材料筑杯状巢。窝卵数4~5枚，卵灰绿色略有褐斑，孵化期11~12天。雏鸟晚成，经雌雄亲鸟共同喂养12~13天后可离巢。

分布与居留 分布于东亚、东南亚至澳大利亚等地。在我国繁殖于东北和西部地区，越冬于华南和西南地区，迁徙时经过华北、川陕等地，部分在华南及台湾地区繁殖的种群为留鸟。

灰背鸫

中文名 灰背鸫
拉丁名 *Turdus hortulorum*
英文名 Grey-backed Thrush
分类地位 雀形目鸫科
体长 20~23cm
体重 50~73g
野外识别特征 中型鸟类。上体橄榄灰色，翼和尾黑色，额、喉灰白色，胸淡灰色，腹白色，胁和尾下覆羽橙栗色，雌鸟具明显黑褐斑。

IUCN红色名录等级 LC

<u>形态特征</u> 雄鸟额及整个上体为橄榄灰色，眼先黑色，头侧微沾棕褐色，耳羽黑褐色杂以细白羽干纹；飞羽和尾羽褐黑色，外翈缀有灰蓝色；下体颏、喉灰白色具黑褐色羽干纹，胸淡灰色，有的具有黑褐色三角形羽干斑，下胸和腹的中部灰白色，胸侧、胁、腋羽和翼下覆羽橙栗色，尾下覆羽淡皮黄色；虹膜褐色；喙黄褐色，脚肉黄色。雌鸟似雄鸟，但颏、喉淡棕黄色，具黑褐色长形或三角形斑，胸淡黄色，具黑褐色三角形羽干斑。

<u>生态习性</u> 栖息于低山丘陵的茂林中，尤喜林下植被丰富的河谷次生阔叶林。常单独或成对活动，迁徙季成小群活动于开阔地带。营地栖生活，善跳跃和行走，繁殖期善于鸣唱，晨昏尤甚。主食鞘翅目、鳞翅目和双翅目等昆虫和幼虫，也吃蚯蚓和植物种实。繁殖期在5—8月，雌雄亲鸟共同营巢于林下小树杈上，以树枝、枯草、树叶、苔藓和泥土等材料筑精致的杯状巢——由一层干草夹一层泥土筑成，内层则糊以黄泥。窝卵数3~5枚，卵淡绿色被紫红斑点，雌鸟孵卵，孵化期约14天。雏鸟晚成，经双亲共同喂养约11天后即可离巢。

<u>分布与居留</u> 繁殖于俄罗斯东南部、朝鲜和我国东北地区，越冬于我国南方地区，偶见于越南和日本。

黑胸鸫

中文名 黑胸鸫
拉丁名 *Turdus dissimilis*
英文名 Black-breasted Thrush
分类地位 雀形目鸫科
体长 20~30cm
体重 60~76g
野外识别特征 中型鸟类。雄鸟头、颈和胸黑色，其余上体暗灰色，下体橙棕色，喙和脚蜡黄色。雌鸟上体橄榄褐色，颏、喉白色，上胸橄榄褐色具黑斑，其余似雄鸟。

IUCN红色名录等级　LC

形态特征 雄鸟整个头颈部和上胸部黑色，其余上体暗灰色，腰和尾上覆羽略淡，尾羽和飞羽黑褐色；下体颏部略有白色，下胸、两胁至翼下覆羽橙棕色，腹中部至尾下覆羽白色；虹膜褐色，喙和脚蜡黄色。雌鸟头及整个上体橄榄褐色，头侧灰黄褐色，耳羽略具淡色细纹，飞羽黑褐色具橄榄褐色羽缘；下体颏、喉白色具黑褐色纵纹，上胸橄榄灰褐色，具明显的纵向黑斑，下胸、两胁至翼下覆羽橙棕色，腹至尾下覆羽黄白色，胸腹部具黑褐端斑。

生态习性 栖息于中低山阔叶林和针阔混交林中，尤喜具有蕨类或杜鹃等茂密林下植被的常绿阔叶林。常单独或成对活动，也成小群。营地栖生活，多在林下落叶层活动，性隐匿。主食鞘翅目、直翅目和鳞翅目等昆虫和幼虫，也吃蜗牛、蛞蝓等小型无脊椎动物和植物种实。繁殖期在5—7月，营巢于阴暗潮湿的常绿阔叶林或混交林的林下小树或灌丛中，以苔藓、细草、须根和泥土等材料筑杯状巢。雌雄亲鸟共同营巢、孵卵和育雏，窝卵数3~4枚，卵淡绿色被红褐斑，雏鸟晚成。

分布与居留 分布于东南亚等地。在我国分布于云南和广西，为留鸟。

乌鸫

中文名 乌鸫
拉丁名 *Turdus merula*
英文名 Common Blackbird
分类地位 雀形目鸫科
体长 26~28cm
体重 55~126g
野外识别特征 中型鸟类。雄鸟通体乌黑色，喙和眼周橙黄色。雌鸟主体黑褐色，下体锈褐色且具不明显纵纹。

IUCN红色名录等级 LC

形态特征 雄鸟全身乌黑色，下体略淡，有的颏、喉略浅，微具黑褐纵纹；虹膜褐色，喙和眼圈为鲜艳的橙黄色，脚黑褐色。雌鸟似雄鸟，但体色较淡，偏褐色调，沾有锈色，下体更明显，颏、喉具黑褐色暗纵纹。幼鸟似雌鸟，但体色更淡，更显斑驳。

生态习性 栖息于山地至平原的森林、林缘、果园、农田和城市公园等多种生境。常单独或成对活动，也成小群。在地面觅食，平时栖息在树上，繁殖期喜隐匿在大乔木上不停鸣叫。主食蝇蛆、蝼蛄、蜚蠊、金龟甲、蜻蜓、蝗虫和毛虫等多种昆虫，也吃马陆、蜈蚣、蠕虫和蜗牛等小型无脊椎动物，并吃樟、女贞、枸橘和野蔷薇等多种植物种实。繁殖期3月始，营巢于乔木主干分枝处或棕榈树叶柄间，以苔藓、稻草、棕丝、兽毛和泥土等材料构筑结实的碗状巢。窝卵数5~6枚，雌鸟孵卵，雄鸟警戒，孵化期14~15天。雏鸟晚成，雌雄亲鸟共同育雏。

分布与居留 分布于欧洲、亚洲和非洲北部。在我国分布于西部、西南、华南和东南地区，主要为留鸟，长江以北地区繁殖的种群部分游荡或迁徙。

白眉鸫

中文名 白眉鸫
拉丁名 *Turdus obscurus*
英文名 Eyebrowed Thrush
分类地位 雀形目鸫科
体长 19~23cm
体重 49~89g
野外识别特征 中型鸟类。雄鸟头颈灰褐色，具明显的长白眉纹，眼下有一白斑，上体橄榄褐色，胸胁橙黄色，腹和尾下覆羽白色。雌鸟似雄鸟而略暗淡，头和上体橄榄褐色，喉白色具褐色条纹。

IUCN红色名录等级　LC

形态特征 雄鸟额、头顶、枕和后颈灰褐色，眼先黑褐色，白色眉纹长而明显，眼下有一白斑，头颈侧余部灰色；其余上体连同翼内侧为橄榄褐色，尾羽暗褐色，飞羽黑褐色，外翈橄榄褐色；下体颏、喉白色，羽端沾灰，胸胁部棕橙色，腹中央至尾下覆羽近白色，腋羽和翼下覆羽灰色；虹膜褐色，上喙褐色，下喙橙黄色，脚黄褐色。雌鸟头及上体橄榄褐色，颏、喉白色且具暗褐色纵纹，胸胁棕橙色，脚褐红色，其余似雄鸟。

生态习性 栖息于靠近水域的茂密的山地针叶林和混交林中，迁徙和越冬时也见于常绿阔叶林、人工林、疏林或农田果园等地。常单独或成对活动，繁殖期亦结群。性隐匿，多在茂密的林下地面或灌丛中活动觅食，繁殖期也高站在枝头鸣唱。主食鞘翅目、鳞翅目等昆虫及幼虫，也吃其他小型无脊椎动物和植物种实。繁殖期在5—7月，营巢于林下小树或灌木枝杈上，以细枝、枯草、须根和泥土等材料构筑杯状巢，窝卵数通常5~6枚，雏鸟晚成。

分布与居留 分布于亚洲东部。在我国繁殖于东北和部分内蒙古地区，迁徙时经过或越冬于华北、华中、西部、西南和华南等多地。

雌鸟

赤颈鸫

中文名 赤颈鸫
拉丁名 *Turdus ruficollis*
英文名 Red-throated Thrush
分类地位 雀形目鸫科
体长 22~25cm
体重 60~122g
野外识别特征 中型鸟类。上体灰褐色，有窄的棕栗色眉纹；颏、喉至上胸锈红色，腹至尾下覆羽白色，腋羽和翼下覆羽橙棕色。

IUCN红色名录等级 LC

形态特征 雄鸟上体自头顶至尾上覆羽为灰褐色，头顶具矛状黑褐色羽干纹，眉纹和颊栗色，眼先黑色，耳覆羽和颈侧灰色；翼暗褐色，飞羽羽缘银灰色；尾羽栗红色，中央尾羽暗灰褐色；下体颏、喉至上胸锈红色，颏、喉两侧洒有少许黑斑，腹至尾下覆羽污白色，两胁略泛棕灰色，腋羽和翼下覆羽棕橙色；虹膜暗褐色，喙黑褐色，下喙基部黄色，脚黄褐色。雌鸟似雄鸟，但体色更为暗淡，眉纹较淡，颏、喉部具明显的黑褐斑点，胸灰褐色且具栗色横斑。

生态习性 栖息于针叶林、泰加林等森林中，迁徙和越冬期也见于低山丘陵和平原的疏林灌丛或农田果园中。除繁殖期外成群活动，有时与斑鸫混群。常在林下地面跳跃，受惊后则"嘎、嘎"叫着飞到附近树上。主食吉丁虫、甲虫、蚂蚁和毛虫等昆虫及幼虫，也吃小虾和田螺等无脊椎动物，并吃沙枣等灌木果实和草籽。繁殖期在5—7月，营巢于小树杈或地面上，以草茎和泥土等材料筑碗状巢，内垫细草和毛发等柔软物。窝卵数通常4~5枚，卵蓝绿色有红褐斑，由雌鸟孵卵，雏鸟晚成。

分布与居留 繁殖于东北亚地区，越冬于东亚、东南亚和中亚等地区。在我国主要为旅鸟和冬候鸟，见于东北、华北、西部和西南等地区。

红尾鸫

中文名 红尾鸫
拉丁名 *Turdus naumanni*
英文名 Naumann's Thrush
分类地位 雀形目鸫科
体长 20~24cm
体重 48~88g
野外识别特征 中型鸟类。上体灰褐色，眉纹淡棕色，有的个体腰和尾上覆羽有栗红色斑，翼黑色，外缘淡棕色，尾基部和外侧棕红色，额、喉、胸和胁棕栗色且具白色羽缘，后侧缀有黑斑。

IUCN红色名录等级 LC

形态特征 雄鸟整个上体自额至尾上覆羽为灰褐色，头顶至后颈及耳羽具黑色羽干纹，眉纹淡棕色，眼先黑色；有些个体腰和尾上覆羽具有栗红色斑；翼黑褐色，大覆羽外翈棕白色；中央尾羽黑褐色，基部泛棕红色，外侧尾羽外翈多为棕红色；下体颏、喉棕白色，两侧缀有黑褐色斑点；胸、胁、尾下覆羽和腋羽等均为棕栗色且缀有白色羽缘，腹部中央白色；虹膜褐色，喙黑褐色，下喙基部黄色，脚淡褐色。雌鸟似雄鸟，但体色略为暗淡，喉和上胸黑斑更显著。

生态习性 繁殖期栖息于西伯利亚泰加林、桦树林、白杨林和杉树林等地，非繁殖期栖息于杨桦林、松林和其他杂木林，也见于林缘、农田和果园等生境。除繁殖期外成松散大群活动。性活跃，常边跳跃觅食，边发出"叽、叽、叽"的叫声。主食毛虫、蝽象、蝗虫、金龟子和步行虫等昆虫及幼虫，食量甚大，也吃山丁子、野葡萄、五味子和山楂等植物种实。繁殖期在5—8月，营巢于树干水平枝或树桩乃至地面上，以细枝、枯草和苔藓等材料筑杯状巢，内壁糊以泥土。窝卵数通常5~6枚，卵淡蓝绿色有褐斑，雏鸟晚成。

分布与居留 繁殖于西伯利亚中部至贝加尔湖等地区，越冬于我国长江流域及其以南地区，部分在长江以北越冬。

斑鸫

中文名 斑鸫
拉丁名 *Turdus eunomus*
英文名 Dusky Thrush
分类地位 雀形目鸫科
体长 20~24cm
体重 48~88g
野外识别特征 中型鸟类，似红尾鸫而体色更加灰暗，眉纹白色。上体为暗橄榄褐色，翼黑褐色且具宽的棕栗色羽缘；下体颏、喉至胸胁部具有浓密的黑色斑点。

IUCN红色名录等级　LC

形态特征 雄鸟额、头顶、枕和后颈黑褐色且具不明显的灰白色羽缘，眼先和尾羽黑褐色，眉纹白色，颊棕白色缀有黑斑；上体亦为黑褐色，略具棕栗色羽缘；尾羽黑褐色，除外侧尾羽，尾羽基部均缀有棕栗色；翼主要为黑褐色，翼上大覆羽和中覆羽呈棕栗色且具白色端斑，大部分飞羽外翈缀有栗色，在翼上形成明显的棕栗色翼斑；下体颏、喉淡皮黄色，两侧缀有黑褐斑；胸胁部羽片黑褐色，羽缘棕白色；腹部白色，尾下覆羽棕褐色且具白端；虹膜褐色，喙黑色，下喙基部黄色，脚淡褐色。雌鸟似雄鸟，但体色偏暗淡，上体缺少棕色调，腋羽和翼下覆羽棕色。

生态习性 繁殖期栖息于西伯利亚的泰加林、桦树林等寒带林地，非繁殖期栖息于杨桦林、松林和其他杂木林，也见于林缘、农田和果园等生境。除繁殖期外成群活动。性活泼，在地面边跳跃边觅食，并发出"叽、叽、叽"的叫声。喜食毛虫、蟓象、蝗虫、金龟子和步行虫等昆虫及幼虫，也吃山丁子、野葡萄、五味子和山楂等植物种实。繁殖期在5—8月，营巢于树干水平枝杈、树桩或地面上，以细枝、枯草和苔藓等材料筑杯状巢，内壁糊以泥土。窝卵数通常5~6枚，卵淡蓝绿色有褐斑，雏鸟晚成。

分布与居留 繁殖于西伯利亚北部地区，越冬于我国长江流域及以南地区和西南地区。

雌鸟

田鸫

中文名 田鸫
拉丁名 *Turdus pilaris*
英文名 Fieldfare
分类地位 雀形目鸫科
体长 25~28cm
体重 86~112g

野外识别特征 中型鸟类，在鸫类中体形偏大。头顶、颈和腰为淡蓝灰色，额和头顶稍有黑色纵纹，背栗褐色，翼和尾黑褐色，眉纹白色。下体白色，额、喉和胸锈黄色缀有黑褐色纵纹，下胸和两胁具黑褐色鳞状斑。

IUCN红色名录等级　LC

形态特征 成鸟头、颈淡蓝灰色，额和头顶具黑色中央纹，眼先和颊黑褐色，细眉纹白色；肩、背栗褐色且杂有少量黑白斑，腰和尾上覆羽淡蓝灰色，具白色羽干纹；尾暗褐色，外侧尾羽具窄的白端；翼上覆羽栗褐色，羽缘灰色，大覆羽和飞羽暗褐色，羽缘较淡，内侧飞羽外翻灰色；下体额、喉至胸锈黄色，胸部颜色尤深，额和胸均具有黑色纵纹，下体余部白色，下胸和胁部具黑色鳞状斑；虹膜褐色，喙橙黄色，喙尖黑褐色，脚褐色。

生态习性 栖息于针叶林、白桦林及混交林等生境，也见于疏林、草地、沼泽或农田。常成群活动，繁殖期亦集中营巢。多在地面或树上觅食，主食多种昆虫及幼虫。繁殖期在5—7月，集群营巢于树杈上，有时一棵树上有数个巢。以草叶、苔藓和泥土等材料构筑半球形或杯状巢。窝卵数4~7枚，卵淡蓝绿色且有褐斑，雌鸟孵卵，孵化期12~14天。雏鸟晚成，雌雄亲鸟共同育雏。

分布与居留 繁殖于欧洲和亚洲的北部，越冬于欧洲南部、北非、西亚、中亚和印度等地。在我国新疆有繁殖种群，在青海和甘肃有越冬或迁徙经过的种群。

欧歌鸫

中文名 欧歌鸫
拉丁名 *Turdus philomelos*
英文名 Song Thrush
分类地位 雀形目鸫科
体长 22~24cm
体重 57~77g
野外识别特征 中型鸟类。上体橄榄褐色，翼上中覆羽和大覆羽具皮黄色端斑，形成两道翼上横斑；下体白色，几乎满布黑色斑点，胸胁泛锈褐色，翼下覆羽皮黄色。

IUCN红色名录等级 LC

形态特征 成鸟额至整个上体橄榄褐色，微具棕白色眼圈；飞羽暗褐色，外翈羽缘具淡棕色横斑，内翈基部淡棕色，翼上大覆羽和中覆羽具皮黄色端斑，在翼上形成两道翼斑；尾上覆羽灰色，尾羽亦为橄榄褐色；下体淡棕白色，下喉、胸和两胁泛锈褐色，下体除额、喉外满布黑褐色斑点，翼下覆羽皮黄色；虹膜暗褐色，喙黑褐色，下喙基部肉褐色，脚黄褐色。

生态习性 栖息于针叶林、阔叶林和混交林等，也见于林缘灌丛、农田甚至城市公园。除繁殖期外多成群活动。喜在林下地面上或灌丛中活动觅食。主食昆虫，也吃甲壳类等其他无脊椎动物，有时吃植物种实及幼芽。繁殖期在4—7月，营巢于低山森林和林缘地带的树干枝杈或灌木上，雌雄亲鸟共同筑巢，以细枝、草茎、须根、地衣和苔藓等材料构筑半球状或杯状巢。巢内壁糊以黏土和木屑的混合物，颇为坚固。窝卵数通常5~6枚，卵淡蓝绿色，由雌鸟孵卵，孵化期11~12天。雏鸟晚成，经双亲共同喂养14~16天后可离巢。

分布与居留 繁殖于欧洲和亚洲北部，越冬于欧洲南部、地中海、北非和亚洲西南部。在我国仅分布于新疆。

宝兴歌鸫

中文名 宝兴歌鸫
拉丁名 *Turdus mupinensis*
英文名 Chinese Thrush
分类地位 雀形目鸫科
体长 20~24cm
体重 51~74g
野外识别特征 中型鸟类。上体橄榄褐色，眉纹淡棕白色，耳羽淡皮黄色且具明显的褐色端斑；下体淡棕白色，密布圆形黑斑。

IUCN红色名录等级 LC
中国特有鸟种

形态特征 雄鸟上体自额至尾上覆羽橄榄褐色，眉纹和眼先淡棕白色，杂以细黑纹；眼圈白色，头侧淡皮黄色，耳羽淡皮黄色且具明显的黑褐色端斑，尤其在耳后形成显著的半月形斑块；翼橄榄褐色，中覆羽和大覆羽的皮黄色端斑在翼上形成两道淡翼斑；尾羽暗褐色，外翈羽缘略淡；下体淡棕白色，满布黑褐色圆斑；喉部黑斑细小，胸胁和尾下覆羽泛皮黄色；虹膜褐色，喙暗褐色，下喙基部淡黄褐色，脚肉色。

生态习性 栖息于山地针阔叶混交林和针叶林中，尤喜河流附近潮湿茂密的松栎混交林。单独或成对活动，多在林下地面或灌丛中活动觅食。主食金龟甲、蝽象和蝗虫等昆虫和幼虫，尤喜鳞翅目幼虫。繁殖期在5—7月，营巢于亚高山针阔叶混交林中，置巢于乔木上距主干不远的侧枝上，以细枯枝作支架固定，用枯草、苔藓和黏土混合构筑成坚固的巢，内垫细草和纤维。窝卵数4枚，卵淡灰蓝色且有褐斑，雏鸟晚成。

分布与居留 为我国特有种，仅分布于四川、云南、贵州、陕西和甘肃的南部，以及河北、北京和内蒙古部分地区等。多为留鸟，北方繁殖的种群迁往南方越冬。

斑鹟

中文名 斑鹟
拉丁名 *Muscicapa striata*
英文名 Spotted Flycatcher
分类地位 雀形目鹟科
体长 14~15cm
体重 145~172g
野外识别特征 小型鸟类。头和上体灰褐色，头顶具褐色纵纹，翼和尾亦为灰褐色且具淡色羽缘；下体白色，颈侧和胸具褐色条纹。

IUCN红色名录等级 LC

形态特征 成鸟额、头顶和枕灰褐色且具黑褐色中央纹，眼先灰白色，眼圈乳白色，耳覆羽淡褐色，头侧和颈侧灰色且具不明显条纹；整个上体灰褐色，腰和尾上覆羽偏黄褐色；尾褐色，羽缘淡棕色；翼褐色，翼上覆羽和飞羽具淡皮黄色羽缘；下体白色，两胁微缀皮黄色，颈侧、胸和两胁具褐色条纹，翼下覆羽和腋羽乳白色；虹膜褐色，喙黑褐色，下喙基部肉色，脚褐黑色。

生态习性 栖息于林缘疏林、灌丛、果园或荒坡等较开阔的生境。除繁殖期外常单独活动，喜直立在树枝或电线杆上，上下摆动尾部，伺机飞捕空中或地面的昆虫，然后飞回原处。主食多种昆虫及幼虫。繁殖期在5—7月，营巢于树木水平枝和主干间的枝杈上或浅树洞内，也在灌丛和石缝中营巢，雌雄亲鸟共同以苔藓、细枝和枯草等材料筑杯状巢。巢内垫须根和兽毛等柔软物，外饰蛛网和苔藓。窝卵数通常4~5枚，卵灰绿色且被红褐斑，孵化期12~14天。雏鸟晚成，经双亲共同喂养12~13天后即可离巢。

分布与居留 分布于欧洲、亚洲西部和非洲。在我国夏候于新疆，迁徙经过青海等地。

灰纹鹟 灰斑鹟、斑胸鹟

中文名 灰纹鹟
拉丁名 *Muscicapa griseisticta*
英文名 Grey-streaked Flycatcher
分类地位 雀形目鹟科
体长 13~15cm
体重 12~22g
野外识别特征 小型鸟类。上体灰褐色；下体污白色且具明显的灰褐色条状纵纹。翼较长，收拢时翼尖几乎达到尾端。

IUCN红色名录等级　LC

形态特征　成鸟头部灰褐色，头顶各羽中央较暗，额基两侧白色，眼先和眼周污白色，颊和脸暗灰褐色，颧纹黑褐色；整个上体均为灰褐色，背部具不明显暗色羽干纹；翼和尾暗褐色，大覆羽羽端和三级飞羽羽缘淡棕白色，在翼上形成明显的淡色翼斑；下体污白色，胸、腹和胁具有明显的灰褐色长形条纹；虹膜暗褐色，喙黑色，下喙基部较淡，脚黑褐色。

生态习性　栖息于山地针叶林、混交林和岳桦林中，迁徙期间也栖于阔叶林和次生林。常单独或成对在树冠的中下层活动，频频捕食空中的昆虫，很少到地面觅食。主食蛾、蝶等鳞翅目幼虫，象甲和金龟甲等鞘翅目昆虫以及其他昆虫。繁殖期在6—7月，营巢于针叶林中靠近主干的侧枝上，雌雄鸟共同以松萝和苔藓等材料编织精致而隐蔽的碗状或杯状巢。巢内垫细草、树皮和松针等材质。窝卵数4~5枚，卵淡绿色。雌鸟孵卵，雏鸟晚成，经双亲共同喂养15~16天后可离巢。

分布与居留　繁殖于亚洲东北部，越冬于菲律宾和新几内亚。在我国繁殖于东北地区，迁徙经过东部至南部沿海省份，部分在我国台湾越冬。

中文名 乌鹟
拉丁名 *Muscicapa sibirica*
英文名 Dark-sided Flycatcher
分类地位 雀形目鹟科
体长 12~13cm
体重 9~15g
野外识别特征 小型鸟类。上体乌灰褐色，眼圈乳白色，翼和尾深灰褐色，内侧飞羽具白缘；下体污白色，胸胁部具纹路不分明的粗纵纹。

IUCN红色名录等级 LC

形态特征 成鸟头和整个上体乌灰褐色，眼圈乳白色；翼深灰褐色，翼上大覆羽和三级飞羽羽缘淡棕白色，初级飞羽内翈羽缘棕褐色，次级飞羽羽缘白色；尾深灰褐色；下体污白色，胸胁部具不清晰的灰褐色宽纵纹；虹膜暗褐色，喙黑褐色，下喙基部较淡，脚黑色。

生态习性 栖息于山地针叶林和混交林中，迁徙和越冬季亦见于山脚平原的疏林或农田。除繁殖期外常单独活动，树栖性，常在高树树冠层跳跃和飞翔捕食，很少下地。主食小蠹虫、金花虫、象甲、蚂蚁、胡蜂和毛虫等昆虫。繁殖期在5—7月，营巢于混交林中针叶树侧枝上隐秘的松萝丛里，雌雄鸟共同以松萝、干草、须根和松针等材料编织精致的杯状或半球状巢，窝卵数4~5枚。卵淡绿色，主要由雌鸟孵卵，雏鸟晚成，经双亲共同喂养14~15天后可离巢。

分布与居留 分布于亚洲东部。在我国繁殖于东北、华北、中部和西部等地区，在华南等地越冬。

北灰鹟

中文名 北灰鹟
拉丁名 *Muscicapa dauurica*
英文名 Asian Brown Flycatcher
分类地位 雀形目鹟科
体长 12~14cm
体重 7~16g
野外识别特征 小型鸟类，喙较宽阔。上体褐灰色，眼周和眼先污白色，翼和尾暗褐色且具棕白色羽缘；下体灰白色无纵纹，胸胁泛苍灰色。

IUCN红色名录等级 LC

形态特征 成鸟整个上体褐灰色，额基、眼先和眼圈污白色；飞羽和尾羽黑褐色且具棕白色羽缘，次级飞羽和三级飞羽尤其明显；翼上大覆羽具黄白色窄端斑；下体污白色，胸胁部泛苍灰色；虹膜黑褐色，脚黑褐色；喙较宽阔，为黑色，下喙基部较淡。

生态习性 栖息于落叶阔叶林、混交林和针叶林中，尤喜山溪沿岸林地，迁徙和越冬时也栖息于疏林、竹林和农田等处。常单独或成对活动，偶尔三五成群。常停歇于树枝上，伺机飞捕空中昆虫。性机警，叫声细弱，除繁殖期外很少鸣叫。主食叶蜂、蚂蚁、象甲、叩头虫、蛾和蝇等多种昆虫，也吃少量蜘蛛等无脊椎动物和植物性食物。繁殖期在5—7月，营巢于森林中乔木枝杈上，以枯草、纤维、苔藓和地衣等材料筑成隐秘的碗状巢。窝卵数4~6枚，卵灰绿色，由雌鸟孵化，雏鸟晚成。

分布与居留 分布于亚洲东部。在我国繁殖于东北和内蒙古部分地区，越冬于华南地区。

雄鸟

雄鸟

雌鸟

白眉姬鹟 白眉鹟、三色鹟

中文名 白眉姬鹟
拉丁名 *Ficedula zanthopygia*
英文名 Yellow-rumped Flycatcher
分类地位 雀形目鹟科
体长 11~14cm
体重 10~15g
野外识别特征 小型鸟类。雄鸟上体、翼和尾主要为纯黑色，下体和腰鲜黄色，眉纹和翼斑为鲜明的白色；雌鸟上体主要为橄榄绿褐色，下体淡黄绿色，腰黄色，翼上亦有白斑。

IUCN红色名录等级 LC

形态特征 雄鸟额、头顶、头侧、枕、后颈、颈侧、上背和肩纯黑色，具鲜明的白眉纹，下背和腰鲜黄色；尾上覆羽和尾羽黑色；翼黑色且具显著白色翼斑；下体鲜黄色，尾下覆羽白色；虹膜暗褐色，喙黑色，脚深铅灰色。雌鸟头和上体橄榄绿褐色，腰部鲜黄色，眼先和眼周略泛污白色，翼和尾橄榄褐色，翼上具白斑；下体淡橄榄黄绿色，颏、喉具不明显鳞状斑，上喙褐色，下喙铅蓝色。

生态习性 栖息于低山丘陵、山脚和河谷的阔叶林和混交林中，迁徙期间也见于果园等人工绿地。常单独或成对活动，喜在树冠下层和灌木上活动觅食，或飞捕空中昆虫。主食天牛、叩头虫、瓢虫、象甲、金花虫、尺蠖和毛虫等昆虫。雄鸟在繁殖期常隐于茂密的树冠中，发出婉转的鸣唱。繁殖期在5—7月，营巢于疏林等天然树洞中，或利用啄木鸟废弃树洞及人工巢箱，以枯草、须根、树皮和苔藓等材料筑碗状巢。窝卵数通常5~6枚，雌鸟孵卵，雄鸟警戒，孵化期约13天。雏鸟晚成，经双亲共同喂养12~15天后即可离巢。

分布与居留 繁殖于亚洲东北部、粤东与东南亚等地区。在我国繁殖于东北、华北、华中和西南等地，迁徙期间见于长江流域以南等地区。

绿背姬鹟

中文名 绿背姬鹟
拉丁名 *Ficedula elisae*
英文名 Green-backed Flycatcher
分类地位 雀形目鹟科
体长 12~13cm
体重 11~13.5g
野外识别特征 小型鸟类。雄鸟头和上体大部分橄榄绿色，眼先、眉纹和眼圈柠檬黄色，翼和尾暗褐色且具明显白色翼斑；腰和下体柠檬黄色。雌鸟上体暗灰绿色，眉纹和眼圈淡灰黄色，腰暗黄绿色；下体淡黄白色，胸侧微具鳞斑。

IUCN红色名录等级　LC

形态特征 雄鸟眼先、眼圈和眉纹柠檬黄色，额、头顶、头侧、枕、后颈、肩和背橄榄绿色，腰和尾上覆羽柠檬黄色；尾上覆羽和尾羽暗褐色；翼黑褐色，羽缘灰绿色，翼上具明显的白色翼斑；整个下体柠檬黄色，颏、喉部偏浓郁，至尾下覆羽渐淡，两胁略泛有橄榄绿色；虹膜暗褐色，喙黑褐色，脚黑色。雌鸟眼先、眼圈和眉纹淡灰黄色，头颈余部和上体橄榄灰绿色，腰和尾上覆羽暗黄绿色；下体淡黄白色，胸微泛柠檬黄色，喉和胸侧具橄榄灰褐色鳞状斑。

生态习性 栖息于山地阔叶林、针叶林和混交林，迁徙季也见于林缘灌丛或果园等地。常单独或成对活动，多在树冠上活动觅食，也在林下灌丛活动，善于在空中飞捕昆虫。主食昆虫。雄鸟在繁殖期常立于枝头，发出清脆而轻快的鸣唱。繁殖期在5—7月，营巢于林中老树的天然树洞或啄木鸟废弃树洞中，以草茎、树叶和须根等材料筑碗状巢。窝卵数3~5枚，卵淡蓝绿色且有褐斑。雏鸟晚成。

分布与居留 繁殖于我国华北地区，越冬于东南亚地区，迁徙途经我国的华东和华南地区。

雄性幼鸟

雌鸟

雄鸟

鸲姬鹟 鸲鹟

中文名 鸲姬鹟
拉丁名 *Ficedula mugimaki*
英文名 Mugimaki Flycatcher
分类地位 雀形目鹟科
体长 11~13cm
体重 11~15g
野外识别特征 小型鸟类。雄鸟头和整个上体黑色，短眉纹白色，翼和尾黑褐色且具白斑，额至上腹锈橙色，其余下体白色。雌鸟上体橄榄灰色，眼先棕白色；下体额至上胸锈黄色，腹及以下渐为白色。

IUCN红色名录等级 LC

形态特征 雄鸟夏羽上体黑色，眼后上方有一短白眉纹；翼黑褐色，翼上次级覆羽白色形成大白斑，内侧飞羽外翈亦为白色；尾羽黑色，外侧尾羽基部白色；下体颏、喉至上胸为锈橙色，至下腹渐为亚麻白色；秋季新换羽后，上体黑色体羽具有宽灰色羽缘，至春季后渐渐磨损不显；虹膜暗褐色，喙黑色，脚褐色。雌鸟上体橄榄灰色，眼先棕白色，眼后无明显眉纹，翼上白斑较小，尾侧无白斑，下体似雄鸟而较淡。幼鸟上体较为斑驳，泛赭褐色调，当年幼鸟秋季换羽后似雌鸟。

生态习性 栖息于中低山至平原森林中，迁徙和越冬季也见于疏林、果园和农田等地。常单独或成对活动，偶也三五结群。喜栖息在潮湿近水的大乔木树冠上，有时也在灌木或地面觅食，常在林间做短距离飞行。主食天牛、金花虫、步行虫、蟓象、尺蠖和蚁等多种昆虫。繁殖期在5—7月，营巢于针叶树靠近主干的侧枝杈间，以松枝作架构，以草叶、草茎等编织成半球或碗状巢。巢内垫兽毛和细草，外饰苔藓和地衣，形成很好的伪装。窝卵数4~8枚，卵淡褐绿色且有红褐斑。雏鸟晚成。

分布与居留 繁殖于东北亚地区，越冬于东南亚地区。在我国繁殖于东北地区，迁徙经过东部至南部地区，部分在华南越冬。

锈胸蓝姬鹟

中文名 锈胸蓝姬鹟
拉丁名 *Ficedula hodgsonii*
英文名 Slaty-backed Flycatcher
分类地位 雀形目鹟科
体长 12~14cm
体重 10~15g

野外识别特征 小型鸟类。雄鸟上体暗灰蓝色，无眉纹，尾上覆羽至尾渐为黑色，除中央尾羽外均具有白色基部；下体颏至腹部锈橙色，其余下体淡皮黄色。雌鸟上体橄榄褐色，眼先和眼周污黄白色，腰和尾上覆羽沾棕色；下体胸以上淡沙棕色，腹以下近白色。

IUCN红色名录等级　LC

形态特征 雄鸟头至整个上体暗灰蓝色，头和眼周较暗，眼先和颊近黑色，耳羽蓝黑色；飞羽黑褐色，羽缘泛橄榄棕色；尾上覆羽近黑色，尾羽黑色且具蓝色羽缘；除中央尾羽外，羽基均为白色；下体颏、喉和上胸为鲜明的锈橙色，腹至尾下覆羽渐转为淡皮黄色，两胁略泛橄榄褐色；虹膜暗褐色，喙黑色，非繁殖期下喙基部角黄色，脚褐色。雌鸟上体橄榄褐色，头顶较暗，眼先和眼周污黄白色；尾上覆羽沾棕色，飞羽和尾羽暗褐色且具淡色羽缘，翼上大覆羽具棕白色端斑；下体颏、喉和胸浅沙棕色，腹及以下近白色。

生态习性 栖息于山地常绿阔叶林、混交林、针叶林、竹林或杜鹃灌丛中。常单独或成对活动，栖息于林下灌丛，伺机飞捕空中昆虫。繁殖期长时间立于枝头并发出婉转的鸣唱。主食各种昆虫。繁殖期在4—7月，营巢于林下灌丛中或岸边石洞里，以细枝、禾草等材料筑杯状巢。巢内垫细草、须根和苔藓等柔软物。卵淡绿色，雏鸟晚成。

分布与居留 分布于喜马拉雅山周边地区。在我国夏候于甘肃、青海、四川等地，在云南和西藏的部分种群为留鸟。

雄性幼鸟

雄鸟

橙胸姬鹟

中文名 橙胸姬鹟
拉丁名 *Ficedula strophiata*
英文名 Rufous-gorgeted Flycatcher
分类地位 雀形目鹟科
体长 12~16cm
体重 10~16g
野外识别特征 小型鸟类。上体橄榄褐色，额具一白色横带向两侧延伸至眼上，翼暗褐色且具棕黄色羽缘，尾黑色，外侧尾羽基部白色，额、喉至胸黑灰色，上胸中央橙红色，其余下体灰白色。

IUCN红色名录等级　LC

形态特征 雄鸟额具一道鲜明的窄白横带，向两侧延伸至眼上，白带以下的眼先、颊和颏、喉为黑色，白带以上的额、头侧、耳区和颈侧等位置为石板灰色，至头顶、后颈等部位渐转为橄榄褐色并延伸至整个上体；翼黑褐色且具棕色羽缘；尾黑褐色，外侧尾羽基部白色；下体颏、喉的黑色区域以下有一醒目的棕橙色大横斑，胸余部为与颈侧一体的石板灰色，腹至尾下覆羽由灰渐白，两胁略泛橄榄褐色；虹膜暗褐色，喙黑色，脚灰褐色。雌鸟和雄鸟相似，但雌鸟额部白横斑不明显，头颈部暗灰色，上胸的橙色块较小且偏淡。

生态习性 栖息于中低山常绿阔叶林、针阔叶混交林及疏林灌丛等地。常单独或成对活动，亦成小群，在树间来回跳跃飞翔，在枝梢觅食或飞捕空中昆虫，飞翔时尾散开，并发出"叽、叽、叽"的叫声。主食各种昆虫，兼食草籽、嫩叶和果实。繁殖期在5—7月，营巢于天然小树洞内，以枯草和苔藓等材料构筑杯状巢。巢内垫羽毛和兽毛。窝卵数3~4枚，卵白色，雏鸟晚成。

分布与居留 分于亚洲东南部。在我国夏候于西南地区，部分在云南和广西等地越冬。

雌鸟

雄鸟

红喉姬鹟 红喉鹟、黄点颏

中文名 红喉姬鹟
拉丁名 *Ficedula albicilla*
英文名 Taiga Flycatcher
分类地位 雀形目鹟科
体长 11~13cm
体重 8~14g
野外识别特征 小型鸟类。雄鸟眼先和眼周污白色，上体橄榄灰褐色，翼和尾暗灰褐色，外侧尾羽基部白色；下体淡灰至白色，额、喉在繁殖期为橙红色。雌鸟额、喉污白色，胸部沾棕黄色，其余似雄鸟。

IUCN红色名录等级　LC

形态特征 雄鸟夏羽上体额至肩背为灰黄褐色，眼先和眼周污白色，耳羽略杂有棕白色细纹；翼暗灰褐色，翼缘较淡；尾上覆羽和中央尾羽黑褐色，外侧尾羽基部白色，端部褐色；下体颏、喉在繁殖期为橙红色，胸胁部淡灰色，腹及以下渐为灰白色；冬羽颏、喉转为苍白色；虹膜暗褐色，喙和脚黑色。雌鸟似雄鸟，但颏、喉污白色，胸沾棕黄色。幼鸟似雌鸟，胸胁部赭黄色更明显，大覆羽和三级飞羽尖端皮黄色。

生态习性 栖息于低山至山脚的阔叶林、针叶林和混交林，非繁殖季节也见于疏林灌丛和农田等地。常单独或成对活动，也结小群。性活跃，在枝头来回跳跃翻飞，善于飞捕空中昆虫，捕到后立即返回原处；栖息时喜将尾部散开并轻轻上下摆动，繁殖期善鸣唱。主食叶甲、金龟子、蟓象、叩头虫和隐翅虫等昆虫。繁殖期在5—7月，营巢于林中老树上的天然树洞或啄木鸟废弃树洞中，以枯草、苔藓和兽毛等材料编织杯状巢。窝卵数通常5~6枚，卵淡黄绿色，雏鸟晚成。

分布与居留 分布于欧洲和亚洲地区。在我国繁殖于东北和华北等地，越冬于云南、广西、广东、香港和海南等地。

雄鸟

雌鸟

雄鸟

棕胸蓝姬鹟

中文名 棕胸蓝姬鹟
拉丁名 *Ficedula hyperythra*
英文名 Snowy-browed Flycatcher
分类地位 雀形目鹟科
体长 10~12cm
体重 9~11g
野外识别特征 小型鸟类。雄鸟上体灰蓝色，白色的短眉纹非常醒目，飞羽暗褐色且具红褐色羽缘，尾蓝黑色，外侧尾羽基部白色；下体喉和胸棕橙色，腹和尾下覆羽棕白色。雌鸟额、眉纹和眼周皮黄色，上体橄榄褐色，翼和尾粟褐色；下体淡灰黄色。

IUCN红色名录等级 LC

形态特征 雄鸟头至整个上体灰蓝色，额基、眼先、颊和颏为黑色，白色的短眉纹清晰醒目；飞羽暗褐色，羽缘红褐色；尾羽暗褐色缀有蓝色，羽缘灰蓝色；除中央尾羽外，尾羽基部均为白色；下体喉和胸为棕橙色，到腹和胁晕染为淡棕色，至尾下覆羽渐为棕白色；虹膜暗褐色，喙黑色，脚肉褐色。雌鸟整个上体连同翼和尾为橄榄褐色，腰沾棕黄色，额、眼圈和眉纹皮黄色，下体赭褐色，胸胁部较暗，颏、喉和腹部较淡。

生态习性 栖息于中低山常绿阔叶林和竹林中，也见于混交林、次生林、疏林灌丛及农田等地。常单独或成对活动，性谨慎，多隐于林下灌丛中，不时散开尾羽或上下摆动，伺机飞捕空中昆虫，叫声为尖细的"嗞、嗞"声。主食各种昆虫。繁殖期在5—7月，在树上营椭圆形侧开口的巢，或在溪边老树洞内或岩缝内，以苔藓、须根和草茎等材料构筑杯状巢。窝卵数4~5枚，卵近白色。雌雄亲鸟轮流孵卵，雏鸟晚成。

分布与居留 分布于亚洲东南部。在我国夏候于四川、贵州、云南、广西等地，在海南和台湾繁殖的种群为留鸟。

雌鸟

雄鸟

白腹姬鹟 白腹蓝姬鹟

中文名 白腹姬鹟
拉丁名 *Cyanoptila cyanomelana*
英文名 Blue-and-white Flycatcher
分类地位 雀形目鹟科
体长 14~17cm
体重 19~29g
野外识别特征 小型鸟类。雄鸟上体额至尾上覆羽深钴蓝色，头顶和肩尤其辉亮，翼和尾黑褐色，羽缘沾蓝色，外侧尾羽基部白色，头侧、额、喉和胸黑色，其余下体白色；雌鸟上体橄榄褐色，腰沾锈色，眼圈和额、喉污白色，胸淡灰褐色，其余下体白色。

IUCN红色名录等级　LC

形态特征 雄鸟额基、颏、眼先和头侧黑色，头顶至后颈钴蓝色；上体和翼的内侧为深宝蓝色，翼余部黑褐色，外翈沾蓝；尾羽黑褐色，外翈沾蓝色，外侧尾羽基部白色；下体胸及以上青黑色，腹及以下白色，两胁泛灰；虹膜黑褐色，喙和脚黑色。雌鸟上体橄榄褐色，头侧和颈侧沾灰色，腰和尾上覆羽略泛锈褐色，飞羽和尾羽亦为黑褐色泛锈色，眼圈和额、喉污白色，胸胁部淡灰褐色，其余下体白色。

生态习性 栖息于山地阔叶林和混交林中。常单独或成对活动，鸣声婉转，雌雄鸟相互唱和。主食叩头虫、金花虫、象鼻虫、金龟子、蝗虫、蚂蚁和蛾类幼虫等昆虫，幼鸟主要吃柔软的肉虫等小昆虫。繁殖期在5—7月，营巢于林中溪岸的陡坎上或天然树洞中，以苔藓构筑杯状巢。窝卵数通常5~6枚，雌鸟孵卵，雄鸟警戒。雏鸟晚成，经约12天后即可离巢。

分布与居留 繁殖于东北亚地区，越冬于东南亚等地区。在我国繁殖于东北和华北部分地区，迁徙经过华北、华东、华中、西南等地区，部分在华南地区越冬。

雄鸟

铜蓝鹟

中文名 铜蓝鹟
拉丁名 *Eumyias thalassinus*
英文名 Verditer Flycatcher
分类地位 雀形目鹟科
体长 13~16cm
体重 13~23g
野外识别特征 小型鸟类。雄鸟通体为鲜亮的铜蓝色，眼先黑色，尾下覆羽具白色端斑；雌鸟与雄鸟相似，但羽色较黯淡，下体灰蓝色，额部苍灰色。

IUCN红色名录等级　LC

形态特征 雄鸟通体为鲜亮的铜蓝色，额、头侧、喉和胸部尤其鲜亮；额基、额和眼先形成一体的黑色区域，翼和尾的表面亦为鲜亮的铜蓝色，羽片被覆盖的内侧为暗褐色，尾下覆羽具白色端斑；虹膜褐色，喙和脚黑色。雌鸟似雄鸟，但体色偏暗淡，下体泛灰蓝色，眼先和额杂有灰白色。

生态习性 栖息于山地常绿阔叶林和针阔混交林中，秋冬季也见于山脚平原的次生林、人工林或果园等地。常单独或成对活动，多在树冠活动，很少下地；常飞捕空中昆虫；叫声清脆，晨昏鸣叫不绝。主食鳞翅目、鞘翅目和直翅目等昆虫和幼虫，也吃植物种实。繁殖期在5—7月，营巢于岸边和树下的缝隙内，以苔藓杂以须根和草茎构筑杯状巢。窝卵数3~5枚，卵白色且有褐斑，雏鸟晚成。

分布与居留 分布于喜马拉雅山周边地区。在我国分布于秦岭以南的华中、华南和西南等地，多为夏候鸟，部分种群在香港和福建为冬候鸟，在云南为留鸟。

雄鸟

雌鸟

大仙鹟

中文名 大仙鹟
拉丁名 *Niltava grandis*
英文名 Large Niltava
分类地位 雀形目鹟科
体长 约21cm
体重 36~38g
野外识别特征 中型鸟类。雄鸟头和主要上体钴蓝色，肩和背暗紫蓝色，翼和尾黑色缀紫蓝色，额、头侧、颏、喉和胸黑色，其余下体灰蓝色。

IUCN红色名录等级　LC

形态特征 雄鸟额、眼先、颊、耳覆羽和头侧蓝黑色，头顶、枕、腰、尾上覆羽、翼上小覆羽及颈侧一细横斑为辉亮的钴蓝色；大覆羽和飞羽黑色，羽缘紫蓝色；中央尾羽紫蓝色，外侧尾羽黑色且具紫蓝色外翈；下体颏、喉和上胸黑色，羽缘泛紫蓝色光泽，至腹胁部渐转为乌蓝色，下腹和尾下覆羽蓝灰色且略具白缘，腿覆羽黑色；虹膜褐色，喙和脚黑色。雌鸟额锈褐色，头顶灰褐色，枕至后颈渐为蓝灰褐色，眼先、耳羽、头侧和颊茶褐色且具白色细羽干纹，颈侧亦具有辉蓝色细横斑；肩、背、腰和尾上覆羽赭褐色；中央尾羽深棕色，外侧尾羽褐色；翼褐色，羽缘深棕色；下体橄榄褐色，颏、喉和上胸较淡。

生态习性 栖息于常绿阔叶林、竹林和次生林等山林中。常单独或成对活动，在小树、林下灌丛和地面上活动觅食。主食昆虫和幼虫。繁殖期在5—7月，营巢于岸边岩坡等洞隙中或树洞里，以苔藓和细根构筑杯状巢。窝卵数3~5枚，卵乳白色，雏鸟晚成。

分布与居留 分布于喜马拉雅山周边地区。在我国分布于云南和藏南，为留鸟。

雄鸟

雄鸟

海南蓝仙鹟

中文名 海南蓝仙鹟
拉丁名 *Cyornis hainanus*
英文名 Hainan Blue Flycatcher
分类地位 雀形目鹟科
体长 13~15cm
体重 10~14g
野外识别特征 小型鸟类。整个上体、喉和胸以及翼和尾的表面均为暗蓝色，额和眉斑较鲜亮，下胸和两胁蓝灰色，其余下体白色；雌鸟上体橄榄褐色，头部沾灰色，眼圈皮黄色，胸和喉淡锈橙色，下体余部白色。

IUCN红色名录等级 LC

形态特征 雄鸟头和整个上体暗蓝色，额和眉斑较为鲜亮，额基、眼先、耳羽和头侧墨蓝色；飞羽深褐色，羽缘蓝色，中央尾羽蓝色，外侧尾羽黑色且具蓝色外翈，故合翼时可见翼和尾的表面为与上体一致的暗蓝色；下体颏、喉和胸亦为同上体的暗蓝色，下胸和胁蓝灰色，腹和尾下覆羽污白色；虹膜暗褐色，喙黑色；脚紫黑色或肉黄色。雌鸟上体橄榄褐色，头部沾灰色，颏色略淡，眉斑不明显，眼圈皮黄色，尾上覆羽、尾羽和翼的表面锈栗色，下体喉和胸淡锈橙色，颈侧和胸侧微缀锈色，其余下体白色。

生态习性 栖息于低山常绿阔叶林、次生林和林缘灌丛，常单独或成对活动，偶尔三五成群，在树丛间频繁跳跃并发出"踢、踢"的警戒声，繁殖期鸣声为悦耳的五声音阶。主食甲虫、鳞翅目幼虫和蚂蚁等昆虫。繁殖期在4—6月，雏鸟晚成，离巢后继续成家族群活动一段时间。

分布与居留 分布于缅甸、泰国和中南半岛等东南亚地区。在我国分布于云南、广西、广东、香港和海南岛，主要为留鸟。

雄鸟

方尾鹟

中文名 方尾鹟
拉丁名 *Culicicapa ceylonensis*
英文名 Grey-headed Canary Flycatcher
分类地位 雀形目鹟科
体长 10~13cm
体重 6~11g
野外识别特征 小型鸟类。喙扁平，喙基宽阔，口须发达，头顶至后颈黑灰色，背橄榄绿色，翼和尾黑灰色且具橄榄绿色羽缘，喉和胸灰色，其余下体黄色。

IUCN红色名录等级　LC

形态特征　成鸟整个头颈部灰色，头顶至后颈色略深；肩、背、腰和尾上覆羽橄榄绿色，腰部颜色尤其鲜亮；翼上覆羽橄榄黄绿色，飞羽褐色，外翈羽缘绿黄色；尾方形，尾羽褐色，羽缘亦为橄榄黄绿色；下体颏、喉、颊和胸浅灰色，喙周具发达的灰色口须，其余下体芽黄色；虹膜暗褐色，上喙黑色，下喙角褐色，脚肉黄色。

生态习性　栖息于中低山常绿阔叶林、竹林、混交林和林缘灌丛，尤喜活动于沟谷和溪流附近，也见于农田和果园。常单独或成对活动，也成三五小群。树栖性，主要通过飞行捕食，鸣声清脆，声似"快跑快离"。主食鞘翅目、膜翅目和双翅目等昆虫。繁殖期在5—8月，可能一年繁殖两窝，以苔藓等材料筑巢于岩石上。卵淡黄色杂有褐斑，雏鸟晚成。

分布与居留　分布于东南亚等地区。在我国较为常见，分布于秦岭及以南的中部地区、西南和华南地区，多为夏候鸟，部分在广东和香港越冬，在云南繁殖的种群则为留鸟。

黑枕王鹟

中文名 黑枕王鹟
拉丁名 *Hypothymis azurea*
英文名 Black-naped Monarch
分类地位 雀形目王鹟科
体长 14~16cm
体重 8~14g
野外识别特征 小型鸟类。
雄鸟主体宝蓝色，额基和枕
具黑斑，胸具半月形黑色胸
环带，腹及以下白色；雌鸟
主体暗灰蓝色，枕和胸无黑
色，其余似雄鸟。

IUCN红色名录等级 LC

形态特征 雄鸟额基黑色，枕具一黑色圆斑，头颈余部和整个上体宝蓝色；翼和尾深褐色，外翈羽缘蓝色，故合翼时表面亦为蓝色；下体颏黑色，喉和胸亦为和上体一致的宝蓝色，下喉和上胸间有一半月形黑色胸环带，腹至尾下覆羽白色，两胁略略沾蓝灰；虹膜蓝色或暗褐色，喙钴蓝色或黑色，脚铅蓝色或灰褐色。雌鸟头颈暗灰蓝色，仅额基和颏黑色，枕部无黑斑，上体为泛蓝灰色的淡褐色，翼和尾暗褐色沾灰蓝，下体喉至胸为暗灰蓝色，无黑色环带，腹及以下白色。

生态习性 栖息于低山丘陵和山脚平原的常绿阔叶林、次生林和竹林等生境，尤喜沟谷和溪岸的疏林灌丛。单独或成对活动，性机警，行动敏捷，在树间跳跃飞行，发现空中昆虫时立即飞捕，也在林下灌丛间跳跃觅食，并边跳边发出"叽哟、叽哟、叽哟"的叫声，很少下地活动。主食昆虫及幼虫。繁殖期在4—7月，营巢于树杈或竹枝间，以细草、树皮纤维、苔藓和蛛网等材料编织精细的深杯状巢。窝卵数3~5枚，卵淡黄色被红褐斑。雏鸟晚成，雌雄亲鸟共同育雏。

分布与居留 分布于东南亚等地区。在我国分布于云南、广西、广东、海南岛和台湾等地区，为留鸟，部分在四川和贵州夏候繁殖，越冬于华南地区。

雌鸟

栗色型雄鸟

白色型雄鸟

寿带鸟 寿带、绶带鸟

中文名 寿带鸟
拉丁名 *Terpsiphone paradisi*
英文名 (Asian) Paradise Flycatcher
分类地位 雀形目王鹟科
体长 ♂19~49cm，♀17~22cm
体重 ♂15~30g，♀14~26g
野外识别特征 小型鸟类。头蓝黑色且具羽冠，雄鸟尾特长，体羽有栗色和白色两种类型。雌鸟羽色与雄鸟类似，尾不延长。

IUCN红色名录等级 LC

形态特征 栗色型雄鸟的整个头部及颏、喉、上胸部金属蓝黑色，眼圈辉钴蓝色，头顶具明显羽冠，肩、背、腰至尾上覆羽深红栗色，尾栗色，一对中央尾羽特别延长，胸胁部灰色，腹部及其余下体白色。白色型雄鸟整个头部及颏喉部蓝黑色，背至尾等整个上体白色，具细小黑色羽干纹，中央尾羽特别延长，下体纯白色。雌鸟的头部与雄鸟类似，呈蓝黑色而偏暗淡，羽冠稍短，眼圈淡蓝；上体及尾栗色，尾羽不延长；下体白色，胸、胁部及尾下覆羽沾灰栗色；虹膜暗褐色，喙钴蓝色，脚钴蓝色至灰蓝色。

生态习性 栖息于低山至平原的阔叶林中，尤喜活动于溪流附近。常单独或成对活动。多活动于林下隐秘的树枝间，做短距离飞行，缓慢而优雅，长尾如飘带当风。繁殖期在5—7月，雌雄鸟共同在枝杈间以细草等材料编织杯状巢。每窝产卵2~4枚，卵椭圆形，灰褐色杂以褐斑。主要由雌鸟孵化，雄鸟亦参与。孵化期15天左右，雏鸟晚成，经12天左右离巢。

分布与居留 分布于东亚、中亚、东南亚等地区。大部分在我国夏候，并繁殖于我国东部、南部、中部等地区。

黑脸噪鹛 嘈杂鸫、噪林鹛、七姊妹

中文名 黑脸噪鹛
拉丁名 *Garrulax perspicillatus*
英文名 Masked Laughingthrush
分类地位 雀形目画眉科
体长 27~32cm
体重 98~142g
野外识别特征 中型鸟类。头顶至后颈褐灰色，黑色的额、眼先、眼周、颊和耳羽形成眼罩状的黑带，上体暗灰褐色至土灰褐色，下体淡土灰色。

IUCN红色名录等级 LC
中国特有鸟种

形态特征 成鸟额、眼先、眼周、头侧和耳羽黑色，形成眼罩状的黑色条带，头顶至后枕褐灰色；背暗灰褐色，至尾上覆羽渐为土灰褐色，尾羽暗棕褐色，外侧尾羽先端黑色；翼内侧颜色与背相同，外侧褐色，羽缘黄褐色；下体颏、喉至上胸褐灰色，下胸和腹棕白色，尾下覆羽泛土黄褐色；虹膜棕褐色，喙黑褐色，脚淡褐色。

生态习性 栖息于低山丘陵至平原的疏林、灌丛和竹林等生境。常成对或小群活动，秋冬季结较大的群，有时和白颊噪鹛混群，在灌丛中来回跳跃或做短距离飞行，性活泼，声嘈杂，繁殖期发出频繁而响亮的"丢、丢"鸣声。食性较杂，主食象甲、金龟甲、蝗虫、蜻象和蚂蚁等昆虫，兼食其他无脊椎动物、植物种实和农作物。繁殖期在4—7月，营巢于低山丘陵的小丛林内的灌丛、竹枝或小树上，以细枝、枯草和纤维等材料筑成较为粗糙的杯状巢。窝卵数3~5枚，卵淡灰蓝色，雏鸟晚成。

分布与居留 为我国特有鸟种，分布于秦岭以南的广大地区，为留鸟，较为常见。

白喉噪鹛 闹山王、闹山雀

中文名 白喉噪鹛
拉丁名 *Garrulax albogularis*
英文名 White-throated Laughingthrush
分类地位 雀形目画眉科
体长 26~30cm
体重 88~150g
野外识别特征 中型鸟类。上体橄榄褐色，额或整个头顶棕栗色，外侧尾羽具白色端斑；下体额、喉为明显的白色，胸具橄榄褐色横带，其余下体淡棕色。

IUCN红色名录等级　LC

形态特征 成鸟额或额至头顶棕栗色，耳羽颜色略深，眼先和眼周近黑色；上体及翼和尾的表面橄榄褐色，腰和尾上覆羽泛棕黄；凸形尾橄榄褐色，除中央两对尾羽外均具有宽阔的白色端斑；翼内侧与背同色，外侧黑褐色且具淡色羽缘；下体额、喉和颊形成一卵圆形大白斑或额黑色，喉和上胸白色，下胸橄榄褐色形成一条宽带，下体余部淡棕色，尾下覆羽和两胁泛锈黄色；虹膜淡灰蓝色，喙黑褐色，脚灰褐色或铅黑色。

生态习性 栖息于低山丘陵至山脚的林地、疏林、竹林、灌丛和农田等地。常五六成群或十数集群活动，主要为地栖性，在林下地面或灌丛中活动觅食，争相发出"夸、夸、夸"的嘈杂叫声。主食金龟子、蝽象和鳞翅目幼虫等昆虫，兼食植物种实。繁殖期在5—7月，营巢于山林中林下灌木或小树上，以枯草和细根等材料构筑杯状巢。窝卵数3~4枚，卵暗蓝色，雏鸟晚成。

分布与居留 分布于喜马拉雅山周围地区。在我国分布于陕甘南部、青海、四川、云南、藏南等西南地区以及台湾地区，为留鸟。

黑领噪鹛

中文名 黑领噪鹛
拉丁名 *Garrulax pectoralis*
英文名 Greater Necklaced Laughingthrush
分类地位 雀形目画眉科
体长 28~30cm
体重 135~160g
野外识别特征 中型鸟类。上体棕褐色，后颈具棕栗色半领环，眼先棕白色，白色眉纹长而醒目，耳羽黑色杂有白纹；下体白色，胸部黑色的环带与黑色颚纹相接。

IUCN红色名录等级 LC

形态特征 成鸟整个上体连同翼和尾的表面棕褐色，白色的眉纹从喙基延伸至颈侧，修长而醒目；眉纹下方的眼周和眼后条纹黑色，耳羽黑色杂有白纹；后颈棕栗色形成半领环；飞羽黑褐色且具棕色羽缘；尾羽棕褐色，外侧尾羽具黑褐色次端斑和棕黄色端斑；下体颏、喉白色略沾棕黄色，胸部形成黑色的胸带，和两侧的黑色颚纹相接，有的个体胸带中部断裂；下体余部淡黄白色，尾下覆羽和两胁略沾棕黄；虹膜棕褐色，喙黑褐色，下喙基部黄色，脚暗褐色或铅灰色。

生态习性 栖息于低山丘陵至山脚平原的阔叶林及林缘疏林和灌丛中。喜集小群活动，亦与其他噪鹛混群，在茂密的林下灌丛中跳跃觅食，声甚喧闹。主食甲虫、金花虫、蜻蜓、蝇、天蛾卵和幼虫等昆虫，也吃植物种实。繁殖期在4—7月，每年繁殖1~2窝，营巢于低山阔叶林中的灌木、竹丛或小树上，以细枝、草、苇茎和竹叶等材料构筑杯状巢。窝卵数通常4枚，卵蓝色，雏鸟晚成。

分布与居留 分布于喜马拉雅山周围地区。在我国分布于陕甘南部及其以东、以南的广大地区，为留鸟。

山噪鹛

中文名 山噪鹛
拉丁名 *Garrulax davidi*
英文名 Plain Laughingthrush
分类地位 雀形目画眉科
体长 22~27cm
体重 50~95g
野外识别特征 中型鸟类。喙角黄
色略向下弯曲，上体沙褐色，腰
和尾上覆羽灰色，下体灰色，额
黑色。

IUCN红色名录等级 LC
中国特有鸟种

形态特征 成鸟整个上体沙褐色，头顶较暗，眼先灰白色且缀黑色羽端，眉纹和耳羽淡沙褐色；腰和尾上覆羽偏灰色；中央尾羽灰沙褐色，羽端暗褐色，其余尾羽黑褐色且具隐隐黑横斑，基部稍沾灰色；飞羽暗灰褐色，外翈灰白色；下体颏黑色，喉和胸灰褐色，腹及以下淡灰褐色；虹膜灰褐色，喙黄色，喙峰沾褐色，脚肉黄色或灰褐色。

生态习性 栖息于山地至平原的灌丛和矮树丛中，以及溪流沿岸的柳树丛中。常成对或结三五小群活动，善鸣唱，鸣声丰富。主食昆虫及动物幼虫，兼食植物种实。繁殖期在5—7月，营巢于灌木丛中，以枯草、细枝和纤维等材料构筑杯状巢。窝卵数3~5枚，卵淡青蓝色，雏鸟晚成。

分布与居留 为我国特有鸟种，分布于我国内蒙古东部、黑龙江西部、辽宁、河北、北京、山西、陕西、河南、甘肃、宁夏、青海和四川等地区。

冬羽

夏羽

大噪鹛 花背噪鹛

中文名 大噪鹛
拉丁名 *Garrulax maxima*
英文名 Giant Laughingthrush
分类地位 雀形目画眉科
体长 32~36cm
体重 100~220g
野外识别特征 中型鸟类。额至头顶黑褐色，背栗褐色洒有白斑并杂有黑点，翼上亦具白色端斑，褐色的长尾具黑色亚端斑和白色端斑；下体棕褐色，额、喉浓棕色，上胸具白色端斑和黑色亚端斑。

IUCN红色名录等级 LC
中国特有鸟种

形态特征 成鸟额至头顶黑褐色，眼先近白色，眼周和眼后条纹为窄而清晰的黑褐色，颊后部、耳羽和颈侧栗色；翕灰色，其余上体栗褐色，羽端具近圆形白点，白点周围具有黑色的轮廓；翼内侧覆羽颜色同背部，初级覆羽和大覆羽黑色且具白端斑，初级飞羽黑褐色，外翈基部泛石板灰色，各飞羽均具有白色的端斑，在黑色的飞羽端部排列成连珠状，尤其醒目；中央尾羽棕褐色且具白色端斑，外侧尾羽黑褐色且具隐隐横斑，基部泛蓝灰色，端部具逐渐阔大的白色端斑；下体额、喉至上胸浓褐栗色，上胸具窄的黑色次端斑和白色端斑，其余下体棕褐色至锈黄色；虹膜淡黄色，喙黑褐色，下喙黄色，脚黄色。

生态习性 栖息于亚高山和高山森林灌丛及林缘。常成群活动，亦与其他噪鹛混群。性隐秘，匿于林下灌丛，叫声粗犷响亮。主食昆虫、蜗牛等无脊椎动物和植物种实。

分布与居留 为我国特有鸟种，分布于我国的甘肃西南部、四川西北、青海和云南等地区，为留鸟。

棕噪鹛

中文名 棕噪鹛
拉丁名 *Garrulax berthemyi*
英文名 Buffy Laughingthrush
分类地位 雀形目画眉科
体长 25~28cm
体重 80~100g
野外识别特征 中型鸟类。额、眼先、眼周和额等部位黑色，围绕着眼周蓝色的裸露皮肤。上体赭褐色，头顶具黑色羽缘，尾上覆羽泛灰白色，尾羽棕栗色，外侧尾羽具宽白端斑。喉和上胸锈褐色，下胸及以下蓝灰色。

IUCN红色名录等级　LC
中国特有鸟种

形态特征 成鸟上体赭褐色，鼻羽、额、眼先、眼周、耳羽上部、颊前部和颏形成一片黑色的区域，围绕着眼周裸露的灰蓝色皮肤，非常醒目；头顶至后枕具窄的黑色羽缘，形成隐隐的细密鳞状斑；飞羽外翈棕黄色，内翈黑褐色；中央一对尾羽棕栗色，外侧尾羽外翈棕栗色，内翈暗褐色，最外侧3对尾羽具白色宽端斑；喉和上胸淡赭褐色，下胸、腹和两胁灰色，尾下覆羽灰白色；虹膜灰色，眼周裸露皮肤蓝色，喙基部黑色，端部黄色或黄绿色，脚铅褐色。

生态习性 栖息于山地常绿阔叶林，尤喜林下植被发达或岩石富于苔藓的阴暗潮湿地带。常单独和小群活动，性隐匿，多在林下层活动，喜鸣叫，声嘈杂，繁殖期发出似哨音的婉转悠扬鸣声，圆润而多变。主食昆虫，兼食植物种实。

分布与居留 为我国特有鸟种，分布于四川、贵州、云南、安徽、浙江、福建和台湾等地，为留鸟。

画眉

中文名 画眉
拉丁名 *Garrulax canorus*
英文名 Hwamei; Melodious
　　　　Laughing Thrush
分类地位 雀形目画眉科
体长 21~24cm
体重 54~75g
野外识别特征 中型鸣禽。通体主要为棕褐色，上体稍深偏橄榄褐色，下体较浅呈棕黄色，喙黄色，眼圈白色，沿上缘向后延伸形成明显的白色眉纹。

IUCN红色名录等级 LC
中国特色鸟种

形态特征 成鸟额棕色略带黄，头顶、枕、后颈至上背部棕褐色，具深褐色纵纹；眼圈白色，上缘向后延伸形成白色弧形眉纹，故名"画眉"；翼上覆羽橄榄褐色，飞羽暗褐色，尾羽暗褐色且具不明显的深褐色横斑；颏、喉至胸部棕黄色缀以褐色纵纹，胁部较暗无纵纹，腹部污灰色，其余下体为棕黄色；虹膜橙黄色，喙黄色泛褐色，脚褐黄色。当年7月份，幼鸟的上体为淡棕色，无纵纹，尾羽无横斑，下体绒羽棕白色，亦无斑纹。当年9月份，幼鸟已与成鸟类似，头、颈、喉、胸、上背等处有黑褐色纵纹，但整体颜色稍暗淡。

生态习性 栖息于低山丘陵至山脚平原的矮树丛和灌丛中，也见于林缘、农田、郊野和庭院中。常单独或成对活动，偶成小群。善鸣唱，昼夜不倦地发出婉转而富于变化的鸣声，繁殖期雄鸟尤为擅长鸣叫，为中外驰名的鸣鸟。主食金龟甲、象甲、蝗虫、蝽象、松毛虫、蛴螬和蚂蚁等多种农林害虫，兼食蚯蚓等其他小型无脊椎动物，以及植物种实。繁殖期在4—7月，每年可繁殖两窝，营巢于灌木上，以树叶、竹叶、草、细枝、须根和松针等材料构筑成较为松散的浅杯状巢。窝卵数通常4枚，卵淡蓝绿色，雏鸟晚成。

分布与居留 主要分布于我国，在国外仅见于老挝与越南北部。在我国分布于甘肃、陕西、河南以南的长江流域、华东、华南、西南等地区，为留鸟。

白颊噪鹛

中文名 白颊噪鹛
拉丁名 *Garrulax sannio*
英文名 White-browed
　　　　Laughingthrush
分类地位 雀形目画眉科
体长 21~25cm
体重 52~80g
野外识别特征 中型鸟类。头顶栗
褐色，眼先、眉纹和颊纹棕白色，
上体棕褐色，下体栗褐色，尾下覆
羽红棕色。

IUCN红色名录等级　LC

形态特征 成鸟额至头顶栗褐色，长眉纹、眼先和颊纹棕白色，眼后至耳羽深褐色，后颈和颈侧葡萄褐色；肩、背、腰和尾上覆羽以及翼表面橄榄褐色；尾红褐色；尾羽暗褐色，外翈泛棕；下体颏、喉和上胸棕栗色，下胸至腹渐淡为棕黄色，尾下覆羽红棕色，两胁暗棕色；虹膜褐色，喙黑褐色，脚黄褐至灰褐色。

生态习性 栖息于低山丘陵至山脚平原的矮树灌丛和竹丛里，也见于林缘、农田、苇丛及人工绿地中。除繁殖期外成群活动，亦与黑脸噪鹛混群，在森林中下层和地面活动，活跃地跳来跳去，有时在树丛间做短距离飞行，鸣声响亮急促，争相发出反复不休的"叽呀、叽呀"叫声。主食甲虫、蝽象、蝗虫、螳螂、毛虫、蟋蟀和蚂蚁等昆虫及幼虫，兼食蜘蛛、蜈蚣、石龙子和小虾等其他小型无脊椎动物，同时也吃悬钩子、马桑、胡颓子等植物种实。繁殖期在4—8月，有时一年繁殖2窝，营巢于灌木或小树下部，以枯草、细枝和细根等材料筑松散的杯状巢。窝卵数通常3枚，卵蓝绿色，雌雄亲鸟共同孵卵和育雏，雏鸟晚成。

分布与居留 分布于印度、缅甸、老挝和越南等地区。在我国分布于陕甘南部及其以东、以南广大地区，为留鸟，较为常见。

橙翅噪鹛

中文名 橙翅噪鹛
拉丁名 *Trochalopteron elliotii*
英文名 Elliot's Laughingthrush
分类地位 雀形目画眉科
体长 22~25cm
体重 49~75g
野外识别特征 中型鸟类。头顶葡萄灰褐色，上体橄榄灰褐色，外侧飞羽外翈蓝灰色，基部橙黄色，尾灰褐色且具白色端斑，外侧尾羽染橙色；下体喉和胸棕褐色，腹和尾下覆羽砖红色。

IUCN红色名录等级　LC
中国特有鸟种

形态特征 成鸟眼先黑色、颊和耳羽深橄榄褐色，额浅沙色，渐至头顶到后颈为葡萄灰褐色；其余上体连同翼上覆羽为橄榄灰褐色；飞羽暗褐色，外侧飞羽外翈淡蓝灰色，基部橙黄色，在翼上形成明显的橙色翼斑；尾羽灰褐色，外侧尾羽外翈缀以橙色；下体颏、喉和胸淡棕褐色，腹和尾下覆羽砖红色，两胁微泛橄榄绿色；虹膜淡黄色，喙黑色，脚棕褐色。

生态习性 栖息于山地和高原的森林、林缘、竹丛、柳灌丛、忍冬灌丛、杜鹃灌丛和方枝柏灌丛等生境中。除繁殖期外成群活动，活跃地在林下灌丛间跳跃穿梭，并不断发出"咕儿、咕儿"的叫声，晨昏鸣叫尤其频繁。主食金龟甲、毛虫、叶蜂、蚂蚁、蝗虫和蟓象等昆虫，也吃螺类等其他小型无脊椎动物，并吃蔷薇属、马桑、荚蒾、胡颓子和杂草等野生植物种实以及少量农作物。繁殖期在4—7月，营巢于林下灌丛中，以细枝、枯草和树叶等材料构筑碗状巢。窝卵数2~3枚，卵亮蓝绿色且有黑褐斑点。雏鸟晚成。

分布与居留 为我国特有鸟种，广泛分布于西南地区，为留鸟，较为常见。

玉山噪鹛 台湾噪鹛、金翼白眉

中文名 台湾噪鹛
拉丁名 *Trochalopteron morrisonianus*
英文名 White-whiskered
　　　　Laughingthrush
分类地位 雀形目画眉科
体长 25~28cm
体重 约60~80g
野外识别特征 中型鸟类。体羽主要为橄榄褐色，头顶沾灰色，脸深褐色，眉纹和颊纹为醒目的白色，外侧飞羽基部金棕色，外缘基部有一小黑斑，其余飞羽蓝灰色，尾外侧基部棕黄色，端部灰蓝色。整体羽色雅丽。

IUCN红色名录等级　LC
中国特有鸟种

形态特征　成鸟主体橄榄褐色，头颈部各羽具深色羽缘，排列成整齐的鳞状纹；头侧深褐色，白色的眉纹和颊纹非常醒目；翼上覆羽同背部为橄榄褐色，初级覆羽黑色，初级飞羽内翈黑褐色，外翈基部金棕色，端部灰蓝色，次级飞羽灰蓝色；腰和尾上覆羽沾橄榄绿色，尾羽灰蓝色，表面的两侧基部为金棕色；喉和胸浓栗色，颈侧和上背部均具有淡皮黄色细小羽缘，形成工整的鳞状斑，腹至尾下覆羽栗红色；虹膜暗褐色，喙黑褐色或粉橙色，脚暗肉色。

生态习性　栖息于山地森林中。性活跃，除繁殖期外成小群活动于林下灌丛中，不断发出"嘀、嘀、嘀"的鸣叫声，音色清亮圆润，但效果嘈杂。主食植物种实和各种昆虫。繁殖期在5—7月，营巢于林下灌丛中，以嫩枝、竹叶、芒草、地衣和细根等材料构筑碗状巢。窝卵数两枚，卵淡青蓝色且有黑褐斑。雏鸟晚成。

分布与居留　为我国特有鸟种，仅分布于我国台湾中高山地区，故以地名"玉山"命名。

灰胸薮鹛

中文名 灰胸薮（sǒu）鹛
拉丁名 *Liocichla omeiensis*
英文名 Emei Shan Liocichla
分类地位 雀形目画眉科
体长 15~20cm
体重 28~34g
野外识别特征 小型鸟类。头顶灰色，额和眉纹、颈侧至后颈橄榄橙色，耳羽灰色，上体灰黄色；下体灰色，飞羽黑色且具红色和橄榄黄色翼斑，尾橄榄褐色且具黑色横斑和红色端斑，尾下覆羽黑色且具红色端斑。

IUCN红色名录等级　VU
中国特有鸟种

形态特征 雄鸟头部的头顶、额、喉、颊及头侧耳覆羽等石板灰色；额基、眉纹延伸至颈侧后方为泛有橘色调的橄榄黄色；上体余部为带有橄榄黄的灰色；翼覆羽同背部颜色，飞羽黑色，最外侧1~2枚初级飞羽外翈边缘黄色，其余初级飞羽外翈边缘基部朱红色，端部渐为鹅黄色，次级飞羽外翈基部黄绿色，端部朱红色；方形尾橄榄绿色，外侧尾羽橄榄褐色，所有尾羽均具有近端部黑色横斑及红色端斑；下体灰色，腹中央橄榄黄色，尾下覆羽黑色且具黄色羽缘和红色端斑；虹膜暗褐色，喙和脚褐色。雌鸟似雄鸟，但翼斑和尾下覆羽端部的红色部分均为橙黄色。

生态习性 栖息于山地常绿阔叶林、次生林、竹林和林缘灌丛中，多在林下灌木或地面活动。主食昆虫和植物种实。

分布与居留 为我国特有鸟种，仅分布于我国四川地区，为留鸟。

黄痣薮鹛 黄胸薮鹛

中文名 黄痣薮鹛
拉丁名 *Liocichla steerii*
英文名 Steere's Liocichla
分类地位 雀形目画眉科
体长 17~18cm
体重 170~230g
野外识别特征 小型鸟类。头顶蓝灰色，眉纹黑色，眼前下方有一黄斑，耳羽和后颊橄榄绿色，边缘黄色，上体橄榄绿色，腰蓝灰色，尾橄榄绿色且具宽黑次端斑和白色端斑，飞羽黑色，外缘棕黄色；下体额、喉灰色，胸腹淡黄色。

IUCN红色名录等级 LC
中国特有鸟种

形态特征 雄鸟额黄色，头顶至后颈蓝灰色，眉纹黑色，眼前下方有一醒目的橙黄色斑块，颊、脸和耳羽橄榄绿色，颊后部和耳羽后缘羽轴芽黄色，形成一道不连续的、从眼后延至颈侧的新月形斑；肩、背橄榄绿色，腰蓝灰色，尾上覆羽橄榄黄色；方形尾橄榄黄色，具白色端斑和宽的黑色亚端斑；飞羽黑色，外翈橄榄黄色，内侧飞羽外翈棕栗色；下体颏和喉灰色，胸和腹淡黄色，胁和下腹灰色，尾下覆羽基部灰色，端部鲜黄色；虹膜褐色，喙黑色，脚褐色。雌鸟似雄鸟而体形稍小，体色较淡。

生态习性 栖息于山地森林中。常单独、成对或三五结群活动，在阴湿多石的林下灌丛或地面活动觅食，频繁跳跃，鸣声婉转而响亮。主食蝗虫、蚱蜢等昆虫及蠕虫等小型无脊椎动物。繁殖期在5—7月，营巢于林下灌草丛中，以苔藓、芒草叶、花序和草根等材料构筑碗状巢。窝卵数2~3枚，卵淡青蓝色且具褐色小斑，雏鸟晚成。

分布与居留 为我国特有鸟种，仅分布于台湾，为留鸟，在台湾全省均较常见。

白腹幽鹛

中文名 白腹幽鹛
拉丁名 *Pellorneum albiventre*
英文名 Spot-throated Babbler
分类地位 雀形目画眉科
体长 14~15cm
体重 约17g
野外识别特征 小型鸟类。上
体橄榄褐色；下体额、喉白色
且具黑褐色箭状斑，胸胁棕黄
色，腹部白色。

IUCN红色名录等级 LC

形态特征 成鸟整个上体自头至尾连同两翼表面均为橄榄褐色，翼和尾
稍沾棕红色调；眼先和眼上灰褐色，耳羽褐色且具淡色羽轴，颈橄榄褐
色，颏、喉白色且具黑褐色箭头状斑，胸棕黄色形成宽胸带，腹中央白
色，下体余部泛锈红色；虹膜橙红色，喙角褐色，下喙色较淡，脚淡角
黄色至肉褐色。

生态习性 栖息于山地森林、灌丛、竹丛和草地。常单独或成对活动，秋
冬季也成家族群活动。性隐匿，藏于林下灌丛或竹丛中觅食。主食昆虫
及幼虫。繁殖期在5—7月，营巢于林下灌丛或竹丛中，以草叶和竹叶等
材料构筑杯状巢。窝卵数3~4枚，卵淡粉红色且有褐斑，雏鸟晚成。

分布与居留 分布于东南亚地区。在我国分布于云南，为留鸟。

棕颈钩嘴鹛

中文名 棕颈钩嘴鹛
拉丁名 *Pomatorhinus ruficollis*
英文名 Streak-breasted Scimitar
　　　　Babbler
分类地位 雀形目画眉科
体长 16~19cm
体重 22~30g
野外识别特征 小型鸟类。喙细长
而下弯，具醒目的白眉纹和黑贯眼
纹；上体棕褐色，后颈栗红色，下
体颏、喉白色，胸白色且具黑褐色
纵纹，其余下体橄榄褐色。

IUCN红色名录等级　LC

形态特征 成鸟头顶橄榄褐色，白色的长眉纹从额基延伸至颈侧，宽贯眼纹黑色，黑白对比鲜明；后颈栗红色形成半领环，背为渐浅的橄榄褐色；飞羽暗褐色且具淡色羽缘；尾羽暗褐色略具黑色横斑，基部外缘稍沾橄榄褐色；下体颏、喉白色，胸和胸侧白色，缀有粗而明显的黑褐色纵纹，下体余部淡橄榄褐色，腹中央泛白色；虹膜棕褐色，上喙黑色，端部和边缘淡黄色，下喙淡黄色，脚灰褐色。

生态习性 栖息于低山至平原的阔叶林、次生林、竹林和林缘地带，也见于茶园和果园等人工绿地。常单独、成对或小群活动，亦与雀鹛等其他鸟类混群，在茂密的灌丛间穿梭跳跃，或做短距离飞行，繁殖期常匿于树丛中发出哨声般"突、突、突"的鸣声，叫声清脆且反复不止。主食竹节虫、步行虫、叩头虫等昆虫及幼虫，兼食蜈蚣和蜘蛛等小型无脊椎动物，以及马桑子、蔷薇科、五加科、花楸和荚蒾等植物种实。繁殖期在4—7月，有的一年繁殖两窝，营巢于灌木上，以草叶、蕨叶、树皮、枝叶等材料构筑杯状巢。窝卵数4枚，卵为光洁的纯白色，雏鸟晚成。

分布与居留 分布于亚洲东南部。在我国广泛分布于秦岭以南各地，为留鸟。

短尾鹩鹛

中文名 短尾鹩鹛
拉丁名 *Napothera brevicaudata*
英文名 Streaked Wren Babbler
分类地位 雀形目画眉科
体长 14~16cm
体重 25~28g
野外识别特征 小型鸟类。上体橄榄灰褐色且具黑色鳞状斑，尾短小，翼上具两列白色小斑点；下体暗棕色，额、喉灰白色且具暗褐色纵纹。

IUCN红色名录等级 LC

形态特征 成鸟整个上体橄榄灰褐色，头顶至背部各羽的中部为灰色，外周暗棕色，最外缘黑色，形成层层交叠的鳞状斑；腰和尾上覆羽橄榄褐色，尾部短小，尾羽暗茶褐色；翼橄榄褐色，翼上大覆羽和内侧飞羽具小的白色端斑，在翼上形成两列连珠状白斑点；头侧深灰色，颏、喉灰白色且缀有暗褐色纵纹，胸腹部皮黄色至暗棕色，下体余部暗褐色；虹膜茶红色，喙角褐色，下喙较淡，脚灰褐色。

生态习性 栖息于低山至山脚的常绿阔叶林和林缘灌丛，尤喜活动于溪流附近的多岩石地带。常单独或成对活动，秋冬季也偶结小群，性机警，善于在被满苔藓的岩石上疾速奔跑，有时做短距离飞行。主食昆虫和幼虫，兼食植物种实。繁殖期在5—7月，营巢于山地岩石地带隐秘的石隙中或树脚下，以枯草、苔藓和树叶等材料构筑较为松散的深杯状巢或半球形巢。窝卵数3~4枚，卵白色且被有粉紫色斑点，雏鸟晚成。

分布与居留 分布于东南亚地区。在我国分布于云南和广西，为留鸟。

鳞胸鹪鹛 台湾鹪鹛、大鳞胸鹪鹛

中文名 鳞胸鹪鹛
拉丁名 *Pnoepyga albiventer*
英文名 Scaly-breasted Wren Babbler
分类地位 雀形目画眉科
体长 9~10cm
体重 18~21g
野外识别特征 小型鸟类。体形短小，尾短而不外露，上体暗棕褐色，额、喉淡茶黄色，其余下体黑褐色且具茶黄色羽缘，形成明显的鳞状斑。

IUCN红色名录等级　LC

形态特征　棕色型成鸟整个上体连同翼上覆羽为棕褐色，额、眼上及颈侧具茶黄色羽干纹，上体其余体羽具茶黄色点状次端斑和黑色羽缘；翼上中覆羽和大覆羽褐色且具宽的栗褐色羽缘，并缀有茶黄色点状端斑，飞羽外翈栗褐色，内侧次级飞羽还带有茶黄色尖端；尾特短，栗褐色且具棕色羽缘；下体颏、喉茶黄色，下体余部各羽中央黑褐色，外缘棕黄色，形成明显的鳞状斑；虹膜褐色，喙黑褐色，下喙淡角褐色，基部黄色，脚暗褐色。白色型成鸟上体似棕色型，下体茶黄的底色部分为白色，亦具有显著的鳞状斑，尾下覆羽棕褐色。

生态习性　栖息于山地森林中，尤喜茂林下多岩石和林下植被的沟谷和溪流沿岸。常单独或成对活动，形态和习性均似鹪鹩，性隐匿，善于在被满苔藓的岩石地表奔跑，很少飞行。主食鞘翅目等昆虫及幼虫，也吃植物种实。繁殖期在4—7月，营巢于山林中的林下小乔木或灌木上，有时也直接在林下隐秘处的地表筑巢，以苔藓、草叶和根等材料编织杯状巢或球形巢。窝卵数3~5枚，卵为光洁的纯白色，雏鸟晚成；雌雄亲鸟轮流孵卵，共同育雏。

分布与居留　分布于亚洲东南部地区。在我国分布于四川、云南、西藏东南部和台湾等地，为留鸟。

雀形目

403

红头穗鹛

中文名 红头穗鹛
拉丁名 *Stachyridopsis ruficeps*
英文名 Rufous-capped Babbler
分类地位 雀形目画眉科
体长 10~12cm
体重 7~13g
野外识别特征 小型鸟类。头顶棕红色，上体橄榄绿褐色，下体浅灰黄色，额、喉具细黑羽干纹。

IUCN红色名录等级　LC

形态特征 成鸟额至头顶或至枕部为棕红色，额基和眼先淡灰黄色，眼圈隐隐泛黄白色，颊和耳羽灰黄色缀有橄榄褐色，其余上体连同翼和尾的表面为橄榄绿褐色，飞羽和尾羽暗褐色，外缘沾茶黄色；下体颏、喉和胸浅灰黄色，具细黑羽干纹，腹和尾下覆羽橄榄褐绿色，腋羽和翼下覆羽淡灰黄色；虹膜棕红色，上喙角褐色，下喙暗黄色，脚黄褐色。

生态习性 栖息于山地森林中。常单独或成对活动，有时也结小群或与棕颈钩嘴鹛等其他鸟类混群，在林下灌丛间来回跳跃穿梭，鸣声为三声一度的"突、突、突"声。主食鞘翅目、鳞翅目、直翅目、膜翅目、双翅目和半翅目等昆虫，偶食少量植物种实。繁殖期在4—7月，营巢于茂密灌草丛或竹丛中。窝卵数4~5枚，卵白色且具棕斑，雏鸟晚成；雌雄亲鸟轮流孵卵，共同育雏。

分布与居留 分布于亚洲东南部地区。在我国分布于秦岭及以南的广大地区，包括长江流域、华南、华中和西南地区，较为常见。

银耳相思鸟

中文名 银耳相思鸟
拉丁名 *Leiothrix argentauris*
英文名 Silver-eared Mesia
分类地位 雀形目画眉科
体长 14~18cm
体重 22~29g
野外识别特征 小型鸟类，羽色美丽。额橙黄色，头顶和头侧黑色，耳羽银灰色，上体橄榄绿色，外侧飞羽橙黄色，基部朱红色，圆形尾灰褐色，尾外侧染橙黄色，尾上和尾下覆羽朱红色；下体灰黄色，额、喉和胸橘红色。

IUCN红色名录等级 LC

形态特征 雄鸟额橙黄色，头顶至后颈黑色，眼先、脸和颊亦为黑色，眼后至耳羽为泛有丝光的银灰色，后颈下方有一道茶黄色领圈，沿颈侧向前围合；上体背、肩和翼上覆羽为橄榄灰褐色，腰部沾有橄榄绿色，尾上覆羽朱红色；尾羽暗灰色，外侧尾羽外翈橙黄色；飞羽暗褐色，最内侧几枚飞羽与背同色，其余飞羽外翈边缘均为金橙色，且基部的朱红色形成夺目的翼斑；下体颏、喉和胸橘红色，其余下体浅橄榄灰色，尾下覆羽朱红色；虹膜红褐色，喙橙黄色，脚肉褐色至肉黄色。雌鸟与雄鸟基本相似，但尾上和尾下覆羽偏橙黄色。

生态习性 栖息于山地常绿阔叶林、竹林和林缘。常单独或成对活动，秋冬季有时亦结群。性活泼，常在林下灌丛或竹林间跳跃。主食甲虫、瓢虫、蚂蚁和鳞翅目幼虫等昆虫，兼食草莓、悬钩子、榕果等果实以及草籽、谷粒等植物性食物。繁殖期在5—7月，营巢于林下灌木上，以草叶、草茎和根等材料构筑杯状巢。窝卵数3~5枚，雌雄亲鸟共同孵卵育雏，孵化期14天，雏鸟晚成。

分布与居留 分布于东南亚等地区。在我国分布于贵州、云南、广西和西藏东南部等地区，为留鸟。

红嘴相思鸟

中文名 红嘴相思鸟
拉丁名 *Leiothrix lutea*
英文名 Red-billed Leiothrix
分类地位 雀形目画眉科
体长 13~16cm
体重 14~29g
野外识别特征 小型鸟类，体色秀丽。喙赤红色，头顶橄榄绿色，眼先和眼周淡黄色，耳羽浅灰色，上体暗灰色，翼橄榄黄色且具红色翼斑，叉形尾黑色；下体灰黄色，额、喉柠檬黄色，胸橙色。

IUCN红色名录等级　LC

形态特征 雄鸟头部自额至上背为橄榄绿色，眼先和眼周淡黄色，耳羽浅灰色，颊和头侧余部亦为灰色；其余上体暗灰色，尾上覆羽泛橄榄黄绿色；叉形尾黑色，外侧尾羽略向外弯曲，中央尾羽暗橄榄绿色且具蓝黑色端斑，外侧尾羽外翈和端斑亦泛金属蓝绿色；翼上覆羽暗橄榄绿色，飞羽黑色，初级飞羽外缘金黄色，外翈基部形成朱红色翼斑；下体颏、喉柠檬黄色，上胸橙色形成胸带，下胸、腹和尾下覆羽淡黄色，腹中央较白，两胁沾橄榄灰色；虹膜红褐色，喙赤红色，基部沾黑色，脚黄褐色。雌鸟与雄鸟基本相似，但雌鸟眼先色略淡，翼斑部分为橙黄色。

生态习性 栖息于山地常绿阔叶林、常绿落叶混交林、竹林和林缘疏林灌丛等地。除繁殖期外成小群活动，亦与其他小型鸟类混群。性活跃，喜在林下灌丛间跳跃穿梭。善鸣唱，繁殖期间鸣声尤其优美，常站在灌木顶枝上高声鸣唱，并不断抖动双翼，发出"嘀、嘀、嘀"或"咕儿、咕儿、咕儿"的鸣声。主食毛虫、甲虫和蚂蚁等昆虫及幼虫，兼食植物种实。繁殖期在5—7月，营巢于林下灌丛或竹丛中的枝杈上，以苔藓、草茎、树叶、竹叶、树皮和草根等材料构筑深杯状巢。巢内垫细草和棕丝等柔软物。窝卵数3~4枚，卵近白色被紫褐斑，雏鸟晚成。

分布与居留 分布于喜马拉雅山周边地区。在我国分布于陕甘南部、长江流域及以南广大地区，为留鸟。

台湾斑翅鹛 栗头斑翅鹛

中文名 台湾斑翅鹛
拉丁名 *Actinodura morrisoniana*
英文名 Taiwan Barwing
分类地位 雀形目画眉科
体长 17~19cm
体重 约30~40g
野外识别特征 小型鸟类。主体褐色，头部深褐栗色，颈侧、胸和翕部灰色且具黑褐色纵纹，背红褐色，翼和尾的表面具红褐色和黑色相间的横斑，腹和尾下覆羽淡红褐色。

IUCN红色名录等级　LC
中国特有鸟种

形态特征　成鸟额、头顶至枕深褐栗色，后颈、上背、颈侧至胸灰色且具黑褐色纵纹，肩、背红褐色且具暗色横斑，飞羽和尾羽黑色且具细密整齐的红褐色横斑；下体颏、喉栗色，胸灰色，腹及以下淡红褐色且具不明显锈黄色纵纹。

生态习性　栖息于山地森林中。除繁殖期外成小群活动，性活泼，频繁地在树枝间跳跃穿梭，或沿枝干攀缘行走，甚至倒悬于枝叶上，活动时不断发出"架、架、架"的叫声。主食昆虫，也吃植物种实。

分布与居留　为我国特有鸟种，仅分布于我国台湾，为留鸟。

蓝翅希鹛

中文名 蓝翅希鹛
拉丁名 *Minla cyanouroptera*
英文名 Blue-winged Siva
分类地位 雀形目画眉科
体长 14~16cm
体重 14~28g
野外识别特征 小型鸟类。头顶至后颈蓝灰色，眉纹白色，上体橄榄棕色，翼蓝色，尾蓝色且具黑色端斑；头颈侧面和下体前半部分为淡葡萄灰色，腹以下灰白色。

IUCN红色名录等级 LC

形态特征 成鸟额、头顶至后颈蓝灰色，额和前头顶颜色较暗并具浅色羽干纹，头顶两侧偏暗蓝色，形成侧冠纹，眼先和眉纹白色，头侧、耳羽和颈侧为淡葡萄灰色；上体背、肩和翼上覆羽赭褐色，腰和尾上覆羽渐为浅棕色；中央尾羽紫灰色，外侧尾羽黑褐色，外翈普蓝色，具白色细边缘，最外侧一对尾羽外翈黑色，内翈白色，所有尾羽均具有黑色端斑；飞羽黑褐色，由外向内飞羽外翈从普蓝色渐至灰蓝色，最内侧飞羽外翈几为赭褐色；下体颏至上胸为淡葡萄灰色，腹及以下灰白色；虹膜棕褐色，上喙为角褐色，下喙淡黄色，脚肉褐色。

生态习性 栖息于山地阔叶林、针叶林、混交林和竹林中。常成对或小群活动，亦与相思鸟、鹛（jú）鹛等其他鸟类混群，性活泼，在树冠或林下灌丛与竹丛中来回跳跃，不断发出清脆鸣声。主食白蜡虫和甲虫等昆虫，也吃少量植物种实。繁殖期在5—7月，营巢于林下灌丛中，以草、苔藓、根和树叶等材料构筑杯状巢。窝卵数通常3~4枚，雏鸟晚成。

分布与居留 分布于亚洲东南部地区。在我国分布于四川、贵州、云南、广西、湖南和海南岛等地区，为留鸟。

火尾希鹛 红尾希鹛

中文名 火尾希鹛
拉丁名 *Minla ignotincta*
英文名 Red-tailed Minla
分类地位 雀形目画眉科
体长 12~15cm
体重 13~19g
野外识别特征 小型鸟类。头黑色，具明显的长白眉纹，上体栗色或橄榄褐色，下体淡黄白色，翼黑色且具红黄白斑纹，尾黑色亦具有醒目的红白斑纹。

IUCN红色名录等级 LC

形态特征 雄鸟额至枕部为全黑色，白眉纹长而宽；上体暗栗色至橄榄褐色，尾上覆羽黑色；尾羽黑色且具鲜红色外缘和先端，最外侧尾羽内翈白色；翼上覆羽黑色，大覆羽和中覆羽具细而明显的白色羽缘和先端，飞羽黑褐色，初级飞羽外翈边缘朱红色，至端部渐为浅黄色，次级飞羽外翈边缘朱红色，端部白色；下体颏、喉和颊黄白色，胸和腹淡黄色，尾下覆羽黄色，两胁泛灰黄色；虹膜浅灰褐色，上喙黑色，下喙黄褐色，脚橄榄褐色。雌鸟似雄鸟，但飞羽外翈的边缘黄白色，尾羽外翈末端红色不明显，背偏橄榄褐色。

生态习性 栖息于山地常绿阔叶林和混交林中，也见于次生林、竹林和疏林灌丛。除繁殖期外成群活动，也与其他鸟类混群，在茂林的树冠间活跃地穿梭觅食。繁殖期在5—7月，营巢于山地常绿阔叶林中灌木的枝杈间，以苔藓和纤维等材料构筑杯状巢。窝卵数通常2~3枚，卵蓝色且有红褐色斑。雏鸟晚成。

分布与居留 分布于亚洲东南部。在我国分布于四川、贵州、云南、藏东南、广西和湖南等地区，为留鸟。

棕头雀鹛

中文名 棕头雀鹛
拉丁名 *Alcippe ruficapilla*
英文名 Spectacled Fulvetta；
　　　　Rufous-headed Tit Babbler
分类地位 雀形目画眉科
体长 10~13cm
体重 6~10g
野外识别特征 小型鸟类。头顶棕栗色且具黑侧冠纹，上体茶色，翼棕灰色，额、喉至胸灰白色，下体余部茶黄色。

IUCN红色名录等级 LC
中国特有鸟种

形态特征 成鸟头顶至后颈棕栗色，头顶两侧的黑色侧冠纹延伸至后颈，额、眼先、颊和耳羽灰色，眼周灰白色；上背灰褐色，腰至尾上覆羽茶黄色；翼和尾棕褐色，飞羽外缘泛灰白色；下体颏、喉灰白色且缀有细碎褐色纵纹，颈侧至胸胁部葡萄灰色，其余下体淡茶黄色。虹膜暗褐色，喙深褐色，下喙基部偏黄色，脚淡褐色。

生态习性 栖息于山地森林至林缘灌丛，常单独或成对活动，也结小群。杂食性，穿梭于林下灌丛和地面觅食，主食多种昆虫和植物种实。

分布与居留 分布于我国西南部地区，为留鸟。

褐头雀鹛

中文名 褐头雀鹛
拉丁名 *Fulvetta cinereiceps*
英文名 Grey-hooded Fulvetta
分类地位 雀形目画眉科
体长 12~14cm
体重 10~14g
野外识别特征 小型鸟类。头颈短圆，头顶至后颈灰褐色，上体粟褐色，腰棕褐色，尾褐色，翼烟褐色，外侧几枚飞羽具黑色的外缘和白色的端斑；下体烟灰色，额、喉白色且具暗褐色纵纹。

IUCN红色名录等级　LC

形态特征　成鸟头部额至后颈灰褐色，眼先暗褐色，头侧和颈侧灰色；背、肩和翼上覆羽栗褐色，腰和尾上覆羽黄褐色；尾暗褐色，外翈边缘橄榄黄色；飞羽灰黑色，第1~5枚初级飞羽外缘银蓝灰色，第6~7枚外缘黑色，其余飞羽外翈羽缘棕褐色；下体颏、喉灰白色且具暗褐色纵纹，其余下体灰色，尾下覆羽和胁部沾棕黄色；虹膜暗褐色，喙黑褐色，脚淡褐色。

生态习性　栖息于山地阔叶林、针叶林、混交林、竹林及沟谷和山坡的灌丛中。常成小群活动，在林下灌丛中活跃地跳跃飞蹿，有时也在地面活动，发出"滋、滋"的单调叫声。主食甲虫、毛虫、蜂、蚁等昆虫和幼虫，也吃蒿草等植物叶片、幼芽和种实。繁殖期在5—7月，营巢于林下灌木或竹丛的枝杈上，以枯草和竹叶构筑深杯状巢。卵淡绿色被紫褐色斑，雏鸟晚成。

分布与居留　分布于亚洲东南部地区。在我国分布于陕西、甘肃及华中、华南和西南地区，为留鸟，较为常见。

褐顶雀鹛

中文名 褐顶雀鹛
拉丁名 *Alcippe brunnea*
英文名 Dusky Fulvetta
分类地位 雀形目画眉科
体长 13~15cm
体重 16~23g
野外识别特征 小型鸟类。主体褐色，头顶棕褐色且具细长的黑色侧冠纹，头颈侧灰褐色，上体和两胁橄榄褐色，下体灰白色。

IUCN红色名录等级 LC
中国特有鸟种

形态特征 成鸟额、头顶和枕棕褐色，具窄的黑色羽缘，形成鳞状斑；头顶两侧细长的黑色侧冠纹从眼上方延伸到上背，并披散成数道黑色纵纹，头侧和颈侧灰色；上体和翼表面橄榄褐色，下背和腰沾棕；为深褐色；翼暗褐色，外翈羽缘泛棕色；下体颏、喉、胸和腹灰黄白色，尾下覆羽茶黄色，胸侧和两胁橄榄褐色；虹膜褐栗色，喙黑褐色，脚黄褐色。

生态习性 栖息于低山丘陵至山脚的阔叶林、次生林、林缘灌丛及竹丛中，也活动于人类生活环境中的绿地上。除繁殖期外成小群活动，性活泼，不甚畏人。主食毛虫、甲虫和蚂蚁等昆虫和幼虫，也吃少量植物种实。繁殖期在4—6月，筑巢于灌丛中近地面处，以枯草、枯叶和芒草编织成半球形巢或侧上方开口的球形巢。窝卵数2~3枚，卵绿白色被褐斑，雏鸟晚成。

分布与居留 为我国特有鸟种，分布于陕甘南部和长江流域及以南广大地区，为留鸟，较为常见。

黑头奇鹛

中文名 黑头奇鹛
拉丁名 *Heterophasia dasgodinsi*
英文名 Black-headed Sibia
分类地位 雀形目画眉科
体长 20~24cm
体重 30~50g
野外识别特征 小型鸟类。额至头颈为具有蓝色金属光泽的黑色，头侧和耳羽暗褐色，上体褐灰色，飞羽暗褐色，外翈蓝黑色，尾羽暗褐色且具灰白色端斑，下体白色，胸胁部略沾灰色。

IUCN红色名录等级　LC

形态特征 成鸟额、头顶、枕和后颈黑色泛蓝色金属光泽，颊、眼先、头侧和耳羽暗褐色；肩、背、腰和尾上覆羽暗褐灰色；凸形尾暗褐色且具向外逐渐阔大的灰白色端斑；翼黑褐色，表面辉有蓝黑色金属光泽；下体几乎为纯白色，仅胸胁至翼下覆羽略沾灰色；虹膜褐色或淡蓝色，喙黑色，脚暗褐色。

生态习性 栖息于山地阔叶林和针阔混交林中。常单独、成对或小群活动，频繁地在枝头和灌丛间跳跃觅食。鸣声清脆优美而富有变化，繁殖期尤其善鸣，长时间鸣唱不休。主食鞘翅目、直翅目、膜翅目和蜻蜓目等昆虫，兼食植物种实。繁殖期在5—7月，营巢于大树高处枝杈上，以竹叶、草茎、细根和苔藓等材料构筑杯状巢。窝卵数2~3枚，卵为光滑的淡蓝色，雏鸟晚成。

分布与居留 分布于东南亚等地。在我国分布于四川、贵州、云南和广西等地，为留鸟。

白耳奇鹛

中文名 白耳奇鹛
拉丁名 *Heterophasia auricularis*
英文名 White-eared Sibia
分类地位 雀形目画眉科
体长 约23cm
体重 约35~55g
野外识别特征 小型鸟类。头颈部黑色有光泽，宽贯眼纹连同耳羽白色，背黑褐色，腰和尾上覆羽棕栗色，翼黑色且具白缘，尾黑色且具灰白色端斑；下体颏、喉和胸黑灰色，余部棕栗色。

IUCN红色名录等级　LC
中国特有鸟种

形态特征 成鸟头部及后颈为富有光泽的黑色，眼先至耳覆羽形成一条长而宽的白色贯眼纹；耳羽末梢延长并呈丝状披散，在黑色的头侧极为醒目；肩、背黑褐色，腰和尾上覆羽棕栗色；凸形尾黑色，边缘具光泽，除中央尾羽外均具有灰白色端斑；翼上大覆羽和初级覆羽同背部为黑褐色，其余翼上覆羽淡褐灰色，飞羽暗褐色，内翈基部白色，第3~6枚初级飞羽外翈具白色羽缘；下体颏、喉至上胸黑灰色，其余下体棕栗色，尾下覆羽偏淡褐色；虹膜暗褐色，喙褐黑色，脚肉黄色。

生态习性 栖息于山地阔叶林和次生林，也见于人工林、林缘和山脚农田附近。除繁殖期外常成小群活动，在树冠或灌丛间来回跳跃飞蹿。善鸣唱，鸣声清脆，尤喜在清晨发出响亮的鸣唱。主食昆虫，也吃植物的花、果实和种子。

分布与居留 为我国特有鸟种，仅分布于我国台湾，为留鸟。

西南栗耳凤鹛 条纹凤鹛

中文名 西南栗耳凤鹛
拉丁名 *Yuhina castaniceps*
英文名 Striated Yuhina
分类地位 雀形目画眉科
体长 12~15cm
体重 10~17g
野外识别特征 小型鸟类。头顶及短羽冠灰色且具白色羽干纹，耳羽、后颈和颈侧棕栗色且形成宽的半领环，亦具白色羽干纹，上体橄榄灰褐色，翼和尾灰褐色，下体灰白色。

IUCN红色名录等级 LC

形态特征 成鸟额、头顶至枕灰色且具白色羽干纹，头顶具短羽冠，眼先灰色，白色眉纹不明显，眼后、耳羽、颈侧和后颈淡棕栗色且具白色羽干纹，形成一宽的半领环；上体肩、背、腰和尾上覆羽橄榄灰褐色，亦具有白色羽干纹；凸形尾暗灰褐色，两侧尾羽具逐渐向外扩大的灰白端斑；翼暗褐色，飞羽外翈橄榄灰褐色；下体灰白色，胸侧和两胁沾有橄榄褐色；虹膜褐红色，喙褐色，脚黄褐色。

生态习性 栖息于山地常绿阔叶林、沟谷雨林和混交林中。除繁殖期外成群活动，主要在树冠活动，很少在林下活动。活动时常发出"欺儿、欺、欺儿、欺儿"的低沉叫声。主食鞘翅目等昆虫及幼虫，兼食植物种实。繁殖期在4—7月，营巢于阔叶林和混交林中的树洞或其他鸟类废弃巢洞中，以草叶、纤维和苔藓等材料筑巢。窝卵数3~4枚，卵白色且有红褐斑，雏鸟晚成。

分布与居留 分布于亚洲东南部地区。在我国广泛分布于长江流域及以南地区，为留鸟，较为常见。

白领凤鹛

中文名 白领凤鹛
拉丁名 *Yuhina diademata*
英文名 White-collared Yuhina
分类地位 雀形目画眉科
体长 15~18cm
体重 15~29g
野外识别特征 小型鸟类。头顶和羽冠土褐色，眼先黑色，眼圈白色，白色的枕部向两侧延伸直至眼上形成明显的白领。上体土褐色，飞羽和尾羽黑褐色略沾白；下体额、喉黑褐色，胸灰褐色，腹及以下白色。

IUCN红色名录等级 LC

形态特征 成鸟额、头顶连同可竖起的冠羽土褐色，具淡色羽干纹；眼先黑色，眼圈白色；枕和后颈白色，向两侧延伸，和头侧眼上的宽白眉纹相接；头侧余部淡灰褐色；上体土褐色；飞羽黑褐色，外侧飞羽外缘和羽轴白色；尾羽黑褐色且具白色羽轴；下体额、喉黑褐色，胸胁灰褐色，腹至尾下覆羽白色；虹膜栗褐色，上喙黄褐色，下喙黄色，脚肉褐色。

生态习性 栖息于山地阔叶林、针叶林、混交林和竹林中，也见于次生林、人工林及低山农田和茶园等地。除繁殖期外常成小群活动，在树冠和灌丛间活动，发出"嗞、嗞、嗞"的尖细叫声，繁殖期善鸣唱。主食鞘翅目、鳞翅目、膜翅目、双翅目和直翅目等昆虫，兼食蔷薇科果实、各类浆果和草籽等植物性食物。繁殖期在5—8月，营巢于山地森林的矮树丛和灌丛中，以苔藓、枯草、枯叶和细根等材料构筑杯状巢。窝卵数通常3枚，卵淡灰绿色且有褐斑，雏鸟晚成。

分布与居留 分布于缅甸东北部和越南北部，以及我国的西南至秦岭一带的广大地区，为留鸟，较为常见。

棕头鸦雀

中文名 棕头鸦雀
拉丁名 *Sinosuthora webbianus*
英文名 Vinous-throated Parrotbill
分类地位 雀形目莺科
体长 11~13cm
体重 10~12g
野外识别特征 小型鸟类，体形短圆。喙粗短而厚，形似鹦鹉嘴，头顶至后颈棕红色，上体橄榄褐色，飞羽外缘红棕色；下体皮黄色，额、喉和胸泛葡萄粉色并具细的暗色纵纹。

IUCN红色名录等级　LC

形态特征 成鸟头部额至后颈棕红色，头侧栗灰色；上体橄榄灰褐色；翼覆羽棕褐色，飞羽褐色，外翈缀有棕红色；尾暗褐色，中央尾羽具有隐隐暗色横斑；下体颏、喉和胸葡萄粉灰色，缀有细微的暗棕色纵纹；腹、胁和尾下覆羽橄榄灰褐色，腹中央棕白色；虹膜暗褐色，喙黑褐色，脚铅褐色。

生态习性 栖息于中低山阔叶林和混交林中，也见于疏林草坡、竹丛、灌丛和芦苇沼泽等生境。常成对或小群活动，秋冬季也集较大的群，性活跃，声嘈杂，多在树间攀缘跳跃或做短距离飞行。主食甲虫、蝽象和松毛虫卵等昆虫，也吃蜘蛛等其他小型无脊椎动物和植物种实。繁殖期在4—8月，在北方一年繁殖1窝，在南方则可以一年繁殖2~3窝。筑巢于灌丛、竹丛或小树上，以草茎、竹叶、树叶、树皮和须根等材料构筑杯状巢。巢外饰蛛网和苔藓，内垫细草、棕丝和毛发等柔软物。窝卵数通常4~5枚，卵淡蓝绿色，雏鸟晚成。

分布与居留 分布于俄罗斯远东、朝鲜、越南北部、缅甸东北部以及我国东部、中部和长江以南地区，较为普遍，为留鸟，部分游荡。

褐翅鸦雀

中文名 褐翅鸦雀
拉丁名 *Sinosuthora brunneus*
英文名 Brown-winged Parrotbill
分类地位 雀形目莺科
体长 11~13cm
体重 8~13g
野外识别特征 小型鸟类，与棕头鸦雀非常相似，但褐翅鸦雀翼缘不为红栗色而为褐色。

IUCN红色名录等级　LC

形态特征 成鸟额、头顶、枕、后颈、耳羽、头侧和颈侧为棕红色，颊为稍暗的红栗色；其余整个上体，连同翼和尾的表面为橄榄褐色；飞羽黑褐色，外翈边缘棕褐色，不具红栗色调；下体颏、喉和上胸淡葡萄粉灰色，具纤细的栗褐色纵纹，其余下体皮黄色至淡红褐色，两胁泛橄榄褐色；虹膜棕红色，喙为角黄色，喙峰较暗，脚暗褐色至肉褐色。

生态习性 栖息于林缘灌丛、稀树草坡、竹丛和苇草丛等生境中。除繁殖期外成小群活动，隐匿于高草丛中活动觅食。主食鳞翅目和鞘翅目等昆虫，兼食草籽。繁殖期在4—6月，营巢于隐秘灌丛或苇草丛中，以枯草和叶片等材料构筑杯状巢，内垫细草和毛发。窝卵数通常3枚，卵为光洁的蓝色，雏鸟晚成。

分布与居留 分布于缅甸东北部和我国的云南、四川等地，为留鸟。

震旦鸦雀

中文名 震旦鸦雀
拉丁名 *Paradoxornis heudei*
英文名 Reed Parrotbill
分类地位 雀形目莺科
体长 15~18cm
体重 19~24g
野外识别特征 小型鸟类。黄色喙短而粗厚，似鹦鹉喙，头顶至枕淡蓝灰色，黑色的弧形眉纹长而宽阔，自眼上延伸至后颈，背赭褐色略具纵纹，尾上覆羽和中央尾羽淡红褐色，外侧尾羽黑色且具白端，飞羽黑褐色且具白缘；下体浅赭石色，额、喉灰色。

IUCN红色名录等级　NT
中国特有鸟种

形态特征 成鸟额、头顶、枕和后颈淡蓝灰色，头侧和尾羽灰白色；长而宽的黑色眉纹从眼上方弧形延伸到后颈侧，非常醒目；上体淡赭石色，上背略具纵纹；翼赭褐色，飞羽黑褐色且具白色羽缘；尾凸形，中央尾羽为与尾上覆羽相同的淡赭红色，外侧尾羽黑色且具向外逐渐扩大的白色端斑；下体颊、喉淡灰色，胸渐为葡萄灰色，腹部及以下浅赭石色；虹膜红褐色，喙黄色，脚肉色。

生态习性 栖息于江河湖泊岸边的沼泽苇丛中，以及河口沙洲或沿海滩涂的芦苇丛、莎草丛、香蒲丛等环境中。除繁殖期外小群活动，在茂密耸立的苇丛间跳跃飞行，并发出"滴铃铃铃"的细柔叫声。主食蜻蜓、蚜虫、螽（zhōng）斯、苍蝇和介壳虫等昆虫及幼虫，兼食蜘蛛和其他小型无脊椎动物。繁殖期在5—8月，营巢于茂密苇丛间，以苇叶将数株苇叶缠绕捆绑起来作为支架，再将撕咬成丝状的苇叶编织成杯状巢或罐状巢。窝卵数通常5枚，雌雄亲鸟共同孵卵育雏，孵化期约16天。雏鸟晚成，经16~17天可离巢。

分布与居留 为我国特有鸟种，分布于黑龙江、辽宁和长江下游地区的上海等地。

棕扇尾莺

中文名 棕扇尾莺
拉丁名 *Cisticola juncidis*
英文名 Zitting Cisticola
分类地位 雀形目扇尾莺科
体长 9~11cm
体重 7~10g
野外识别特征 小型鸟类。眉纹棕白色，上体棕栗色且具黑色粗羽干纹，凸形尾暗褐色且具棕色羽缘、黑色次端斑和浅色端斑，翼暗褐色且具棕色羽缘，下体白色沾黄色。

IUCN红色名录等级　LC

形态特征 成鸟夏羽额、头顶和枕黑色且具棕色纵纹，眉纹和眼先棕白色，颊和尾羽栗色，头颈侧余部和后颈淡棕色；上体肩和背具宽大的黑色羽干纹和棕栗色羽缘，下背至尾上覆羽棕栗色，黑色羽干纹渐小至不显；凸形尾黑褐色，具棕色羽缘、黑色次端斑和浅色端斑；翼上覆羽和飞羽亦为黑褐色，具明显的浅棕色羽缘；下体乳白色，两胁沾棕黄色；虹膜红褐色，上喙褐色，下喙肉粉色，脚肉红色。成鸟冬羽似夏羽，额栗色且具黑斑，头顶和尾等部分羽色较深。

生态习性 栖息于低山丘陵至山脚平原的灌草丛中及苇塘沼泽等地。除繁殖期外成松散小群活动，性活跃，常在草丛中来回穿梭。飞行时尾常呈扇形散开并上下摆动。繁殖期雄鸟在领域内做特有的飞行表演，直冲高空做圈状飞行，然后拢翼垂直下降，在接近地面处转为水平飞行，且此过程中伴随有急促的叫声。主食昆虫，也吃蜘蛛等其他小型无脊椎动物和草籽。繁殖期在4—7月，营巢于草丛中，以撕成丝状的草叶或植物纤维编织成巢。巢为梨形、椭圆形或吊囊状，于侧上方或上方开口。窝卵数通常4~5枚，卵淡蓝白色被红褐斑，雌雄鸟共同孵卵和育雏，雏鸟晚成。

分布与居留 分布于欧洲南部至非洲北部、中东、印度、东亚、东南亚和澳大利亚等地。在我国分布于秦岭及以南的广大地区，偶见于天津和山东，多为留鸟，部分为夏候鸟。

山鹛 山莺、长尾巴狼

中文名 山鹛
拉丁名 *Rhopophilus pekinensis*
英文名 Chinese Hill Warbler
分类地位 雀形目扇尾莺科
体长 16~19cm
体重 14~21g
野外识别特征 小型鸟类。上体沙灰褐色且具粗的暗褐色纵纹，眉纹灰白色，外侧尾羽具灰白色端斑；下体白色，颈侧、胸侧和胁部具栗色纵纹。

IUCN红色名录等级 LC
中国特有鸟种

形态特征 成鸟眼先暗褐色，颊和耳羽沙灰褐色，贯眼纹和颧纹黑褐色；整个上体沙灰褐色，各羽具有暗色羽干纹，自头顶至上背微缀有棕色调，腰以下沙褐色，纵纹不明显；凸形尾较长，具不明显的暗色横斑，中央一对尾羽沙灰色且具黑褐色羽干纹，外侧尾羽黑褐色，先端污白色；下体颏、喉、胸和腹白色，微沾灰黄色；腿覆羽和尾下覆羽淡棕色；颈侧、胸侧和两胁布有褐栗色纵纹；虹膜暗褐色，喙为角褐色，下喙肉黄色，脚灰褐色。

生态习性 栖息于低山疏林草坡或灌丛中。常单独活动，在低矮的树枝间跳跃，性活跃，繁殖期善鸣唱。主食象甲、金龟甲等昆虫及幼虫和虫卵，秋冬季也吃植物种实。繁殖期在5—7月，营巢于隐蔽的灌木或小树上，以枯草和树叶等材料构筑深杯状巢。窝卵数4~5枚，卵绿白色被褐斑，雏鸟晚成。

分布与居留 为我国特有鸟种，分布于吉林、辽宁、北京、河北、河南、山西、陕西、宁夏、青海、甘肃、内蒙古和新疆等地，为留鸟，部分进行季节性游荡。

灰胸鹪莺 灰胸山鹪莺

中文名 灰胸鹪莺
拉丁名 *Prinia hodgsonii*
英文名 Grey-breasted Prinia
分类地位 雀形目扇尾莺科
体长 10~12cm
体重 4~8g
野外识别特征 小型鸟类。夏羽上体烟灰色，无眉纹，翼表面泛棕色，灰褐色凸形尾具灰白端斑、黑色次端斑和暗色横斑；下体白色，胸部形成灰色胸带。冬羽上体棕褐色具白眉纹；下体灰白色无胸带，胁部无茶黄色。

IUCN红色名录等级　LC

形态特征 成鸟夏羽从头至尾的整个上体为烟灰色，头顶色略深，无眉纹，眼先黑褐色，颊和耳羽灰白色；飞羽褐色且具淡色羽缘；凸形尾较长，具不明显的暗色横斑、黑色次端斑和灰白端斑；下体白色，上胸形成一条灰色的宽胸带，两胁和腿覆羽略泛棕灰色；虹膜橙褐色，喙黑色，脚肉红色或角黄色。成鸟冬羽上体颜色转为棕褐色，具明显的短白眉纹，下体全为污白色，不具有灰色胸带。

生态习性 栖息于低山丘陵和山脚平原疏林草坡或灌丛，以及农田附近的灌草丛中。常单独或成对活动，秋冬季也成小群。性活跃，常在灌木枝间跳跃攀爬，休息时尾部不停上下摆动，繁殖期雄鸟喜站在枝梢发出"嘿、嘿、嘿"的叫声。主食昆虫及蜘蛛等小型无脊椎动物，也吃少量植物种实。用草叶等纤维编织成杯状巢，外侧以蛛网粘合叶片，或类似缝叶莺巢，将二至数枚大叶片以蛛网或植物纤维缝合，再以细草在内部编织深袋状巢。繁殖期在4—7月，窝卵数3~4枚，雌雄亲鸟共同孵卵和育雏，雏鸟晚成。

分布与居留 分布于巴基斯坦、克什米尔、印度、斯里兰卡和缅甸等地区。在我国分布于西南和华南地区，为留鸟。

纯色山鹪莺 纯色鹪莺、褐头鹪莺

中文名 纯色山鹪莺
拉丁名 *Prinia inornata*
英文名 Plain Prinia
分类地位 雀形目扇尾莺科
体长 11~14cm
体重 7~11g
野外识别特征 小型鸟类。夏羽上
体灰褐色，头顶色略深，具短白眉
纹，飞羽褐色且具棕红羽缘，灰褐
色凸形尾具不明显的黑色亚端斑和
白色端斑，下体淡皮黄色；冬羽上
体红褐色，下体淡棕色，尾较长。

IUCN红色名录等级　LC

形态特征 成鸟夏羽头部浓灰褐色，额部棕色明显，眼先、眉纹和眼周棕白色，颊和耳羽淡褐色；上体灰褐色略沾棕色，腰和背泛橄榄色；凸形尾较长，具不清晰的暗褐横斑，外侧尾羽具不甚明显的黑色亚端斑和白色端斑；翼上覆羽和飞羽褐色，外缘红棕色；下体白色，胸胁和尾下覆羽略沾皮黄色；虹膜淡橙褐色，上喙深褐色，下喙为角黄色，脚肉色。成鸟冬羽上体偏红棕色，下体棕色，额、喉较淡，尾羽较长。

生态习性 栖息于低山丘陵至山脚平原的水域、农田和果园等周边的灌草丛中。常单独或成对活动，偶成小群，活跃地在灌丛下部和草丛中跳跃或做短距离飞行，飞行呈波浪式前进，叫声为单调而清脆的"啧、啧"声，繁殖期雄鸟善鸣唱。主食甲虫、蚂蚁、鳞翅目幼虫和蜘蛛等小型无脊椎动物，也吃少量草籽等植物性食物。繁殖期在5—7月，营巢于巴茅草丛和小麦丛中，以巴茅草叶丝、毛茛科植物种毛和蛛丝等材料编织成侧上方开口的囊状巢或深杯状巢。窝卵数4~6枚，由雌雄亲鸟轮流孵化，孵化期11~12天，雏鸟晚成。

分布与居留 分布于巴基斯坦、印度、尼泊尔和泰国等东南亚地区。在我国分布于西南、华南、华中和东南等广大地区，包括台湾和海南岛，为留鸟，较为常见。

幼鸟

夏羽

强脚树莺 山树莺

中文名 强脚树莺
拉丁名 *Cettia fortipes*
英文名 Brownish-flanked Bush
　　　　Warbler
分类地位 雀形目树莺科
体长 10~12cm
体重 7~14g
野外识别特征 小型鸟类。上体橄
榄褐色，眉纹皮黄色；下体淡棕白
色，脚肉色。

IUCN红色名录等级　LC

形态特征 成鸟额至头顶红棕色，长眉纹淡皮黄色，贯眼纹黑褐色，头侧余部淡黄白色；后颈、肩、背及翼上覆羽等部分橄榄褐色，腰和尾上覆羽浅棕褐色；尾羽暗褐色，中央尾羽泛皮黄色，外侧尾羽边缘亦缀有黄色；飞羽暗褐色，羽缘淡橄榄色；下体白色，秋冬季缀有灰黄色，胸侧和两胁泛褐灰色；虹膜褐色，喙褐色，上喙缀有黑褐色，下喙基部泛黄色，脚肉色或淡棕色。

生态习性 栖息于中低山常绿阔叶林、次生林及林缘灌丛等地，秋冬季也见于果园、茶园和农田等处。常单独或成对活动，隐匿于林下灌丛中，不善飞翔，活动时频繁发出"嗞、嗞"的叫声，繁殖期雄鸟善鸣唱，常于清晨发出哨音般的连续叫声。主食鞘翅目、膜翅目和双翅目等昆虫，兼食少量植物种实。繁殖期在4—7月，一年繁殖1~2窝，营巢于灌草丛或茶树丛下部，以枯草等材料构筑球状或杯状巢，巢内垫细草和羽毛。窝卵数通常4枚，卵栗红色微具褐斑，雌鸟孵卵，雄鸟警戒，雏鸟晚成。

分布与居留 分布于巴基斯坦、克什米尔、尼泊尔和缅甸等地。在我国分布于秦岭以南的长江流域和华南、西南各地，多为留鸟，部分冬季游荡。

黄腹树莺

中文名 黄腹树莺
拉丁名 *Cettia acanthizoides*
英文名 Swinhoe's Bush Warbler
分类地位 雀形目树莺科
体长 10~12cm
体重 6~7.5g
野外识别特征 小型鸟类。上体橄榄棕褐色，眉纹淡皮黄色，喉、胸灰色，腹部淡灰黄色。

IUCN红色名录等级 LC

形态特征 成鸟上体橄榄棕褐色，腰和尾上覆羽颜色较淡；长眉纹淡皮黄色，从喙基伸至枕，眼先和耳羽略缀灰黄色；飞羽和尾羽黑褐色，外翈橄榄褐色，故翼和尾的表面与背的颜色近似；下体颏、喉至胸泛淡灰色，至腹部渐为淡黄色；虹膜褐色，上喙棕褐色，下喙肉褐色，脚棕色或肉褐色。

生态习性 栖息于中高山林地至草丛，单独或成对活动，有时成三五小群。主食鞘翅目、鳞翅目和直翅目等昆虫及幼虫。繁殖期在4—7月，筑巢于灌丛中，以茅草和苔藓构筑深杯状巢，内垫鸡毛和羊毛，或造顶部侧面开口的球形巢，并以羽毛作遮檐。窝卵数通常4枚，卵白色，雏鸟晚成。

分布与居留 分布于喜马拉雅山周边地区。在我国广泛分布于长江流域及以南地区，以及西南、秦岭与台湾等地，多为留鸟，部分游荡。

矛斑蝗莺

中文名 矛斑蝗莺
拉丁名 *Locustella lanceolata*
英文名 Lanceolated Warbler
分类地位 雀形目蝗莺科
体长 11~14cm
体重 11~17g
野外识别特征 小型鸟类。上体橄榄褐色，下体乳白色，全身满布明显的黑褐色纵纹，淡黄色眉纹不明显，尾端无白色。

IUCN红色名录等级 LC

形态特征 成鸟上体橄榄褐色，各羽具黑褐色的、粗且显著的中央纹，其中头、肩、背的纵纹尤其明显，下背至腰纵纹渐细，羽缘泛皮黄色；具不明显的淡黄色眉纹，眼先、颊和耳羽暗褐色，耳羽具皮黄色细羽干纹；翼上覆羽和飞羽黑褐色且具淡色羽缘；尾羽暗褐色，隐隐具有暗色横斑；下体皮黄色且具黑褐色纵纹，胸胁部尤其明显，腹部较白；虹膜暗褐色，喙黑褐色，下喙基部肉黄色，脚肉黄色至黄褐色。

生态习性 栖息于低山和山脚的疏林灌丛和草丛中，尤喜湖泊、沼泽等水域附近的苇草丛。常单独或成对活动，性隐匿，藏于茂密的草丛中，或在地面不停上下摆尾，繁殖期雄鸟常站在灌木枝梢鸣唱，并发出重复的"唧、唧"声，似蟊斯鸣声。主食蝗虫等直翅目昆虫，以及鞘翅目、鳞翅目、半翅目和双翅目等多种昆虫及幼虫，兼食其他水生和陆生小型无脊椎动物。繁殖期在6—8月，营巢于茂密草丛中地面上的草茎基部，以枯草和草叶编织成杯状巢。窝卵数3~5枚，卵白色且有红褐斑。雏鸟晚成。

分布与居留 繁殖于亚洲北部、中部和东北部，越冬于东南亚。在我国繁殖于东北和内蒙古东北部，迁徙经过新疆、青海、内蒙古东南部、河北、北京、山东、湖北和江苏等地，部分越冬于广东和海南岛等华南地区。

黑眉苇莺

中文名 黑眉苇莺
拉丁名 *Acrocephalus bistrigiceps*
英文名 Black-browed Reed Warbler
分类地位 雀形目苇莺科
体长 12~13cm
体重 7~11g
野外识别特征 小型鸟类。上体橄榄棕褐色，眉纹淡皮黄色，眉纹上方另具一道粗且显著的黑褐色纹，贯眼纹暗褐色，下体白色，胁和尾下覆羽皮黄色。

IUCN红色名录等级 LC

形态特征 成鸟上体橄榄棕褐色，头顶两侧各有一粗且显著的黑褐色纵纹，从喙基延伸到枕部，"黑眉"下方为淡黄色的眉纹，眉纹下方贯眼纹暗褐色，颊和耳羽赭褐色；翼上覆羽与背同色，飞羽深褐色，外翈淡棕色，第1枚初级飞羽短，第2枚和第8枚初级飞羽几乎等长；尾微呈凸形，尾羽黑褐色且具淡棕色羽缘；下体亚麻白色，胸腹部略沾皮黄色，两胁和尾下覆羽染棕褐色；虹膜暗褐色，上喙黑褐色，下喙肉褐色，脚褐色。

生态习性 栖息于低山丘陵至平原的各类水域和湿地岸边的灌草丛或芦苇丛中。常单独或成对活动，在苇草间频繁跳跃，繁殖期不断发出富于变化的"唧、唧、唧"的叫声。主食鞘翅目、鳞翅目、直翅目和膜翅目等昆虫及幼虫，兼食蜘蛛等其他小型无脊椎动物。繁殖期在6—7月，营巢于小柳树灌丛和草丛的基部，以枯草等材料编织成近圆锥形的尖底杯状巢。窝卵数通常5枚，卵淡灰绿色略具灰褐斑，孵化期约14天，雏鸟晚成。

分布与居留 繁殖于亚洲东北部，越冬于东南亚地区。在我国繁殖于东北、内蒙古东北部、河北、北京、河南、陕西和长江下游部分地区，迁徙经过东南沿海，偶见于台湾。

大苇莺

中文名 大苇莺
拉丁名 *Acrocephalus arundinaceus*
英文名 Great Reed Warbler
分类地位 雀形目鹟科
体长 19~21cm
体重 17~33g
野外识别特征 小型鸟类，上体橄榄灰褐色，具淡棕黄色眉纹，下体亚麻白色，胸部沾灰，腹略泛皮黄色。

IUCN红色名录等级 LC

<u>形态特征</u> 成鸟上体为略泛灰色调的淡橄榄褐色，眉纹淡棕黄色，眼先褐色，耳羽橄榄灰褐色略具白斑；翼覆羽为与背相同的橄榄灰褐色，飞羽褐色具淡棕色羽缘，第一枚初级飞羽短而尖，第二枚初级飞羽较第五枚长；凸形尾淡褐色，无淡色端斑；下体亚麻白色，胸稍泛灰色，腹略缀皮黄色，两胁和尾下覆羽沾赭褐色；虹膜褐色，喙暗褐色，下喙基部黄色，脚为淡角黄色。

<u>生态习性</u> 栖息于湖泊、河流、水塘和沼泽等水域滩岸的芦苇丛或其他湿生植物丛中。常单独或成对活动，性活跃，频繁地在草茎间跳跃穿梭，繁殖期常站在芦苇顶端或灌木枝梢上大声鸣唱。主食甲虫、金花虫、蚂蚁和鳞翅目幼虫等昆虫以及豆娘等水生昆虫，兼食蜘蛛、蜗牛等其他小型无脊椎动物和少量植物种实。繁殖期在5—7月，营巢于芦苇丛和灌丛中，以苇叶和草叶等材料系缚于活的芦苇茎或其他植物茎干上，然后以草叶等植物纤维和蜘蛛网等材料编织成牢固的杯状巢，由雌鸟筑巢，雄鸟协助运送巢材。窝卵数为3~6枚，卵淡蓝绿色被有褐斑，雌鸟孵卵，孵化期为14~15天。雏鸟晚成，约12天后可离巢。

<u>分布与居留</u> 分布于欧洲、非洲、西亚至中亚等地。在我国分布于新疆地区，为夏候鸟。

东方大苇莺

中文名 东方大苇莺
拉丁名 *Acrocephalus orientalis*
英文名 Oriental Reed Warbler
分类地位 雀形目鹟科
体长 16~19cm
体重 24~34g
野外识别特征 小型鸟类，上体橄榄棕褐色，具淡皮黄色眉纹，下体污白色，胸部微具皮灰褐色纵纹。

IUCN红色名录等级 LC

形态特征 成鸟上体橄榄棕褐色，头顶和后颈较偏暗褐色，腰和尾上覆羽泛棕色，眉纹淡皮黄色，淡黑褐色的贯眼纹不甚明显；翼上覆羽与背同为橄榄棕褐色，飞羽暗褐色，外翈羽缘淡棕色，初级飞羽第一枚短小，第二枚长于或等于第四枚，第三枚亦长于第四枚；尾略呈凸形，有尾羽12枚，棕褐色具淡棕色羽缘；下体污白色，胸部微具灰褐色细纵纹，两胁略沾橄榄褐色，尾下覆羽和腿覆羽泛淡棕黄色；虹膜暗褐色，喙黑褐色，下喙基部肉红色或褐黄色，脚铅褐色至铅蓝色。

生态习性 栖息于低山丘陵至山脚平原的湖泊、河流、沼泽、水塘等水域沿岸的芦苇丛或柳灌丛等湿地植被中。常单独或成对活动，迁徙期间也成小群，隐匿于茂密的苇草丛中，繁殖期间喜站在芦苇顶梢，整日不休地发出"呱呱唧、呱呱唧"的叫声。主食甲虫、金花虫、蚱蜢、鳞翅目成幼虫和水生昆虫等多种昆虫，兼食蜘蛛和蛞蝓等其他小型无脊椎动物。繁殖期在5—7月，营巢于水域中或沿岸附近的苇丛、灌草丛或小柳丛中，以草叶和苇叶系缚于活的苇草等茎干上，然后编织成结实的尖底深杯状巢。窝卵数通常为5枚，卵淡灰绿色且有褐斑。雏鸟晚成。

分布与居留 繁殖于亚洲东部至东北部，越冬于亚洲东南部。在我国广泛分布于东部、中部和北部地区，主要为夏候鸟，迁徙期间也见于东南和西南地区。

厚嘴苇莺 芦莺

中文名 厚嘴苇莺
拉丁名 *Acrocephalus aedon*
英文名 Thick-billed Warbler
分类地位 雀形目鹟科
体长 18~20cm
体重 17~32g
野外识别特征 小型鸟类，体色较为单纯均匀，无明显斑纹，上体橄榄棕褐色，眼先和眼周淡皮黄色，具白色眼圈，无眉纹，喙较粗厚，尾呈凸形，下体淡赭黄色，额、喉较白。

IUCN红色名录等级 LC

形态特征 成鸟眼先和眼周淡皮黄色，具灰白色眼圈，无眉纹；上体从头至背为橄榄棕褐色，腰和尾上覆羽浅棕褐色；尾呈明显的凸形，尾羽棕褐色具淡棕色羽缘，隐约带有暗褐色横斑；飞羽和外侧翼上覆羽暗褐色具浅棕色羽缘；下体颏、喉和腹中部亚麻白色，其余下体泛有淡赭黄色，秋羽下体尤其偏棕色；虹膜暗褐色，上喙黑褐色，上喙边缘和下喙为肉黄色，脚暗铅褐色。当年幼鸟秋羽似成鸟而较暗，第二年幼鸟秋羽则较成鸟鲜亮。

生态习性 栖息于低山丘陵至山脚平原较开阔的河谷灌草丛及沼泽附近。常单独活动，性隐匿，繁殖期善鸣唱，甚至能模仿其他鸟类鸣声。主食鳞翅目、鞘翅目和半翅目等昆虫及幼虫，也吃其他小型无脊椎动物。繁殖期在6—7月，营巢于河谷中有稀疏乔木的灌草丛，尤喜茂密的忍冬、野蔷薇、绣线菊和紫丁香等灌木丛，雌鸟筑巢，以枯草、细枝和须根等材料编织成杯状或碗状巢。窝卵数为5~6枚，卵淡粉色被有紫褐斑，雏鸟晚成。

分布与居留 繁殖于亚洲东北部，越冬于东南亚等地。在我国繁殖于东北和华北北部地区，迁徙经过华北、华东至华南等地。

花彩雀莺

中文名 花彩雀莺
拉丁名 *Leptopoecile sophiae*
英文名 White-browed Tit Warbler
分类地位 雀形目鹟科
体长 9~12cm
体重 6~8g
野外识别特征 小型鸟类，体羽松散，尾部较长，主体灰蓝紫色，胁部和头顶缀有曙红色调，眉纹和腹部泛昏黄色。

IUCN红色名录等级 LC

形态特征 雄鸟额部香槟金色，头顶至后颈紫栗色，头顶两侧淡金色形成宽眉纹，长贯眼纹黑褐色，颊和颈侧为泛有紫褐色的灰色；背和翼覆羽灰色泛蓝，腰和尾上覆羽泛有辉亮的金属蓝色；尾较长，灰褐色泛金属蓝；飞羽橄榄褐色，外翈具蓝色羽缘；下体颏、喉连同头侧和颈侧为带有金属光的浅蓝紫色；上胸、两胁和尾下覆羽为混有曙红色调的蓝紫色，腹部和肛周淡茶黄色，腹侧泛香槟金色；虹膜玫红色，喙和脚黑色。雌鸟和雄鸟相似，但体色较淡，背偏褐色，下体颜色较淡，全身少蓝紫色调，仅腰部和尾上覆羽泛有金属辉蓝色。

生态习性 栖息于高山和亚高山矮曲林、高山杜鹃丛和草甸等高寒地带。繁殖期外成群活动，亦与柳莺或其他小鸟混群。性活跃，频繁在枝间跳动穿梭，活动时发出细弱的"吱吱"声。可倒悬于细枝上啄食昆虫，或直接飞捕空中昆虫，很少在地面觅食。主食昆虫，兼食植物种实。繁殖期始于4—7月，一年繁殖1~2窝，营巢于山地灌丛中，雌鸟筑巢，以苔藓、植物纤维和兽毛等材料编织成顶端开口的球状或椭圆形巢，内垫羽毛。窝卵数为4~6枚，卵白色被紫褐斑，雌雄亲鸟共同孵卵和育雏，雏鸟晚成。

分布与居留 分布于中亚和喜马拉雅山周边等地。在我国分布于甘肃、青海、四川、西藏和新疆等地，主要为留鸟。

叽咋柳莺 棕柳莺

中文名 叽咋柳莺
拉丁名 *Phylloscopus collybita*
英文名 Common Chiffchaff
　　　　（Brown Leaf Warbler）
分类地位 雀形目鹟科
体长 11~13cm
体重 6~9g
野外识别特征 小型鸟类，上体橄榄褐色，腰和翼上覆羽略泛绿色调，细眉纹淡皮黄色，下体淡灰黄色。叫声为较低的"叽微、叽微"声。

IUCN红色名录等级　LC

形态特征 成鸟上体橄榄褐色，新换秋羽后常缀有橄榄绿色，腰和翼上覆羽尤其明显，至翌年春夏则磨损不显；第二枚飞羽长度介于第七、第八枚飞羽之间或等长；狭长的眉纹淡皮黄色，细贯眼纹淡黑褐色，头侧余部和下体为淡皮黄色，颏、喉和腹中部较浅，翼下覆羽和腋羽硫黄色；虹膜暗褐色，喙深褐色，下喙基部较淡，脚黑褐色。

生态习性 栖息于低山丘陵和山脚平原的森林，尤喜林下灌木发达的针叶林和河谷沿岸柳灌丛。常单独或成对活动，性活跃，频繁在枝间跳动飞翔，繁殖期间不断发出反复的"叽微、叽微"鸣声。主食昆虫及其幼虫、虫卵，也吃其他小型无脊椎动物。繁殖期在5—7月，营巢于灌草丛中，雌鸟筑巢，以干草等材料编织成松散的球形或椭圆形巢，侧面开口。窝卵数为4~7枚，卵白色且有细小褐斑，雌鸟孵卵，孵化期13天。雏鸟晚成，经约15天即可离巢。

分布与居留 分布于欧洲、北非至中亚等地。在我国繁殖于新疆，主要为夏候鸟，部分为留鸟，在香港有越冬个体。

褐柳莺

中文名 褐柳莺
拉丁名 *Phylloscopus fuscatus*
英文名 Dusky Warbler
分类地位 雀形目鹟科
体长 11~12cm
体重 7~12g
野外识别特征 小型鸟类，上体橄榄褐色，具棕白色眉纹和黑褐色贯眼纹，下体黄白色，额、喉较白，胸胁部偏棕褐。

IUCN红色名录等级　LC

形态特征 成鸟长眉纹棕白色，贯眼纹黑褐色；上体从额至尾上覆羽连同内侧翼上覆羽为橄榄褐色；外侧翼上覆羽和飞羽暗褐色，外翈羽缘淡茶黄色，内翈羽缘浅灰色，第二枚初级飞羽长度介于第九、第十枚飞羽之间或与之等同；尾羽暗褐色，亦具淡茶黄色羽缘；下体颏、喉近白色，胸淡棕褐色，腹部淡皮黄色，两胁泛棕褐色，尾下覆羽淡棕色，腋羽和翼下覆羽皮黄色；虹膜暗褐色，上喙黑褐色，下喙橙黄色，尖端暗褐色，脚淡褐色。幼鸟似成鸟，但上体较暗，眉纹灰白色，下体淡棕黄色。

生态习性 栖息于山地至山脚平原的疏林灌丛。单独或成对活动，于林下灌木中频繁跳跃，发出重复的"嘎叭、嘎叭"或"嗒、嗒、嗒"的叫声，繁殖期常站在枝头不停地发出"喊、喊、喊、喊"的鸣唱。主食鞘翅目昆虫、鳞翅目幼虫、苍蝇和蜘蛛等昆虫和其他小型无脊椎动物。繁殖期在5—7月，营巢于林下灌丛中，以干草等材料构成侧上方开口的球形巢。窝卵数通常为5枚，卵白色，雏鸟晚成。

分布与居留 繁殖于亚洲东部和东北部，越冬于亚洲南部和东南部。在我国繁殖于东北、内蒙古、河北、北京、四川、宁夏和青海等地，迁徙和越冬于华北、华中、华东、华南和西南多地。

黄腹柳莺

中文名 黄腹柳莺
拉丁名 *Phylloscopus affinis*
英文名 Tickell's Willow Warbler
分类地位 雀形目鹟科
体长 10~11cm
体重 5~10g
野外识别特征 小型鸟类，上体橄榄灰绿色，具黄色眉纹和黑褐色贯眼纹，下体草黄色。

IUCN红色名录等级 LC

形态特征 成鸟上体橄榄灰绿色，飞羽和尾羽暗褐色，外翈羽缘均为黄绿色，翼上无翼斑，中央尾羽羽轴白色；长眉纹黄色，贯眼纹黑褐色；头侧余部和下体草黄色，颈侧、胸侧和两胁微沾橄榄褐色，腋羽和翼下覆羽亦为黄色；虹膜暗褐色，上喙黑褐色，下喙黄色，尖端暗褐色，脚棕褐色。

生态习性 栖息于中高山森林和灌丛。常单独或成对活动，非繁殖季也成小群，活跃地在枝间跳跃觅食，不断发出"吱、吱、吱"的叫声，也在地面奔跑或在树丛间飞翔，可在空中飞捕昆虫。主食甲虫、象甲、鳞翅目幼虫、鞘翅目幼虫、蚂蚁和蝇类等昆虫。繁殖期在5—8月，营巢于灌丛下部，以枯草和细枝编织椭圆形或近圆形巢，内垫羽毛。窝卵数为3~5枚，卵白色且有红褐斑。雌雄亲鸟共同孵卵和育雏，雏鸟晚成。

分布与居留 分布于巴基斯坦、印度、缅甸和泰国等地。在我国繁殖于青海、四川、甘肃、陕西、贵州、云南和西藏等地，为夏候鸟。

巨嘴柳莺

中文名 巨嘴柳莺
拉丁名 *Phylloscopus schwarzi*
英文名 Radde's Willow Warbler
分类地位 雀形目鹟科
体长 11~14cm
体重 10~17g
野外识别特征 小型鸟类，喙较其他柳莺略显粗厚，上体橄榄褐色，腰略泛黄褐色，具皮黄色长眉纹和暗褐色贯眼纹，下体黄白色。

IUCN红色名录等级　LC

形态特征 成鸟上体从额至尾上覆羽连同内侧翼上覆羽均为橄榄褐色，腰微缀黄褐色；飞羽和外侧翼上覆羽暗褐色具淡棕褐色羽缘；尾羽暗褐色，亦具有淡棕褐色羽缘；长眉纹淡皮黄色，贯眼纹暗褐色，颊和耳羽棕褐色；下体颏、喉白色，胸淡黄褐色，腹黄白色，两胁染褐色，尾下覆羽和腋下覆羽等棕黄色；虹膜暗褐色，喙黑褐色或暗绿褐色，下喙基部黄褐色，脚黄褐色或肉色。

生态习性 栖息于低山丘陵至山脚平原的阔叶林和针阔混交林中，迁徙期间亦见于林缘灌丛和果园等地。常单独或成对活动，性机警，隐匿于林下灌草丛中。主食鳞翅目、鞘翅目、直翅目和双翅目等大量昆虫。繁殖期在6—8月，这期间雄鸟善鸣唱，清晨和上午尤其亢奋，站在枝头喙部向上，喉部突出，两翼轻振，不断发出连续而急促的"交、交、交、交、交"声，雌鸟则在附近发出"喳、喳、喳、喳"的回应声。雌鸟筑巢，在灌草丛中以枯草、苔藓和树皮纤维等材料构成侧面开口的椭圆形或球形巢。窝卵数通常为5枚，卵乳白色且有褐斑，雌鸟孵卵，孵化期为13~14天。雏鸟晚成。

分布与居留 繁殖于亚洲东北部地区，越冬于亚洲东南部。在我国繁殖于黑龙江、辽宁、内蒙古东北部地区和北京、河北部分地区，越冬于广东和香港等地，迁徙经过华北、华中至华南多地。

黄腰柳莺

中文名 黄腰柳莺
拉丁名 *Phylloscopus proregulus*
英文名 Pallas's Leaf Warbler
分类地位 雀形目鹟科
体长 8~11cm
体重 5~8g
野外识别特征 小型鸟类，上体橄榄绿色，头顶中央冠纹和眉纹为淡黄绿色，腰黄色，翼和尾暗褐色，外翈羽缘黄绿色，翼上具两道淡黄色翼斑，下体白色。

IUCN红色名录等级　LC

形态特征　成鸟上体橄榄绿色，头顶色较暗，中央有一道淡黄绿色纵纹从额延伸至后颈，长眉纹芽黄色，贯眼纹暗绿褐色，头侧余部暗绿黄色；翼上覆羽和飞羽暗褐色，外翈羽缘黄绿色，中覆羽和大覆羽先端淡芽黄色，形成两道明显的翼斑；腰黄色，形成明显的横带；尾羽暗褐色，外翈羽缘黄绿色；下体颏和胁部淡黄绿色，余部近白色；虹膜暗褐色，喙黑褐色，下喙基部暗黄色，脚淡褐色。

生态习性　栖息于山地至山脚的针叶林和针阔混交林，初到达繁殖地时成小群活动于山脚林缘，随后逐渐垂直迁徙至高海拔密林。繁殖期单独或成对活动，在高大树冠上活泼地跳跃穿梭，发出重复的"踢威、踢威、踢威、踢威"叫声，鸣声清脆洪亮略似蝉鸣。主食鞘翅目和鳞翅目昆虫成虫、幼虫及虫卵，兼食蜘蛛等其他小型无脊椎动物。繁殖期在6—8月，营巢于落叶松和云杉等针叶树侧枝上，主要由雌鸟筑巢。筑侧面开口的椭圆形或球形巢，以树皮纤维将巢悬挂固定于隐蔽的松枝间，巢以干草编织而成，内层敷以苔藓，再垫以兽毛鸟羽，外层则缀有树皮纤维和苔藓，伪装得十分隐秘。窝卵数为5~6枚，卵白色且有紫褐斑。雏鸟晚成。

分布与居留　繁殖于中亚至东亚，越冬于中南半岛等地。在我国繁殖于东北、内蒙古、河北、北京、陕西、甘肃、青海和四川等地，越冬于长江以南广大地区。

黄眉柳莺

中文名 黄眉柳莺
拉丁名 *Phylloscopus inornatus*
英文名 Yellow-browed Warbler
分类地位 雀形目鹟科
体长 9~11cm
体重 6~9g
野外识别特征 小型鸟类,上体橄榄绿色,眉纹淡黄绿色,翼上有两道明显的黄白色翼斑,下体白色,胸胁部和尾下覆羽沾黄绿色。

IUCN红色名录等级 LC

形态特征 成鸟头顶暗橄榄绿色,中央具一条不明显的黄绿色纵纹,长眉纹淡黄绿色,暗褐色贯眼纹从喙基延伸至枕部,头侧余部绿黄褐色;整个上体连同翼上覆羽内侧均为橄榄绿色;外侧覆羽黑褐色,羽缘黄绿色,大覆羽和中覆羽先端淡黄白色,在翼上形成两道明显的翼斑,飞羽黑褐色,外翈羽缘黄绿色,内侧飞羽端部亦为黄白色;尾黑褐色,具狭窄的黄绿色羽缘;下体白色,胸胁和尾下覆羽略沾黄绿色;虹膜暗褐色,喙褐色,下喙基部黄色,脚棕褐色。

生态习性 栖息于山地和平原的针叶林及混交林中,迁徙期间也见于杨桦林、柳丛和林缘灌丛。繁殖期单独或成对活动,在茂密的树冠顶层发出尖细清脆的鸣声。主食金花虫、蚜、蚂蚁等昆虫。繁殖期在5—8月,营巢于茂林树杈上,以枯草、树皮纤维和苔藓等材料编织成侧面开口的球状巢,内垫鸟羽兽毛。窝卵数为5~6枚,卵乳白色被红褐斑,雌鸟孵卵和育雏。雏鸟晚成,经约13天即可离巢。

分布与居留 繁殖于亚洲东部至东北部地区,越冬于亚洲南部。在我国繁殖于东北和内蒙古,部分在华南越冬,迁徙经过华北、华中、华东华南和西南多地,较为常见。

淡眉柳莺 中亚柳莺、休氏黄眉柳莺

中文名 淡眉柳莺
拉丁名 *Phylloscopus humei*
英文名 Hume's Leaf Warbler
分类地位 雀形目鹟科
体长 约11cm
体重 5~8g
野外识别特征 小型鸟类，上体橄榄绿色，头顶偏褐色，眉纹淡灰黄色，翼和尾暗褐色具淡黄绿色羽缘，大覆羽先端橙黄色形成明显翼斑，中覆羽先端黄色狭窄或缺失，不具明显翼斑，下体白色略沾黄。

IUCN红色名录等级 LC

形态特征 成鸟上体橄榄绿色，头顶偏褐色，中央冠纹灰绿色不甚明显，眉纹淡灰黄色，贯眼纹暗褐色；翼暗褐色具橄榄绿色羽缘，大覆羽先端淡橙黄色，形成明显的翼上横斑，中覆羽先端黄色狭窄，所形成的翼斑隐约可见；尾暗褐色，外翈羽缘橄榄绿色；下体淡黄白色，胸部较灰；虹膜暗褐色，上喙暗角褐色，下喙淡角黄色，尖端较暗，脚铅褐色。

生态习性 栖息于山地针叶林、松桦矮曲林、杜鹃灌丛和高山灌草丛等地。常单独或成对活动，性活泼，在枝间和地面频繁跳跃取食。主食各种昆虫。繁殖期在6—8月，营巢于杜鹃丛等灌草丛的低枝上，以枯草和植物纤维编织成侧面开口的椭圆形巢。窝卵数通常为4~5枚，卵白色且有红褐斑。雏鸟晚成。

分布与居留 分布于蒙古、俄罗斯、阿富汗和巴基斯坦等地。在我国分布于新疆和西藏，为夏候鸟。

极北柳莺

中文名 极北柳莺
拉丁名 *Phylloscopus borealis*
英文名 Arctic Warbler
分类地位 雀形目鹟科
体长 11~13cm
体重 7~12g
野外识别特征 小型鸟类，上体橄榄灰绿色，清晰的长眉纹黄白色，贯眼纹暗褐色，翼和尾暗褐色，翼上具一道黄白色窄翼斑，下体白色微沾黄绿色。

IUCN红色名录等级　LC

形态特征 成鸟上体橄榄灰绿色，腰和尾上覆羽较淡偏绿；黄白色的眉纹细长而明显，长贯眼纹暗褐色，颊和尾羽淡橄榄黄绿色；翼暗褐色具淡橄榄色羽缘，大覆羽外翈先端黄白色，在翼上形成一道短窄的不明显翼斑；尾暗褐色，外翈橄榄绿色，内翈羽缘具极窄的灰白色羽缘，外侧几对尾羽更加明显；下体白色微沾黄色，两胁泛灰绿色；虹膜暗褐色，上喙深褐色，下喙黄褐色，脚肉色。

生态习性 栖息于靠近水域的针叶林、针阔混交林和林缘灌丛。繁殖期单独或成对活动，迁徙季成群或和其他莺类混群。性活泼，常在树枝和灌丛间来回跳跃飞行，不时发出"嘚儿、嘚儿"的叫声，繁殖期常站在树顶鸣唱，发出单调重复的"啧、啧、啧"或"嗞、嗞、嗞"声。主食鞘翅目、鳞翅目和直翅目等昆虫。繁殖期在6—7月，营巢于林下地面或倒木树桩上，以枯草、细枝和苔藓编织成半球形或球形巢，内垫细草和羽毛，窝卵数通常为5~6枚，雏鸟晚成。

分布与居留 繁殖于东北亚至北极地区，越冬于东南亚地区。在我国繁殖于黑龙江和乌苏里江流域，越冬于福建和台湾，迁徙经过东北、华北、华东、华南和西部等多地。

双斑绿柳莺

中文名 双斑绿柳莺
拉丁名 *Phylloscopus plumbeitarsus*
英文名 Two-barred Greenish Warbler
分类地位 雀形目鹟科
体长 11~12cm
体重 6~13g
野外识别特征 小型鸟类，上体橄榄绿色，眉纹黄白色，贯眼纹暗橄榄褐色，翼和尾暗褐色具橄榄色羽缘，翼上具两道明显的黄白色翼斑，下体白色微泛黄。

IUCN红色名录等级 LC

形态特征 成鸟上体橄榄绿色，头顶偏暗，长眉纹黄白色，贯眼纹暗橄榄褐色；翼上覆羽和飞羽黑褐色，外翈羽缘橄榄绿色，内翈羽缘灰白色，中覆羽和大覆羽尖端淡黄白色，在翼上形成两道明显的翼斑；尾黑褐色，外翈羽缘黄绿色；下体污白色微沾黄，两胁和尾下覆羽略泛灰绿色；虹膜暗褐色，上喙黑褐色，下喙淡黄褐色，脚褐色。

生态习性 栖息于山地针叶林和针阔混交林中，迁徙季亦见于次生林和灌丛中。繁殖期外成小群活动，性活泼，在枝间来回飞行跳跃，并发出"嘶、嘶"的鸣叫声。主食甲虫、蝽象、虻和鳞翅目幼虫等昆虫，兼食蜘蛛等其他小型无脊椎动物。繁殖期在5—8月，营巢于林中溪岸坡地或岩石的缝隙中，雌鸟筑巢，以苔藓等材料构成侧面开口的球形巢。窝卵数为5~6枚，卵白色，雌鸟孵卵，雏鸟晚成，雌雄亲鸟共同育雏。

分布与居留 繁殖于东北亚，越冬于东南亚地区。在我国繁殖于黑龙江、吉林、内蒙古东北部、河北北部和北京地区，越冬于云南、广东、香港和海南岛，迁徙经过东北、华北、华中、西部和西南地区。

淡脚柳莺 灰脚柳莺

中文名 淡脚柳莺
拉丁名 *Phylloscopus tenellipes*
英文名 Pale-legged Warbler
分类地位 雀形目鹟科
体长 11~12cm
体重 10~13g
野外识别特征 小型鸟类，上体橄榄褐色，腰沾锈色，眉纹黄白色，贯眼纹暗橄榄褐色，翼褐色具两道淡黄色翼斑，下体白色，胁部泛黄。

IUCN红色名录等级 LC

形态特征 成鸟上体橄榄褐色，腰和尾上覆羽沾锈色，秋季新羽锈色更加明显；眉纹黄白色，贯眼纹暗橄榄褐色；翼暗褐色，外翈羽缘橄榄绿色，中覆羽和大覆羽先端淡黄白色，在翼上形成两道翼斑，前道翼斑有时不明显，尤其在夏季磨损后，几乎消失；第二枚飞羽长度介于第六、第七枚飞羽之间或等同；下体亚麻白色，腹和两胁略沾橄榄黄褐色；虹膜暗褐色，上喙黑褐色，下喙肉褐色，脚为苍淡的肉色。

生态习性 栖息于山地阔叶林、针叶林和混交林中，尤喜沿河的茂密深林。繁殖期外成群活动，性活跃，在树枝间频繁跳跃，繁殖期雄鸟喜站在高大乔木顶端发出尖细而明亮的鸣声，似虫叫或蝉鸣般的"叽叽叽叽叽"或"起特、起特、起特"声。主食尺蠖、枯叶蛾、落叶松毒蛾等鳞翅目昆虫的成幼虫，以及蚂蚁、蝗虫等膜翅目和直翅目等多种昆虫。繁殖期在5—7月，营巢于森林河谷和溪流沿岸湿润阴暗的土崖上、树根下或倒木旁，雌鸟筑巢，以苔藓和少量枯草编织成侧面开口的球形巢或杯状巢，内垫兽毛。窝卵数为4~6枚，卵为光洁的乳白色。雏鸟晚成，经雌雄亲鸟共同喂养约14天后即可离巢，离巢后仍随亲鸟成家族群活动一段时间。

分布与居留 繁殖于俄罗斯、朝鲜及日本北部等地，越冬于缅甸、中南半岛和马来半岛等东南亚地区。在我国繁殖于黑龙江和吉林，迁徙经过东北、华北、华东至华南沿海各省，少数在云南、广东和海南岛等地越冬。

冕柳莺

中文名 冕柳莺
拉丁名 *Phylloscopus coronatus*
英文名 Eastern Crowned Willow Warbler
分类地位 雀形目鹟科
体长 11~12cm
体重 6~11g
野外识别特征 小型鸟类，上体橄榄绿色，头顶较暗，具一淡黄色中央冠纹，眉纹黄白色，贯眼纹暗褐色，翼和尾暗褐色具黄绿色外缘，翼上有一道淡黄绿色翼斑，下体银白色，尾下覆羽黄色。

IUCN红色名录等级　LC

形态特征 成鸟上体橄榄绿色，头顶至后颈偏暗褐色，头顶中央有一淡黄色中央冠纹，长眉纹黄白色，贯眼纹暗褐色，颊和耳羽淡黄褐色；翼暗褐色，外翈羽缘黄绿色，大覆羽先端淡黄色，在翼上形成一道明显的翼斑；腰和尾上覆羽为渐浅的橄榄黄绿色，尾羽暗褐色，外翈羽缘黄绿色，最外侧两对尾羽内翈羽缘淡灰白色；下体银白色，尾下覆羽和翼角沾柠檬黄色；虹膜暗褐色，上喙黑褐色，下喙黄褐色，脚铅褐色。

生态习性 栖息于山地针叶林、阔叶林、混交林、林缘灌丛及河谷等地。常单独或成对活动，迁徙期间成群，亦与其他柳莺混群，在树冠层间活跃地穿梭跳跃，鸣声清脆响亮。主食尺蠖、螟蛾等鳞翅目幼虫以及鞘翅目、蜉蝣目和膜翅目等昆虫及幼虫。繁殖期在6—7月，营巢于山溪坡岸上的凹隙内或坡上的低树杈上，以枯草和苔藓等材料构成球状巢或杯状巢，窝卵数为4~7枚，卵为光滑的白色，雏鸟晚成。

分布与居留 繁殖于俄罗斯远东地区、黑龙江流域和滨海地区，以及朝鲜、日本等地。在我国夏候繁殖于黑龙江、吉林、辽宁、四川、重庆等地，迁徙见于华北、华东、华中、西南和华南等地，偶见于台湾。

比氏鹟莺

中文名 比氏鹟莺
拉丁名 *Seicercus valentini*
英文名 Bianchi's Warbler
分类地位 雀形目鹟科
体长 10~11cm
体重 5~9g
野外识别特征 小型鸟类，上体橄榄绿色，头顶中央冠纹灰绿色，侧冠纹黑褐色，眼圈柠黄色，翼和尾暗褐色具绿黄色羽缘，翼上具一道不明显的黄绿色翼斑，外侧两对尾羽内翈灰白色，下体绿黄色。

IUCN红色名录等级　LC

形态特征 成鸟上体橄榄绿色，头顶中央冠纹灰绿色，侧冠纹黑褐色，头侧橄榄绿色，眼先稍暗，眼圈柠黄色；内侧翼覆羽同背为橄榄绿色，外侧覆羽和飞羽暗褐色具橄榄绿色羽缘，大覆羽的黄白色窄先端在翼上形成一道不明显的翼斑；尾暗褐色具橄榄绿色羽缘，最外侧两对尾羽内翈灰白色；下体明绿黄色，胁部沾橄榄绿色；虹膜暗褐色，喙较厚且宽阔，上喙暗灰褐色，下喙黄色，脚橙黄色。

生态习性 栖息于山地阔叶林或常绿阔叶林中，尤喜林下灌木发达的溪流沿岸疏林或竹林中，冬季也见于山脚和农田等地。繁殖期外成小群活动，亦与其他柳莺混群，在林下灌丛间跳跃觅食。主食金花虫、金龟甲、象鼻甲、叶蝉、蚂蚁、蜂和蟋蟀等多种昆虫、幼虫及虫卵，兼食少量蜘蛛等其他小型无脊椎动物。繁殖期在5—7月，营巢于林下灌草丛中或隐蔽的坡岸岩隙中，以苔藓和草编织成侧面开口的球形巢或浅碟形巢。窝卵数为3~4枚，卵白色或浅土黄色，雌雄亲鸟共同孵卵育雏，雏鸟晚成。

分布与居留 分布于我国陕甘南部、川北、贵州、湘赣、两广、福建和香港等地，主要为留鸟，部分为冬候鸟和旅鸟。

棕脸鹟莺

中文名 棕脸鹟莺
拉丁名 *Abroscopus albogularis*
英文名 Rufous-faced Warbler
分类地位 雀形目鹟科
体长 9~10cm
体重 5~8g
野外识别特征 小型鸟类，额、头侧和颈侧淡栗黄色，头顶至枕淡棕褐色，黑色侧冠纹延伸至颈侧，上体橄榄绿色，腰淡黄色，下体白色，喉部黑白斑驳，胸、胁和尾下覆羽沾黄。

IUCN红色名录等级　LC

形态特征 成鸟额、头侧和颈侧形成一体的栗肉黄色区域，头顶至枕淡棕褐色，头顶两侧各有一黑色侧冠纹；上体肩、背和翼上覆羽橄榄黄绿色，腰至尾上覆羽淡黄渐为白色；飞羽黑褐色镶亮黄色羽缘；尾羽暗褐色具橄榄黄色羽缘；下体白色，颏缀黄色，喉部密杂黑色纵纹，上胸具一条淡黄色胸带，胁和尾下覆羽泛黄色；虹膜栗褐色，上喙褐色，下喙黄色，脚灰绿色。

生态习性 栖息于山地阔叶林和竹林中。繁殖期单独或成对活动，其他季节成群或和其他小鸟混群，活动于树冠上层，发出单调而清脆的"铃、铃、铃"鸣声。主食各种昆虫。繁殖期在4—6月，营巢于竹林或稀疏的常绿阔叶林中，置巢于枯死的竹洞中，内垫竹叶、苔藓和纤维。窝卵数为3~6枚，卵淡粉色且有绛红斑点。雏鸟晚成。

分布与居留 分布于尼泊尔、锡金、印度、缅甸至越南等亚洲东南部地区。在我国分布于华中、西南、华南和东南多地，包括台湾和海南岛等地，为留鸟，较为常见。

白喉林莺

中文名 白喉林莺
拉丁名 *Sylvia curruca*
英文名 Lesser White-throated
分类地位 雀形目鹟科
体长 13~14cm
体重 12~15g
野外识别特征 小型鸟类，上体灰褐色，耳羽暗褐色，翼和尾亦为灰褐色，最外侧尾羽外翈和尖端白色，下体灰白色，额、喉较白。

IUCN红色名录等级 LC

形态特征 成鸟上体灰褐色，头顶至枕部较淡偏灰，耳羽暗褐色；翼上覆羽和内侧覆羽灰褐色，飞羽深褐色，羽缘较淡；尾羽暗褐色具淡色羽缘，外侧尾羽外翈和尖端白色；下体颏、喉白色，胸及以下灰白色，胁部略沾有赭红色；虹膜淡褐色，喙褐色，下喙基部较淡，脚灰褐色至铅蓝色。

生态习性 栖息于森林、林缘、草坡，或苇塘、水岸乃至荒漠地带的灌草丛中。常单独或成对活动，频繁地在枝间跳跃，并发出"切特、切特"的叫声。主食昆虫，兼食植物性食物。繁殖期在5—7月，营巢于茂密的灌丛中，以枯草和植物纤维等材料构杯状巢。窝卵数为4~6枚，卵灰白色被褐斑，雌雄亲鸟共同孵卵育雏，孵化期为10~11天。雏鸟晚成，经约11天即可离巢。

分布与居留 分布于欧亚大陆。在我国分布于新疆、青海、甘肃、宁夏、陕西、内蒙古、北京和东北北部等地区，在高纬度地区为繁殖种群，其余地区为旅鸟。

横斑林莺 横斑莺

中文名 横斑林莺
拉丁名 *Sylvia nisoria*
英文名 Barred Warbler
分类地位 雀形目鹟科
体长 约15cm
体重 22~27g
野外识别特征 小型鸟类，雄鸟上体淡灰色，眼黄色，翼暗灰色具两道白斑，下体白色满布暗灰色波形横斑；雌鸟相似，但上体灰褐色，下体仅胁部有横斑。

IUCN红色名录等级 LC

形态特征 雄鸟春夏季上体淡灰色，颊和耳羽亦为灰色，肩和翼略沾褐色，额、腰和尾上覆羽微缀白色；翼上中覆羽和大覆羽具白色尖端，形成两道明显的翼斑，飞羽暗灰褐色，内侧飞羽具白色尖端；下体白色，满布暗灰色的波形横斑；秋季新换羽后上体较褐，具宽白羽缘；虹膜为鲜明的橙黄色，喙暗褐色，下喙基部较淡，脚黄色或青灰色。雌鸟似雄鸟，但上体偏褐色，下体横斑较少，仅分布于胁部。

生态习性 栖息于灌丛地带，尤喜带刺的灌木。常单独或成对活动，活跃地在灌丛枝间来回跳跃飞翔。主食昆虫和幼虫，兼食草籽和浆果等植物种实。繁殖期在6—7月，营巢于灌木侧枝上，以枯草等材料编织成深杯状巢。窝卵数通常为5枚，卵白色且有紫灰色斑。雌雄亲鸟共同孵卵和育雏，雏鸟晚成，经11~12天后即可离巢。

分布与居留 分布于欧洲中部、西亚、中亚和非洲等地。在我国繁殖于新疆，为夏候鸟。

戴菊

中文名 戴菊
拉丁名 *Regulus regulus*
英文名 Goldcrest
分类地位 雀形目戴菊科
体长 9~10cm
体重 5~6g
野外识别特征 小型鸟类，上体橄榄绿色，头顶中央具鲜艳橙黄色冠羽，两侧有明显的黑色侧冠纹，翼和尾黑褐色沾黄绿色，翼上具两道淡黄色翼斑，下体灰黄白色。

IUCN红色名录等级　LC

形态特征　雄鸟上体橄榄绿色，额基灰白色，额灰黑色，头顶中央有一前窄后宽的金橙色斑，两侧缀以柠黄色，冠羽可微微竖起，侧冠纹黑褐色，眼周灰白色，头颈余部灰橄榄绿色；翼和尾黑褐色缀有黄绿色羽缘，翼上内侧初级飞羽和次级飞羽近基部形成一椭圆形黑斑，中覆羽和大覆羽的淡黄色先端在翼上形成两道明显的浅色翼斑；下体灰黄白色，两胁沾灰褐色；虹膜褐色，喙黑色，脚淡褐色。雌鸟似雄鸟，但羽色较暗淡，头顶中央不为橘黄色而为柠檬黄色。

生态习性　栖息于山地针叶林和混交林，为典型的古北界泰加林鸟类，越冬也见于低山丛林。繁殖期外成群活动，性活泼，频繁地在枝间跳跃穿梭飞行，边觅食边前进，不时发出"唑、唑、唑"的叫声。主食鳞翅目和鞘翅目等昆虫的成、幼虫，兼食蜘蛛等其他小型无脊椎动物，冬季也吃少量植物种实。繁殖期在5—7月，营巢于云杉和冷杉等针叶树侧枝上松萝垂掩的隐秘处，雌雄亲鸟共同营巢，以蛛丝反复挤压缠绕松萝和苔藓，混合细草、松针和树皮纤维，编织成精致的碗状巢，内垫鸟羽兽毛。窝卵数为7~12枚，卵淡玫色且有褐斑。雌雄亲鸟轮流孵卵和育雏，孵化期为14~16天。雏鸟晚成，经16~18天可离巢，离巢后继续随亲鸟成家族群活动一段时间。

分布与居留　分布于欧洲和亚洲的寒温带地区。在我国繁殖于西部、西南和东北等地区，为留鸟或夏候鸟，部分游荡，部分迁徙或越冬于华北、华东和东南地区，偶见于台湾。

红胁绣眼鸟 绣眼儿、粉眼儿

中文名 红胁绣眼鸟
拉丁名 *Zosterops erythropleura*
英文名 Chestnut-flanked
　　　　 White-eye
分类地位 雀形目绣眼鸟科
体长 10~12cm
体重 7~13g
野外识别特征 小型鸟类，上体黄绿色，具显著的白色眼圈，下体白色，两胁染锈红色。

IUCN红色名录等级　LC

形态特征 雄鸟头颈部为嫩芽黄绿色，眼先至眼下有一黑色细纹，眼周形成一圈明显的绒状白色眼圈，上体黄绿色，上背、肩和翼上小覆羽较暗，呈橄榄绿色；翼主要为黑褐色，具黄绿色羽缘；尾羽为暗褐色，外翈羽缘缀以黄绿色；下体颏、喉、上胸和颈侧为硫黄色，下胸和腹部中央乳白色，胸侧苍灰色，两胁锈红色，尾下覆羽硫黄色，腋羽和翼下覆羽白色；虹膜棕褐色，上喙褐色，下喙铅灰色，脚铅灰色或红褐色。雌鸟似雄鸟，但胁部锈红色较淡。

生态习性 栖息于低山丘陵至山脚平原的阔叶林和次生林中。常单独或成对活动，有时也成群，活跃地在树枝间跳动穿梭，有时悬挂在叶片和枝梢下觅食，边活动边发出"叽、叽、叽"的叫声。主食鳞翅目和鞘翅目等昆虫，也吃荚蒾等植物的种实。繁殖期在5—8月，营巢于树杈间或灌木丛中，以细草、小枝、苔藓、鬃毛和蛛丝等材料构成杯状巢。窝卵数约为4枚，卵淡青色，雏鸟晚成。

分布与居留 繁殖于俄罗斯远东地区、朝鲜和我国东北及华北北部地区，越冬于我国华南、西南，以及境外缅甸等地，迁徙途经我国东部和中部大部分地区，较为常见。

暗绿绣眼鸟 绣眼、粉眼

中文名 暗绿绣眼鸟
拉丁名 *Zosterops japonica*
英文名 Japanese White-eye
分类地位 雀形目绣眼鸟科
体长 9~11cm
体重 8~15g
野外识别特征 小型鸟类，上体暗草绿色，白色眼圈非常醒目，下体白色，额、喉和尾下覆羽淡芽黄色。

IUCN红色名录等级　LC

形态特征 成鸟整个上体从额至尾上覆羽为暗草绿色，额偏嫩黄色，眼先和眼圈下方有一细黑纹，耳区和颊黄绿色；翼上内侧覆羽为与背同色的暗草绿色，外侧覆羽和飞羽暗褐色，羽缘草绿色；尾羽暗褐色，外翈羽缘黄绿色；下体颏、喉、上胸和颈侧淡芽黄色，其余下体白色，下胸和胁部略泛苍灰色，尾下覆羽和翼下覆羽沾柠檬黄色；虹膜橙褐色，喙黑色，下喙基部较淡，脚铅灰色。

生态习性 栖息于阔叶林、混交林和竹林等多种生境，也见于果园和村边。常单独或成对活动，迁徙季成群，活动于枝叶或花丛间，有时振翅围绕着花簇或枝叶旋转或悬浮其上，并发出"嗞嗞"的细弱叫声。春夏季主食鳞翅目、鞘翅目、半翅目、膜翅目和直翅目等多种昆虫及幼虫，兼食蜘蛛、小螺等其他小型无脊椎动物，秋冬季则主要吃松子、马桑子、蔷薇、女贞等植物种实或果树上的水果。繁殖期在4—7月，营巢于乔木或灌木上隐蔽的枝叶间，以草、苔藓、树皮纤维、木棉丝和蛛丝等材料构成吊篮状或杯状巢，内垫羽毛、棕丝、细草和兽毛等柔软物。窝卵数通常为3枚，卵淡蓝绿色，雏鸟晚成。

分布与居留 分布于亚洲东部至东南部。在我国广泛分布于黄河中下游地区、长江流域及华南和西南，包括台湾、香港和海南岛等地，在北方地区繁殖的种群为夏候鸟，于华南等地为留鸟。

中华攀雀

中文名 中华攀雀
拉丁名 *Remiz consobrinus*
英文名 Chinese Penduline Tit
分类地位 雀形目攀雀科
体长 10~11cm
体重 8~11g
野外识别特征 小型鸟类，喙短而尖细，头顶淡灰色，额、眼先经眼周至耳羽形成一条黑色宽带，边缘镶以窄白带，后颈和颈侧暗栗色，上体沙棕色，下体皮黄色。

IUCN红色名录等级　LC

形态特征 雄鸟头顶淡灰色具褐色细羽干纹，额、眼先、眼周、颊上部和耳羽形成一条连贯的眼罩状黑色宽带，黑带的边缘围有一圈细白色边缘，显得更加突出醒目；后颈和颈侧暗栗色，形成半领环状；上背棕褐色，下背、腰和尾上覆羽沙棕色；尾羽暗褐色缘以淡皮黄色；飞羽暗褐色，外翈皮黄色，内侧三级飞羽羽缘浅栗色；整个下体淡皮黄色，颏、喉较浅，胁部偏黄；虹膜暗褐色，上喙黑褐色，下喙深灰色，脚铅黑色。雌鸟头部的黑带部分为暗栗色，头顶深灰色具淡褐色羽干纹，上体沙褐色，羽色不及雄鸟鲜亮，其余似雄鸟。

生态习性 栖息于开阔平原、水域附近或半荒漠地带的疏林内。繁殖期外成群活动，性活泼，常在枝间苇丛跳跃飞翔，并喜倒挂在细枝末梢摇荡，发出细小的"嗞、嗞、嗞"鸣声。繁殖期主食舟蛾、枯叶蛾、刺蛾、天蛾和夜蛾等鳞翅目幼虫及甲虫和蜂类等其他昆虫，兼食蜘蛛等其他小型无脊椎动物，秋冬季则以草籽、浆果和植物嫩芽等植物性食物为主。繁殖期在5—7月，雌雄亲鸟共同营巢于杨树、榆树和柳树等阔叶乔木上，以树皮纤维、羊毛、蒲绒和杨柳絮等纤维编织成精巧的囊状巢，似葫芦状悬吊于树梢，巢顶端侧面有一管状开孔。窝卵数通常为7~8枚，卵为光滑的白色，雌鸟孵卵育雏，孵化期约为14天。雏鸟晚成，经17~20天离巢。

分布与居留 主要繁殖于我国东北部地区，越冬于长江中下游等地。在国外越冬于朝鲜，偶见于日本。

 # 银喉长尾山雀

中文名 银喉长尾山雀
拉丁名 *Aegithalos caudatus*
英文名 Long-tailed Tit
分类地位 雀形目山雀科
体长 约14cm
体重 7~11g
野外识别特征 小型鸟类，
喙粗短，凸形尾细长，外侧
尾羽具楔状白斑，翼短圆，
体羽蓬松，上体白色和黑褐
色相间，下体灰白色。

IUCN红色名录等级 LC

形态特征 成鸟头顶中央至枕白色，头顶两侧至枕侧形成黑色宽侧冠纹，头侧余部灰白色沾葡萄红色；背至尾上覆羽蓝灰色微杂粉色；尾黑色，外侧3对尾羽具白色楔形端斑；翼黑褐色，内侧飞羽羽缘淡褐色；下体污白色，喉中央具一银灰色斑块，胸染淡棕黄色，腹和两胁及尾下覆羽沾葡萄红色；虹膜暗褐色，喙黑色，脚铅黑色。

生态习性 栖息于山地针叶林和混交林中，是典型的森林鸟类。繁殖期外成松散小群或家族群活动，也与其他山雀、棕头鸦雀或普通䴓混群，敏捷地在枝间穿梭，边取食边发出微弱的"唧铃铃铃"叫声。主食尺蠖等多种农林害虫，以及蜘蛛、蜗牛等其他小型无脊椎动物和少量植物性食物。繁殖期在4—6月，雌雄亲鸟共同筑巢，营巢于落叶松、云杉和桦树等乔木的邻近树干的枝杈处，以苔藓、地衣、树皮、蛛网、羽毛和茧缕等材料编织成侧上方开口的椭圆形巢，内垫兽毛和鸟羽，外饰苔藓和树皮。窝卵数为9~12枚，雌鸟孵卵，雄鸟警戒，孵化期约为13天。雏鸟晚成，经双亲共同喂养约15天后便可离巢，随即成家族群活动。

分布与居留 分布于欧洲和亚洲的北部地区。在我国分布于长江流域及北方各地，较为常见，为留鸟，部分冬季游荡。

红头长尾山雀

中文名 红头长尾山雀
拉丁名 *Aegithalos concinnus*
英文名 Red-headed Tit
分类地位 雀形目山雀科
体长 10~11cm
体重 4~8g
野外识别特征 小型鸟类，头顶栗色，背蓝灰色，凸形尾较长，外侧尾羽具楔形白斑，额、喉和颈侧下部白色，喉中央和头侧黑色，下体白色，胸带和两胁栗色。

IUCN红色名录等级　LC

形态特征 成鸟额、头顶至后颈栗红色，眼先、头侧和颈侧黑色，有的具白色眉纹；上体余部蓝灰色，腰部缀棕色羽缘；飞羽黑褐色具蓝灰色羽缘；尾黑褐色缀蓝灰色，外侧3对尾羽具楔形白色端斑，最外侧尾羽外翈白色；下体颏、喉至颈侧基部白色，喉中央具一大黑斑，其余下体白色为主，具一栗色宽胸带，两胁和尾下覆羽亦染栗色；虹膜橘黄色，喙蓝黑色，脚棕褐色。

生态习性 栖息于山地森林和灌丛间，为典型的山林鸟类，也见于果园和人居环境绿地中。常成小群活动，频繁在树间跳跃飞翔，并发出"吱、吱、吱"的低弱叫声。主食鳞翅目和鞘翅目等昆虫。繁殖期在2—6月，营巢于柏树和杉树等乔木上，以苔藓、细草、鸡毛和蛛网等材料编织成近顶端开口的椭圆形巢。窝卵数为5~8枚，雌雄亲鸟共同孵卵和育雏，孵化期约16天，雏鸟晚成。

分布与居留 分布于亚洲东南部地区。在我国分布于秦岭以南的广大地区，为留鸟，较为常见。

沼泽山雀

中文名 沼泽山雀
拉丁名 *Parus palustris*
英文名 Marsh Tit
分类地位 雀形目山雀科
体长 10~13cm
体重 10~14g
野外识别特征 小型鸟类，额、头顶至后颈黑色，眼以下的头侧和颈侧白色，上体沙灰色，额、喉黑色，下体白色。

IUCN红色名录等级 LC

形态特征 成鸟额、头顶至后颈为富有金属光泽的黑色，头侧自眼以下的脸颊、耳羽和颈侧均为微沾灰的白色；上体沙灰褐色；飞羽灰褐色具淡色羽缘和黑褐色羽干；尾羽灰褐色，除中央尾羽外外翈羽缘白色；下体颏、喉黑色，其余部分连同翼下覆羽均为白色，两胁沾沙棕色；虹膜褐色，喙黑色，脚铅黑色。幼鸟似成鸟，但羽色较为苍淡，头顶黑色缺乏光泽。

生态习性 栖息于山地针叶林和混交林，秋冬季也活动于山脚林缘至城镇绿地。繁殖期外成松散小群活动，也与煤山雀和长尾山雀等混群，活跃地在树冠间跳跃觅食，尤喜近水源处，亦常在林下地面跳跃，并发出"嗞赫、嗞嗞赫"或"嗞赫赫"的叫声，繁殖期更加频繁。主食鳞翅目、鞘翅目、双翅目、膜翅目和半翅目等多种昆虫及幼虫，兼食蜘蛛等其他小型无脊椎动物，也吃植物果实、种子和嫩芽等。繁殖期在4—6月，主要由雌鸟筑巢，营巢于天然树洞、树干裂缝、啄木鸟废洞或人工巢箱中，以苔藓、地衣、细草和树皮纤维等材料构成杯状巢，内垫毛发、羽片和麻等柔软材质。窝卵数为6~10枚，卵乳白色且有红褐斑。雌鸟孵卵，雄鸟守卫并给雌鸟喂食，孵化期约13天。雏鸟晚成，经双亲共同喂养15~17天可离巢。

分布与居留 分布于欧洲和亚洲的寒温带至温带地区。在我国分布于东北、华北、华中、西部和西南多地，为留鸟，较为常见。

褐头山雀

中文名 褐头山雀
拉丁名 *Parus montanus*
英文名 Willow Tit
分类地位 雀形目山雀科
体长 11~13cm
体重 9~13g
野外识别特征 小型鸟类，额至后颈乌褐色，颊、耳羽和颈侧形成大白斑，上体褐灰色，下体淡棕灰色，额、喉黑褐色。

IUCN红色名录等级　LC

形态特征 成鸟额、头顶至后颈乌褐色，眼先、耳羽、颊和颈侧形成大白斑；上体褐灰色；飞羽褐色，外翈羽缘蓝灰色；尾羽褐色具黑褐色羽轴，除中央尾羽外，外翈均具有淡灰色羽缘；下体颏、喉褐黑色略杂有白色，其余下体污白色，有的两胁沾有淡赭色；虹膜暗褐色，喙黑色，脚铅褐色。

生态习性 栖息于山地至平原的针叶林和混交林中。繁殖期外成松散小群活动，亦与其他山雀混群，活泼地在树冠中下层跳跃飞行，或悬挂于枝梢，不时发出"嗞赫、嗞赫"或"嗞赫赫赫"的叫声保持联络，繁殖期则发出"邹、邹、刀、刀、刀"的鸣声。主食鞘翅目、鳞翅目和半翅目等昆虫及幼虫，兼食云杉、冷杉和落叶松等植物种实。繁殖期在4—6月，雌雄鸟共同营巢于天然树洞和树干裂缝中，也在心材腐朽的杨柳等树干上啄洞营巢，以枯草、苔藓和植物纤维等材料构成浅杯状或碗状巢。窝卵数为6~10枚，雌鸟孵卵，雄鸟饲喂雌鸟，孵化期为14~16天。雏鸟晚成，经双亲共同喂养16~17天后可离巢。

分布与居留 分布于欧洲和亚洲的寒温带至温带地区。在我国繁殖于东北、华北、西北和西南等地，为留鸟。

煤山雀

中文名 煤山雀
拉丁名 *Parus ater*
英文名 Coal Tit
分类地位 雀形目山雀科
体长 9~12cm
体重 8~10g
野外识别特征 小型鸟类，头黑色具有短羽冠，后颈中央白色，颊具大白斑，上体蓝灰色，翼上有两道白色翼斑，下体白色。

IUCN红色名录等级 LC

形态特征 雄鸟夏羽额、眼先、头顶、羽冠、枕和后颈为具有金属光泽的黑色，颊、耳羽和颈侧形成大白斑，后颈中央亦具有一白斑；上体灰蓝色，腰和尾上覆羽沾棕褐色；尾羽黑褐色具银灰色外翈；翼上覆羽和飞羽黑褐色，外翈羽缘蓝灰色，中覆羽和大覆羽先端白色，在翼上形成两道明显的白色翼斑；下体颏、喉和前胸黑色，上胸黑色部分向两侧延伸与后颈的黑色相连，其余下体淡棕白色；虹膜暗褐色，喙黑褐色，脚铅黑色。雄鸟冬羽与夏羽类似，但上体较为苍淡，下体偏污灰。雌鸟羽色似雄鸟冬羽。幼鸟似成鸟，但羽色暗淡少光泽，头颈部黑色部分偏灰褐色，头侧白斑和下体的白色部分泛皮黄色，上体偏橄榄灰褐色，两胁沾灰。

生态习性 栖息于山地至平原的阔叶林、针叶林和混交林中。繁殖期外成小群活动，亦与其他山雀混群，活泼地在树冠枝叶间跳跃飞行，不时发出低弱的"嗞、嗞、嗞"声，繁殖期叫声多变。主食鞘翅目、鳞翅目、半翅目、膜翅目和双翅目等昆虫，也吃蜘蛛等其他小型无脊椎动物和植物种实。繁殖期在3月开始，一年繁殖2窝，营巢于树洞或土洞中，以苔藓和松萝等材料构成浅碗状巢，雌鸟筑巢，雄鸟警戒。窝卵数为8~10枚，雌鸟孵卵，雄鸟饲喂雌鸟，孵化期为13~14天。雏鸟晚成，经双亲共同喂养17~18天可离巢。

分布与居留 分布于欧洲和亚洲的寒温带至温带地区。在我国分布于东北、华北、华东、华中和西部等地，为留鸟。

黄腹山雀

中文名 黄腹山雀
拉丁名 *Parus venustulus*
英文名 Yellow-bellied Tit
分类地位 雀形目山雀科
体长 9~11cm
体重 9~14g
野外识别特征 小型鸟类，雄鸟头和上背黑色，脸颊和后颈具有白斑，下背和腰蓝灰色，翼上覆羽黑褐色具两道浅色翼斑，飞羽暗褐色具淡色羽缘，尾黑色，外侧尾羽具白斑，下体上胸以上黑色，下胸以下黄色；雌鸟上体暗灰绿色，头侧灰白色，下体淡黄绿色。

IUCN红色名录等级　LC
中国特有鸟种

形态特征　雄鸟额、眼先、头顶至上背为具有金属光泽的黑色；脸颊、耳羽和颈侧形成大白斑，颈后中央亦具一微黄的白斑；下背、肩和腰蓝灰色，尾上覆羽和尾羽黑褐色，最外侧尾羽外翈基部白色；翼上覆羽黑褐色，中覆羽和大覆羽的黄白色端斑在翼上形成两道明显的翼斑，飞羽暗褐色，羽缘灰绿色；下体颏、喉和上胸黑色微缀金属蓝色，下胸和腹鲜黄色，尾下覆羽淡黄色，两胁泛灰绿色，腋羽和翼下覆羽黄白色；虹膜暗褐色，喙铅黑色，脚铅灰色。雌鸟头部黑色部分为灰绿色，上体亦为灰绿色，头侧及颏、喉部灰白色，其余下体淡绿黄色。幼鸟似雌鸟，头侧和颏、喉沾黄色。

生态习性　栖息于中低山各种林地。繁殖期外成群活动，有时亦与大山雀等混群，活动于高大乔木上，不时发出"嗞、嗞、嗞"的叫声。主食直翅目、半翅目、鳞翅目和鞘翅目等昆虫，兼食植物种实。繁殖期在4—6月，营巢于天然树洞中，以苔藓和细草等材料构成杯状巢，内垫兽毛等柔软物。窝卵数为5~7枚，卵白色且具有红褐斑，雏鸟晚成。

分布与居留　为我国特有鸟种，分布于我国秦岭及以南的华中、华南、东南和西南多地，偶见于河北和北京，为留鸟，部分游荡。

雄鸟

幼鸟

褐冠山雀

中文名 褐冠山雀
拉丁名 *Parus dichrous*
英文名 Brown-crested Tit
分类地位 雀形目山雀科
体长 10~12cm
体重 9~15g
野外识别特征 小型鸟类，头顶及耸立的长羽冠灰色，头侧灰皮黄色，颈侧具棕白色半领环，上体橄榄灰褐色，下体淡棕褐色，翼和尾暗褐色具淡色羽缘。

IUCN红色名录等级　LC

形态特征 成鸟头顶至后颈灰色，具一簇高耸的灰色羽冠；额、眼先、颊和耳覆羽等皮黄色杂有灰色，头颈部灰黄区域交界不明显，颈侧至后颈具棕白色的明显半领环；上体褐灰色；尾羽暗褐色，羽缘银灰色；尾羽暗褐色，羽缘灰棕色；下体淡棕褐色；虹膜红褐色，喙黑色，脚铅黑色。幼鸟似成鸟，但羽冠不明显，体色更加污暗。

生态习性 栖息于中高山以冷杉、云杉等杉树建群的针叶林中，也见于混交林和林缘。常单独或成对活动，亦结小群，活动于树林中下层，在树枝或灌木间来回跳跃觅食，也在地面活动。主食昆虫，兼食植物种实。繁殖期在5—7月，营巢于树洞或树干缝隙中，以苔藓构巢，内垫树皮纤维和兽毛等。窝卵数通常为5枚，卵白色且有栗色斑，雏鸟晚成。

分布与居留 分布于喜马拉雅山周边地区。在我国分布于西藏、青海、云南、四川、甘肃和陕西等地，为留鸟。

大山雀

中文名 大山雀
拉丁名 *Parus major*
英文名 Great Tit
分类地位 雀形目山雀科
体长 13~15cm
体重 12~17g
野外识别特征 小型鸟类，头颈部黑色，头侧各有一大白斑，上体蓝灰色，下体白色，胸腹部中央有一宽黑色纵纹，与额、喉的黑色相连接。叫声为"自自嘿"或"自啵儿、自啵儿"。

IUCN红色名录等级　LC

形态特征 雄鸟额至后颈为辉亮的黑色，头侧眼以下的整个脸颊、耳羽和颈侧上部形成一块近三角形白斑，白斑下方形成一条黑带，和额、喉及后颈的黑色部分相连；上体蓝灰色，上背和肩略泛黄绿色，上背和后颈间有一窄白带；翼黑褐色具蓝灰色羽缘，大覆羽的白色羽端在翼上形成一道明显的翼斑；中央尾羽蓝灰色具黑色羽干，其余尾羽内翈黑褐色，外翈蓝灰色，最外两对尾羽具白斑；下体颏、喉和上胸黑色，其余下体白色或微沾黄，中央有一道黑色宽纵纹，从上胸直至尾下覆羽；虹膜暗褐色，喙黑褐色，脚暗褐色。雌鸟似雄鸟，但体色稍暗淡乏光，下体中央黑色纵纹较细。幼鸟似成鸟，但黑色部分偏褐色调且缺乏光泽，喉部黑色区域较小，下体中央黑纵纹细窄或不显，白色部分沾黄绿色。

生态习性 栖息于中低山至山脚的次生林、阔叶林和针阔混交林等地，有时也见于人工绿地和疏林灌丛。繁殖期外成小群活动，活跃地在树枝间跳跃，或悬挂在枝梢叶下觅食，偶尔也在空中或地面捕食。繁殖期善鸣唱，叫声为"自嘿、自嘿、自自嘿、自自嘿、自自嘿嘿"，"自啵儿、自啵儿"或急促的"嘿吁、嘿吁、嘿吁、嘿"。主食鳞翅目、鞘翅目、双翅目、半翅目、直翅目、同翅目和膜翅目等昆虫，兼食蜘蛛、蜗牛等其他小型无脊椎动物及植物种实。繁殖期在4—8月，营巢于天然树洞、啄木鸟废弃树洞、人工巢箱或土坡缝隙中，雌雄鸟共同以苔藓、地衣和细草等材料构成杯状巢，内垫兽毛和鸟羽。窝卵数通常为6~9枚，可多达15枚，雌鸟孵卵，孵化期约为14天。雏鸟晚成，经双亲共同喂养15~17天后可离巢。出巢后继续成群活动数日，此期间仍由亲鸟喂食。

分布与居留 分布于欧洲、亚洲和非洲。在我国广泛分布于南北方各地，较常见，均为留鸟，少数冬季进行小范围游荡。

绿背山雀

中文名 绿背山雀
拉丁名 *Parus monticolus*
英文名 Green-backed Tit
分类地位 雀形目山雀科
体长 11~13cm
体重 9~17g
野外识别特征 小型鸟类，和大山雀相似，但绿背山雀翼上有两道白斑，肩背泛黄绿色，下体为辉黄色。

IUCN红色名录等级　LC

形态特征 雄鸟头颈部为具有金属光泽的黑色，眼下、面颊、耳羽和颈侧上部形成一个被黑色包围的近三角形大白斑，后颈黑色区域下也有一白斑；上体蓝灰色，上背和肩泛黄绿色；翼黑褐色缘以蓝灰色，翼上大覆羽和中覆羽的灰白色端斑在翼上形成两道明显的翼斑；尾黑褐色具白色端斑，外翈羽缘蓝灰色，最外侧尾羽外翈白色；下体颏、喉至上胸黑色，其余下体辉黄色，两胁略染灰绿色，胸腹中央有一黑色宽纵纹，从上胸一直连接到尾下覆羽；虹膜褐色，喙黑色，脚铅黑色。雌鸟羽色似雄鸟，但下体黑色纵带较窄。幼鸟体色似成鸟而暗淡乏光，头侧白斑沾黄，下体黄色较淡，腹中央纵带不明显。

生态习性 栖息于山地针叶林、阔叶林和混交林中，分布海拔较大山雀高；秋冬季亦见于低山至山麓的疏林灌丛和人工绿地。常成对或小群活动，也与其他山雀混群，活跃地在树枝间跳跃飞行，或悬挂在枝叶下觅食，偶尔也在地面活动，鸣声似大山雀，发出"自自嘿、自自嘿嘿"等叫声。主食鞘翅目、鳞翅目和膜翅目等昆虫成幼虫，兼食少量植物种实。繁殖期在4—7月，营巢于天然树洞中或墙壁和岩石等缝隙中，雌鸟筑巢，以羊毛等兽毛混合少量苔藓和草茎构成杯状巢。窝卵数通常为4~6枚，卵白色具红褐斑，雌鸟孵卵，雄鸟喂饲雌鸟，雏鸟晚成。

分布与居留 分布于亚洲东部至南部。在我国分布于西南、华中、陕甘宁等地和台湾地区，为留鸟。

黄颊山雀

中文名 黄颊山雀
拉丁名 *Parus spilonotus*
英文名 Yellow-cheeked Tit
分类地位 雀形目山雀科
体长 12~14cm
体重 14~22g
野外识别特征 小型鸟类，体色黑黄交错，具有明显的高耸羽冠，头顶、贯眼纹和胸腹中央纵纹黑色，头侧明黄色，上体黑色缀黄白斑，下体黄白色。

IUCN红色名录等级　LC

形态特征 雄鸟额、头顶和羽冠为具有光泽的黑色，额基、眼先、眉纹、脸颊和耳羽等头颈侧为鲜艳的明黄色，贯眼纹黑色，后颈亦具一黄斑；上体灰黄绿色，羽缘黑色，形成黑黄斑驳的效果；翼黑色具蓝灰色羽缘，中覆羽和大覆羽尖端白色，在翼上形成两道明显的翼斑；尾羽黑色具蓝灰色羽缘，基部白色；下体颏、喉至上胸为富有金属光泽的黑色，胸下有一黑色宽中央纵纹，一直延伸至肛周，其余下体白色，胸侧和两胁染黄色或蓝灰色；虹膜暗褐色，喙黑色，脚铅蓝灰色至铅黑色。雌鸟似雄鸟，但上体光泽较弱，胸腹部黑色纵带不明显。

生态习性 栖息于中低山常绿阔叶林、针叶林和混交林中，也见于山麓疏林灌丛草坡或茶园、果园等地。常成对或小群活动，也和大山雀等其他小型鸟类混群，活跃地在乔灌木枝叶间飞翔跳跃。主食鳞翅目和鞘翅目等昆虫，兼食植物种实。繁殖期在4—6月，营巢于树洞、岩隙或墙缝中，巢由苔藓、草茎、松针和纤维等材料构成，内垫兽毛和棉絮等柔软材质。窝卵数为3~7枚，卵灰白色且有红褐斑，雏鸟晚成。

分布与居留 分布于亚洲东南部地区。在我国分布于华中、华南和西南等地，为留鸟。

台湾黄山雀

中文名 台湾黄山雀
拉丁名 *Parus holsti*
英文名 Taiwan Yellow Tit
分类地位 雀形目山雀科
体长 9~11cm
体重 9~14g
野外识别特征 小型鸟类，头顶到后颈黑色，具一高耸的黑色羽冠，羽冠末端和后颈中央灰白色，上体灰绿色，翼和尾表面蓝灰色，下体鲜黄色，雄鸟腹中央具一黑斑。

IUCN红色名录等级 NT

形态特征 雄鸟额、头顶至后颈黑色，头顶具高耸的黑色冠羽，冠羽末梢和后颈中央白色，额基、眼先、脸颊鲜黄色；上体灰绿色具蓝色金属光泽；翼黑色具灰蓝色羽缘，内侧飞羽缀有白色端斑；尾羽黑色具蓝灰色羽缘，外侧尾羽外翈白色；下体为与头侧一体的鲜黄色，两胁微沾橄榄褐色，尾下覆羽白色，肛周形成一黑斑；虹膜暗褐色，喙黑色，脚灰蓝色。雌鸟似雄鸟，但腹部无黑斑，上体黑色部分偏暗橄榄绿色。

生态习性 栖息于山地阔叶林或针阔混交林中。常单独或成对活动，也与绣眼鸟、画眉和其他山雀混群，活动于高大乔木冠层，很少到林下活动。繁殖期鸣声清脆，其音似"自己的、自己的"或"急降、急降、急急降降"等。主食昆虫。繁殖期在4—6月，营巢于天然树洞中，以枯草、枯树叶、竹叶和苔藓等材料构成碗状巢。窝卵数为3~4枚，卵白色且有黄褐斑，雏鸟晚成。

分布与居留 为我国特有鸟种，仅分布于我国台湾地区。

灰蓝山雀

中文名 灰蓝山雀
拉丁名 *Parus cyanus*
英文名 Azure Tit
分类地位 雀形目山雀科
体长 11~14cm
体重 11~13g
野外识别特征 小型鸟类，头顶灰白色，后颈黑色领环与蓝黑色贯眼纹相连接，背灰蓝色，翼表面深蓝色具白色翼斑，尾深蓝色具白端斑，下体灰白色，腹中央有一黑斑，有的胸部具黄带。

IUCN红色名录等级　LC

形态特征　成鸟额、头顶至枕灰白色，后颈具一蓝黑色领环，和蓝黑色的贯眼纹相连接；上体浅灰蓝色，飞羽暗褐色具深蓝色羽缘和白色端部，大覆羽的白色尖端在翼上形成一道明显的白色翼斑；尾羽深蓝色，具逐渐向外扩大的白色端斑，至最外侧尾羽几乎全白；下体灰白色，腹中央有一黑斑，有的前胸具一道黄色胸带；虹膜黑褐色，喙黑色，脚灰蓝色或黑色。

生态习性　栖息于山地和平原的阔叶林和混交林中，尤喜山溪或河湖沿岸的树林、灌丛、苇丛和柳灌丛等生境。繁殖期外成群活动，活跃地在树枝间跳来跳去，或垂悬于枝叶上，并发出"嗞、嗞、嗞"的叫声。主食鞘翅目、鳞翅目等昆虫的成、幼虫和卵，兼食少量植物性食物。繁殖期在5—7月，营巢于离地不高的树洞或岩隙墙缝中，以枯草、苔藓和树皮纤维等材料构成杯状巢，内垫兽毛和棉絮等柔软保温材质。窝卵数为3~11枚，卵白色被红褐斑，雏鸟晚成。

分布与居留　分布于欧洲中东部、中亚、蒙古、俄罗斯远东及印巴地区北部。在我国分布于黑龙江、内蒙古东北部、青海和新疆等地，为留鸟。

杂色山雀

中文名 杂色山雀
拉丁名 *Parus varius*
英文名 Varied Tit
分类地位 雀形目山雀科
体长 12~14cm
体重 17~18g
野外识别特征 小型鸟类，头顶到后颈黑色，颈后有一白斑，额至头侧白色或乳黄色，上体蓝灰色，翼和尾表面灰蓝色，下体颏、喉黑色，胸、腹、胁部栗色，喉下具一乳黄色斑。

IUCN红色名录等级 LC

形态特征 成鸟头颈部黑色，后颈中央具一白色纵纹，额、眼先、脸颊、耳羽和颈侧为乳黄色；上体灰蓝色，上背形成栗色斑块；翼淡褐色具灰蓝色羽缘；尾羽表面灰蓝色，羽端色略深；下体颏、喉黑色，胸、腹和胁部栗红色，喉与上胸间有一乳黄色斑块，胸腹中央形成一条皮黄色纵带，与皮黄色的尾下覆羽相连；虹膜暗褐色，喙深褐色，脚铅褐色。

生态习性 栖息于低山阔叶林、混交林及人工林中。繁殖期外小群活动，有时也和大山雀等混群，活泼地在树冠中下层及林下灌木间跳跃觅食，边活动边发出单调的"哟哟"声。主食小蠹虫、卷叶蛾、螟蛾等昆虫和幼虫，兼食植物种实。繁殖期在5—7月，营巢于树洞中或人工巢箱中，以苔藓等材料构成碗状巢，内垫兽毛鸟羽。窝卵数为5枚，卵白色且有紫褐斑，雏鸟晚成。

分布与居留 分布于朝鲜、日本和我国的辽宁与台湾地区，为留鸟。

冕雀

中文名 冕雀
拉丁名 *Melanochlora sultanea*
英文名 Sultan Tit
分类地位 雀形目山雀科
体长 17~20cm
体重 34~49g
野外识别特征 小型鸟类，为雀类中较大者；雄鸟上体乌黑，额至头顶金黄色形成显著的羽冠，下体胸以下金黄色；雌鸟羽色相似，但黑色部分为暗橄榄绿，黄色部分较淡。

IUCN红色名录等级　LC

形态特征　雄鸟额至头顶为鲜艳的金黄色，形成长而披散的金黄冠羽；头侧、颈侧、枕、后颈至整个上体概为富有金属光泽的黑色；翼和尾亦为具有金属光泽的黑色，飞羽羽缘泛橄榄色，最外侧尾羽尖端或缀有白色；下体颏、喉和胸乌黑，其余下体为鲜艳的金黄色；虹膜暗红褐色，喙黑色，脚铅黑色。雌鸟似雄鸟，但黄色部分较为暗淡乏光，黑色部分为暗橄榄绿色。幼鸟似雌鸟，且冠羽长度不及成鸟。

生态习性　栖息于中低山常绿阔叶林、热带雨林、落叶阔叶林、次生林、竹林和灌丛等。常单独或成对活动，偶也三五成群，秋冬季亦与雀鹛、噪鹛等其他鸟类混群，在树冠和灌丛间跳跃飞行。主食鳞翅目、鞘翅目、膜翅目和双翅目等昆虫。繁殖期在4—6月，营巢于天然树洞、树干裂缝或墙壁缝隙中，以苔藓和草等构成杯状巢，内垫兽毛和纤维，窝卵数为5~7枚，卵白色被红褐斑，雏鸟晚成。

分布与居留　分布于亚洲东南部。在我国分布于云南、广西、海南和福建，为留鸟。

普通䴓 蓝大胆儿、贴树皮

中文名 普通䴓
拉丁名 *Sitta europaea*
英文名 Eurasian Nuthatch
分类地位 雀形目䴓科
体长 11~15cm
体重 14~23g
野外识别特征 小型鸟类，上体灰蓝色，有一明显的黑色长贯眼纹，颏、喉和脸颊白色，下体淡肉桂色，常倒攀于垂直的树干上，尾部向上，头颈前翘，向下攀行。

IUCN红色名录等级 LC

形态特征 成鸟额、头顶至整个上体灰蓝色，明显的黑色贯眼纹从眼先一直延伸到肩部，贯眼纹以下的头颈侧面白色；飞羽黑褐色，外翈羽缘蓝灰色；中央尾羽灰蓝色，外侧尾羽黑色具黑灰色次端斑，最外侧两到三枚尾羽具白色次端斑；下体颏、喉白色，余部淡肉桂色，有的胸腹部和颈侧亦偏白色，尾下覆羽白色具浓栗色羽缘；虹膜暗褐色，上喙灰蓝色，先端黑色，下喙基部灰色，端部灰褐色，脚肉褐色。

生态习性 栖息于山地针叶林、阔叶林和混交林中，秋冬季亦见于低山至山脚的疏林和人工绿地。繁殖期单独或成对活动，繁殖后期成家族群活动一段时间，繁殖期外单独活动，或与其他小型鸟类混群。性活泼，行动敏捷，善于缘枝干攀爬，常飞落至树干上部，倒着爬到树干中下部，再向上攀爬，边爬边敲啄树皮，寻觅隐匿的昆虫，并发出“喳喳喳”的叫声，不甚怕人，在东北俗称“蓝大胆”。主食天牛、小蠹虫、象甲、蛾类幼虫、蝽象、蜗牛等大量农林害虫，秋冬季也吃松子、麻子等部分植物种实。繁殖期在4—6月，营巢于杨桦等天然树洞或啄木鸟废弃树洞中，洞口多朝向东南方，以泥将洞口抹成圆形小洞，内壁亦用泥砌抹，垫以柔软的树皮和树叶。窝卵数通常为8~9枚，卵粉白色且有紫褐斑。雌鸟孵卵，雄鸟喂饲雌鸟，孵化期为17天。雏鸟晚成，经双亲共同喂养18~19天后即可离巢，成家族群活动。

分布与居留 分布于欧洲、亚洲和非洲。在我国广泛分布于全国多地，为留鸟。

黑头䴓 贴树皮、嘀嘀棍儿

中文名 黑头䴓
拉丁名 *Sitta villosa*
英文名 Chinese Nuthatch
分类地位 雀形目䴓科
体长 10~12cm
体重 6~11g
野外识别特征 小型鸟类，头顶黑色，上体灰蓝色，眉纹淡皮黄色，贯眼纹污黑色，下体棕灰黄色，体侧无栗色。

IUCN红色名录等级 LC
中国特有鸟种

形态特征 雄鸟头顶黑色，额基棕白色，和淡皮黄色的长眉纹相连，贯眼纹污黑色，脸颊和头侧污白色；上体灰蓝色；飞羽黑褐色，外翈边缘蓝灰色；中央尾羽灰蓝色，外侧尾羽黑色具灰色端斑，最外侧两对尾羽具白色次端斑；下体颏、喉近白色，其余下体为污灰的淡棕黄色，尾下覆羽暗棕灰色；虹膜褐色，喙铅黑色，下喙基部石板灰色，脚铅褐色。雌鸟似雄鸟，但头顶黑色偏灰褐，眉纹污白色，体色较淡。幼鸟似雌鸟，体色较淡，而腹部偏棕黄色。

生态习性 栖息于山地针叶林和针阔混交林中，秋冬季也见于低山或山脚。常成对或成家族群活动，也与其他小型鸟类混群，活跃地在树干上垂直上下攀爬，或绕树干螺旋上下攀缘，啄食树皮下的昆虫，也能飞捕空中昆虫，还能悬挂于枝叶或松球上啄食，并边活动边发出"吱、吱、吱"或"加、加、加"声。主食大量鞘翅目和鳞翅目等农林害虫。繁殖期在5—7月，雌雄亲鸟共同在老龄针叶树的树干上啄洞为巢，也利用天然树洞或啄木鸟旧巢，在树洞内以松萝和树皮等材料构成浅碟形巢，内垫兽毛鸟羽。窝卵数通常为4~5枚，卵白色且有紫红斑。雌鸟孵卵，雄鸟饲喂雌鸟，孵化期为15~17天。雏鸟晚成，经双亲共同喂养17~18天即可离巢，成家族群活动。

分布与居留 为我国特有鸟种，分布于我国的吉林、辽宁、河北、北京、山西、陕西、宁夏、甘肃和青海等地。

绒额䴓

中文名 绒额䴓
拉丁名 *Sitta frontalis*
英文名 Velvet-fronted Nuthatch
分类地位 雀形目䴓科
体长 10~13cm
体重 11~17g
野外识别特征 小型鸟类，喙鲜红色，额和眼先绒黑色，雄鸟具一道细黑眉纹，上体紫蓝色，下体淡葡萄灰色。

IUCN红色名录等级　LC

形态特征 雄鸟额和眼先为绒黑色，和黑色的细眉纹相连，头侧葡萄灰紫色，头顶至整个上体紫蓝色；翼褐色具蓝色外缘；中央尾羽蓝色，外侧尾羽黑色，羽缘和先端紫蓝色，外侧尾羽内翈具白色次端斑；下体颏、喉白色，胸腹等其余部分渐为淡葡萄灰色；虹膜金黄色，喙鲜红色，脚褐色。雌鸟似雄鸟，但无黑色眉纹，下体淡烟灰色少紫色调。幼鸟似成鸟，但上体少紫色调，下体偏棕黄色，尾下覆羽较深，具栗色窄端斑。

生态习性 栖息于常绿阔叶林和针阔混交林。繁殖期外成松散小群活动，也与其他小型鸟类混群，沿树干上下攀爬，也在地面觅食。主食鞘翅目、鳞翅目和同翅目等昆虫及其幼虫。繁殖期在3—6月，营巢于阔叶树上天然树洞或啄木鸟废弃树洞内，有时也自行啄扩洞隙，或用泥土涂抹减小洞口，洞内垫有苔藓、细草和羽毛。窝卵数为3~6枚，卵白色，雏鸟晚成。

分布与居留 分布于亚洲东南部地区。在我国分布于云南、广西和香港地区，为留鸟。

红翅旋壁雀

中文名 红翅旋壁雀
拉丁名 *Tichodroma muraris*
英文名 Wallcreeper
分类地位 雀形目旋壁雀科
体长 12~17cm
体重 15~23g
野外识别特征 小型鸟类，喙细长而略下弯，上体灰色，翼黑色具大白斑，翼上覆羽染胭脂红色，冬羽额、喉白色，下体余部深灰色，夏羽额、喉黑色，下体余部黑灰色，常半展开双翼，攀附于垂直的崖壁上活动。

IUCN红色名录等级 LC

形态特征 成鸟冬羽额至上体灰色，腰及尾上覆羽深灰色；中央尾羽黑色具灰色端斑，外侧尾羽黑色，内翈具向外渐大的白色次端斑；翼上小覆羽和中覆羽胭脂红色，初级覆羽和外侧大覆羽外翈胭红色，内翈黑褐色，内侧大覆羽黑褐色，飞羽黑色，除最外侧3枚初级飞羽外，飞羽基部均染红色，第二至第五枚初级飞羽内翈具两个圆形白斑，第六枚具一个白圆斑；下体颏、喉白色，余部深灰色，尾下覆羽缀白色，翼下覆羽灰黑沾红，腋羽红色；夏羽颏、喉和颊黑色，下体余部黑灰色；虹膜暗褐色，细长而略下弯的喙黑色，脚黑色。

生态习性 栖息于高山至平原地带附近山地的悬崖峭壁和陡坡上。繁殖期外单独活动，常沿岩壁做短距离飞行，鼓翼缓慢呈波浪式前进，善于攀附在崖壁上攀缘爬行，半展开双翼，紧贴崖壁，用细长的喙啄食缝隙内昆虫，并不时鼓翼维持平衡。主食鞘翅目、鳞翅目和膜翅目等昆虫，兼食蜘蛛等其他小型无脊椎动物。繁殖期在4—7月，营巢于偏僻的悬崖峭壁上，主要由雌鸟筑巢和孵卵，以苔藓和草等材料构巢，内垫兽毛和鸟羽，窝卵数通常为4~5枚，卵白色被红褐斑，雏鸟晚成。

分布与居留 分布于中东至喜马拉雅山周边地区。在我国分布于华北、华中、西部、西南、华东和东南等地区，为留鸟，部分季节性游荡或垂直迁徙。

欧亚旋木雀 旋木雀

中文名 欧亚旋木雀
拉丁名 *Certhia familiaris*
英文名 Eurasian Treecreeper
分类地位 雀形目旋木雀科
体长 12~15cm
体重 7~9g
野外识别特征 小型鸟类，喙长而
下弯，后爪弯曲甚长，楔形尾直挺
且羽端较尖；上体棕褐色具白色纵
纹，翼和尾黑褐色具棕白斑，翼上
具两道棕斑，下体白色；喜沿树干
呈螺旋状向上攀爬。

IUCN红色名录等级　LC

形态特征 成鸟眉纹棕白色，眼先黑褐色，耳羽棕褐色，颊棕白色杂有
褐色细纹，额至上背棕褐色，各羽具白色羽干纹，下背、腰和尾上覆
羽棕红色，翼上覆羽黑褐色缀棕白色端斑；飞羽黑褐色，内侧初级飞
羽和次级飞羽中段具两道淡棕黄色斜横斑；尾羽黑褐色，外翈羽缘和
羽干淡棕色；下体白色，下腹、胁部和尾下覆羽略沾灰黄；虹膜暗褐
色，喙长而下弯，上喙黑色，下喙乳白色，脚淡褐色。

生态习性 栖息于山地针叶林、阔叶林和混交林中。常单独或成对活
动，繁殖期后亦成家族群活动。反复地沿树干呈螺旋式向上攀缘，啄
食树皮表面和缝隙中的昆虫。主食大量鞘翅目、鳞翅目和膜翅目等农
林害虫的成、幼虫，也吃少量蜗牛和苔藓等食物。繁殖期在4—6月，
每年繁殖1窝，个别繁殖2窝。营巢于森林中老龄树的树洞或树皮缝隙
内，以苔藓、树皮、蛛丝和羽毛等材料构成松散的浅碟状或皿状巢，
内垫兽毛鸟羽。窝卵数为4~6枚，雌鸟孵卵，雄鸟警戒并喂饲雌鸟，
孵化期为14~15天。雏鸟晚成，经双亲共同喂养15天后可离巢，仍由
亲鸟带领活动并喂食数日。

分布与居留 广泛分布于欧洲和亚洲。在我国分布于东北、华北、西部
和西南等地，为留鸟。

 # 高山旋木雀

中文名 高山旋木雀
拉丁名 *Certhia himalayana*
英文名 Bar-tailed Treecreeper
分类地位 雀形目旋木雀科
体长 13~15cm
体重 8~12g
野外识别特征 小型鸟类，似旋木雀，上体似枯树皮般斑驳，但高山旋木雀上体色更深，尾羽具明显的数道黑褐色横斑；喜沿树干呈螺旋状向上攀爬。

IUCN红色名录等级　LC

形态特征 成鸟眼先黑色，眉纹棕白色，颊和耳羽黑褐色杂有棕白色，额至背部黑褐色，羽端具大小不等的椭圆形灰白色羽干斑，腰锈褐色，尾上覆羽淡棕褐色；楔形尾棕褐色，长而坚硬，具数道黑褐色横斑；翼上覆羽同背部，飞羽淡棕褐色具黑褐色细横斑和一道棕色斑带，羽端缀有棕白色斑点；下体颏、喉乳白色，胸、腹、胁和尾下覆羽灰棕色，腋羽和翼下覆羽乳白色；虹膜褐色，喙尖长而下弯，上喙黑褐色，下喙基部乳白色，脚褐色。

生态习性 栖息于山地针叶林和混交林中。常单独或成对活动，繁殖期外也成小群或和山雀等其他小鸟混群，不停地从一棵树飞到另一棵树干底部，然后呈螺旋状沿树干向上攀缘，边爬边啄食树皮表面或缝隙中的昆虫。主食象甲、金花虫、锹甲和螺蝂等昆虫。繁殖期在4—6月，营巢于树干缝隙中，雌雄鸟共同以苔藓、枯草和树皮等材料构巢，内垫兽毛鸟羽。窝卵数为4~6枚，雌鸟孵卵，雄鸟饲喂雌鸟，孵化期为14~15天。雏鸟晚成，由雌雄亲鸟共同喂养。

分布与居留 分布于中亚至喜马拉雅山地区。在我国陕甘南部、四川、云贵和藏南地区，为留鸟，部分做季节性垂直迁徙或游荡。

红胸啄花鸟

中文名 红胸啄花鸟
拉丁名 *Dicaeum ignipectus*
英文名 Fire-breasted Flowerpecker
分类地位 雀形目啄花鸟科
体长 6~10cm
体重 5~10g
野外识别特征 小型鸟类，雄鸟上体为带有强金属光泽的墨蓝绿色，头侧和尾羽黑色，下体淡棕黄色，胸具一块红斑，腹具一道黑色纵纹；雌鸟上体橄榄草绿色，下体棕黄色，无红斑和黑纵纹。

IUCN红色名录等级　LC

形态特征 雄鸟整个上体连同翼的表面为带有强烈金属光泽的墨蓝绿色，头侧、颈侧和胸侧黑色略沾橄榄黄色，尾羽黑色略带金属蓝光泽；下体淡棕黄色，胸中央形成明显的鲜红色斑块，腹中央有一黑色纵纹，两胁橄榄绿色，腋羽和翼下覆羽白色；虹膜暗褐色，喙黑褐色，下喙基部淡灰色，脚铅黑色。雌鸟上体橄榄草绿色，飞羽和尾羽暗褐色具淡色羽缘，眼先和颏、喉黄白色，下体棕黄色，两胁沾橄榄绿色。

生态习性 栖息于低山丘陵至山脚平原的阔叶林和次生林中，也见于茶园和果园等人工绿地。繁殖期外成小群活动，也与绣眼鸟等混群，活动于开花或有寄生植物的高大乔木上，跳跃不休，飞行敏捷，边飞边发出"叽叽叽叽"的叫声，或带有颤音的柔细"嗞嗞嗞"声。杂食性，兼食昆虫和植物果实，主要吃双翅目、鳞翅目和鞘翅目等成、幼虫和蜘蛛等小型无脊椎动物，以及浆果、花蜜、花蕊和槲寄生果实上的黏质物。繁殖期在4—7月，营巢于阔叶树上，以植物纤维、种絮、花序和蛛丝等材料编织成侧上方开口的椭圆形囊状巢，悬挂于绿叶遮掩的枝梢。窝卵数为2~3枚，卵白色，雏鸟晚成。

分布与居留 分布于亚洲东南部地区。在我国分布于长江中上游地区、西南、华南等地，包括海南、香港和台湾地区，为留鸟，较常见。

雄鸟

朱背啄花鸟

中文名 朱背啄花鸟
拉丁名 *Dicaeum cruentatum*
英文名 Scarlet-backed Flowerpecker
分类地位 雀形目啄花鸟科
体长 8~10cm
体重 6~8g
野外识别特征 小型鸟类，雄鸟上体及翼和尾的表面为带有亮蓝绿色金属光泽的黑色，头顶至尾上覆羽形成一条鲜红的宽纵带，下体皮黄色；雌鸟上体橄榄绿色，腰和尾上覆羽朱红色，下体皮黄色。

IUCN红色名录等级 LC

形态特征 雄鸟额、头顶、枕、后颈、背、腰和尾上覆羽形成一道鲜红色的纵宽带，其余上体，连同头侧、颈侧、胸侧和肩等部位为带有光泽的黑褐色；翼上覆羽黑色具有浓烈的亮蓝绿色金属光泽，飞羽暗褐色，外翈羽缘缀以亮蓝绿色；尾羽黑褐色，羽缘辉蓝色；下体皮黄色，两胁沾蓝灰色，翼下覆羽和腋羽白色，虹膜暗褐色，喙铅黑色，脚黑色。雌鸟额至背部橄榄绿褐色，腰和尾上覆羽朱红色；尾羽黑褐色泛蓝色金属光泽；飞羽暗褐色缀棕褐色外缘；头侧、颈侧和胸侧浅灰褐色；下体皮黄色，两胁灰褐色，翼下覆羽和腋羽白色。

生态习性 栖息于低山丘陵至山脚平原的阔叶林、次生林和林缘灌丛中。常单独或成对活动，繁殖期后成家族群活动。树栖性，常在树冠上部活动，偶尔在下层和灌丛活动，尤喜开花或有寄生植物的大乔木，边活动边发出"叽、叽、叽"的单调叫声。兼食昆虫和浆果、花蜜。繁殖期在4—8月，营巢于常绿阔叶林边缘，以木棉絮、种毛、植物纤维、棉花和蛛丝等材料编织成侧面开口的椭圆形囊状巢，悬挂于树叶遮掩的细枝末梢。窝卵数为2~3枚，卵白色，雏鸟晚成。

分布与居留 分布于亚洲东南部地区。在我国分布于云南、广西、广东、海南、福建和香港地区，为留鸟。

雄鸟

紫颊太阳鸟 紫颊直嘴太阳鸟

中文名 紫颊太阳鸟
拉丁名 *Anthreptes singalensis*
英文名 Ruby-cheeked Sunbird
分类地位 雀形目太阳鸟科
体长 10~13cm
体重 7~9g
野外识别特征 小型鸟类，雄鸟上体为具有金属光的墨绿色，脸颊至颈侧铜紫色，额、喉和胸锈红色，其余下体柠黄色；雌鸟上体橄榄绿色，下体淡黄绿色。常鼓翼悬停于空中吸食花蜜。

IUCN红色名录等级　LC

形态特征　雄鸟上体为具有强烈金属光泽的墨绿色，眼先黑色，颊、耳羽至颈侧为具有金属光泽的铜紫色；翼上小覆羽和中覆羽为辉亮的金属蓝绿色，初级覆羽和飞羽黑色具紫色金属光泽；尾羽黑褐色具金属绿色羽缘；下体颏、喉至胸锈红色，其余部分柠檬黄色，翼下覆羽白色微黄；虹膜棕红色，喙黑色先端无锯齿，脚黄绿色。雌鸟上体橄榄绿色，翼和尾暗褐色，外翈羽缘橄榄黄色，下体淡草黄色，颏至胸的锈红色带较淡不明显。

生态习性　成鸟栖息于低山丘陵至山脚平原的热带常绿阔叶林和次生林中，尤喜四季开花的生境。繁殖期外多单独活动，敏捷地在花间跳跃，并能在空中飞翔悬停于花前吸食花蜜，繁殖期更鸣唱不休。主食花蜜，也吃部分浆果和昆虫。繁殖期在3—5月，营巢于阔叶树上，以细草、枯叶、花朵、苔藓、植物纤维和蛛丝茧缕等材料构成垂挂的梭形巢，侧面中部开口，口上有檐状遮挡结构，内垫木棉絮，外饰枯叶蛛网，隐匿于茂密的悬垂叶丛中。窝卵数为3枚，卵梨形，暗灰色缀有褐斑，雏鸟晚成。

分布与居留　分布于东南亚至新几内亚和澳大利亚等地。在我国分布于云南、广西、广东、海南和香港地区，为留鸟。

褐喉食蜜鸟

中文名 褐喉食蜜鸟
拉丁名 *Anthreptes malacensis*
英文名 Brown-throated Sunbird
分类地位 雀形目太阳鸟科
体长 约13cm
体重 约10g
野外识别特征 小型鸟类，上体深蓝紫色具有强烈金属光，头侧和喉部褐色，胸以下的下体均为明黄色。

形态特征 成鸟头顶至上背深蓝紫色，带有强烈金属光泽，头侧从眼先至耳羽橄榄褐色；翼和尾深蓝紫色，翼上覆羽栗色，飞羽铜紫色具橄榄色羽缘，均泛金属光泽；下体喉部为耀有金属光泽的褐色，喉侧颊部蓝紫色，自胸以下柠黄色；虹膜绛红色，喙铅黑色，脚褐黄色。

生态习性 栖息于热带丛林，也见于人工园林。领域性强，会攻击入侵的栗喉蜂虎等鸟类，并喜欢在喷灌园林的水中洗浴。主食多种热带植物的花蜜、分泌液和果实，如风铃木、椰子、珊瑚树和扶桑花等花蜜以及红毛丹等果实。于树枝杈筑巢，以蛛丝缚住细枝等巢材，筑成侧面开口的囊状巢，窝卵数为2枚。

分布与居留 分布于东南亚、中南半岛、太平洋诸岛等热带地区。在我国分布于南方沿海地区，可能为留鸟。

雄鸟

雄鸟

蓝喉太阳鸟

中文名 蓝喉太阳鸟
拉丁名 *Aethopyga gouldiais*
英文名 Gould's Sunbird
分类地位 雀形目太阳鸟科
体长 13~16cm
体重 4~12g
野外识别特征 小型鸟类，喙细长而下弯，羽色艳丽；雄鸟额、头顶和颏、喉辉蓝紫色，背、胸、头侧和颈侧朱红色，耳后和胸侧各有一蓝斑，腰和腹艳黄色，中央尾羽特别延长，尾羽端部紫黑色；雌鸟上体橄榄绿色，腰黄色，喉至胸灰绿色，其余下体淡草黄色。

IUCN红色名录等级　LC

形态特征 雄鸟额至头颈及颏、喉为具有强烈金属光泽的辉蓝紫色，眼先、颊、头侧、颈侧、后颈、肩、背和翼上中覆羽、小覆羽为朱红色，耳羽后侧和胸侧各有一辉亮的蓝紫斑；腰鲜黄色，尾上覆羽和尾羽基部为浓蓝紫色，尾羽端部紫黑色，中央尾羽特别延长；飞羽黑褐色具橄榄黄绿色窄羽缘；下体鲜黄色，上胸部染朱红，向腹部红色呈丝状渐隐，尾下覆羽和两胁略染芽绿色，腋羽和翼下覆羽黄白色；虹膜暗褐色，喙细长而下弯，喙和脚黑褐色。雌鸟上体橄榄绿色，头顶较暗，腰黄色；翼和尾黑褐色具橄榄黄色羽缘，外侧尾羽具白端斑；头侧、颈侧、颏、喉和上胸灰黄绿色，其余下体淡草黄色。

生态习性 栖息于山地常绿阔叶林、沟谷季雨林和常绿落叶混交林中，也见于灌丛、竹林和疏林草坡等生境。常单独或成对活动，也成松散小群，活动于繁花盛开或具有寄生植物的乔木冠层，很少到近地面活动，谨慎敏捷。主食花蜜和其他植物分泌物，兼食鞘翅目、半翅目等昆虫及少量蜘蛛、花叶等食物。繁殖期在4—6月，营巢于常绿阔叶林中，以植物茸毛、苔藓、草、纤维和蛛网等构成椭圆形或梨形巢。窝卵数为2~3枚，卵白色且有红褐斑，雏鸟晚成。

分布与居留 分布于亚洲东南部地区。在我国分布于陕甘南部及以南的华中和西南地区，偶见于香港，为留鸟。

雄鸟

雌鸟

雄鸟

叉尾太阳鸟

中文名 叉尾太阳鸟
拉丁名 *Aethopyga christinae*
英文名 Fork-tailed Sunbird
分类地位 雀形目太阳鸟科
体长 8~11cm
体重 5~9g
野外识别特征 小型鸟类,雄鸟头顶辉蓝绿色,上体橄榄绿色,腰明黄色,中央尾羽亮翠蓝色,羽轴针状延长,外侧尾羽黑色具白色端斑,头侧黑色,额、喉和胸绛红色,其余下体橄榄黄色;雌鸟上体橄榄绿色,下体灰绿色,尾羽羽轴不延长。

IUCN红色名录等级　LC

形态特征 雄鸟额至后颈为具有强金属光的墨蓝绿色,头侧黑色,髭纹翠绿色或铜紫色;肩和背橄榄黄绿色或黑色,腰鲜黄色;尾上覆羽和中央尾羽亮翠蓝色,中央一对尾羽羽轴先端为黑色,呈针状延长,外侧尾羽黑色具白端斑和翠绿羽缘;翼暗褐色缀黄绿色羽缘;下体颏、喉至上胸绛红色,下胸橄榄灰绿色,至尾下覆羽渐为淡草黄色;虹膜暗褐色,喙褐色,脚暗褐色。雌鸟上体橄榄绿色,腰黄色,头顶泛褐色,头侧橄榄绿色,眼先灰黑色;翼暗褐色具橄榄黄色窄羽缘;尾羽褐黑色,中央尾羽不延长,外侧尾羽具白色端斑;下体浅灰绿色。

生态习性 栖息于低山丘陵至山脚平原的常绿阔叶林、次生林和热带雨林中,也见于果园、油茶园等人工绿地中。常单独或成对活动,有时成松散小群,较活跃大胆,活动于开花或有寄生植物的乔木树冠上,边活动边发出尖细叫声,繁殖期善鸣唱。主食花蜜和其他植物分泌物,兼食昆虫等动物性食物。繁殖期在4—6月,营巢于阔叶树上,以草茎、木棉絮、苔藓、枯叶和植物纤维等构成侧上方开口的椭圆形或梨形巢。窝卵数通常为2~3枚,卵灰绿色且有紫红斑,雏鸟晚成。

分布与居留 分布于越南和我国的四川、云贵、两广、福建、海南和香港地区,为留鸟。

长嘴捕蛛鸟

中文名 长嘴捕蛛鸟
拉丁名 *Arachnothera longirostris*
英文名 Little Spider Hunter
分类地位 雀形目太阳鸟科
体长 14~16cm
体重 11~15g
野外识别特征 小型鸟类，喙尖长而下弯，上体橄榄绿色，眼先和短眉纹灰白色，翼和尾暗褐色具橄榄黄色羽缘，喉侧有一黑纵纹，额、喉灰白色，下体鲜黄色，雄鸟胸部具橘黄色羽簇。

IUCN红色名录等级　LC

形态特征 成鸟额和头顶深橄榄绿色，头侧灰绿色，眼先和短眉纹灰白色，喉侧有一条黑褐色纵纹；整个上体连同翼上小覆羽均为橄榄绿色；翼余部暗褐色具橄榄黄绿色羽缘；尾短圆，亦为暗褐色缀橄榄色羽缘；下体颏、喉灰白色，其余下体鲜黄色，腋羽和翼下覆羽黄白色；雄鸟胸部缀有鲜艳的橘黄色簇羽，雌鸟无橘色簇羽；虹膜暗褐色，喙细长而向下弯曲，上喙黑褐色，下喙和脚为石板灰色。

生态习性 栖息于低山丘陵和山脚平原的常绿阔叶林和热带雨林中，也见于林缘和村寨等处。常单独或成对活动，在树丛间穿梭觅食，将细长弯曲的喙探入香蕉花等缝隙中啄食蜘蛛和昆虫等动物性食物。繁殖期在4—6月，营巢于茂密的常绿阔叶林中，以叶脉构巢，巢固定于大叶片下方。窝卵数为2枚，卵白色沾粉红，被有红褐斑，雏鸟晚成。

分布与居留 分布于东南亚地区。在我国分布于云南东南和南部，为留鸟。

纹背捕蛛鸟

中文名 纹背捕蛛鸟
拉丁名 *Arachnothera magna*
英文名 Streaked Spider Hunter
分类地位 雀形目太阳鸟科
体长 16~21cm
体重 25~45g
野外识别特征 小型鸟类，为太阳鸟科中较大者；喙尖长而下弯，上体橄榄黄色，各羽具黑色中央纹，下体淡黄白色亦满布黑色纵纹，尾具黑色次端斑。

IUCN红色名录等级 LC

形态特征 成鸟整个上体连同翼覆羽为橄榄黄色，满布明显的黑色纵纹；飞羽和尾羽亦为橄榄黄色，具有黑色羽干纹和浅橄榄黄色羽缘，尾羽具黑褐色次端斑；下体淡黄白色，亦满布黑色纵纹；虹膜红褐色，喙黑色，脚肉黄色。

生态习性 栖息于低山丘陵至山脚平原的常绿阔叶林中。常单独或成对活动，有时也与柳莺和太阳鸟等其他小鸟混群，活动于芭蕉树和乔木树冠上，频繁地在树间穿梭，做长波浪式飞行，边飞边发出响亮的叫声。主食昆虫、蜘蛛、花蜜、花蕊、草籽和果实等多种动植物食物。繁殖期在4—6月，营巢于低山至山脚的常绿阔叶林中，以植物纤维、草茎和蛛网构成长椭圆形巢，粘接或缝合于芭蕉等大叶片下方，有的巢有两个相对的出口。窝卵数为2~3枚，卵灰褐色具暗斑，雌雄亲鸟共同孵卵和育雏，雏鸟晚成。

分布与居留 分布于亚洲东南部。在我国分布于藏东南、云南和广西的西南部地区，为留鸟。

黑顶麻雀 西域麻雀

中文名 黑顶麻雀
拉丁名 *Passer ammodendri*
英文名 *Saxaul Sparrow*
分类地位 雀形目文鸟科
体长 14~16cm
体重 24~35g
野外识别特征 小型鸟类，头顶中央黑色，宽眉纹前端白色，后端淡肉桂色，贯眼纹黑色，上体淡沙棕色具黑色纵纹，下体白色，额、喉黑色。

IUCN红色名录等级　LC

形态特征 雄鸟额、头顶至后颈黑色，秋季新换羽后头顶羽毛具沙棕色羽缘，眉纹前端白色，其余部分淡肉桂色，延伸至颈侧逐渐变宽，贯眼纹黑色，颊白色；上体淡沙灰色或淡沙棕色，肩背具稀疏的黑纵纹；翼黑褐色，具淡沙色羽缘，中覆羽和大覆羽的白色先端在翼上形成两道白色翼斑；尾暗褐色缀沙色羽缘；下体颏、喉黑色，其余部分白色，体侧略沾沙色；虹膜褐色，喙黑色，脚肉黄色。雌鸟上体淡沙褐色，头顶至上背微具暗色纵纹，眉纹赭褐色，下体淡沙色，颏、喉略具暗色斑，喙黄褐色。幼鸟似雌鸟，但头顶、背部和颏、喉等暗褐斑块更不明显。

生态习性 栖息于荒漠、半荒漠、沙漠绿洲、河谷、农田等地，也见于山脚平原和沼泽地。常三五成群，活动于红柳、胡杨等低矮树丛间，频繁跳跃并发出短促的叫声。杂食性，繁殖期主食象甲、金龟甲、瓢虫和蝇类等昆虫，非繁殖期主食草籽、种子、果实以及红柳和胡杨等树木的嫩芽。繁殖期在5—7月，每年繁殖1~2窝，营巢于树洞中，以草茎、植物纤维、苇叶、羽毛和兽毛等构巢。窝卵数通常为5枚，卵白色且有灰褐斑，雏鸟晚成。

分布与居留 分布于西亚、中亚至蒙古西部地区。在我国分布于新疆、甘肃、宁夏和内蒙古西部及中部地区，多为留鸟，部分迁徙。

雄鸟

家麻雀

中文名 家麻雀
拉丁名 *Passer domesticus*
英文名 House Sparrow
分类地位 雀形目文鸟科
体长 14~16cm
体重 16~30g
野外识别特征 小型鸟类，头顶和腰灰色，背栗色具黑纵纹，翼上具白斑，颊白色，额、喉至上胸中央黑色，其余下体白色。

IUCN红色名录等级 LC

形态特征 雄鸟额至后颈灰色，眼先、眼周和喙基黑色，颊和耳羽白色，眼后有一栗色带；背栗色具黑纵纹，腰和短的尾上覆羽灰色，长尾上覆羽和尾羽暗褐色，尾羽具淡棕色羽缘；翼黑褐色具淡棕色羽缘，小覆羽栗色，中覆羽基部黑色，端部白色；下体颏、喉至上胸中央黑色，其余下体白色，体侧微沾灰褐；虹膜暗褐色，喙黑褐色，脚淡肉褐色。雌鸟头顶灰褐色，眉纹淡土黄色，喙褐色，下喙淡肉褐色；背淡土褐色具黑褐色纵纹，腰灰褐色，翼和尾暗褐色具淡色羽缘；下体颏、喉和胸淡灰色微沾黄褐色，腹至尾下覆羽灰白色，胸和体侧灰色较重。

生态习性 栖息于平原、山脚和高原的村庄、城镇及农田等人居环境附近，为伴人鸟类。常结群活动，在农田、房屋和灌丛上跳跃觅食，不断发出"叽叽"的叫声。主食草籽、油菜花、大米和青稞等植物性食物，兼食昆虫。繁殖期在4—8月，每年繁殖1~2窝，营巢于屋檐下、墙缝上、岩洞中或人工巢箱内，雄鸟衔巢材，雌鸟筑巢，以草和须根等材料构成杯状或球状巢，内垫羽毛、兽毛和棉花。窝卵数为5~7枚，雌雄亲鸟轮流孵卵，孵化期为11~14天。雏鸟晚成，经双亲共同喂养12~15天后可离巢。

分布与居留 分布于欧亚大陆至非洲西北部地区，也被大量引进到南非、澳新地区及美洲。在我国分布于东北和西北地区，较常见，为留鸟，部分季节性垂直迁徙或游荡。

雄鸟

山麻雀

中文名 山麻雀
拉丁名 *Passer rutilans*
英文名 Chinnamon Sparrow
分类地位 雀形目文鸟科
体长 13~15cm
体重 15~29g
野外识别特征 小型鸟类，雄鸟上体栗红色，背具黑纵纹，头侧灰白色，额、喉黑色，下体余部白色；雌鸟上体褐色，具宽的皮黄色眉纹，额、喉无黑色。

IUCN红色名录等级　LC

形态特征 雄鸟上体自额至腰栗红色，上背羽片内翈具黑色条纹，背和腰羽片外翈具窄的土黄色羽缘和羽端，尾上覆羽黄褐色；尾暗褐色具土黄色羽缘；翼暗褐色具棕白色羽缘，小覆羽栗红色，中覆羽黑栗色具明显的白色端斑，初级飞羽外翈有两道棕白色斑；眼先和眼后黑色，颊、耳羽和头侧淡灰白色；下体颏、喉黑色，喉侧、颈侧和下体余部灰白色微沾黄褐色，腿覆羽栗色；虹膜栗褐色，喙黑色，脚黄褐色。雌鸟上体沙褐色，上背洒满棕褐色和黑色纵纹，腰栗红色；眼先和贯眼纹褐色，宽眉纹皮黄色，头侧至颏、喉黄白色，其余下体淡棕灰色，腹中央白色，翼和尾同雄鸟。

生态习性 栖息于低山丘陵至山脚平原的疏林和灌丛中，也见于农田、果园和房屋周围。繁殖期外结小群活动，在灌木枝梢间跳跃飞蹿，较其他麻雀飞行能力更强，活动范围更大。杂食性，兼食甲虫、蝽象、蜻蜓幼虫、鳞翅目幼虫、蚂蚁、蚊和蝉等，以及麦粒、稻谷、荞麦、玉米和莎草等农作物和野草等植物种实。繁殖期在4—8月，每年繁殖2~3窝，营巢于山坡崖壁或建筑物墙壁的缝隙中，也在树枝上营巢或利用啄木鸟和燕的旧巢，雌雄鸟共同以草和细枝构巢，内垫棕丝、羊毛和羽毛等柔软物。窝卵数为2~3枚，卵灰白色且有褐斑，雏鸟晚成。

分布与居留 分布于中亚、东亚和东南亚等地。在我国分布于华东、华中、华南和西南等地，包括长江流域地区和黄河流域下游，较常见，多为留鸟，部分迁徙。

雌鸟

麻雀 树麻雀、麻雀儿、老家贼

中文名 麻雀
拉丁名 *Passer montanus*
英文名 Tree Sparrow
分类地位 雀形目文鸟科
体长13~15cm
体重16~24g
野外识别特征 头顶至后颈栗褐色，头侧白，耳部有一黑斑，上体棕褐色杂黑纹，下体污白色。

IUCN红色名录等级 LC

形态特征 雄鸟额、头顶至后颈为栗褐色，颊和颈侧白色，耳羽黑色；背、肩棕色具黑色纵纹，腰及尾上覆羽沙褐色，尾羽褐色；翼深褐色，小覆羽栗色，中覆羽、大覆羽具白色端斑；颏、喉中央黑色，其余下体污白色；虹膜暗褐色，喙黑色，脚污黄色。雌鸟大体类似，喉部黑斑较淡。幼鸟羽色较暗淡，体羽黑色部分不明显。

生态习性 常见伴人鸟类，栖息于城镇、乡村等人居环境，常成群活动。杂食，主要以谷物、草籽、果实等为食，尤其在繁殖期间，也啄食多种农林害虫。一年可繁殖2~3窝，营巢于建筑物、树洞等处。窝卵数为5~6枚，雌雄亲鸟轮流孵化，孵化期为12天。雏鸟晚成，雌雄亲鸟轮流喂食，每天喂食达200次，15天左右雏鸟即可离巢，再喂食一周后可独立觅食生活。

分布与居留 广泛分布于欧洲、亚洲。在我国广泛分布于各省，均为留鸟，在华北、华中、华东等地为优势种。

石雀

中文名 石雀
拉丁名 *Petronia petronia*
英文名 Rock Sparrow
分类地位 雀形目文鸟科
体长 13~16cm
体重 25~35g
野外识别特征 小型鸟类，上体淡沙褐色，肩、背具粗的暗褐色纵纹，翼具白色翼斑，尾具白色端斑，眉纹皮黄色，侧冠纹和贯眼纹暗褐色，下体淡土黄色，喉部有一黄斑。

IUCN红色名录等级　LC

形态特征 成鸟头顶中央至枕淡沙褐色，额和侧冠纹暗褐色，眉纹淡皮黄色，贯眼纹暗褐色，颊和尾羽褐色；上体淡沙褐色，肩、背具皮黄色羽缘和暗褐色纵纹；翼暗褐色具淡色羽缘，中覆羽和内侧覆羽尖端黄白色，初级飞羽上具两道白色横斑；尾羽褐色具浅色羽缘和白色端斑；下体白色沾褐色，胸侧和两胁具暗褐色纵纹，喉部有一柠黄色斑；虹膜褐色，喙短粗，上喙深褐色，下喙黄褐色，脚淡黄褐色。

生态习性 栖息于高原、荒山、悬崖或半荒漠地带，也见于山脚平原和农田。常成对或小群活动于裸露岩石上，善于在地面疾速奔跑，亦善飞行和鸣唱。主食草籽、草叶、浆果、种子和叶芽，兼食蝗虫、甲虫等。繁殖期在5—7月，每年繁殖2~3窝，成群营巢于荒僻的悬崖峭壁上的洞穴中，以草和植物纤维构巢，内垫羊毛和羽毛。窝卵数通常为5~6枚，卵白色至绿褐色带褐斑，雏鸟晚成。

分布与居留 分布于欧洲南部、地中海地区、北非、西亚、中亚至东亚。在我国分布于新疆、青海、甘肃、宁夏、四川和内蒙古等地，为留鸟。

棕颈雪雀

中文名 棕颈雪雀
拉丁名 *Montifringilla ruficollis*
英文名 Red-necked Snow Finch
分类地位 雀形目文鸟科
体长 14~16cm
体重 15~34g
野外识别特征 小型鸟类，上体沙褐色具黑纵纹，额和眉纹白色，贯眼纹黑色，后颈、颈侧和胸侧桂皮红色，下体白色，喉侧具两道黑纵纹。

IUCN红色名录等级　LC
中国特有鸟种

形态特征 成鸟额、眉纹和眼后上方灰白色，头顶沙褐色，眼先和贯眼纹黑色，耳覆羽、后颈、颈侧至胸侧桂皮红色；肩、背沙褐色具暗褐色纵纹，尾上覆羽褐色；中央尾羽暗褐色具淡色羽缘，外侧尾羽灰白色具白色端斑和黑色次端斑；翼上覆羽暗褐色具白色尖端，飞羽暗褐色具白色羽缘，外侧飞羽基部白色；颏、喉连同颊为白色，喉侧有两道黑纵纹，胸灰白色，其余下体白色，胁部沾棕色；虹膜黑褐色或橙红色，喙夏季黑色，冬季暗蓝灰色，脚黑色。幼鸟眉纹黄褐色，额无白色，上体较暗，纵纹不明显，下体泛黄褐色。

生态习性 栖息于高山裸岩、草坡和荒漠等地。繁殖期外成群活动，在地面上奔跑跳跃，或活动于鼠兔洞穴，有时作短距离飞行，繁殖期喜站在突兀的石块上发出"嘟、嘟、嘟"的鸣唱。主食蝗虫和甲虫等昆虫，兼食草籽等植物种实。繁殖期在5—8月，雌雄鸟共同营巢于鼠兔废弃洞穴中，以干草构巢，内垫羊毛和羽毛，雏鸟晚成。

分布与居留 为我国特有鸟种，分布于青海、新疆、西藏和四川等西南地区，为留鸟。

黄胸织雀 黄胸织布鸟

中文名 黄胸织雀
拉丁名 *Ploceus philippinus*
英文名 Baya Weaver
分类地位 雀形目文鸟科
体长 13~17cm
体重 19~30g
野外识别特征 小型鸟类，锥型喙粗厚，翼和尾较短；雄鸟夏羽额至后颈金黄色，头侧黑色，额、喉灰褐色，上体沙褐色具黑纵纹，下体黄白色。

IUCN红色名录等级　LC

形态特征 雄鸟夏羽额至后颈金黄色，额基有一细小黑纵纹延至眼先，头侧黑色；上背和肩黑褐色具棕黄色羽缘，下背和腰棕黄色具不明显黑褐纵纹，尾上覆羽棕黄色；尾羽黑褐色缀有黄绿色羽缘；翼黑褐色具金棕色羽缘；下体颏、喉暗灰褐色，颈侧和胸棕色，其余下体近白色；虹膜黑褐色，喙黑色，脚肉黄色。雄鸟冬羽头侧褐色，长而宽的眉纹棕黄色，头顶至上背沙褐色具细黑褐纵纹；上体淡褐色略具纵纹，肩背部纵纹较粗；翼和尾黑褐色具黄绿色羽缘；下体棕黄色，胸胁部较深，两胁略具黑纵纹。雌鸟体色似雄鸟冬羽，上喙为角褐色，下喙为角黄色。

生态习性 栖息于原野、水域、沼泽和稻田等湿润地带。常成群活动，甚至大群在农田上啄食稻谷，活泼大胆，常在枝头来回跳跃，并发出"叽、叽、叽"的尖细叫声。主食稻谷、草籽、果实和种子等植物性食物，繁殖期也吃蝗虫、甲虫、鳞翅目幼虫和蜗牛等小型无脊椎动物。繁殖期在4—8月，成群营巢于横斜的树枝上，以草叶、稻叶或苇叶撕成细长纤维，编织成吊挂的囊袋状或梨形巢，雄鸟筑巢，以完成一半的倒杯形巢吸引雌鸟，雌鸟认可后雄鸟再继续完成该巢。一雄多雌制，一个繁殖季同一雄鸟可分别营造数个巢，每个巢中有一只与之交配的雌鸟。雌鸟单独孵卵和育雏，窝卵数通常为3枚，孵化期为14~15天。雏鸟晚成，经16~17天后可离巢。

分布与居留 分布于东南亚等地。在我国分布于云南和香港等地区，为留鸟。

雌鸟

雄鸟

白腰文鸟 十姐妹

中文名 白腰文鸟
拉丁名 *Lonchura striata*
英文名 White-rumped Munia
分类地位 雀形目文鸟科
体长 10~12cm
体重 9~15g
野外识别特征 小型鸟类，额、眼先和额、喉黑色，上体暗沙褐色具白色细羽干纹，腰白色，尾上覆羽栗褐色，颈侧和上胸栗色具浅黄羽干纹和羽缘，下胸和腹部近白色。

IUCN红色名录等级　LC

形态特征 成鸟额、头顶前部、喙基、眼先、眼周和颊黑褐色，耳覆羽和颈侧淡红褐色具棕白色羽干纹；头顶至背和肩为暗沙褐色，具白色羽干纹，腰白色，尾上覆羽褐栗色；楔形尾黑褐色；翼黑褐色，翼上覆羽和三级飞羽具棕白色羽干纹；下体颏、喉黑褐色，上胸栗色，具浅黄色羽干纹和羽缘，下体胸、腹和两胁灰白色，具不明显的鳞状斑；肛周、尾下覆羽和腿覆羽栗褐色具棕白色细纹；虹膜红褐色，喙粗厚，上喙黑色，下喙蓝灰色，脚深灰色。

生态习性 栖息于低山丘陵至山脚平原，常见于溪流、苇塘和耕地附近。繁殖期外喜成群活动，结群紧密，常数只挤成一团栖息或觅食，有时成群飞往粮仓取食，故称"偷仓"，边飞边发出"嘘、嘘、嘘、嘘"的叫声。冬季群居在旧巢里，十数只同居一巢，也称"十姐妹"。易于驯养，被广泛驯作笼养鸟。主食稻谷、草籽、果实、叶芽和苔藓等植物性食物，兼食少量昆虫。繁殖期在3—9月，在华南地区可延至2—11月，每年可繁殖2~3窝，甚至4窝。营巢于村落农田边的树丛中，以杂草、竹叶和稻穗等材料编织成顶端开口的曲颈瓶状巢，或侧面开口的球状巢。雌雄亲鸟共同营巢、孵卵和育雏，窝卵数通常为4~6枚，卵白色无斑，孵化期约为14天。雏鸟晚成，经约19天即可离巢。

分布与居留 分布于亚洲东南部地区。在我国广泛分布于长江流域及以南各地，为留鸟，并被广泛驯养。

斑文鸟

中文名 斑文鸟
拉丁名 *Lonchura punctulata*
英文名 Spotten Mannikin
分类地位 雀形目文鸟科
体长 10~12cm
体重 12~17g
野外识别特征 小型鸟类，黑色喙粗厚，上体红褐色，下背和尾上覆羽具白色鳞状斑，尾黄褐色，额、喉暗栗色，其余下体白色具明显的黑褐色鳞状纹。

IUCN红色名录等级 LC

形态特征 成鸟额和眼先栗褐色，脸颊、头侧和颏、喉深栗色；头顶至肩背棕褐色具不明显的暗纹；下背、腰和短的尾上覆羽灰褐色，具淡色羽缘和羽干纹；长尾上覆羽和中央尾羽橄榄黄色，其余尾羽暗黄褐色；翼暗褐色，羽缘缀栗色；颈侧栗黄色沾白，上胸和胸侧淡棕白色，羽片具红褐色羽缘，形成明显的鳞状纹；下胸、上腹和两胁近白色，亦具有暗褐色鳞状纹；腹中央和尾下覆羽近白色，腋羽和翼下覆羽棕色；虹膜暗褐色，喙蓝黑色，冬季色较淡，脚铅褐色。幼鸟上体淡褐色，下体土褐色，无鳞状斑，上喙褐色，下喙黄色，脚淡褐色。

生态习性 栖息于低山丘陵至山脚平原的农田、村落、疏林及河谷地带。繁殖期外成群活动，常紧密簇拥在一起。主食谷物等农作物，兼食草籽等野生植物种实，繁殖期也吃昆虫。繁殖期在3—8月，一年可繁殖2~3窝，营巢于茂密树冠的枝杈上，雌雄鸟共同以杂草等材料编织成横卧的长椭圆形巢，长端延伸成瓶颈状开口。窝卵数为4~8枚，卵白色无斑，雏鸟晚成，经雌鸟喂养20~22天后可离巢。

分布与居留 分布于亚洲东南部地区。在我国广泛分布于西南和华南地区，为留鸟，亦被驯养作为笼养鸟。

苍头燕雀

中文名 苍头燕雀
拉丁名 *Fringilla coelebs*
英文名 Chaffinch
分类地位 雀形目雀科
体长 14~16cm
体重 16~25g
野外识别特征 小型鸟类，雄鸟额黑色，头顶至枕石板蓝灰色，翕和上背栗褐色，下背至尾上覆羽黄绿色，翼和尾黑色缀有白斑，颊和下体粉红褐色；雌鸟上体淡褐色，下体污白色。

IUCN红色名录等级 LC

形态特征 雄鸟额黑色，头侧栗红色，头顶至后颈石板蓝灰色；翕和上背栗褐色，羽基灰色，下背和腰草黄绿色，尾上覆羽苍灰色缀绿；尾羽黑色，中央尾羽灰色，外侧尾羽内翈具大白斑；翼上小覆羽和中覆羽白色，大覆羽黑色具白色尖端，飞羽黑色，具淡黄色羽缘和白斑；下体颏、喉、胸和胁为泛有栗色的葡萄红色，至腹中央和尾下覆羽渐淡为白色；虹膜褐色，喙肉褐色至角灰色，脚肉褐色或角褐色。雌鸟头颈和肩背暗栗褐色缀有灰绿，腰至尾同雄鸟，翼似雄鸟但偏褐色，并杂有灰白斑；头侧赭褐色杂有灰白羽干纹，颏、喉至上胸灰褐色，下胸和胁部烟褐色，腹和尾下覆羽污白色。

生态习性 栖息于阔叶林、针叶林和混交林，也见于林缘和果园等人工绿地。繁殖期外成群活动，且常分性别结小群，较为大胆，活动于树冠、灌丛及地面。繁殖季主食昆虫和其他小型无脊椎动物，越冬季主要吃植物种实。繁殖期在5—7月，雄鸟发出清脆而富有颤音的鸣唱，吸引雌鸟。一年繁殖1~2窝，营巢于乔木上，以草和须根等材料编织成杯状巢或近球形巢，外饰苔藓和地衣，内垫鸟羽和兽毛。窝卵数为4~7枚，卵淡蓝绿色且有紫褐斑。雌鸟孵卵，孵化期为12~13天。雏鸟晚成，经双亲共同喂养13~14天后即可离巢。

分布与居留 繁殖于欧洲至西亚，越冬于北非、中亚和南亚等地。在我国为冬候鸟，越冬于新疆和辽宁。

雄鸟

雄鸟

燕雀

中文名 燕雀
拉丁名 *Fringilla montifringilla*
英文名 Brambling
分类地位 雀形目雀科
体长 14~17cm
体重 18~28g
野外识别特征 小型鸟类，喙较粗壮，雄鸟从头至背黑色，背具黄褐色羽缘，腰白色，翼和尾黑色，翼上具白斑，下体颏、喉和胸锈橙色，余部白色；雌鸟体色较灰淡，上体褐色具灰斑，头部灰色杂有黑纹。

IUCN红色名录等级 LC

形态特征 雄鸟繁殖羽从额至背为辉亮的黑色；肩和背黑色具淡黄色羽缘，腰和尾上覆羽白色；尾羽黑色略缀不明显淡色斑；翼上小覆羽锈棕色，初级飞羽黑褐色具浅色羽缘，内侧飞羽辉黑色；下体颏、喉和上胸锈橙色，余部白色，两胁淡棕色具黑斑；虹膜暗褐色，喙基黄色，喙尖黑色，脚暗褐色。雄鸟秋季新羽的上体黑色部分具有锈色羽缘，直至翌年5月方磨损褪尽。雌鸟似雄鸟而更为暗淡，上体黑色部分主要为灰褐色，杂有淡色羽缘，头和背部略具黑纵纹。幼鸟似雌鸟。

生态习性 栖息于阔叶林、针叶林和混交林中，越冬和迁徙季也见于林缘农田和旷野等地。繁殖期外成群活动，迁徙季节尤其结大群。主食草籽、果实和农作物，繁殖期则主要吃昆虫。繁殖期在5—7月，营巢于桦树、杉树、松树等乔木靠近主干的枝杈处，以枯草和桦树皮等材料构成杯状巢，外饰苔藓，内垫羊毛和羽毛。窝卵数通常为4枚，卵绿色且有紫红斑，雏鸟晚成。

分布与居留 繁殖于欧洲北部至亚洲北部，越冬于繁殖地以南。在我国多为冬候鸟和旅鸟，广泛分布于除青藏高原和海南岛外的全国各地，较为常见。

繁殖期雄鸟

雄鸟冬羽

雌鸟

高山岭雀

中文名 高山岭雀
拉丁名 *Leucosticte brandti*
英文名 Brandt's Mountain Finch
分类地位 雀形目雀科
体长 15~17cm
体重 26~29g
野外识别特征 小型鸟类，额、头顶、颊和额、喉黑色，背灰褐色具黑褐色纵纹，腰暗褐色染胭红色，翼和尾暗褐色具淡灰色羽缘，下体淡灰褐色。

IUCN红色名录等级　LC

形态特征 成鸟额、头顶前部、眼先、眼周和脸颊黑色，头颈余部至上背灰褐色具淡色羽缘；下背和肩具暗色纵纹和淡色羽缘，腰暗褐色，缀有胭红色羽缘，尾上覆羽褐色具灰白羽缘；尾羽暗褐色，具灰白羽缘和尖端；翼内侧覆羽淡灰色具暗色中央纹，外侧覆羽和飞羽暗褐色镶有浅灰色窄羽缘；下体颏、喉至胸为渐淡的暗灰色，具淡色羽缘，下体余部淡灰色，具不明显的暗色羽轴；虹膜褐色，喙和脚黑色。

生态习性 栖息于雪线附近的高原地带。常成群活动，活泼敏捷地在高原地表或灌木丛中活动觅食，飞行迅速灵活，常在空中突然转向，边飞边发出"叽叽"的叫声。主食高原植物种实和嫩芽。繁殖期在6—8月，营巢于岩坡石缝中或啮齿动物洞穴中，有时也成小群营巢，以草茎和草叶构成杯状巢，内垫鸟羽兽毛。窝卵数为3~4枚，卵为光洁的白色，雏鸟晚成。

分布与居留 分布于俄罗斯阿尔泰、蒙古西部、中亚、天山、帕米尔高原至喜马拉雅山等地区。在我国分布于川西北、甘肃西北、青海、新疆和西藏等地，为留鸟，冬季游荡。

普通朱雀

中文名 普通朱雀
拉丁名 *Carpodacus erythrinus*
英文名 Common Rosefinch
分类地位 雀形目雀科
体长 13~16cm
体重 18~31g
野外识别特征 小型鸟类，喙粗钝。雄鸟头胸部和腰为纯色的朱红色至玫红色，肩背褐色，羽缘缀红，翼和尾褐色略沾红，下体淡褐色略染红；雌鸟上体灰褐色具暗色纵纹，下体棕白色具黑褐纵纹。

IUCN红色名录等级 LC

形态特征 雄鸟额、头顶至枕部浓朱红色或深洋红色，眼先暗褐色微杂白色，耳羽褐色掺有粉红；后颈、背和肩暗褐色，羽缘缀朱红色，腰和尾上覆羽深玫瑰红色；尾羽黑褐色具棕红色羽缘；翼黑褐色，翼上覆羽缘洋红色，飞羽外翈缀土红色；颊、颏、喉和上胸朱红或洋红色，下胸至腹部和两胁渐淡，至尾下覆羽渐为灰白色，腋羽和翼下覆羽灰色；虹膜暗褐色，喙褐色，下喙较淡，脚褐色。雌鸟上体灰褐色或橄榄褐色，头顶至背具暗褐色纵纹，翼和尾黑褐色，外翈具窄的橄榄黄色羽缘，翼上中覆羽和大覆羽具浅色先端；下体淡灰或淡皮黄色，颏、喉和胸胁部具暗褐色纵纹。

生态习性 栖息于山地针叶林和针阔混交林中。常单独或成对活动，非繁殖季也结小群，活泼地在树冠或灌草丛中跳跃飞翔，飞行呈波浪式前进，平时很少鸣叫，但雄鸟繁殖期善鸣唱。主食野生植物种实、花序、嫩叶、芽苞和农作物等植物性食物，繁殖期也吃一些甲虫和蚂蚁等昆虫。繁殖期在5—7月，营巢于蔷薇等刺灌木丛中，以枯草和须根等材质构成松散的杯状巢，内垫须根和兽毛，由雌鸟营巢，雄鸟警戒。窝卵数通常为4~5枚，卵淡蓝绿色且有褐斑。雌鸟孵卵，雄鸟饲喂雌鸟，孵化期为13~14天。雏鸟晚成，经双亲共同喂养15~17天可离巢。

分布与居留 分布于欧洲至东亚。在我国繁殖或居留于东北、华北、西北、西南和西部地区，部分越冬或迁徙途经长江流域及以南地区。

雄鸟

雌鸟

红眉朱雀

中文名 红眉朱雀
拉丁名 *Carpodacus pulcherrimus*
英文名 Beautiful Rosefinch
分类地位 雀形目雀科
体长 14~15cm
体重 15~26g
野外识别特征 小型鸟类。雄鸟额、眉纹、颊、耳羽和腰玫瑰红色，头顶和上体余部灰褐色缀有暗褐色粗纵纹，翼和尾黑褐色，翼上有两道玫瑰红斑，下体玫瑰红色；雌鸟上体灰褐色具暗褐纵纹，下体淡褐色，翼和尾黑褐色。

IUCN红色名录等级　LC

形态特征 雄鸟额、眉纹、颊和耳羽玫红色，微具暗色羽干纹和珍珠光泽；头顶至肩背灰褐色具黑褐色羽干纹，羽缘沾玫瑰红色，腰浓玫红色，尾上覆羽褐色沾玫红；尾暗褐色，外翈羽缘缀玫红；翼黑褐色，翼上覆羽外缘缀玫红，中覆羽和大覆羽羽端在翼上形成两道玫红色翼斑，飞羽外翈具黄褐色羽缘；下体自颏至尾下覆羽为渐淡的玫瑰粉红色，喉和上胸缀有珠光，胁和尾下覆羽具黑褐色纵纹。雌鸟上体灰褐色具暗褐纵纹，下体淡褐色，翼和尾黑褐色。

生态习性 栖息于中高山灌丛、小树丛或荒滩草坡上。常单独或成对活动，冬季也结群，较大胆，穿梭于灌草丛中，繁殖季善鸣唱。主食草籽，兼食浆果、嫩芽和农作物等。繁殖期在5—8月，营巢于蔷薇等刺灌丛中，以枯草、细根和树皮纤维等构成杯状巢，内垫兽毛和绒羽。窝卵数为3~6枚，卵蓝色且有稀疏黑斑，由雌鸟孵化，雏鸟晚成。

分布与居留 分布于喜马拉雅山周边地区。在我国分布于西藏、青海、云南、四川、甘肃、陕西、山西、河北和内蒙古等地，为留鸟。

雄鸟

雄鸟

酒红朱雀

中文名 酒红朱雀
拉丁名 *Carpodacus vinaceus*
英文名 Vinaceus Rosefinch
分类地位 雀形目雀科
体长 13~15cm
体重 17~25g
野外识别特征 小型鸟类。雄鸟主体深红色，眉纹淡粉色具丝光，翼和尾黑褐色具深红羽缘，内侧飞羽具淡粉色端斑；雌鸟上体淡赭褐色具黑褐色羽干纹，翼和尾暗褐色具淡棕色羽缘，内侧飞羽具棕白色端斑。

IUCN红色名录等级　LC

形态特征　雄鸟通体羽表深红色，眉纹淡粉红色具有丝光，头顶颜色甚为浓郁，眼周暗红色，腰较淡为玫瑰红色；翼黑褐色缀有深红色细羽缘，内侧两枚三级飞羽外翈具明显的淡粉红色端斑；尾黑褐色，羽缘深红色；下体红色稍淡，具不明显的暗色细羽干纹，腋羽和翼下覆羽褐红色；虹膜褐色，喙黑褐色，下喙基部较淡，脚褐色。雌鸟眉纹不明显，上体淡赭褐色，布满不明显的暗色细纵纹，下背和腰纯色无纵纹；翼和尾暗褐色具淡棕色羽缘，内侧两枚三级飞羽具棕白色端斑；下体赭黄色具灰褐色羽干纹，腹部纵纹不明显。

生态习性　栖息于山地针叶林、杨桦林、竹林、混交林和林缘等地，尤喜林下灌木等植被发达的常绿阔叶林和针阔混交林。常单独或成对活动，秋冬季也成小群活动于农田等开阔地，性机警，常栖息在树冠或高灌丛上。主食草籽和其他植物种实，也吃少量昆虫。

分布与居留　分布于印度东北部、缅甸中部和我国的陕西、甘肃、四川、湖北、贵州、云南、西藏和台湾地区，为留鸟。

雄鸟

北朱雀

中文名 北朱雀
拉丁名 *Carpodacus roseus*
英文名 Sibirian Rosefinch
分类地位 雀形目雀科
体长 15~17cm
体重 19~34g
野外识别特征 小型鸟类，雄鸟额、头顶前部和颏、喉银白色，羽缘缀粉红，头顶后部至后颈粉红色，背灰褐色具黑褐色羽干纹和粉红羽缘，腰粉红色，翼和尾黑褐色，翼上具两道粉斑，下体粉色。

IUCN红色名录等级 LC

形态特征 雄鸟额、头顶前部和颏、喉银白色缀有粉红窄羽缘，形成鳞片状，头顶后部、枕、后颈和头侧粉红色；肩、背灰褐色具黑褐色羽干纹和粉红色羽缘，腰至尾上覆羽为纯色的鲜粉红色；尾羽黑褐色，外翈缘缀粉红色；翼黑褐色，飞羽具棕红色羽缘，中覆羽和大覆羽的粉白色羽端在翼上形成两道翼斑；颏、喉和颊银白色具窄的粉红羽缘，形成鳞片状，其余下体粉红色，腹中央近白色，腋羽和翼下覆羽粉白色；虹膜暗褐色，喙和脚黄褐色，趾爪黑色。雌鸟上体淡褐色具黑色羽干纹，头顶略沾粉红色，腰和尾上覆羽粉红色；翼和尾黑褐色具棕白色羽缘，翼上两道淡色横斑不如雄鸟明显；下体颏、喉白色，喉、胸和胁粉红色具暗褐细羽干纹，腹和尾下覆羽白色沾灰。幼鸟似雌鸟而体色较暗，偏褐色调。

生态习性 栖息于亚高山灌丛草地及林缘、河谷和农田等地。繁殖期外成小群活动，性机警，平时栖息于高大乔木上，觅食时才到灌木和草丛中活动，繁殖期善鸣唱。主食草籽、农作物和刺玫、山荆子、五味子、山里红等种实。

分布与居留 分布于亚洲东北部，繁殖于西伯利亚地区。在我国为旅鸟或冬候鸟，迁徙或越冬于东北、华北至西北地区。

雄鸟

白眉朱雀

中文名 白眉朱雀
拉丁名 *Carpodacus thura*
英文名 White-browed Rosefinch
分类地位 雀形目雀科
体长 15~17cm
体重 18~37g
野外识别特征 小型鸟类。雄鸟头部深红色，具明显的白色宽眉纹，背红褐色具黑羽干纹，腰深玫红色，头侧和下体暗玫红色略缀珠白色；雌鸟眉纹黄白色，上体棕褐色具黑褐色粗纵纹，腰金棕色具暗色羽干纹，下体皮黄白色具粗黑纵纹。

IUCN红色名录等级 LC

形态特征 雄鸟额基、眼先和颊深红色，额至眉纹为一条宽的白色带，羽缘沾粉红色并具有丝光；头顶至肩背红褐色具黑色羽干纹，腰和尾上覆羽深玫红色；尾羽和飞羽黑褐色具淡褐色羽缘，外翈略染粉红色；下体暗玫红色，颏、喉至上胸具珠白色羽干纹，腹中央灰白色；虹膜暗褐色，喙和脚褐色。雌鸟额和眉纹皮黄白色，头顶至背棕褐色杂有黑褐羽干纹，腰和尾上覆羽金棕色；翼和尾黑褐色具淡色羽缘，外翈无粉红色调；下体淡皮黄色或污白色，具细密的黑褐色羽干纹。

生态习性 栖息于高山或高原的灌丛、草地和长有稀疏植被的岩石荒坡。繁殖期外成小群活动，较为大胆，在地表觅食，或栖息于小灌木顶端。主食草籽、浆果和嫩芽等植物性食物。繁殖期在7—8月，营巢于高原灌丛中，以枯草构成浅杯状巢，内垫兽毛。窝卵数为3~5枚，卵深蓝色且有少量紫褐斑。雌鸟孵卵，雏鸟晚成，由雌雄亲鸟共同育雏。

分布与居留 分布于喜马拉雅山周边地区。在我国分布于西藏、云南、青海、四川、甘肃和宁夏等地，为留鸟。

雌鸟

红交嘴雀 交子

中文名 红交嘴雀
拉丁名 *Loxia curvirostra*
英文名 Red Crossbill
分类地位 雀形目雀科
体长 15~17cm
体重 28~48g
野外识别特征 小型鸟类，下喙先端弯曲并交叉。雄鸟主体朱红色，头颈和胸部尤其鲜艳，翼和尾黑褐色无白斑；雌鸟上体灰褐色具暗色纵纹，头顶和腰沾黄绿色，下体灰白色。

IUCN红色名录等级 LC

形态特征 雄鸟夏羽额至后颈朱红色，橄榄褐色的羽基隐隐显露，头侧暗红褐色；肩、背和颈侧灰褐色缀有红色，腰和尾上覆羽亮朱红色，长的尾上覆羽黑褐色；凹形尾黑褐色具红褐色羽缘；飞羽黑褐色具棕红色或黄褐色羽缘；下体颏白色，喉、上胸和两胁朱红色，腹至肛周污白色，尾下覆羽和翼下覆羽灰褐色；虹膜暗褐色。喙黑褐色，上下喙先端弯曲并交叉，脚黑褐色。雌鸟上体灰褐色具暗色纵纹，具黄绿色羽端，头部和腰部的黄绿色尤其鲜亮；尾上覆羽、尾羽和飞羽黑褐色缀黄绿色羽缘；下体灰白色略沾橄榄绿色。

生态习性 栖息于山地针叶林或针叶树为主的混交林。繁殖期外成群活动，性活泼，频繁地在枝头跳跃，或倒挂于枝梢啄食针叶树的球果，也在地面觅食。飞行快速呈浅波浪式，常边飞边叫，发出洪亮的"啾、啾、啾"声。主食落叶松、云杉、冷杉、赤松、红松和榛子等树木的种子，善于用交叉的喙啄取种子并剥开种皮进食种仁。繁殖期在5—8月，营巢于有球果的高大针叶树侧枝上，以细松枝、麻、草根、苔藓和地衣等材料编织成浅杯状巢，内垫羊毛、鸟羽、苔藓和松萝等柔软物。窝卵数通常为4枚，卵淡蓝绿色且有褐斑。雌鸟孵卵，孵化期约为17天。雏鸟晚成，刚孵出时喙端并不上下交叉，由双亲共同喂养约18天后可离巢。

分布与居留 分布于欧洲、亚洲和北美等地。在我国分布于东北、华北、西部和西南等地，主要为留鸟，部分为冬候鸟或旅鸟。

雌鸟

雄鸟

白翅交嘴雀 鹊膀交子

中文名 白翅交嘴雀
拉丁名 *Loxia leucoptera*
英文名 White-winged Crossbill
分类地位 雀形目雀科
体长 15~17cm
体重 21~35g
野外识别特征 小型鸟类，形似红交嘴雀，但白翅交嘴雀翼上具明显的白斑，且喙更显粗厚。

IUCN红色名录等级 LC

形态特征 雄鸟额至后颈绛红色，贯眼纹暗褐色不甚明显，颊和耳羽淡红色；背和肩暗褐色缀有玫红色羽缘，下背略缀黑斑，腰亮玫红色，尾上覆羽黑褐色缀有红白羽缘；尾黑褐色；翼黑褐色，中覆羽和大覆羽具白色宽端斑，在翼上形成明显的两道白色翼斑；下体玫瑰红色，自腹以下渐淡为白色；虹膜暗褐色，喙暗褐色，先端弯曲并上下交叉，脚褐色。雌鸟上体橄榄黄色，具宽的黑褐色纵纹，腰柠黄色无纹，尾上覆羽橄榄绿色，尾羽黑褐色具橄榄绿色羽缘；翼黑褐色亦具两道白色翼斑；下体污白色，两胁染橄榄绿色。

生态习性 栖息于落叶松林等针叶林和混交林中。繁殖期外成小群活动，有时也与红交嘴雀混群，在树枝上攀爬跳跃，善于倒挂在针叶树球果上，用交叉的喙啄取种子。飞行迅速，常边飞边鸣叫。主食落叶松等针叶树的球果种子，也吃嫩芽、花蕊、草籽、浆果和昆虫。繁殖期在4—7月，营巢于落叶松侧枝上，以细松枝和须根构成杯状巢，内垫兽毛和鸟羽。窝卵数为3~5枚，卵淡蓝色且有黑褐斑，雏鸟晚成。

分布与居留 分布于欧亚大陆北部和北美北部等地。在我国分布于内蒙古东北部、黑龙江、吉林、辽宁、河北北部及北京地区，主要为冬候鸟。

雌鸟

雄鸟

白腰朱顶雀

中文名 白腰朱顶雀
拉丁名 *Carduelis flammea*
英文名 Common Redpoll
分类地位 雀形目雀科
体长 12~14cm
体重 9~16g
野外识别特征 小型鸟类。雄鸟额基、眼先和额黑褐色，头顶朱红色，上体灰黄褐色缀有黑褐纵纹，腰粉白色具黑褐色纵纹，喉至胸玫瑰红色，其余下体白色，两胁具黑纵纹；雌鸟似雄鸟，但喉和胸为白色。

IUCN红色名录等级　LC

形态特征 雄鸟额基、眼先和额黑褐色，额和头顶朱红色，眉纹乳白色，贯眼纹褐色，耳羽和颊淡褐色；头顶后部、枕至背为灰黄褐色具黑褐色纵纹，腰灰白色微沾粉红，亦具黑褐色纵纹，尾上覆羽暗褐色，羽缘灰白色；尾黑褐色具灰白色窄羽缘；翼黑褐色具灰白色羽缘，大覆羽的白色尖端在翼上形成一道白色翼斑；下体喉、胸和颈侧为玫瑰红色，腹白色微沾粉红，胸侧和两胁黄褐色具明显的黑褐纵纹，其余下体白色；虹膜褐色，喙黄褐色，喙峰黑褐色，脚黑褐色。雌鸟似雄鸟，但下体不具粉红色，颏黑色，其余下体均为淡皮黄色缀有暗褐色条纹。

生态习性 繁殖期栖息于环北极苔原森林地带，越冬和迁徙期间栖息于低山丘陵和山脚平原的疏林灌丛等地，其间常成群活动，较为大胆。主食草本植物种实，兼食农作物、昆虫和蜘蛛等。繁殖期在5—7月，营巢于低枝或灌木上，以枯草和细枝等构成杯状巢，内垫羽毛和柳絮等。窝卵数为4~6枚，卵淡蓝绿色被有褐斑，雌鸟孵卵，孵化期为10~11天。雏鸟晚成，经12~14天可离巢。

分布与居留 繁殖于欧亚和北美的极北地区，越冬于繁殖地以南的温带地区。在我国主要为冬候鸟和旅鸟，见于东北、华北、华东和新疆等地。

雄鸟

雌鸟

黄雀

中文名 黄雀
拉丁名 *Carduelis spinus*
英文名 Siskin
分类地位 雀形目雀科
体长 11~12cm
体重 10~16g
野外识别特征 小型鸟类，体色黑黄相间。雄鸟额、头顶和额黑色，上体黄绿色，腰和胸鲜黄色，腹白色，翼和尾黑褐色具鲜黄翼斑；雌鸟类似而较暗淡，头顶不为黑色，下体和腰具暗色纵纹。

IUCN红色名录等级　LC

形态特征 雄鸟额至头顶黑色，羽缘缀黄绿色，贯眼纹黑色，头颈侧余部绿黄色；后颈和肩背为橄榄黄绿色，腰鲜黄色，尾上覆羽褐黑色缀有黄色羽缘；尾羽黑褐色，具黄色的羽基和羽缘；翼黑褐色缀有鲜明的黄色翼斑和羽缘；下体颏和喉中央黑色，喉侧、颈侧、胸至上腹鲜黄色，其余下体白色，两胁和尾下覆羽略缀暗色纵纹；虹膜黑褐色，喙和脚暗褐色。雌鸟似雄鸟，但体色较暗淡，头顶无黑色，头顶至背为灰橄榄黄色，腰黄绿色，上体均缀有暗色纵纹，下体为苍淡的灰黄色，颏、喉和颈侧泛黄，胸胁部缀有暗色粗纵纹。

生态习性 繁殖期栖息于针叶林、针阔混交林、杨桦林等山林，迁徙越冬于低山丘陵至山脚平原的人工针叶林和阔叶林中，也见于城镇公园。繁殖期外成群活动，活泼地飞来飞去，并发出清脆的鸣声。主食植物果实、种子和嫩芽等，兼食昆虫。繁殖期在5—7月，在松树上营杯状巢，以草、须根和苔藓等构成，内垫羽毛和兽毛。窝卵数为5~6枚，卵蓝绿色具褐色细斑，雌鸟孵卵，孵化期约为13天。雏鸟晚成，经双亲共同喂养13~15天可离巢。

分布与居留 繁殖于欧亚北部，越冬于欧洲南部、地中海、北非和中亚等地。在我国夏候繁殖于内蒙古东北部和黑龙江，越冬于长江中下游、东南、华南、香港和台湾等地区，迁徙经过吉林、辽宁、北京、河北、河南和山东等地，较常见。

雌鸟

雄鸟

金翅雀

中文名 金翅雀
拉丁名 *Carduelis sinica*
英文名 Greenfinch
分类地位 雀形目雀科
体长 12~14cm
体重 15~22g
野外识别特征 小型鸟类，喙肉色，基部粗壮，端部尖锐，头顶至后颈灰色，其余体羽以灰黄绿色为主，翼上和翼下具有醒目的金黄斑，腰至尾羽基部亦为金黄色。

IUCN红色名录等级 LC

形态特征 雄鸟眼先和眼周灰黑色，头侧余部灰黄色，头顶至后颈灰色；肩、背和内侧翼上覆羽暗褐色微沾黄绿，腰至短的尾上覆羽为金黄绿色，长尾上覆羽灰色缀黄；中央尾羽黑褐色具灰白色羽缘和尖端，其余尾羽基部鲜黄色，端部黑褐色，外翈羽缘灰白；翼黑褐色缀黄绿色羽缘，初级飞羽基部金黄色，在翼上形成明显的大黄斑；下体橄榄黄色，胸胁沾灰绿色，腹中央较鲜艳，下腹较淡，尾下覆羽和翼下覆羽为鲜黄色；虹膜黑褐色，喙肉色，脚肉红色。雌鸟似雄鸟而偏暗淡，金黄色较少。幼鸟似雌鸟而色淡，具褐色纵纹。

生态习性 栖息于低山丘陵至山脚平原的疏林地带，也见于农田苗圃和城镇绿地。单独或成对活动，秋冬季也结群，活动于乔木和灌丛间。飞行迅速，振翅发出"呼呼"声，鸣声为清脆而带有颤音的"滴、滴"声。主食草籽和农作物等多种植物种实，偶食少量昆虫。繁殖期在3—8月，在北方一年繁殖1~2窝，在南方一年可繁殖2~3窝。营巢于林中幼树或灌丛中，以细枝、草、须根和植物纤维等构成杯状或碗状巢，内垫毛发和羽片。窝卵数为4~5枚，卵灰绿色且有褐斑。雌鸟孵卵，孵化期约为13天。雏鸟晚成，经双亲共同喂养约15天后可离巢。

分布与居留 分布于亚洲东部。在我国广泛分布于东北、华北、华中、西南和华南等多地，为留鸟，较常见。

雌鸟

雄鸟

雄鸟

雌鸟

灰头灰雀

中文名 灰头灰雀
拉丁名 *Pyrrhula erythaca*
英文名 Beavan's Bullfinch
分类地位 雀形目雀科
体长 14~16cm
体重 15~24g
野外识别特征 小型鸟类，额基、额、眼先和眼周黑色，头顶至上体灰色，下腰白色，翼和尾黑色，喉和上胸灰色，下胸、胁和腹部棕橙色，尾下覆羽白色。

IUCN红色名录等级　LC

形态特征 雄鸟额基、额、眼先和眼周黑色，黑色区域边缘具一圈白色轮廓，头顶、头侧、枕、后颈、肩和背灰色；下腰白色，上腰、尾上覆羽和尾羽为带有金属蓝光的黑色；小覆羽灰色，中覆羽和大覆羽蓝黑色带有灰白端斑，飞羽紫黑色；下体喉部和颈侧灰色，胸、上腹和两胁棕橙色，下腹灰白色，尾下覆羽和翼下覆羽白色；虹膜褐色，喙黑色，脚淡肉褐色。雌鸟似雄鸟，但体色较暗淡，下体无红色调而为葡萄褐色。

生态习性 栖息于高山针叶林、针阔混交林、桦木林、杜鹃灌丛、柳丛和竹丛中。繁殖期外成家族群活动，穿梭于枝叶间，较为警惕。主食禾本科、莎草科、车前草、常春藤、小地黄和草莓等种实，兼食少部分昆虫等小型无脊椎动物。

分布与居留 分布于喜马拉雅山周边地区及我国的西南、华中、甘肃、陕西、河北和台湾地区，为留鸟。

红腹灰雀 牛闷儿

中文名 红腹灰雀
拉丁名 *Pyrrhula pyrrhula*
英文名 Cassin's Bullfinch
分类地位 雀形目雀科
体长 15~17cm
体重 18~36g
野外识别特征 小型鸟类，雄鸟喙基、额、眼周、额至后颈黑色，肩背灰色，腰白色，尾和翼黑色具大白斑，下体大部分为柿子红色；雌鸟相似，但下体灰色无红色调。

IUCN红色名录等级 LC

形态特征 雄鸟喙基、颏至上喉、眼先和眼周为黑色，额、头顶至后颈为有金属蓝光的黑色；上体肩、背灰色，腰和短的尾上覆羽白色，长的尾上覆羽和尾羽黑色，尾表面具金属蓝紫色光泽，外侧尾羽内翈具楔形白斑；翼黑色，表面具蓝色金属光泽，大覆羽的白色羽端在翼上形成白色翼斑；耳羽、颈侧、喉、胸、腹及两胁柿子红或粉红色，尾下覆羽白色；虹膜褐色，喙黑色，脚暗褐色。雌鸟似雄鸟，但头部黑色暗淡乏光，上体沾棕褐色，下体灰色，不具红色调。

生态习性 栖息于山地针叶林、泰加林和针阔混交林等生境，越冬季见于低山混交林至疏林灌丛。繁殖期外小群活动，活动于树冠和灌丛中，频繁在树间进行短距离飞行，也在地面跳跃活动，善攀缘并能倒挂在枝梢啄食果实，偶尔发出哨音般"嘟"的鸣声。主食草籽、松子、山丁子等植物种实和苔藓。繁殖期在4—7月，繁殖于西伯利亚等地的泰加林，多在针叶树上以细枝和草茎等构成杯状巢，窝卵数为4~6枚，卵淡蓝色被红褐斑，雌鸟孵卵，孵化期为13~15天。雏鸟晚成，经双亲共同喂养14~15天后可离巢。

分布与居留 繁殖于欧亚北部，越冬于繁殖地以南地区。在我国冬候于东北三省、河北的东北部和新疆西北部地区。

锡嘴雀 老锡子

中文名 锡嘴雀
拉丁名 *Coccothraustes coccothraustes*
英文名 Hawfinch
分类地位 雀形目雀科
体长 16~20cm
体重 40~65g
野外识别特征 小型鸟类，粗壮的喙铅蓝色，头棕黄色，喉具一黑斑，上体棕褐色，后颈具灰色领环，翼和尾黑色具白斑，下体灰葡萄红色。

IUCN红色名录等级　LC

形态特征 雄鸟喙基、眼先、额和喉中部黑色，额、头顶和头颈侧面淡棕黄色，后颈具一灰色领环，延伸至喉侧；上体肩、背茶褐色，腰淡黄褐色，尾上覆羽棕黄色；中央尾羽基部黑色，端部暗栗色具白色端斑，其余尾羽黑色具白色端斑；翼黑褐色，外侧飞羽和覆羽尤黑且缀有蓝紫色金属光泽，中覆羽灰白色，初级飞羽内翈中段白色，在翼上形成明显的白斑；下体胸、腹、两胁和腿覆羽为葡萄灰红色，尾下覆羽白色；虹膜红褐色，粗壮的喙铅蓝色，颇具金属质感，故名"锡嘴雀"，脚肉褐色。雌鸟似雄鸟而体色暗淡乏光，下体苍灰色缀黄。幼鸟似雌鸟而更为灰淡。

生态习性 栖息于低山丘陵至平原的阔叶林、针阔混交林和次生林中，秋冬季也见于果园和城市公园等地。繁殖期外成群活动，频繁地在枝间跳跃，越冬期间较为大胆，常成大群啄食草籽、农作物、松子、忍冬果和山丁子等植物种实，也吃部分昆虫。繁殖期在5—7月，营巢于阔叶树侧枝上，以细枝、枯草和苔藓等构成杯状巢，内垫毛发和羽片。窝卵数为4~5枚，卵灰绿色且有褐斑。雌鸟孵卵，孵化期约为14天。雏鸟晚成，经双亲共同喂养11~14天后即可离巢。

分布与居留 分布于欧洲、亚洲和非洲西北部。在我国夏候繁殖于东北地区，部分为留鸟，部分于华北至东南地区越冬，少部分也至华中和西部地区越冬。

黑尾蜡嘴雀 皂儿（雄）、灰儿（雌）

中文名 黑尾蜡嘴雀
拉丁名 *Eophona migratoria*
英文名 Black-tailed Hawfinch
分类地位 雀形目雀科
体长 17~21cm
体重 40~60g
野外识别特征 小型鸟类，粗大的喙黄色，雄鸟头黑色，上体淡灰褐色，翼和尾黑色，翼具白色端斑，下体淡黄灰色；雌鸟似雄鸟，但头部银灰色，无黑色。

IUCN红色名录等级　LC

形态特征 雄鸟整个头部为辉亮的黑色；后颈和背、肩灰褐色，腰和尾上覆羽淡灰色；尾黑色，外翈缀有金属蓝光；翼黑色泛金属蓝紫色，初级覆羽和飞羽具有明显的白色端斑；下体主要为微沾棕黄色的淡灰色，腹中央至尾下覆羽白色；虹膜淡褐色，喙橙黄色，喙基、喙尖和会合线蓝黑色。雌鸟头部灰褐色，无黑色，其余似雄鸟而略偏灰淡。幼鸟似雌鸟而更淡，下体偏污白色，不具橙黄色。

生态习性 栖息于低山至山脚平原的阔叶林、针阔混交林、次生林和人工林，也见于林缘和城市公园等地。繁殖期外成群活动，频繁地在树冠间跳跃飞行，活泼大胆，繁殖期频繁发出高亢悠扬的鸣声。主食蔷薇、槐树、豆类等多种植物种实和嫩芽，也吃金龟子和天蛾等部分昆虫。繁殖期在5—7月，营巢于乔木侧枝上，以枯草、须根和细枝等材料构成杯状或碗状巢。窝卵数通常为4~5枚，卵灰白色被黑褐斑。雏鸟晚成，经雌雄亲鸟共同喂养约11天后即可离巢。

分布与居留 分布于亚洲东部。在我国主要为夏候鸟和留鸟，广泛分布于东北至华南多地。

雌鸟

雄鸟

黑头蜡嘴雀 梧桐、铜蜡

中文名 黑头蜡嘴雀
拉丁名 *Eophona personata*
英文名 Masked Hawfinch
分类地位 雀形目雀科
体长 21~24cm
体重 45~122g
野外识别特征 中型鸟类，似
黑尾蜡嘴雀而较大，头部仅先
端为黑色，翼上白斑位于飞羽
中部。

IUCN红色名录等级 LC

形态特征 雄鸟额、头顶、喙基、颏、喉、眼先、眼周和颊的前部为黑色，额和头顶具金属蓝色光泽，耳羽棕灰色；后颈、颈侧、背和肩灰色，腰和短的尾上覆羽浅灰色，长的尾上覆羽和尾羽黑色缀有蓝色金属光泽；翼黑色泛钢蓝色，初级飞羽中部具白斑，内侧覆羽灰色，内侧三级飞羽棕灰色；喉和上胸淡灰色，下胸和两胁褐灰色略泛葡萄红，腹至尾下覆羽渐为白色；虹膜褐红色，粗壮的喙蜡黄至鲜黄色，脚肉褐色。雌鸟似雄鸟，上体偏褐色调。

生态习性 栖息于低山至平原的针叶林、阔叶林和混交林，秋冬季也见于果园、农田和城市公园等地。繁殖期外成群活动，隐匿于树枝间，活泼地跳跃穿梭，繁殖期善鸣唱。杂食性，既吃鞘翅目、直翅目、膜翅目和鳞翅目等昆虫成幼虫，也吃葵花籽、麻子、植物嫩叶和芽苞等植物性食物。繁殖期在5—7月，营巢于茂密的针阔混交林中树枝上，以细枝、树皮纤维和草根等构成杯状巢。窝卵数为3~4枚，卵淡青色且有褐斑，雏鸟晚成。

分布与居留 分布于亚洲东部。在我国夏候或终年居留于黑龙江和吉林，迁徙和越冬期间见于东北、华北、华中、华东和华南等多地。

蒙古沙雀

中文名 蒙古沙雀
拉丁名 *Rhodopechys mongolica*
英文名 Mongolia Desert Finch
分类地位 雀形目雀科
体长 11~14cm
体重 15~23g
野外识别特征 小型鸟类，喙短粗，上体淡沙褐色，叉形尾短而尖，翼和尾黑褐色具棕白羽缘，翼上有玫红色斑，下体淡灰色。

IUCN红色名录等级 LC

形态特征 雄鸟夏羽上体淡沙褐色，头顶和肩背具不明显的暗色纵纹，有一沾玫红色的窄眉纹，颊亦缀玫红色；腰和尾上覆羽玫红色，尾羽黑褐色具灰白羽缘；翼内侧同背部为沙褐色，翼外侧黑褐色，缀有玫红色羽缘，次级飞羽基部和大覆羽基部灰白色，在翼上形成两道明显的宽翼斑；下体淡灰色染有粉红色调，两胁泛淡黄褐色，腹至尾下覆羽白色；虹膜暗褐色，喙和脚肉黄色至黄褐色。雄鸟冬羽上体全为沙褐色，粉红色调褪去不显。雌鸟似雄鸟冬羽，头部具棕褐色羽干纹，翼上玫红色不明显，尾上覆羽和下体略沾玫红色。

生态习性 栖息于山地半荒漠的石滩等地，常成群活动。主食嫩叶、芽苞、花蕾和种实等植物性食物。繁殖期在5—6月，营巢于岩石缝隙中，或在土崖上掘洞筑巢，以细草构成杯状巢，内垫兽毛和鸟羽。窝卵数为3~5枚，卵淡蓝色略缀黑斑，雏鸟晚成。

分布与居留 分布于中亚至蒙古等内陆地区。在我国分布于新疆、青海、甘肃、宁夏和内蒙古等地，为留鸟，秋冬季游荡。

雄鸟

雄鸟

长尾雀

中文名 长尾雀
拉丁名 *Uragus sibiricus*
英文名 Long-tailed Rosefinch
分类地位 雀形目雀科
体长 13~18cm
体重 13~26g
野外识别特征 小型鸟类，喙短粗，尾较长，外侧尾羽白色，雄鸟繁殖羽缀粉红色；形似北朱雀而较小，尾部稍长。

IUCN红色名录等级　LC

形态特征　雄鸟繁殖羽额、头顶、耳羽、颊、颏、喉和上胸银白色略染粉红，眼先暗红色，眼后灰褐色，枕部灰蓝色而缀有粉红，后颈桃红色；肩灰棕色略沾粉红，背黑褐色羽缘缀红，腰至尾上覆羽玫红色；黑褐色的尾较长，外侧尾羽白色，中央尾羽具淡粉色羽缘；翼黑褐色具两道明显的白色翼斑；下体主要为玫红色，腹中央较淡；虹膜暗褐色，短圆的喙褐色，脚黑褐色。雄鸟冬羽较暗淡，头部转为沙灰色具黑褐贯眼纹，上体沙灰色缀黑褐纵纹，下体棕褐色缀有玫红羽缘。雌鸟不具明显的玫红色，体羽灰褐色缀有暗色纵纹，腰和尾上覆羽棕黄色，翼上亦具有两道白色翼斑。幼鸟似雌鸟，但纵纹不明显。

生态习性　栖息于低山河谷等疏林地带，冬季也见于山脚平原。繁殖期外成家族群活动，活泼地在枝头草穗上跳跃攀缘。飞行较低且缓，并于振翅时发出"嘟嘟"的振动声，叫声为单调的"喳——"，繁殖期鸣声则似悠扬的哨音。主食草籽、浆果和嫩叶等植物性食物，繁殖期兼食少量昆虫。繁殖期在5—7月，一年繁殖1~2窝。雌雄鸟共同营巢于灌丛中，以细枝、草和植物纤维等构成精致的杯状巢，内垫细软材质。窝卵数通常为5枚，卵蓝绿色且有黑斑。雌雄亲鸟轮流孵卵和育雏，孵化期为14~15天。雏鸟晚成。

分布与居留　分布于亚洲东部。在我国分布于北方至西部的广大地区，较为常见，为留鸟，冬季游荡。

白头鹀 稻雀儿

中文名 白头鹀
拉丁名 *Emberiza leucocephala*
英文名 Pine Bunting
分类地位 雀形目雀科
体长 16~18cm
体重 21~32g
野外识别特征 小型鸟类，在鹀类中个体较大，上体棕色具黑褐纵纹，雄鸟头顶白色，喉栗色，喉下和眼下具横白斑。

IUCN红色名录等级　LC

形态特征 雄鸟头顶中央至枕白色，头顶两侧和额黑色，眼先、眼周和眉纹栗色，喙基、眼下至耳羽形成一长形横白斑；背和肩棕褐色具黑褐色羽干纹，腰和尾上覆羽棕栗色具淡色羽缘；尾羽黑褐色，中央尾羽具淡色羽缘，最外侧两对尾羽内翈具楔形白斑；翼黑褐色具红褐色羽缘，初级飞羽外翈具窄白羽缘；下体颏、喉至颈侧栗色，喉下有一白色半月形横白斑，颈侧亦有白斑，胸胁部羽片赭色具白缘，其余下体白色；虹膜和喙黑褐色，下喙较淡，脚肉色。雌鸟头顶至枕淡灰褐色具黑色羽干纹，眼先和眉纹砖红色，耳羽黑色；背和肩土红褐色具黑褐纵纹，下体淡皮黄色，胸缀暗栗色斑点，两胁具栗色纵纹，其余特征似雄鸟。

生态习性 栖息于低山至山脚平原等开阔地的疏林灌丛等地。繁殖期外成小群活动于树梢灌木，也到草丛和地面活动，常在起飞和降落时发出"叽叽叽"的叫声。主食草籽等植物种实，繁殖期也兼食多种昆虫。繁殖期在5—8月，营巢于隐秘的灌木或小树下方的地面上，以枯草构成杯状巢，内垫兽毛。主要由雌鸟营巢并孵卵，窝卵数为4~5枚，卵灰白色被红褐斑，孵化期约为14天，雏鸟晚成。

分布与居留 分布于中亚至东亚。在我国分布于北方至西部地区，青海地区种群为留鸟，有的种群在东北和新疆部分地区夏候繁殖，其余地区种群为冬候鸟或旅鸟。

雄鸟

雄鸟

灰眉岩鹀 山麻雀儿、灰眉子

中文名 灰眉岩鹀
拉丁名 *Emberiza cia*
英文名 Rock Bunting
分类地位 雀形目雀科
体长 15~17cm
体重 15~23g
野外识别特征 小型鸟类，头部、额、喉至上胸蓝灰色，侧冠纹、贯眼纹和颚纹栗色或黑色，上体栗色具黑褐纵纹，下体淡红栗色。

IUCN红色名录等级 LC

形态特征 雄鸟额、头顶、枕至后颈蓝灰色，额基和头顶两侧的侧冠纹深栗色，眉纹蓝灰色，贯眼纹黑栗色，颚纹黑色，末端上扬与贯眼纹相连，头颈侧余部连同颊、喉均为蓝灰色；上背沙褐色，肩栗红色，都具有黑褐色纵纹，下背、腰至尾上覆羽栗红色，纵纹不明显；中央尾羽红褐色具淡色羽缘，外侧尾羽黑褐色，最外两对尾羽内翈具楔形白斑；翼上小覆羽蓝灰色，中覆羽和大覆羽黑褐色具棕白端斑，在翼上形成两道浅色翼斑，飞羽黑褐色具白缘；下体颏至胸蓝灰色，其余部分肉桂红色，腹中央较淡，翼下覆羽和腋羽灰白色；虹膜和喙黑褐色，下喙较淡，脚肉色。雌鸟似雄鸟，但头顶至后颈淡灰褐色缀黑纵纹，下体较淡。

生态习性 栖息于高原至低山的开阔石坡和灌草丛中。繁殖期外成小群活动，边在地面啄食边发出"叽儿、叽儿"的叫声，繁殖期善鸣唱，喜站在灌木顶端或突出岩石上，边抖动身体和尾羽，边发出婉转悦耳的鸣声。主食草籽等植物种实，兼食多种昆虫，繁殖期主要吃昆虫。繁殖期在4—7月，一年可繁殖2窝。营巢于灌草丛中隐秘的地面处，以枯草等材料构成杯状巢，内垫兽毛。雌鸟营巢并孵卵，窝卵数通常为4枚，孵化期为11~12天，雏鸟晚成，经双亲共同喂养约12天即可离巢。

分布与居留 分布于非洲北部、欧洲南部、中亚至东亚等地。在我国分布于华北、西部和西南等地，多为留鸟，部分游荡。

三道眉草鹀 三道眉、山眉子、山麻雀儿

中文名 三道眉草鹀
拉丁名 *Emberiza cioides*
英文名 Meadow Bunting
分类地位 雀形目雀科
体长 15~18cm
体重 19~29g
野外识别特征 小型鸟类，头顶、后颈和耳羽栗色，眉纹和颊灰白色，眼先和颧纹黑色，颧纹上方有一道白纹，上体栗色具黑纵纹，下体黄白色，胸胁部棕红。

IUCN红色名录等级 LC

形态特征 雄鸟繁殖羽额基灰白色，额、头顶、枕至后颈栗色，长而宽的眉纹白色，眼先和颧纹黑色，颧纹上方有一白色纹，耳羽栗色；肩、背栗红色，具黑色粗纵纹和淡色羽缘，腰和尾上覆羽棕红色；中央尾羽棕红色具黑色羽干纹，外侧尾羽黑色，最外两对尾羽具楔形白斑；翼黑褐色，外侧飞羽羽缘白色，向内渐转为棕红色羽缘；下体颏、喉灰白色，胸栗色形成宽胸带，下胸和两胁棕红色，腹和尾下覆羽沙黄色至黄白色；虹膜暗褐色，喙黑色，脚肉色。雄鸟秋季换羽后体色较为苍淡，头、背和胸部的栗色不甚鲜艳。雌鸟体色似雄鸟非繁殖羽，但头顶至背为暗棕色具黑褐纵纹，眉纹、颧纹、眼先和颏为土红色，喉、胸、腹棕红色，不形成栗色胸带。

生态习性 栖息于低山至平原的林缘疏林至灌丛荒滩等地。繁殖期外成家族群活动，频繁地在灌草丛间跳跃并发出"嗞、嗞"的叫声，繁殖期雄鸟善鸣唱，常立于灌木顶端不停地发出清脆的"咯儿、咯儿、咯儿、咯儿、唧"的鸣唱。繁殖期主食多种昆虫，非繁殖期主食草籽等植物种实。繁殖期在5—7月，一年繁殖1~2窝。营巢于树下地面、灌草丛中或茂密树枝上，以枯草等构成杯状或碗状巢，内垫毛发等柔软物。雌鸟营巢和孵卵。窝卵数通常为4—5枚，卵灰白色且有褐斑。雏鸟晚成，经双亲共同喂养11~12天可离巢。

分布与居留 分布于中亚至东亚。在我国遍布于除西藏外的几乎全国各地，为留鸟，冬季游荡。

雄鸟

雄鸟

圃鹀

中文名 圃鹀
拉丁名 *Emberiza hortulana*
英文名 Ortolan Bunting
分类地位 雀形目雀科
体长 15~17cm
体重 20~25g
野外识别特征 小型鸟类，喙肉红色，眼圈黄色，雄鸟头顶和胸灰色，颏、喉和颧纹芽黄色，上体赭褐色缀黑纵纹，翼和尾黑褐色，外侧尾羽白色，下体淡棕至皮粉色。

IUCN红色名录等级 LC

形态特征 雄鸟额至后颈灰色，头颈侧面亦为灰色而略染橄榄绿色，眼先和眼周淡黄色，颧纹为鲜明的芽黄色；上体棕褐色，肩背缀有明显的黑纵纹；翼和尾暗褐色缀淡色羽缘，外侧两对尾羽主要为白色；下体颏、喉为鲜芽黄色，胸灰橄榄色，其余下体淡棕色至皮粉色，腋羽和翼下覆羽皮黄色；虹膜暗褐色，喙肉红色，脚淡肉色。雌鸟类似，但头和上体偏褐色，喉为皮黄色，胸微具纵纹。

生态习性 栖息于低山至平原的开阔地，喜有稀疏树木的旷野、草地或半荒漠。繁殖期外成群活动，活跃地频频出入于灌草丛，同时发出"嗞、嗞"的叫声。主食草籽等植物种实，兼食部分昆虫。繁殖期在5—7月，营巢于草丛或灌木掩蔽的地面浅坑内，雌鸟筑巢，以枯草和须根等构成杯状或碗状巢，内垫毛发。窝卵数为4~5枚，卵白色且有褐斑，孵化期约为12天。雏鸟晚成，由雌雄亲鸟共同育雏。

分布与居留 分布于欧洲至中亚多地及非洲西北部。在我国分布于新疆，为夏候鸟。

雄鸟

雌鸟

白眉鹀 白眉子

中文名 白眉鹀
拉丁名 *Emberiza tristrami*
英文名 Tristram's Bunting
分类地位 雀形目雀科
体长 13~15 cm
体重 14~20g
野外识别特征 小型鸟类，雄鸟头黑色，中央冠纹、眉纹和颚纹白色，上体栗色具黑纵纹，下体颏、喉黑色，下喉白色，胸栗色，腹及以下白色，胁具栗色纵纹。雌鸟头褐色，颚纹黑色，颏、喉黄褐色。

IUCN红色名录等级　LC

形态特征 雄鸟繁殖羽头部黑色，显著的中央冠纹、长眉纹和宽颚纹均为白色；上体肩背栗褐色具黑纵纹，腰和尾上覆羽栗红色；尾黑褐色，中央尾羽具栗色羽缘，最外两对尾羽具楔形白斑；翼上小覆羽灰褐色，中覆羽和大覆羽黑褐色具皮黄色羽缘，飞羽黑褐色缀淡色窄羽缘；下体颏、喉黑色，下喉有一白斑，胸胁锈褐色具暗栗色纵纹，其余下体白色；虹膜暗褐色，喙褐色，下喙基部泛肉色，脚肉色。雄鸟非繁殖羽头上白色部分缀有皮黄色，颏、喉具宽的皮黄色羽缘，上体亦被栗黄色羽缘。雌鸟似雄鸟，但头部为褐色，中央冠纹、眉纹和颊纹污黄色，颊纹下的颚纹为黑色，颏、喉黄褐色。

生态习性 栖息于低山针叶林、阔叶林和混交林，繁殖期单独或成对活动，迁徙成家族群，性隐匿，繁殖期善鸣唱。主食草籽等植物性食物，兼食部分昆虫及幼虫。繁殖期在5—7月，一年繁殖1~2窝。雌雄鸟共同营巢于林下灌草丛中，巢呈碗状，外层较为松散由禾草构成，内层致密以莎草、细根和松针等构成，巢内稍垫兽毛。窝卵数通常为5~6枚，卵灰绿色被以褐斑，孵化期为13~14天。雏鸟晚成，经11~12天即可离巢。

分布与居留 繁殖于俄罗斯远东、朝鲜北部和黑龙江及乌苏里江流域。在我国夏候繁殖于东北地区，迁徙越冬于南方地区。

雄鸟

雄鸟

栗耳鹀 赤胸鹀

中文名 栗耳鹀
拉丁名 *Emberiza fucata*
英文名 Grey-headed Bunting
分类地位 雀形目雀科
体长 15~16cm
体重 16~27g
野外识别特征 小型鸟类，头颈部褐灰色缀黑色羽干纹，颊和耳羽栗色，颊纹淡皮黄色，颚纹黑色，背栗褐色具黑纵纹，下体白色，上胸缀有不规则黑斑纹，其下有一栗色胸带。

IUCN红色名录等级　LC

形态特征 雄鸟额、头顶、枕、后颈和颈侧褐灰色具黑色羽干纹，眼先、眼周和不明显的眉纹污白色，颊和耳羽在头侧形成明显的栗色大斑块，颊纹淡皮黄色，颚纹黑色；肩和背栗褐色缀黑纵纹，下背和腰淡栗色，尾上覆羽橄榄褐色具黑色羽干纹；尾黑褐色，中央尾羽内翈具灰色宽羽缘，外翈具淡黄色窄羽缘，最外侧一对尾羽具长楔形白斑；翼黑色具栗色羽缘；下体颏、喉至胸淡皮黄色，上胸缀有若干不规则黑斑点，两端与黑色颚纹相连，黑斑下方形成一栗色胸带，其余下体淡黄白色，两胁泛棕红色，缀淡黑色羽干纹；虹膜和喙褐色，下喙基部肉色，脚肉色。雌鸟似雄鸟，但上体偏褐色而少栗色，上胸部黑色斑点少或不明显。

生态习性 栖息于低山丘陵至平原河谷等地，尤喜有稀疏灌木的林缘沼泽草地等开阔地带。繁殖期成对或单独活动，其余时间成家族小群活动，活动于灌草丛中，有时做短距离贴地飞行，繁殖期善鸣唱。繁殖期主食多种昆虫，非繁殖期主要吃草籽和灌木种实等。繁殖期在5—8月，一年繁殖1~2窝。营巢于苔草上或灌木低枝处，以禾草和莎草等构成杯状巢。雌鸟营巢和孵卵，窝卵数通常为5枚，孵化期约为12天。雏鸟晚成，经双亲共同喂养约10天即可离巢。

分布与居留 分布于亚洲东部。在我国夏候繁殖于东北和华北，迁徙和越冬于繁殖地以南至整个华南地区，包括香港、台湾和海南岛，在陕西、四川和云贵等地为留鸟。

小鹀 虎头儿

中文名 小鹀
拉丁名 *Emberiza pusilla*
英文名 Little Bunting
分类地位 雀形目雀科
体长 12~14cm
体重 11~17g
野外识别特征 小型鸟类，为鹀类中较小者，雄鸟头顶中央栗红色，侧冠纹黑色，头侧栗色，上体沙褐色具黑褐色羽干纹，翼和尾黑褐色，外侧尾羽具白斑，额、喉栗色，冬季为白色，胸胁部具黑纵纹，下体余部白色。

IUCN红色名录等级　LC

形态特征　雄鸟繁殖羽额、头顶至枕栗红色，两侧各有一道黑色宽侧冠纹，眉纹、眼先、眼周和耳羽栗色，在头侧形成栗色大斑，眼后有一黑纹，颧纹白色，颚纹黑色；上体沙褐色具黑褐色羽干纹；翼上覆羽赭褐色，飞羽黑褐色具淡色羽缘；尾黑褐色缀淡色羽缘，外侧两对尾羽具楔形白斑；下体颏、喉栗色，胸胁缀黑纵纹，余部白色；虹膜深褐色，上喙黑褐色，下喙灰褐色，脚肉色。雄鸟非繁殖羽稍暗淡，头顶至上体具宽棕色羽缘，使得头顶黑白纵带分界不明显，下体具赭色羽缘，喉白色。雌鸟似雄鸟而体色较淡，头顶纵纹分界不明显。

生态习性　繁殖期栖息于泰加林至苔原地带，迁徙和越冬季栖息于低山丘陵至山脚平原的疏林灌丛草地。繁殖期外成小群活动，飞行时反复地散开再收拢尾羽，频频露出外侧尾羽的白斑。平时隐于草丛中发出零星的单调低弱的"叽、叽"声，繁殖期则立于枝头放声鸣唱。主食草籽、浆果等植物种实，兼食多种昆虫。繁殖期在6—7月，繁殖于西伯利亚北部苔原和泰加林，营巢于地面隐秘的灌草丛中，以枯草构成杯状巢，内垫兽毛和细草。窝卵数为4~6枚，卵淡绿色被褐斑，雌雄亲鸟共同孵卵，孵化期为11~12天。雏鸟晚成。

分布与居留　繁殖于欧洲北部至亚洲东北部，越冬于欧亚温带至亚热带地区。在我国广泛分布于全国多地，为冬候鸟和旅鸟。

雌鸟

雄鸟

黄眉鹀 黄眉子

中文名 黄眉鹀
拉丁名 *Emberiza chrysophrys*
英文名 Yellow-browed Bunting
分类地位 雀形目雀科
体长 14~16cm
体重 15~25g
野外识别特征 小型鸟类，头黑色，中央冠纹和眉纹白色，眉纹前段染鲜黄色，颊纹污白色，颚纹黑色，上体红褐色缀黑纵纹，翼和尾黑褐色具白斑，下体白色，胸胁缀黑褐色纵纹。

IUCN红色名录等级 LC

形态特征 雄鸟额至后颈及头侧黑色，头顶有一渐宽的中央冠纹，长而宽的眉纹前段鲜黄色，后段渐为白色，颊纹污白色，颚纹黑色；肩和背红褐色缀有黑褐色纵纹，腰和尾上覆羽红棕色；尾黑褐色，中央尾羽具棕色羽缘，最外侧两对尾羽具楔形白斑；翼黑褐色缀淡色羽缘，中覆羽和大覆羽的白色尖端在翼上形成两道白色翼斑；下体白色，喉部略洒细黑纵纹，胸胁部缀有黑褐色纵纹；虹膜暗褐色，喙褐色，基部较淡，脚肉褐色。雌鸟似雄鸟，但头部褐色，眉纹偏土黄色，下体黑纵纹较稀疏。

生态习性 繁殖期栖息于泰加林间的灌丛草地和溪流沿岸，越冬和迁徙季见于低山至平原的混交林、阔叶林或灌丛草地。常成对或小群活动，也与其他鹀类混群，活动于灌草丛间，飞行时反复散开再收拢尾羽，露出尾羽外侧的白斑，并在活动时发出"嗞、嗞"的低弱叫声。主食草籽和浆果等植物种实，兼食部分昆虫。繁殖期在6—7月，繁殖于西伯利亚泰加林中，营巢于树枝上，以枯草构成杯状巢，内垫兽毛。窝卵数通常为4枚，卵灰白色且有黑斑，雏鸟晚成。

分布与居留 繁殖于西伯利亚地区，越冬于欧亚温带地区。在我国为冬候鸟和旅鸟，见于东北、华北、华中、华东至华南等多地。

雄鸟

田鹀 花眉子

中文名 田鹀
拉丁名 *Emberiza rustica*
英文名 Rustic Bunting
分类地位 雀形目雀科
体长 14~16cm
体重 15~22g
野外识别特征 小型鸟类，雄鸟头黑色，眉纹和颊纹近白色，枕部有一白斑，颚纹黑褐色，上体栗色缀黑纵纹，翼和尾黑褐色具白斑，下体白色，胸胁栗色。

IUCN红色名录等级　VU

形态特征 雄鸟繁殖羽额至后颈黑色，中央冠纹土黄色不甚明显，眼先和眼周黑色，耳羽黑褐色，眉纹和颊纹为土黄白色，颚纹黑褐色；上体栗红色，背部缀有黑褐色纵纹；尾羽黑褐色，中央尾羽缀棕色羽缘，最外侧两对尾羽具楔形白斑；翼黑褐色镶淡色羽缘，中覆羽和大覆羽的黄白色羽端在翼上形成两道翼斑；下体白色，胸部形成一道明显的栗色胸带，两胁亦为栗色；虹膜暗褐色，上喙黑褐色，下喙肉色，脚肉褐色。雄鸟秋季新换羽后缀有宽的淡赭褐色羽缘。雌鸟似雄鸟，但头顶为沙褐色缀有黑纵纹，眼先、眼周和耳羽黄褐色，上体较暗淡，下体的栗色不甚鲜艳，胸带杂有白色。

生态习性 栖息于低山至平原的灌草丛中。繁殖期外成分散的大群活动，活跃地出入于灌草丛中，边觅食边发出"嗞、嗞"的叫声相互联络，有时作短距离的贴地飞行。主食草籽、嫩芽、浆果等植物性食物，兼食鞘翅目、鳞翅目等昆虫的成幼虫和蜘蛛等小型无脊椎动物。繁殖于北欧及西伯利亚的泰加林中，营巢于隐秘的枯草丛或低枝处，以枯草和须根等构成杯状巢。窝卵数通常为4~5枚，卵铅灰色缀有暗色斑，雌鸟孵卵，孵化期为12~13天。雏鸟晚成，经约14天可离巢。

分布与居留 繁殖于北欧至西伯利亚等地，越冬于欧亚温带地区。在我国为冬候鸟和旅鸟，分布于东北、华北、华中、华东至华南等地以及新疆部分地区。

雄鸟

雌鸟

雄鸟

黄喉鹀 黄眉子

中文名 黄喉鹀
拉丁名 *Emberiza elegans*
英文名 Yellow-throated Bunting
分类地位 雀形目雀科
体长 14~15cm
体重 11~24g
野外识别特征 小型鸟类，雄鸟头部黑色，具一可竖起的短羽冠，宽而长的眉纹黄色，上体暗栗色具黑纵纹，翼和尾黑褐色具白斑，下体白色，上喉黄色，胸具一半月形黑斑。

IUCN红色名录等级 LC

形态特征 雄鸟头黑色，秋季新换羽后缀有皮黄色细羽缘，头顶形成一可立起的黑色羽冠，两侧宽眉纹自额基延伸至枕侧，前段黄白色，后段鲜黄色；后颈黑灰色，肩背栗红色缀有黑色粗羽干纹，腰和尾上覆羽淡棕灰色；中央尾羽灰褐色，其余尾羽黑褐色缀淡灰褐色羽缘，最外侧两对尾羽具楔形大白斑；翼黑褐色，中覆羽和大覆羽的棕白色羽端在翼上形成两道浅色翼斑；下体颏黑色，上喉鲜黄色，下喉白色，胸形成一半月形黑斑，其余下体污白色，胁部具栗色纵纹；虹膜暗褐色，喙黑褐色，脚肉色。雌鸟似雄鸟而羽色较淡，头部黑色部分为棕褐色具黑羽干纹，眉纹淡棕色，前胸不具明显的黑色半月斑。

生态习性 栖息于低山丘陵的疏林灌丛等地。繁殖期外成群活动，活跃地穿梭于灌草丛间，有时也在乔木树冠层活动，飞行多为贴地短距离飞行。主食昆虫及幼虫，繁殖季几乎全吃昆虫，其他季节兼食禾本科、莎草科、蓼科、茜草科和蔷薇科等植物种实。繁殖期在5—7月，一年可繁殖2窝，营造使用分别的巢。第一窝营巢于地面草丛，第二窝选址于茂密灌丛或幼树上。雌雄亲鸟共同以枯草和纤维等构成杯状巢，内垫兽毛。窝卵数通常第一窝为5~6枚，第二窝为3~5枚。雌雄亲鸟轮流孵卵，孵化期为11~12天。雏鸟晚成，经双亲共同喂养10~11天离巢。

分布与居留 分布于东亚等地。在我国夏候繁殖于东北地区，越冬和迁徙见于华北、华中、华东、东南至华南等地，包括香港和台湾地区。

黄胸鹀 禾花雀、黄胆

中文名 黄胸鹀
拉丁名 *Emberiza aureola*
英文名 Yellow-breasted Bunting
分类地位 雀形目雀科
体长 14~15cm
体重 19~29g
野外识别特征 小型鸟类，雄鸟头前部和脸黑色，头顶和上体栗红色，翼和尾黑褐色具白斑，下体鲜黄色，具一栗色胸带。

IUCN红色名录等级 EN

形态特征 雄鸟繁殖羽喙基、额、眼先、头侧、颏和上喉为黑色，头顶、枕、后颈、背、肩、腰和尾上覆羽栗红色，背部略缀黑褐纵纹；尾羽黑褐色具淡色羽缘，最外两对尾羽具楔形白斑；翼上小覆羽栗色，中覆羽白色，大覆羽外翈栗褐色，内翈黑褐色，具窄的白色羽端，飞羽黑褐色缀淡棕色羽缘；下体除颏和上喉黑色，上胸有一窄栗色胸带外，其余部分皆为鲜明的黄色；虹膜褐色，喙黑褐色，下喙较淡，脚肉褐色。雄鸟秋季换羽后，头顶栗色，眼先和眉纹淡皮黄色，耳覆羽皮黄色缀黑褐色纵纹，其余体羽似繁殖羽但具有宽的沙黄色羽缘，胸无栗色胸带。雌鸟头顶和头侧栗褐色具黑纵纹，眼先和眉纹淡黄白色，肩背棕褐色缀黑纵纹，腰和尾上覆羽栗红色，下体淡黄色不具栗色胸带。

生态习性 栖息于低山丘陵至平原有稀疏树木的灌丛草甸，尤喜河谷湿地附近。繁殖期单独或成对活动，繁殖期外成群活动，迁徙期间可形成数千只的大群。叫声为低弱的"嘀、嘀"声，繁殖期善鸣唱。繁殖季主食大量昆虫，迁徙期间主要吃农作物和其他植物种实。繁殖期在5—7月，营巢于湿地附近灌草丛中地面浅坑内，以枯草等构成碗状巢，内垫兽毛。窝卵数通常为4~5枚，卵灰绿色且有褐斑。雌雄亲鸟共同孵卵育雏，孵化期约为13天。雏鸟晚成，经13~14天可离巢。

分布与居留 分布于欧洲和亚洲。在我国繁殖于东北、新疆和华北部分地区，迁徙经过河南、山东及东南沿海至华南地区，部分在海南岛和台湾越冬，部分继续南迁。

雄鸟

栗鹀 紫背儿、大红袍

中文名 栗鹀
拉丁名 *Emberiza rutila*
英文名 Ruddy Bunting
分类地位 雀形目雀科
体长 14~15cm
体重 15~22g
野外识别特征 小型鸟类，雄鸟头颈部、上体、喉及上胸全为栗红色，翼和尾黑褐色，胸腹等下体黄色；雌鸟具一淡黄白色眉纹，上体棕褐色缀暗色纵纹，腰和尾上覆羽栗色，下体淡黄白色具暗纵纹。

IUCN红色名录等级　LC

形态特征 雄鸟繁殖羽的整个头颈部、上体及颏、喉和胸均为栗红色，翼上覆羽与内侧飞羽亦为栗红色，初级覆羽、初级飞羽和次级飞羽黑褐色镶白色窄羽缘，尾黑褐色；下体下胸和腹为鲜黄色，胁橄榄灰色缀黑褐纵纹；虹膜暗褐色，喙黑褐色，脚肉褐色。雄鸟秋季换羽后，体羽类似繁殖羽，但各羽片均缀有淡色羽缘。雌鸟眉纹淡黄白色，额至肩背橄榄褐色缀黑色粗纵纹，腰和尾上覆羽栗色；颏、喉皮黄色微具褐色细纵纹，胸淡棕黄色缀黑纵纹，下体余部淡黄白色，两胁灰色具黑褐色纵纹。

生态习性 栖息于邻近湿地的较开阔的疏林地带，迁徙期间也见于低山和山脚。繁殖期外成小群活动，边活动边发出"叽、叽"的叫声，繁殖期善鸣唱。主食草籽、种子、果实和嫩芽等，兼食部分昆虫。繁殖期在6—8月，营巢于地面隐秘的草丛中，以枯草和须根等构成杯状巢。窝卵数为4~5枚，卵白色略被小斑点，雏鸟晚成。

分布与居留 繁殖于亚洲北部，越冬于亚洲南部。在我国繁殖于内蒙古东北部，越冬于闽台、两广、云南和香港等地，迁徙经过东北、华北和华东等地。

雌鸟

雄鸟

灰头鹀 青头鹀

中文名 灰头鹀
拉丁名 *Emberiza spodocephala*
英文名 Grey-headed Black-faced Bunting
分类地位 雀形目鹀科
体长 14~15cm
体重 14~26g
野外识别特征 小型鸟类，雄鸟头颈部石板灰色，眼先黑色，上体橄榄褐色具黑褐纵纹，翼和尾黑褐色具白斑，下体黄白色，胸黄色，胁具黑纵纹。

IUCN红色名录等级　LC

形态特征 雄鸟头颈部石板灰色，喙基、眼先、颊和额黑色；上体橄榄褐色，肩背部具明显的黑纵纹；尾黑褐色，中央尾羽具栗色羽缘，最外侧两对尾羽具楔形白斑；翼黑褐色，中覆羽、大覆羽和三级飞羽的淡色羽缘在翼上形成两道白斑；下体喉和上胸同头部为灰色，腹及以下淡柠檬黄色，尤以胸部鲜艳，两胁缀黑褐纵纹；秋季换羽后周身各羽片缀有淡棕色羽缘；虹膜暗褐色，喙黑褐色，下喙基部黄褐色，脚淡黄褐色。雌鸟似雄鸟，但头颈部为橄榄褐色具黑纵纹，眉纹皮黄色，颚纹淡棕白色，喉和上胸淡橄榄黄色，胸略缀暗色纵纹，其余下体淡黄白色，两胁缀黑纵纹。

生态习性 栖息于林缘疏林及灌丛草坡等地。繁殖期外成家族群或小群活动，频繁地出入于灌草丛中，发出"嗞、嗞"的叫声，繁殖期雄鸟善鸣唱。主食昆虫成、幼虫和其他小型无脊椎动物，兼食草籽等植物种实。繁殖期在5—7月，一年繁殖1~2窝，第一窝通常营巢于灌草丛中，第二窝营巢于幼树上，不用旧窝。窝卵数通常为4~5枚，雌雄亲鸟轮流孵卵，孵化期为12~13天。雏鸟晚成，经双亲共同喂养10~11天离巢。

分布与居留 分布于亚洲东部。在我国夏候繁殖于东北地区，在云南、四川和贵州地区部分为留鸟、部分迁徙，在长江以南为冬候鸟，在华北等其余地区为旅鸟。

雄鸟

雄鸟

苇鹀 春雀儿

中文名 苇鹀
拉丁名 *Emberiza pallasi*
英文名 Pallas's Read Bunting
分类地位 雀形目雀科
体长 13~14cm
体重 11~16g
野外识别特征 小型鸟类，头顶、头侧、额、喉和上胸中央黑色，喙基至喉侧有一白带，和后颈的白色领环及白色的下体连接，肩、背、翼和尾黑色具白缘，腰和尾上覆羽白色。

IUCN红色名录等级　LC

形态特征 雄鸟繁殖羽额、头顶、枕、头侧、颏、喉和上胸的中央黑色，白色颚纹和后颈的白色宽领环相连接；上体肩、背黑色具白色或淡皮黄色羽缘，腰和尾上覆羽白色具皮黄色羽缘；中央尾羽外翈淡皮黄色，内翈黑色，其他尾羽黑褐色，最外侧两对尾羽具楔形白斑；翼黑褐色具淡色羽缘；胸侧及胸以下的下体白色，胁部略具暗色纵纹；虹膜暗褐色，喙黑色，下喙黄褐色，脚淡褐色或肉褐色。

生态习性 繁殖期栖息于西伯利亚冻原地带的桦树或柳树林中，迁徙和越冬于山脚平原的灌草丛、沼泽和农田等地。繁殖期外成小群活动，活跃地出入于灌草丛，并发出"嗞、嗞"的叫声。主食草籽、芦苇籽、浆果和嫩芽等，兼食部分昆虫。繁殖期在6—7月，营巢于地面草丛或灌木低枝上，以枯草构成碗状巢。窝卵数为4~5枚，卵粉红色且有暗色斑点，雏鸟晚成。

分布与居留 繁殖于西伯利亚，越冬于蒙古、中亚、天山地区、朝鲜及我国的北方广大地区至长江流域，在我国为冬候鸟。

铁爪鹀 铁爪子、雪眉子

中文名 铁爪鹀
拉丁名 *Calcarius lapponicus*
英文名 Eastern Lapland Bunting
分类地位 雀形目雀科
体长 14~17cm
体重 20~34g
野外识别特征 小型鸟类，雄鸟头至胸黑色，眼后至颈侧有一白纹，下体余部白色，后颈有一栗色领环，背褐色缀黑纵纹，秋冬头胸部的黑色羽片缀有皮黄色羽缘。

IUCN红色名录等级 LC

形态特征 雄鸟繁殖羽额、头顶、枕、头侧、颊、喉及上胸黑色，眼后一道宽白纹沿耳后延伸至颈侧，后颈形成一栗红色领环；上体肩背至尾上覆羽羽片中央黑色，外周棕栗色，边缘泛皮黄色，形成斑驳的黑黄纵纹；尾黑褐色缀淡色窄羽缘，最外侧两对尾羽具楔形白斑；翼黑褐色镶白色窄羽缘；下体胸腹及以下白色，两胁缀黑纵纹，虹膜黑褐色，喙黄色，尖端染黑色，脚褐色至黑褐色。雄鸟秋季换羽后，额至后颈黑色，缀有皮黄色羽缘，颇显斑驳，皮黄色的眉纹和颈侧污白色纹相连，耳羽沙黄色沾黑，下体颊、喉至胸的黑色羽片亦具有皮黄色宽羽缘，使得黑色区域斑驳而不甚明显。雌鸟头顶暗褐色具皮黄色纵纹，宽眉纹淡皮黄色，后颈无栗色领环，上体沙褐色具黑色羽干纹，下体皮黄白色，颊、喉至胸部略可见黑色的羽基所排列成的斑纹。

生态习性 繁殖期栖息于极北苔原的灌丛草地或生有稀疏树丛的沼泽地带，迁徙和越冬时栖于开阔平原草地或沼泽农田等地。繁殖期外多成紧密大群活动，在地面跑跑停停，觅食草籽谷物，夜间则休憩于草丛内的地面凹坑中。善飞行，可在空中疾速灵活转向，繁殖期善鸣唱，可像云雀般冲向高空鸣唱。主食草籽和谷粒等植物种实，兼食昆虫及幼虫。繁殖于北极苔原，营巢于地面有草丛遮掩的土丘边或凹坑内，以枯草等构成杯状巢，内垫羽毛。窝卵数通常为5枚，卵褐色且有黑斑，主要由雌鸟孵卵，孵化期为9~10天。雏鸟晚成，经双亲共同喂养8~10天后即可离巢。

分布与居留 繁殖于环北极地带，越冬于欧亚和美洲的温带地区。在我国为冬候鸟，见于东北、华北、华中至长江中下游地区。

‖ 内容索引 ‖